Mike Snyder, Jim Steger, Brendan Landers

Microsoft Dynamics CRM 2011 – Grundlagen

Mike Snyder, Jim Steger, Brendan Landers

Microsoft Dynamics CRM 2011 Grundlagen

Dieses Buch ist die deutsche Übersetzung von:
Microsoft Dynamics CRM 2011 – Step by Step
Mike Snyder, Jim Steger, Brendan Landers
Microsoft Press, Redmond, Washington 98052-6399
Copyright © 2011 by Mike Snyder and Jim Steger

Das in diesem Buch enthaltene Programmmaterial ist mit keiner Verpflichtung oder Garantie irgendeiner Art verbunden. Autor, Übersetzer und der Verlag übernehmen folglich keine Verantwortung und werden keine daraus folgende oder sonstige Haftung übernehmen, die auf irgendeine Art aus der Benutzung dieses Programmmaterials oder Teilen davon entsteht.

Das Werk einschließlich aller Teile ist urheberrechtlich geschützt. Jede Verwertung außerhalb der engen Grenzen des Urheberrechtsgesetzes ist ohne Zustimmung des Verlags unzulässig und strafbar. Das gilt insbesondere für Vervielfältigungen, Übersetzungen, Mikroverfilmungen und die Einspeicherung und Verarbeitung in elektronischen Systemen.

Die in den Beispielen verwendeten Namen von Firmen, Organisationen, Produkten, Domänen, Personen, Orten, Ereignissen sowie E-Mail-Adressen und Logos sind frei erfunden, soweit nichts anderes angegeben ist. Jede Ähnlichkeit mit tatsächlichen Firmen, Organisationen, Produkten, Domänen, Personen, Orten, Ereignissen, E-Mail-Adressen und Logos ist rein zufällig.

Kommentare und Fragen können Sie gerne an uns richten:
Microsoft Press Deutschland
Konrad-Zuse-Straße 1
D-85716 Unterschleißheim
E-Mail: mspressde@oreilly.de

15 14 13 12 11 10 9 8 7 6 5 4 3 2 1
13 12 11

ISBN 978-3-86645-054-7

Copyright der deutschen Ausgabe:
© 2011 by O'Reilly Verlag GmbH & Co. KG
Balthasarstr. 81, D-50670 Köln
Alle Rechte vorbehalten

Übersetzung: G&U Language & Publishing Services GmbH, Flensburg (www.GundU.com)
Satz: G&U Language & Publishing Services GmbH, Flensburg (www.GundU.com)
Umschlaggestaltung: Hommer Design GmbH, Haar (www.HommerDesign.com)
Gesamtherstellung: Kösel, Krugzell (www.KoeselBuch.de)

Übersicht

Einleitung 13

**Teil 1
Überblick** 21

1 Einführung in Microsoft Dynamics CRM 23
2 Erste Schritte in Microsoft Dynamics CRM 35
3 Mit Firmen und Kontakten arbeiten 57
4 Mit Aktivitäten und Notizen arbeiten 75
5 Microsoft Dynamics CRM für Outlook 97

**Teil 2
Vertrieb und Marketing** 127

6 Mit Leads und Verkaufschancen arbeiten 129
7 Marketinglisten verwenden 147
8 Kampagnen und Schnellkampagnen verwalten 167
9 Mit Kampagnenaktivitäten und Reaktionen arbeiten 183

**Teil 3
Service** 205

10 Serviceanfragen überwachen 207
11 Die Artikeldatenbank verwenden 221
12 Mit Verträgen und Warteschlangen arbeiten 239

Teil 4
Berichte und Analysen 259

13 Mit Filtern und Diagrammen arbeiten 261
14 Dashboards verwenden 277
15 Den Berichts-Assistenten verwenden 295
16 Erweiterte Suche 317
17 Berichterstattung mit Excel 335

Teil 5
Datenverwaltung 351

18 Massendaten importieren 353
    Glossar 369
    Stichwortverzeichnis 373

Inhaltsverzeichnis

Einleitung 13
    Ein Hinweis zu Sandbox-Umgebungen 14
    Die Beispiele in diesem Buch 14
    Ein Blick in die Zukunft 14
    Schreibweisen in diesem Buch 15
    Die Übungsdateien verwenden 16
    Hilfe erhalten 16
        Geben Sie uns Rückmeldung 16
        Bleiben Sie in Verbindung 17
        Die Hilfe zu Microsoft Dynamics CRM 2011 17
        Weitere Informationen 19
    Danksagung 19

Teil I
Überblick 21

1 Einführung in Microsoft Dynamics CRM 23
Was ist Microsoft Dynamics CRM? 25
Bereitstellungsoptionen für Microsoft Dynamics CRM 27
Integration in andere Microsoft-Produkte 28
Anmelden bei Microsoft Dynamics CRM Online 28
Anmelden bei Microsoft Dynamics CRM 30
Microsoft Dynamics CRM über Outlook nutzen 31
Microsoft Dynamics CRM über Mobile Express nutzen 32
Zusammenfassung 34

2 Erste Schritte in Microsoft Dynamics CRM 35
Die Microsoft Dynamics CRM-Benutzeroberfläche 36
Mit Datensätzen über Ansichten arbeiten 39
    Datensätze in einer Ansicht sortieren 41
    Datensätze in einer Ansicht auswählen und aktualisieren 42
Mehrere Datensätze in einer Ansicht bearbeiten 43
Datensätze mit der Schnellsuche in einer Ansicht finden 45
Eine persönliche Ansicht voreinstellen 46
Auf zuletzt genutzte Datensätze und Ansichten zugreifen 47
Suchansichten und automatische Auflösung verwenden 48
Persönliche Optionen festlegen 52
Das Ressourcencenter benutzen 54
Die Hilfe von Microsoft Dynamics benutzen 54
Zusammenfassung 55

3 Mit Firmen und Kontakten arbeiten ... 57
Eine Firma anlegen ... 59
Über- und untergeordnete Firmen anlegen ... 61
Einen Kontakt anlegen ... 62
Dateien an Firmen und Kontakte anhängen ... 66
Datensätze deaktivieren und aktivieren ... 68
Firmen und Kontakte mit anderen Anwendern teilen ... 69
Firmen und Kontakte anderen Benutzern zuweisen ... 71
Firmen- oder Kontaktdatensätze zusammenführen ... 72
Zusammenfassung ... 74

4 Mit Aktivitäten und Notizen arbeiten ... 75
Aktivitätstypen ... 77
Das Feld Bezug ... 79
Folgeaktivitäten anlegen ... 82
Offene und abgeschlossene Aktivitäten für einen Datensatz anzeigen ... 84
Eine Notiz erstellen ... 90
Ihre Aktivitäten verwalten ... 92
Direktmailings senden ... 94
Zusammenfassung ... 96

5 Microsoft Dynamics CRM für Outlook ... 97
In Microsoft Dynamics CRM für Outlook auf CRM-Datensätze zugreifen ... 99
In Microsoft Dynamics CRM für Outlook auf CRM-Einstellungen zugreifen ... 103
Kontakte, Aufgaben und Termine synchronisieren ... 104
Kontakte erstellen und verfolgen ... 107
Den Assistenten zum Hinzufügen von Kontakten verwenden ... 109
Aufgaben und Termine erstellen und verfolgen ... 113
In Microsoft Dynamics CRM für Outlook E-Mails senden und verfolgen ... 114
In Microsoft Dynamics CRM für Outlook Datensätze löschen ... 119
Mit Microsoft Dynamics CRM für Outlook offline gehen ... 120
Synchronisierungsfilter einrichten ... 122
Zusammenfassung ... 125

Teil 2
Vertrieb und Marketing ... 127

6 Mit Leads und Verkaufschancen arbeiten ... 129
Leads und Verkaufschancen ... 130
Einen Lead anlegen und Leadquellen verfolgen ... 132
Einen Lead qualifizieren ... 134
Einen Lead disqualifizieren ... 135
Eine Verkaufschance anlegen ... 137
Potenzielle Verkäufe mithilfe von Verkaufschancen abschätzen ... 139
Eine Verkaufschance schließen ... 142
Eine Verkaufschance erneut öffnen ... 144
Eine E-Mail-Aktivität in einen Lead konvertieren ... 145
Zusammenfassung ... 146

7 Marketinglisten verwenden 147
Eine statische Marketingliste erstellen 149
Der Liste über Nachschlagen Mitglieder hinzufügen 150
Der Liste über eine erweiterte Suche Mitglieder hinzufügen 152
Listenmitglieder mit der erweiterten Suche entfernen 154
Mitglieder einer Liste über eine erweiterte Suche bewerten 156
Ausgewählte Mitglieder aus einer Liste entfernen 157
Eine dynamische Marketingliste erstellen 158
Mitglieder zu einer anderen Marketingliste kopieren 160
Verkaufschancen aus Listenmitgliedern generieren 162
Über die Seriendruckfunktion ein Word-Dokument
erstellen, das die Informationen der Listenmitglieder enthält 163
Zusammenfassung 166

8 Kampagnen und Schnellkampagnen verwalten 167
Eine Kampagne erstellen 169
Planungsaktivitäten hinzufügen 171
Zielmarketinglisten auswählen 173
Zielprodukte und Vertriebsdokumentation hinzufügen 175
Kampagnen verknüpfen 176
Kampagnenvorlagen erstellen 178
Kampagnendatensätze kopieren 178
Schnellkampagnen verwenden 179
Zusammenfassung 182

9 Mit Kampagnenaktivitäten und Reaktionen arbeiten 183
Eine Kampagnenaktivität erstellen 185
Eine Marketingliste einer Kampagnenaktivität zuweisen 188
Eine Kampagnenaktivität verteilen 190
Kampagnenreaktionen aufzeichnen 194
Eine Kampagnenaktivität in eine Kampagnenreaktion konvertieren 195
Kampagnenreaktionen konvertieren 197
Kampagnenresultate ansehen 200
Kampagnenspezifische Informationen anzeigen 201
Zusammenfassung 203

Teil 3
Service 205

10 Serviceanfragen überwachen 207
Eine Serviceanfrage erstellen und zuweisen 209
Anfrageaktivitäten verwalten 213
Eine Anfrage beantworten 215
Eine Anfrage stornieren und erneut aktivieren 217
Zusammenfassung 220

11 Die Artikeldatenbank verwenden ... 221
Einen Artikel für die Artikeldatenbank erstellen und absenden ... 223
Einen Artikel veröffentlichen ... 227
Einen Artikel in der Artikeldatenbank suchen ... 229
Einen Artikel aus der Artikeldatenbank löschen ... 231
Artikelvorlagen erstellen ... 234
Zusammenfassung ... 238

12 Mit Verträgen und Warteschlangen arbeiten ... 239
Einen Vertrag erstellen ... 241
Einen Vertrag aktivieren und erneuern ... 247
Mit Warteschlangen arbeiten ... 252
Zusammenfassung ... 258

Teil 4
Berichte und Analysen ... 259

13 Mit Filtern und Diagrammen arbeiten ... 261
Filter auf Ihre Daten anwenden und gefilterte Ansichten speichern ... 262
Für eine gespeicherte Ansicht zusätzliche Filter setzen ... 264
Microsoft Dynamics CRM-Daten mit Diagrammen analysieren ... 266
Ein neues Diagramm erstellen ... 270
Diagramme freigeben ... 273
Zusammenfassung ... 276

14 Dashboards verwenden ... 277
Die integrierten Dashboards verwenden ... 278
Zusätzliche Dashboards erstellen ... 283
Dashboards bearbeiten ... 287
Ein Standard-Dashboard festlegen ... 291
Ein Dashboard freigeben ... 292
Zusammenfassung ... 293

15 Den Berichts-Assistenten verwenden ... 295
Einen Bericht mit dem Berichts-Assistenten erstellen ... 298
Einen Bericht modifizieren ... 303
Einen Bericht freigeben ... 307
Einen Bericht auf Termin legen ... 309
Einen Bericht kategorisieren ... 311
Zusammenfassung ... 315

16 Erweiterte Suche ... 317
Abfragen in der erweiterten Suche durchführen ... 319
Ergebnisse der erweiterten Suche ordnen und formatieren ... 322
Gespeicherte Ansichten erstellen und freigeben ... 326
Erweiterte Filterkriterien ... 329
Die Funktionen zur Bearbeitung und Zuweisung mehrerer Datensätze ... 331
Zusammenfassung ... 334

17	Berichterstattung mit Excel	335
	Statische Dateien in Excel-Arbeitsblätter exportieren	337
	Dynamische Dateien in Excel-Arbeitsblätter exportieren	340
	Dynamische Dateien in Excel-Pivottabellen exportieren	343
	Excel-Berichte in die Berichtsliste von Microsoft Dynamics CRM hochladen	348
	Zusammenfassung	349

Teil 5
Datenverwaltung ... 351

18	Massendaten importieren	353
	Den Datenimport-Assistenten verwenden	354
	Daten mit automatischer Datenzuordnung importieren	360
	Den Importstatus überprüfen	362
	Daten mit der Funktion zur Datenverbesserung aktualisieren	365
	Zusammenfassung	368

	Glossar	369
	Stichwortverzeichnis	373

Einleitung

In dieser Einleitung:

Ein Hinweis zu Sandbox-Umgebungen	14
Die Beispiele in diesem Buch	14
Ein Blick in die Zukunft	14
Schreibweisen in diesem Buch	15
Die Übungsdateien verwenden	16
Hilfe erhalten	16

Willkommen bei Microsoft Dynamics CRM 2011 Schritt für Schritt! Höchstwahrscheinlich verwendet Ihr Unternehmen bereits ein Microsoft Dynamics CRM-System – oder plant, eines einzuführen –, weshalb Sie mehr darüber erfahren möchten, was die Software leistet.

Ob Sie nun ein Mitarbeiter im Vertrieb sind, der seine Top-Kunden pflegt, ein Marketingprofi, der Interessenten und Kunden ansprechen möchte, ein Mitarbeiter im Kundenservice, der sich um Kundenanfragen und -probleme kümmert, oder ein Manager, der die Kundenbeziehungen zwischen seinem Unternehmen und den Kunden analysieren und verstehen will: Mit Microsoft Dynamics CRM laufen Ihre Geschäfte einfach besser.

Der Zweck dieses Buches besteht darin, Ihnen die Schlüsselfunktionen der Software vorzustellen, um Ihre Kunden besser zu verstehen, Verkäufe und Produktivität zu steigern und die Kundenzufriedenheit zu verbessern. Beachten Sie, dass Administratoren in Microsoft Dynamics CRM Formulare, Felder und andere Softwareoptionen leicht anpassen und verändern können, so dass die in diesem Buch verwendeten Bezeichnungen unter Umständen von Ihrer Installation abweichen.

Ein Hinweis zu Sandbox-Umgebungen

Wenn möglich, bitten Sie Ihren Systemadministrator, eine zweite Microsoft Dynamics CRM-Umgebung einzurichten – eine so genannte Sandbox –, die Sie für die Übungen in diesem Buch verwenden können. In einer Sandbox-Umgebung können Sie Datensätze verändern, ohne das Produktionssystem zu beeinträchtigen. Ihr Unternehmen verfügt möglicherweise schon über eine Testumgebung, die Sie verwenden können.

Die Beispiele in diesem Buch

Die Beschreibungen und Verfahren in diesem Buch sind auf die Standardformulare und -ansichten in Microsoft Dynamics CRM abgestimmt. Wie Sie in den folgenden Kapiteln lernen werden, bietet die Software mehrere Möglichkeiten für den Zugriff. CRM-Daten können über Windows Internet Explorer abgerufen werden, mithilfe der Funktion »Microsoft Dynamics CRM für Outlook« auch aus Outlook heraus sowie über ein Mobilgerät, z.B. ein Telefon. Die meisten der Screenshots und Beispiele in diesem Buch zeigen die Darstellung im Webbrowser.

So wie die in diesem Buch beschriebenen Formulare, Felder und Daten können auch die Sicherheitsrollen in Ihrem System verändert oder ganz entfernt worden sein. Wenn Sie keine Rechte besitzen, um Sicherheitsrollen anzuzeigen oder zuzuweisen, bitten Sie Ihrem Systemadministrator, einige Testrollen einzurichten. Die Übungen in diesem Buch setzen voraus, dass die Standardrollen von Microsoft Dynamics CRM nicht verändert worden sind.

Ein Blick in die Zukunft

Microsoft Dynamics CRM ist ein flexibles System, das sich anpasst, wenn Ihr Unternehmen wächst und sich verändert. Anhand der Schritt-für-Schritt-Verfahren, die hier besprochen werden, lernen Sie, wie Sie die Software für Ihre Ziele einsetzen. Wir hoffen, dass Ihnen dieses Buch beim Aufbruch Ihres Unternehmens in die Zukunft nützlich sein wird.

Schreibweisen in diesem Buch

Dieses Buch wurde so konzipiert, dass Sie schrittweise alle Aufgaben lernen, die Sie höchstwahrscheinlich in Microsoft Dynamics CRM 2011 ausführen werden. Wenn Sie die Übungen von Anfang an durcharbeiten, erlangen Sie die Fertigkeiten, alle Standardansichten und Funktionen von Microsoft Dynamics CRM 2011 zu erstellen und damit zu arbeiten. Jedes Thema ist jedoch auch in sich abgeschlossen. Wenn Sie bereits mit einer Vorgängerversion von Microsoft Dynamics CRM gearbeitet oder alle Übungen durchgearbeitet haben und später Hilfe zu bestimmten Verfahren benötigen, werden Ihnen die folgenden Merkmale dieses Buchs dabei helfen, die Information besser zu finden:

- **Detailliertes Inhaltsverzeichnis** Sehen Sie die Themenliste und die Einschübe in den Kapiteln durch.
- **Themenspezifische Kopfzeilen** Innerhalb der Kapitel finden Sie die behandelten Themen in der Kopfzeile der ungeraden Seiten.
- **Glossar** Hier finden Sie die Bedeutung von Fachausdrücken oder Erklärungen bestimmter Vorgehensweisen.
- **Ausführlicher Index** Schlagen Sie einzelne Aufgaben, Funktionen und allgemeine Begriffe im Index nach, der mit Sorgfalt erstellt wurde.

Sie sparen Zeit, wenn Sie sich mit der Darstellung der Anweisungen, Tastaturbefehle und anzuklickenden Schaltflächen vertraut machen. Nachfolgend finden Sie eine Beschreibung der einzelnen Elemente.

VORBEREITUNG Dieser Absatz geht einer Übung voraus und erläutert, ob und welche Übungsdateien erforderlich sind. Er nennt auch die Erfordernisse und Aktionen, die Sie durchführen müssen, bevor Sie anfangen.

ABSCHLUSS Dieser Absatz folgt einer Übung und enthält Informationen darüber, ob Sie noch geöffnete Dateien oder Programme speichern oder schließen sollten, bevor Sie zu einem anderen Thema übergehen. Sie erhalten auch Vorschläge, wie Sie Änderungen rückgängig machen, die Sie während der Übung an Ihrem Computer vorgenommen haben.

Weitere Informationen
Diese Abschnitte weisen Sie auf weitere Informationen in diesem Buch oder an anderer Stelle hin.

Fehlersuche
Hier erfahren Sie, wie Sie bekannte Probleme lösen, die Sie vom erfolgreichen Durcharbeiten einer Übung abhalten könnten.

TIPP Tipps enthalten nützliche Hinweise, wie Sie Übungen einfacher durchlaufen können, oder Informationen über weitere Möglichkeiten.

WICHTIG Dieser Absatz enthält wichtige Informationen, die Sie kennen müssen, um einen Vorgang zu beenden.

Neben den Einschüben finden Sie in diesem Buch noch die folgenden Darstellungsmerkmale:

Element	Bedeutung
1. 2.	Die Nummerierung leitet Sie durch die Übungen in jedem Thema.
💾	Wenn Sie erstmals eine Schaltfläche anklicken sollen, wird diese am Rand der Seite angezeigt.
Strg + Pos1	Ein Pluszeichen (+) zwischen zwei Tastenbezeichnungen bedeutet, dass Sie die erste Taste gedrückt halten und dann die zweite Taste drücken müssen. »Drücken Sie Strg + Pos1 « bedeutet beispielsweise: »Halten Sie die Strg-Taste gedrückt und drücken Sie dann Pos1.«
Elemente der Benutzer- schnittstelle	In Übungen werden die Namen von Programmelementen, wie Schaltflächen, Befehlen, Dialogfeldern oder Texten, mit denen Sie arbeiten, in Fettschrift dargestellt.
Benutzereingaben	In Übungen erscheinen alle Eingaben, die Sie vornehmen müssen, in kursiver Schrift.

Die Übungsdateien verwenden

Bevor Sie die Übungen in diesem Buch durcharbeiten können, müssen Sie die Übungsdateien auf Ihren Computer kopieren. Die Übungsdateien und weitere Informationen können Sie hier herunterladen:

http://www.microsoft-press.de/support.asp?s110=054

WICHTIG Diese Website enthält nur Übungsdateien zum Erlernen von Microsoft Dynamics CRM 2011. Die Software finden Sie dort nicht. Wenn Sie noch keinen Zugriff auf die Software haben, müssen Sie sie kaufen. Alternativ können Sie eine kostenfreie 30-Tage-Testversion unter *http://crm.dynamics.com/de-de/trial-overview* verwenden.

Die folgende Tabelle zeigt die Übungsdateien für dieses Buch.

Kapitel	Datei
Kapitel 3: Mit Firmen und Kontakten arbeiten	Orders1.xlsx
Kapitel 18: Massendaten importieren	ContactImport1.csv

Hilfe erhalten

Weitere Informationen zum Buch finden Sie unter *http://www.microsoft-press.de/support.asp?s110=054*.

Geben Sie uns Rückmeldung

Ihre maximale Zufriedenheit ist höchstes Ziel bei Microsoft Press, und Ihre Rückmeldung ist sehr wertvoll für uns. Bitte senden Sie Rückmeldung zu diesem Buch an folgende Adresse:

mspressde@oreilly.de

Die Hilfe zu Microsoft Dynamics CRM 2011

Wenn Ihre Fragen sich auf Microsoft Dynamics CRM beziehen und nicht auf den Inhalt dieses Buchs, sollten Sie zuerst das Microsoft Dynamics CRM-Hilfesystem verwenden. Sie finden allgemeine und spezielle Hilfethemen auf verschiedenen Wegen:

- Im Microsoft Dynamics CRM-Fenster können Sie auf die Schaltfläche **Hilfe** klicken (mit einem Fragezeichen gekennzeichnet), die sich oben rechts im Fenster Ihres Webbrowsers befindet. Sie gelangen zum Microsoft Dynamics CRM-Hilfefenster.
- Im Menüband klicken Sie auf die Registerkarte **Datei** und gelangen zur Schaltfläche **Hilfe**.

Die Microsoft Dynamics CRM-Hilfe ist kontextsensitiv, so dass die Software automatisch versucht, den Bereich der Hilfe-Informationen anzuzeigen, der am besten zur gerade dargestellten Seite passt. Wenn Sie beispielsweise einen Lead-Datensatz ansehen und auf die Schaltfläche **Hilfe** oben rechts im Fenster klicken, leitet Microsoft Dynamics CRM Sie automatisch zu dem Bereich der Hilfe namens »Mit Leads arbeiten« weiter. Wenn Sie Zugriff auf die gesamte Hilfe-Dokumentation benötigen, klicken Sie auf die Registerkarte **Datei** im Menüband, um die dort angezeigte Hilfe-Schaltfläche zu verwenden. Nachdem Sie auf **Hilfe** geklickt haben, klicken Sie auf **Inhalt** im erscheinenden Untermenü.

Wenn Sie mit der Hilfefunktion experimentieren möchten, können Sie die folgende Übung durcharbeiten, die zwei Arten zeigt, auf Informationen zuzugreifen.

VORBEREITUNG   Gehen Sie mit dem Microsoft Internet Explorer auf die Microsoft Dynamics CRM-Website.

1. Oben rechts in Microsoft Dynamics CRM klicken Sie auf die Schaltfläche **Hilfe**.

Das Microsoft Dynamics CRM-Hilfemenü erscheint. Die Microsoft Dynamics CRM-Hilfe zeigt eine Liste von Themen an, die mit der Seite zu tun haben, von der aus Sie die Hilfe aufgerufen haben.

Sie können auf jedes beliebige Thema klicken, um die entsprechenden Informationen zu erhalten.

2. Klicken Sie im Menübereich auf die Schaltfläche **Inhaltsverzeichnis einblenden**. Die Schaltfläche sieht genauso aus wie die **Hilfe**-Schaltfläche.

   Links wird das Inhaltsverzeichnis nach Kategorien geordnet angezeigt, wie das Inhaltsverzeichnis in einem Buch. Wenn Sie auf eine Kategorie klicken (durch ein kleines Buch dargestellt), werden die dazugehörigen Hilfethemen angezeigt.

3. Klicken Sie im Bereich **Inhalt** auf verschiedene Kategorien und Themen. Klicken Sie dann auf die Schaltflächen **Vor** und **Zurück**, um sich zwischen den bereits angesehenen Themen zu bewegen.

4. Klicken Sie oben im Microsoft Dynamics CRM-Hilfefenster auf das Feld **Nach Hilfethemen suchen**, geben Sie ein Stichwort ein und drücken Sie die Eingabetaste.

   Das Microsoft Dynamics CRM-Hilfefenster zeigt Themen an, die zu den angegebenen Stichwörtern passen.

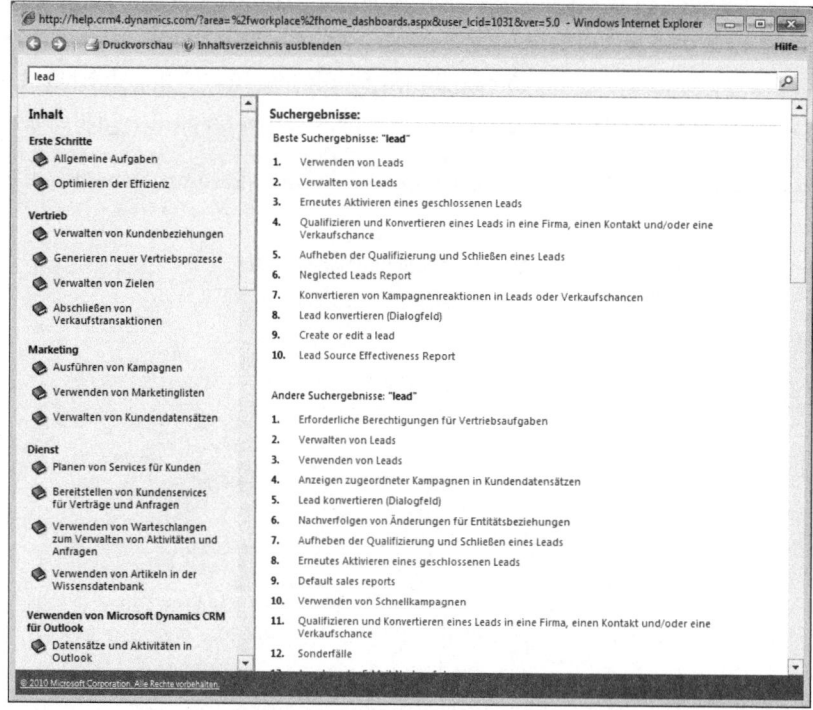

ABSCHLUSS   Schließen Sie das Microsoft Dynamics CRM-Hilfefenster.

Weitere Informationen

Wenn Sie eine Fragen zu Microsoft Dynamics CRM oder einem anderen Microsoft-Produkt haben und die Antwort nicht im Hilfesystem finden können, suchen Sie bitte nach weiteren Lösungen in der Microsoft-Knowledgebase unter:

http://support.microsoft.com

In den USA werden Fragen, die nicht durch Knowledgebase-Artikel gelöst werden können, vom Microsoft-Produktservice beantwortet. Länderabhängige Optionen für den Produktsupport finden Sie unter:

http://support.microsoft.com/gp/selfoverview/

Sie können auch auf den Link für das Ressourcencenter klicken, den Sie normalerweise oben links in Microsoft Dynamics CRM finden. Sie erhalten diese Informationen auch im Internet:

https://rc.crm.dynamics.com/rc/2011/en-us/online/default.aspx

Danksagung

Wir danken allen Personen, die uns dabei geholfen haben, dieses Buch zu verwirklichen. Sollten wir versehentlich jemand übergehen, entschuldigen wir uns bereits jetzt dafür. Wir danken den Mitgliedern des Microsoft Dynamics CRM-Produktteams, den Kollegen von Sonoma Partners und den Freunden, die uns bei der einen oder anderen Sache in diesem Buchprojekt behilflich waren:

Andrew Bybee	Abhijit Gore	Girish Raja
Matt Cooper	Mahesh Hariharan	Derik Stenerson
Maureen Carmichael	Steven Kaplan	Jason Tyner
Jim Daly	Amy Langlois	Praveen Upadhyay
Stephanie Dart	Humberto Lezama Guadarrama	Sandhya Vankamamidi
Richard Dickinson	Nick Patrick	Renee Wesberry
Neil Erickson	Manbhawan Prasad	

Natürlich danken wir auch unseren Ansprechpartnern bei Microsoft Press, die sich für dieses Buch eingesetzt haben und uns während des Schreibens und bei der Herausgabe behilflich waren, besonders Devon Musgrave, Todd Merrill und Ben Ryan.

Wir danken Valerie Woolley dafür, dass sie sich um die Redaktion und die Produktion gekümmert für eine erfolgreiche Auslieferung gesorgt hat. Wir danken auch Kathy Krause und den weiteren Mitgliedern des OTSI-Teams, die Beiträge zu unserem Buch geleistet haben.

Schließlich möchten wir Jen Ford danken. Als technische Lektorin dieses Buchs hat Jen rund um die Uhr gearbeitet, um die fachliche Korrektheit des Texts zu prüfen. Dazu gehörte auch, alle Verfahren nachzuvollziehen und zu testen und die Fakten nachzuprüfen.

Danksagung von Mike Snyder

Ich danke meiner Frau Gretchen, die mich während des gesamten Projekts unterstützt hat. Dieses Buch zu schreiben kostete mich viel Zeit neben und über meine normalen beruflichen Verpflichtungen hinaus. Ich danke für ihre Unterstützung. Ein besonderes Dankeschön an Neil Erickson, Jason Tyner und Praveen Upadhyay, die mir dabei geholfen haben, eine ganze Reihe von Umgebungen für Microsoft Dynamics CRM-Outlook-Clients zu prüfen und Fehler zu suchen. Schließlich danke ich allen Kollegen bei Sonoma Partners, die mir Zeit und Verständnis für die Arbeit an diesem Buch einräumten.

Danksagung von Jim Steger

Ich danke meiner Frau Heidi für ihre unermüdliche Unterstützung bei diesem Unterfangen. Ich danke außerdem Neil Erickson, Jason Tyner und Andrew Bybee für ihre Mühen, uns die verschiedenen Softwarestände zu besorgen, ohne die wir dieses Buch nicht so schnell fertig gestellt hätten. Von vielen Mitgliedern des Microsoft Dynamics CRM-Produktteams habe ich ebenfalls wertvolle Hinweise erhalten, wofür ich mich ebenfalls bedanken möchte. Schließlich danke ich meinen Kollegen bei Sonoma Partners für ihre Hilfe bei diesem Projekt.

Danksagung von Brendan Landers

Ich danke allen Personen, die es erst möglich gemacht haben, dieses Buch zu schreiben, besonders meiner Frau Jennifer und meinen Töchtern Caily, Shannon und Cassidy, die mir die Zeit einräumten, an diesem Projekt zu arbeiten. Ich danke außerdem all meinen Kollegen bei Sonoma Partners für ihre Unterstützung beim Schreiben dieses Buchs, besonders Neil Erickson und Jen Ford, die mir bei einer ganzen Reihe von Herausforderungen auf dem Weg zum Ziel geholfen haben.

Teil I
Überblick

In diesem Teil:

Kapitel 1	Einführung in Microsoft Dynamics CRM	23
Kapitel 2	Erste Schritte in Microsoft Dynamics CRM	35
Kapitel 3	Mit Firmen und Kontakten arbeiten	57
Kapitel 4	Mit Aktivitäten und Notizen arbeiten	75
Kapitel 5	Microsoft Dynamics CRM für Outlook	97

Kapitel 1

Einführung in Microsoft Dynamics CRM

In diesem Kapitel:

Was ist Microsoft Dynamics CRM?	25
Bereitstellungsoptionen für Microsoft Dynamics CRM	27
Integration in andere Microsoft-Produkte	28
Anmelden bei Microsoft Dynamics CRM Online	28
Anmelden bei Microsoft Dynamics CRM	30
Microsoft Dynamics CRM über Outlook nutzen	31
Microsoft Dynamics CRM über Mobile Express nutzen	32
Zusammenfassung	34

In diesem Kapitel lernen Sie:

- Die wesentlichen Konzepte von Microsoft Dynamics CRM
- Die drei Bereitstellungsmodelle für Microsoft Dynamics CRM
- Die Integration anderer Softwareprodukte von Microsoft in Microsoft Dynamics CRM
- Die Anmeldung bei Microsoft Dynamics CRM Online
- Die Anmeldung bei Microsoft Dynamics CRM
- Zugreifen auf Microsoft Dynamics CRM über Microsoft Dynamics CRM für Outlook
- Die Anmeldung bei Microsoft Dynamics CRM über Mobile Express

Jede erfolgreiche Organisation stützt sich beim Verkauf von Produkten und Dienstleistungen auf ihre Kundenbasis. Unternehmen, die die verschiedenen Interaktionen mit ihren Kunden verfolgen wollen, stellen häufig ein Softwaresystem für die Verwaltung von Kundenbeziehungen (Customer Relationship Management, CRM) bereit. Damit erreichen sie Folgendes:

- Eine Rundumdarstellung der Kundenbeziehung
- Die Automatisierung häufiger Geschäftsprozesse, um manuelle Aufgaben und häufige Arbeitsabläufe zu reduzieren
- Konsistentere Kundenerfahrungen durch Rationalisierung der Interaktion mit Kunden
- Die Möglichkeit der Messung und Berichterstattung über wichtige Kennzahlen für das Unternehmen, um geschäftliche und strategische Entscheidungen zu optimieren

CRM-Softwaresysteme gibt es schon seit vielen Jahren, aber die meisten stehen im Ruf, schwierig in der Bedienung zu sein. Microsoft Dynamics CRM behebt die Probleme früherer CRM-Systeme: Es ist einfach zu benutzen und behält gleichzeitig die Flexibilität und die technische Plattform bei, die die meisten Unternehmen benötigen. Microsoft Dynamics CRM arbeitet mit den meisten Programmen zusammen, die Unternehmen heute einsetzen, zum Beispiel Microsoft Outlook, Microsoft Word und Microsoft Excel. Die Benutzer brauchen keine neue Anwendung zu erlernen, um die Daten von Microsoft Dynamics CRM aufzuzeichnen und mit ihnen zu arbeiten, sondern können die Produktivitätswerkzeuge, deren Verwendung ihnen bei anderen täglichen Funktionen bekannt ist, weiter verwenden. Die jüngste Version von Microsoft Dynamics CRM bietet neue Merkmale wie Visualisierung sowie eine verbesserte Benutzeroberfläche, die die Erfahrungen der Endbenutzer so angenehm wie möglich machen soll.

In diesem Kapitel erfahren Sie etwas über die Kernkonzepte von Microsoft Dynamics CRM. Außerdem lernen Sie die verschiedenen Zugriffsmethoden für Microsoft Dynamics CRM und andere Microsoft-Produkte kennen, die mit Microsoft Dynamics CRM verzahnt sind.

Übungsdateien

Zu diesem Kapitel gibt es keine Übungsdateien.

Fehlersuche

Grafiken und betriebssystembezogene Anleitungen in diesem Buch beziehen sich auf die Benutzeroberfläche von Windows 7. Läuft Ihr Computer unter Windows XP und haben Sie Schwierigkeiten, wenn Sie die Anleitungen wie vorgegeben befolgen, sollten Sie den Abschnitt »*Informationen für Leser mit Windows XP*« am Anfang dieses Buches lesen.

TIPP Viele Beispiele in diesem Buch verwenden die Musterdaten, die zu Microsoft Dynamics CRM gehören. Sie müssen diese Musterdaten nicht benutzen, werden sie aber möglicherweise für Schulungs- oder Testzwecke hilfreich finden. Nehmen Sie Kontakt mit Ihrem Systemadministrator auf, um die Musterdaten zu installieren.

WICHTIG Die in diesem Buch verwendeten Bilder geben die vorgegebenen Formular- und Feldnamen in Microsoft Dynamics CRM wieder. Da die Software umfangreiche Anpassungsmöglichkeiten bietet, ist es möglich, dass manche Datensatztypen oder Felder in Ihrer Microsoft Dynamics CRM-Umgebung anders beschriftet wurden. Wenn Sie die erwähnten Formulare oder Felder nicht finden, sollten Sie den Systemadministrator um Hilfe bitten.

WICHTIG Um die Übungen in diesem Buch durchzuarbeiten, müssen Sie den Speicherort Ihrer Microsoft Dynamics CRM-Website kennen. Überprüfen Sie die Webadresse mithilfe des Systemadministrators, wenn Sie sie nicht wissen.

Was ist Microsoft Dynamics CRM?

Microsoft Dynamics CRM ist eine Unternehmensanwendung, mit der Firmen beliebiger Größe die Interaktion mit Kunden verfolgen und handhaben sowie darüber berichten können. Es ist Bestandteil der Marke Microsoft Dynamics, die mehrere Softwareprodukte anbietet, um Unternehmen bei der Automatisierung und Rationalisierung verschiedener Tätigkeiten zu unterstützen, beispielsweise bei Finanzanalysen, Kundenbeziehungen, Handhabung von Lieferketten, Herstellung, Bestandshaltung, Personalverwaltung usw.

Microsoft Dynamics CRM besteht im Wesentlichen aus folgenden drei Modulen:

- Vertrieb
- Marketing
- Service

Innerhalb jedes Moduls können Sie mit Microsoft Dynamics CRM Kundendaten verschiedener Art verfolgen, wie die folgende Tabelle zeigt.

Vertrieb	Marketing	Service
Firmen	Firmen	Firmen
Kontakte	Kontakte	Kontakte
Lead	Lead	Servicekalender
Verkaufschancen	Marketinglisten	Anfragen
Marketinglisten	Kampagnen	Wissensdatenbank
Wettbewerber	Produkte	Verträge
Produkte	Vertriebsdokumentation	Produkte
Vertriebsdokumentation	Schnellkampagnen	Service
Quoten		Ziele
Bestellungen		Rollup-Abfragen
Rechnungen		Zielkennzahlen

Vertrieb	Marketing	Service
Schnellkampagnen		
Ziele		
Zielkennzahlen		
Rollup-Abfragen		

Vielleicht möchte Ihre Firma nur einige dieser Daten über Ihre Kunden verfolgen, andere treffen möglicherweise für Ihr Unternehmen nicht zu. Obwohl Microsoft Dynamics CRM nur diese drei Module umfasst, erweitern viele Firmen die Software, um verwandte Daten anderer Art zu verfolgen, zum Beispiel Projekte, Statusberichte, Ereignisse, Einrichtungen usw. Die Flexibilität der Plattform Microsoft Dynamics CRM erlaubt es Unternehmen, Daten fast jeder Art festzuhalten, die ihre Kunden betreffen. Außer zur Verwaltung von Kundendaten können Sie es einsetzen, um Informationen über Ihre Perspektiven, Partner, Anbieter, Lieferanten und weitere derartige Parteien aufzuzeichnen.

> **TIPP** Wenn Unternehmen Microsoft Dynamics CRM zur Verfolgung nicht üblicher Vertriebs-, Marketing- und Dienstleistungsdaten einsetzen, hören Sie vielleicht den Begriff »xRM«, der sich auf die Verwendung des flexiblen und erweiterbaren Frameworks von Microsoft Dynamics CRM zum Erstellen von Branchenanwendungen bezieht. xRM ist kein eigenes Produkt, sondern beschreibt, wie Unternehmen das Microsoft Dynamics CRM-System zur Verfolgung nicht üblicher CRM-Daten einsetzen können.

Microsoft Dynamics CRM ist eine webgestützte Anwendung, die auf der Technologieplattform .NET Framework von Microsoft aufbaut. Aufgrund seiner nativen Webarchitektur ist der Zugriff darauf über den Windows-Webbrowser Internet Explorer möglich. Ein weiterer möglicher Zugriffspunkt neben dem Web ist Outlook, vorausgesetzt, Ihr Administrator hat auf Ihrem Rechner Microsoft Dynamics CRM für Outlook installiert.

> **Fehlersuche**
> Da Microsoft Dynamics CRM für Outlook optional ist, können Sie möglicherweise nicht über Outlook auf Microsoft Dynamics CRM zugreifen. Bitten Sie in diesem Fall Ihren Systemadministrator, es auf Ihrem Computer zu installieren.

Das Programm Microsoft Dynamics CRM für Outlook wird in zwei verschiedenen Versionen geliefert:

- **Microsoft Dynamics CRM für Outlook**   Diese Version ist für die Verwendung auf stationären Rechnern oder Notebooks gedacht, die durchgehend mit dem Microsoft Dynamics CRM-Server verbunden bleiben.

- **Microsoft Dynamics CRM für Outlook mit Offlinezugriff**   Diese Version ist für Laptopbenutzer gedacht, die die Verbindung zum Microsoft Dynamics CRM-Server beenden müssen, aber dennoch offline mit Microsoft Dynamics CRM-Daten arbeiten, genauso, wie sie Outlook für die Verwaltung von E-Mails, Kontakten, Aufgaben und Terminen einsetzen, während sie ohne Internetverbindung arbeiten. Die Begriffe, mit denen Microsoft Dynamics CRM die Vorgänge des Verbindens und Trennens vom Server bezeichnet, lauten »online gehen« und »offline gehen«. Die Offlineversion von Microsoft Dynamics CRM für Outlook ermöglicht Ihnen, ohne Internetanschluss mit Microsoft Dynamics CRM-Daten zu arbeiten. Wenn Sie anschließend wieder Verbindung mit dem Server aufnehmen, synchronisiert die Software Ihre Änderungen mit der Hauptdatenbank.

> **TIPP** Wenn wir in diesem Buch von Microsoft Dynamics CRM für Outlook sprechen, meinen wir sowohl die Standard- als auch die Offlineversion. Die beiden Clients bieten fast identische Funktionen abgesehen davon, dass die Version mit Offlinezugriff den Benutzern das Arbeiten ermöglicht, während sie vom Microsoft Dynamics CRM-Server getrennt sind.

Auf fast alle Funktionen des Microsoft Dynamics CRM-Systems können Sie entweder über den Webclient oder über Microsoft Dynamics CRM für Outlook zugreifen. Deshalb haben Sie die Wahl, welche Benutzeroberflächenmethode Sie bevorzugen. Mit Microsoft Dynamics CRM können Sie außerdem Ihre E-Mails, Aufgaben, Kontakte und Termine aus Outlook in Ihr Microsoft Dynamics CRM-System übertragen.

Der Zugriff auf Microsoft Dynamics CRM ist nicht nur von Ihrem Computer, sondern auch über ein internetfähiges Mobilgerät möglich, beispielsweise ein Mobiltelefon, wenn Sie das Modul Mobile Express verwenden. Dieses erlaubt den Zugriff auf dieselben Daten wie der Webclient und Microsoft Dynamics CRM für Outlook, liefert aber rationalisierte und einfache Webseiten, die gezielt für Handgeräte formatiert sind. Der mobile Zugriff auf Microsoft Dynamics CRM kann sich als sehr praktisch erweisen, wenn Sie gängige Aufgaben wie das Nachsehen einer Telefonnummer oder Adresse eines Kontakts erledigen müssen, während sie nicht an Ihrem Computer sitzen.

> **WICHTIG** Um über Mobile Express auf Microsoft Dynamics CRM zuzugreifen, muss Ihr Mobilgerät Internetzugang haben und Mobile Express für Ihr System aktiviert sein.

Bereitstellungsoptionen für Microsoft Dynamics CRM

Microsoft Dynamics CRM ist in der Welt der Verwaltung von Kundenbeziehungen einzigartig, weil es eine der wenigen Anwendungen ist, die Unternehmen mehrere Wahlmöglichkeiten für die Installation und die Bereitstellung bietet. Es gibt drei Bereitstellungsoptionen:

- **Microsoft Dynamics CRM Online** Bei dieser Bereitstellung setzt ein Unternehmen die Software Microsoft Dynamics CRM über das Internet auf Servern ein, die bei Microsoft gehostet werden.

- **In den Geschäftsräumen** Bei dieser Option kauft das Unternehmen die Software Microsoft Dynamics CRM und installiert sie in seinem lokalen Netzwerk. Je nach Konfiguration können die Mitarbeiter möglicherweise auch über das Internet auf das Microsoft Dynamics CRM-System zugreifen.

- **Bei einem Partner gehostet** Bei dieser Option stellt das Unternehmen die Software Microsoft Dynamics CRM in der Hostingumgebung eines Partners bereit.

Anfang 2011 hat Microsoft neue Versionen von Microsoft Dynamics CRM herausgebracht, die für alle drei Bereitstellungsmodelle gelten. Diese neueste Version behält für die erste Option den Namen Microsoft Dynamics CRM Online bei, heißt für die zweite und dritte jedoch Microsoft Dynamics CRM 2011. Die Systemfunktionen sind bei allen drei Bereitstellungsoptionen fast identisch, aber es gibt gewisse Unterschiede. Die Beispiele in diesem Buch gelten für alle drei Optionen. Falls erforderlich, heben wir die Softwarebereiche hervor, in denen sie je nach Bereitstellungsart voneinander abweichen.

Integration in andere Microsoft-Produkte

Außer der in diesem Kapitel bereits erörterten Verzahnung mit Microsoft Outlook ist Microsoft Dynamics CRM in mehrere andere Anwendungen von Microsoft integriert:

- **Excel**   Sie können Ihre Microsoft Dynamics CRM-Daten mit einem einzigen Klick nach Excel exportieren und Excel-Dateien erstellen, die dynamisch aktualisiert werden, wenn sich die Daten im Microsoft Dynamics CRM-System ändern. Sie können die Daten auch nach dem Export in Excel aktualisieren und dann nach Microsoft Dynamics CRM reimportieren. Die Bearbeitung großer Datenmengen in Excel ist häufig angenehmer, weil viele Benutzer damit gut umgehen können.

- **Word**   Sie können Word benutzen, um zum Beispiel Briefe und Umschläge an Ihre Kunden zu erstellen, indem Sie in Microsoft Dynamics CRM eine Zusammenführung von Postdaten durchführen. Diese Integration gibt Ihnen auch die Möglichkeit, Kopien der zusammengeführten Dokumente zu speichern.

- **Microsoft Lync (früher Office Communications Server)**   Sie können direkt in Microsoft Dynamics CRM auf Lync-Merkmale (beispielsweise Instant Messaging und Anwesenheitsdaten) zugreifen, um die Zusammenarbeit im Team zu verbessern.

- **Microsoft SharePoint Server**   Wenn Ihre Firma SharePoint Server einsetzt, können Sie es mit Microsoft Dynamics CRM verbinden, um die Dokumentbibliotheksfunktionen von SharePoint zu nutzen. Diese Integration sorgt für ein rationelles Benutzerumfeld, in dem der Benutzer häufige Aufgaben wie die Prüfung ein- und ausgehender Dokumente über die Microsoft Dynamics CRM-Oberfläche durchführen kann (ohne auf eine SharePoint-Website in einem eigenen Fenster wechseln zu müssen).

Anmelden bei Microsoft Dynamics CRM Online

Bevor Sie Microsoft Dynamics CRM einsetzen können, müssen Sie sich bei der Software anmelden. Wie Sie auf Microsoft Dynamics CRM zugreifen, hängt davon ab, für welche Art der Bereitstellung sich Ihre Firma entschieden hat. Wenn Sie nicht sicher sind, wie Sie vorgehen sollen, nehmen Sie Kontakt zu Ihrem Systemadministrator auf. In der folgenden Übung geht es darum, sich bei Microsoft Dynamics CRM Online anzumelden. Im nächsten Abschnitt melden Sie sich über den Webclient bei der Microsoft Dynamics CRM-Bereitstellung in den Geschäftsräumen an. Wählen Sie die für Ihr Bereitstellungsmodell passende Übung aus.

> **TIPP**   Die Vorgehensweise beim Zugriff auf die bei einem Partner gehostete Bereitstellung von Microsoft Dynamics CRM ist ähnlich wie bei der Bereitstellung in den Geschäftsräumen. Wenn sich Ihre Organisation für dieses Modell entschieden hat, führen Sie die Schritte in der betreffenden Übung durch, um sich bei Microsoft Dynamics CRM anzumelden.

Wenn Ihre Firma die bei Microsoft gehostete Version der Software über Microsoft Dynamics CRM Online verwendet, müssen Sie sich mit Ihrer Windows Live ID beim System anmelden. Manche Benutzer halten Windows Live ID für eine bequeme Authentifizierungsmethode, weil sie für zahlreiche Websites im Internet denselben Benutzernamen und dasselbe Kennwort verwenden können. In der folgenden Übung melden Sie sich bei Microsoft Dynamics CRM Online an.

VORBEREITUNG   Starten Sie den Webbrowser Internet Explorer.

1. Geben Sie in der Adressleiste folgende Webadresse (auch URL genannt) ein: *http://crm.dynamics.com*.
2. Klicken Sie auf die rote Schaltfläche *Anmeldung für Kunden*.

Anmelden bei Microsoft Dynamics CRM Online

3. Geben Sie die E-Mail-Adresse und das Kennwort Ihrer Windows Live ID ein.

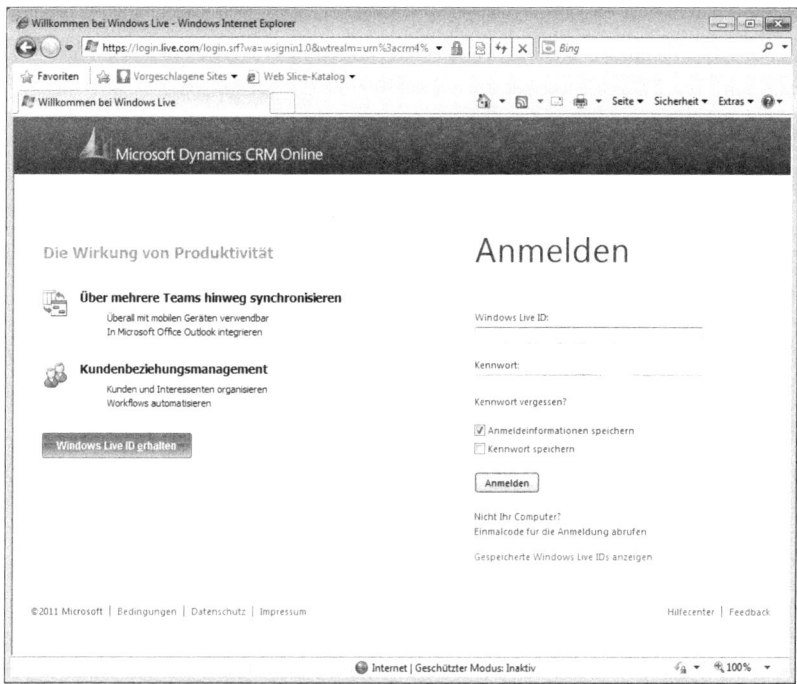

4. Klicken Sie auf **Anmelden**.

Die Dashboard-Seite von Microsoft Dynamics CRM Online erscheint.

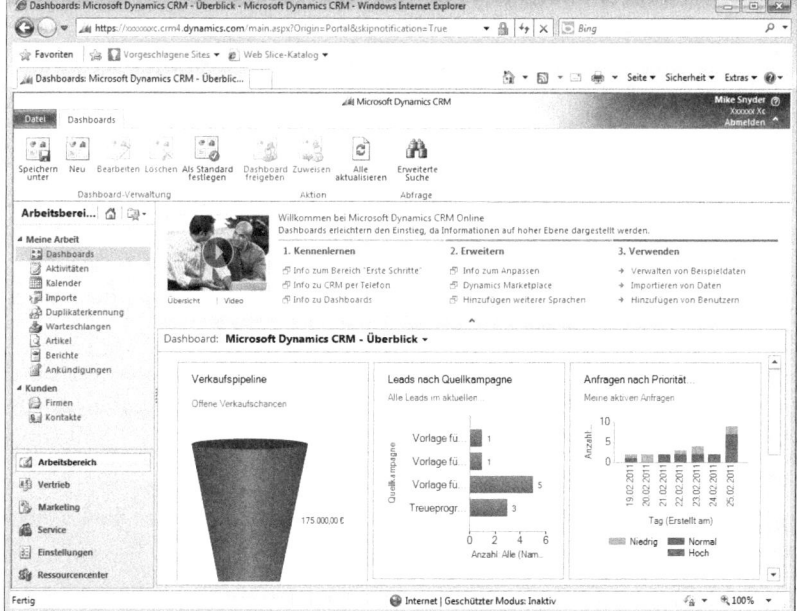

Anmelden bei Microsoft Dynamics CRM

Wenn Ihre Firma nicht Microsoft Dynamics CRM Online einsetzt, läuft die Anmeldung bei Microsoft Dynamics CRM anders ab. Welche Schritte Sie genau durchführen, hängt davon ab, wie Ihr Systemadministrator das Programm eingerichtet hat, aber die beiden folgenden Methoden sind die gängigsten:

- Anmeldung aus dem Firmennetzwerk
- Anmeldung von einer externen, dem Internet zugewandten Adresse (zum Beispiel einer .com- oder .net-Website)

Nachdem Sie Ihren Systemadministrator kontaktiert und die Webadresse Ihres Microsoft Dynamics CRM-Systems erfahren haben, können Sie sich mit den folgenden Schritten dieser Übung anmelden.

VORBEREITUNG Öffnen Sie den Webbrowser Internet Explorer.

1. Geben Sie in der Adressleiste von Internet Explorer die Webadresse (den URL) Ihrer Microsoft Dynamics CRM-Site ein: *http://<ihrcrmserver/organisation>*. Der Teil *<ihrcrmserver/organisation>* des URLs enthält Namen und Organisationsnamen der Microsoft Dynamics CRM-Site, die Sie für die Übungen in diesem Buch benutzen. Je nachdem, wie Ihr Microsoft Dynamics CRM-Server eingerichtet ist, müssen Sie möglicherweise auch den Organisationsteil in die Adressleiste eingeben.

2. Wenn Sie sich von Ihrem Firmennetzwerk aus anmelden, sollte Microsoft Dynamics CRM Sie automatisch anmelden. Wenn Sie trotzdem aufgefordert werden, geben Sie einfach Ihren Benutzernamen und Ihr Kennwort ein.

3. Wenn Sie sich von einer externen, dem Internet zugewandten Adresse aus anmelden, geben Sie Ihren Benutzernamen und Ihr Kennwort in diesem Fenster ein.

   Möglicherweise sieht Ihr Anmeldebildschirm aufgrund der Systemkonfiguration anders aus als die folgende Grafik. Nehmen Sie ggf. Kontakt mit Ihrem Systemadministrator auf, um organisationsspezifische Anmeldeanweisungen zu erhalten.

4. Klicken Sie auf **OK**.

   Die Startseite Ihres Microsoft Dynamics CRM-Systems erscheint. Standardmäßig ist es die Dashboard-Seite.

Microsoft Dynamics CRM über Outlook nutzen

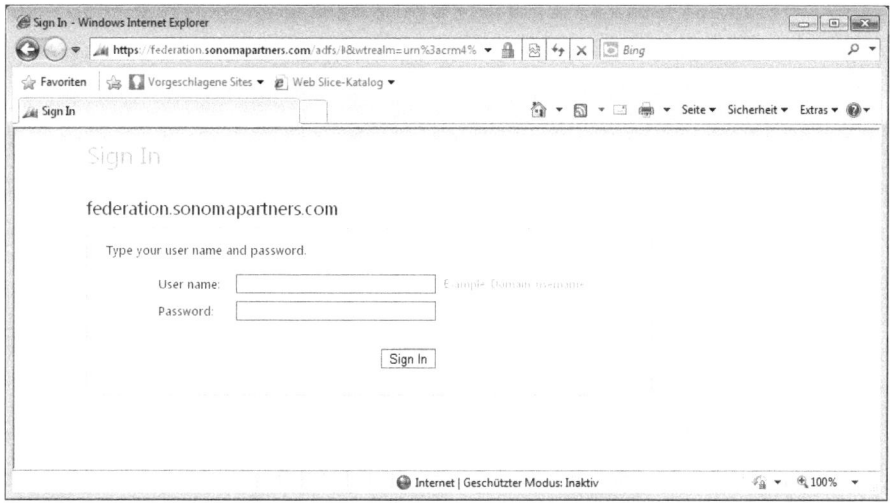

Microsoft Dynamics CRM über Outlook nutzen

Außer dem Webclient kann Outlook zum Zugreifen auf Microsoft Dynamics CRM verwendet werden. Viele Benutzer finden dies besonders bequem, weil sie bereits viel Zeit mit der Arbeit in Outlook verbringen. Die Verzahnung von Microsoft Dynamics CRM mit Outlook führt dazu, dass Sie mit einer einzigen Anwendung sämtliche Vertriebs-, Marketing- und Serviceinformationen für Ihre Kunden verwalten können. Viele konkurrierende CRM-Anwendungen verlangen, dass die Benutzer eine zweite Anwendung öffnen, um auf ihre Kundendaten zuzugreifen. Die Integration von Outlook mit Microsoft Dynamics CRM ist ein einzigartiger Vorteil der Software, der die Benutzer in einer vertrauten Anwendung effizienter arbeiten lässt.

In der folgenden Übung greifen Sie über Outlook auf Microsoft Dynamics CRM zu.

> **Weitere Informationen**
>
> Weitere Informationen über die Integration von Microsoft Dynamics CRM und Outlook finden Sie in Kapitel 5, »*Microsoft Dynamics CRM für Outlook*«.

VORBEREITUNG Überzeugen Sie sich, dass Ihr Systemadministrator das Programm Microsoft Dynamics CRM für Outlook auf Ihrem Computer installiert hat, bevor Sie mit der Übung beginnen.

1. Starten Sie Outlook. Sie sehen, dass Microsoft Dynamics CRM eine Registerkarte **CRM** in das Menüband eingefügt hat. Außerdem sehen Sie auf der Registerkarte **Start** die Gruppe **CRM** mit Schaltflächen wie **Verfolgen** und **Bezug festlegen** für die Module **E-Mail**, **Kontakte**, **Kalender** und **Aufgaben**.

2. Im Outlook-Navigationsbereich finden Sie neben den Schaltflächen **E-Mail**, **Kontakte** und **Kalender** eine Schaltfläche mit dem Namen Ihrer Microsoft Dynamics CRM-Organisation. Klicken Sie auf die Schaltfläche, die den Namen Ihrer Organisation trägt.
3. Erweitern Sie in der Ordnerliste den Ordner **Arbeitsbereich**.
4. Erweitern Sie den Ordner **Meine Arbeit** und klicken Sie auf den Ordner **Aktivitäten**. Damit öffnen Sie eine Liste der Microsoft Dynamics CRM-Aktivitäten. Es sind dieselben, die Sie sehen, wenn Sie sich über den Webclient bei Microsoft Dynamics CRM anmelden.

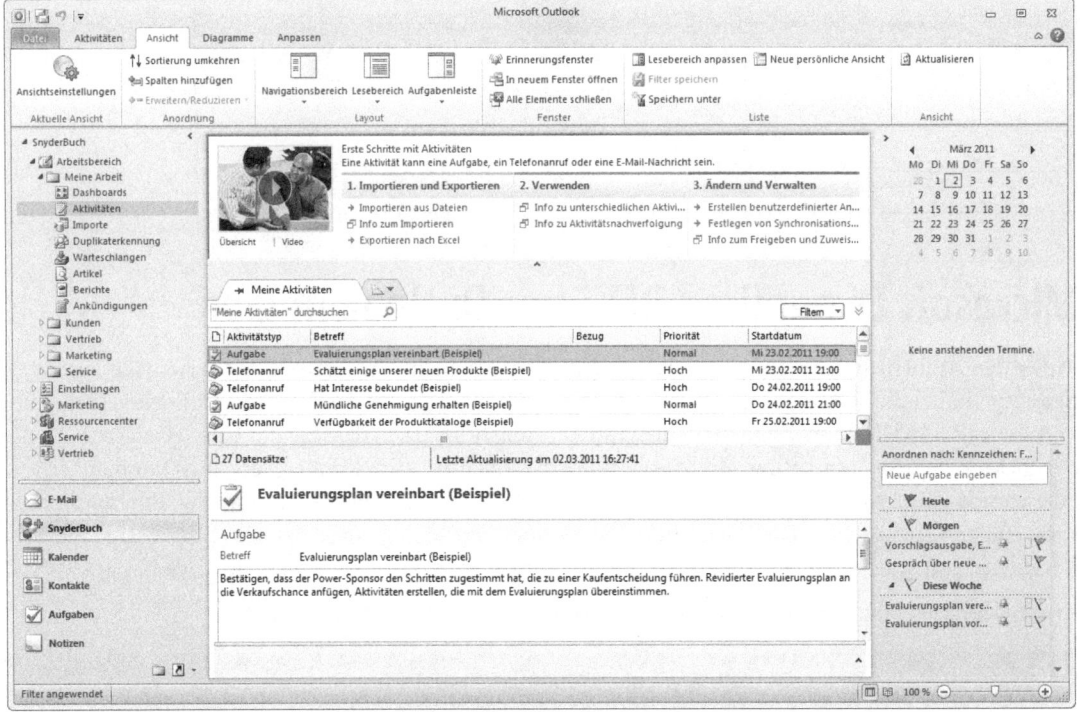

Microsoft Dynamics CRM über Mobile Express nutzen

Müssen Sie auf Ihr Microsoft Dynamics CRM-System zugreifen, während Sie weder im Büro noch an Ihrem Computer sind, können Sie mithilfe des Moduls Mobile Express über ein internetfähiges Gerät, etwa ein Mobiltelefon, auf das System gelangen. Mobile Express stellt Webseiten in einem abgespeckten Format dar, das gezielt für kleine Bildschirme und eine Vielzahl mobiler Webbrowser entworfen wurde, sodass Sie mit den meisten internetfähigen Mobiltelefonen darauf zugreifen können (auch mit solchen, die keine Microsoft-Software verwenden).

VORBEREITUNG Überzeugen Sie sich davon, dass Ihr Systemadministrator Mobile Express für Ihr Microsoft Dynamics CRM-System aktiviert hat, bevor Sie mit der Übung beginnen.

1. Öffnen Sie auf Ihrem Mobilgerät den Webbrowser.

Microsoft Dynamics CRM über Mobile Express nutzen

2. Geben Sie in Ihrem mobilen Webbrowser die Adresse Ihrer Microsoft Dynamics CRM-Site und im Anschluss daran */m* ein. Lautet Ihre Microsoft Dynamics CRM-Webadresse zum Beispiel *http://sonoma3.crm.dynamics.com*, sollten Sie Folgendes in die Adressleiste schreiben: *http://sonoma3.crm.dynamics.com/m*.

3. Wenn Sie Microsoft Dynamics CRM Online verwenden, müssen Sie Benutzernamen und Kennwort Ihrer Windows Live ID eingeben. Klicken Sie anschließend auf **Anmelden**.

4. Bei einer Bereitstellung von Microsoft Dynamics CRM in den Geschäftsräumen oder bei einem Hostingprovider sehen Sie einen Anmeldebildschirm, in dem Sie Benutzernamen und Kennwort eingeben müssen.

Klicken Sie danach auf **Anmelden**.

Möglicherweise sieht Ihr Anmeldebildschirm aufgrund der Systemkonfiguration anders aus als die folgende Grafik. Nehmen Sie ggf. Kontakt mit Ihrem Systemadministrator auf, um organisationsspezifische Anmeldeanweisungen zu erhalten.

Nach der Anmeldung wird die Mobile Express-Oberfläche von Microsoft Dynamics CRM eingeblendet.

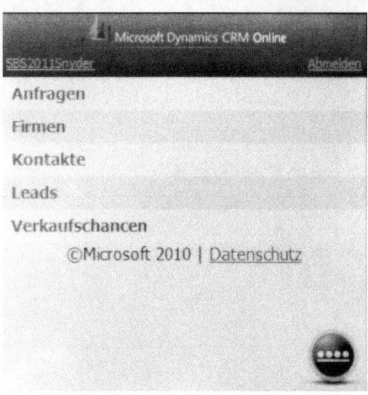

TIPP   Die Liste der Datensätze, die Sie in Mobile Express sehen, sieht je nach Systemkonfiguration anders aus; was Sie vor Augen haben, unterscheidet sich daher von diesen Abbildungen.

Zusammenfassung

- Microsoft Dynamics CRM ist eine webgestützte Anwendung, mit der Unternehmen ihre Kundendaten mühelos verfolgen und verwalten können.
- Sie besteht aus den Modulen **Vertrieb**, **Marketing** und **Service**.
- Sie können über Internet Explorer, Microsoft Dynamics CRM für Outlook oder auf einem Handgerät, beispielsweise einem Mobiltelefon, über Mobile Express auf Microsoft Dynamics CRM-Daten zugreifen.
- Microsoft Dynamics CRM ist mit anderen Microsoft-Produkten wie Word, Excel, Lync und SharePoint-Server verzahnt.

Kapitel 2

Erste Schritte in Microsoft Dynamics CRM

In diesem Kapitel:

Die Microsoft Dynamics CRM-Benutzeroberfläche	36
Mit Datensätzen über Ansichten arbeiten	39
Mehrere Datensätze in einer Ansicht bearbeiten	43
Datensätze mit der Schnellsuche in einer Ansicht finden	45
Eine persönliche Ansicht voreinstellen	46
Auf zuletzt genutzte Datensätze und Ansichten zugreifen	47
Suchansichten und automatische Auflösung verwenden	48
Persönliche Optionen festlegen	52
Das Ressourcencenter benutzen	54
Die Hilfe von Microsoft Dynamics benutzen	54
Zusammenfassung	55

In diesem Kapitel lernen Sie:

- Die Komponenten der Benutzeroberfläche
- Über Microsoft Dynamics CRM-Ansichten mit Datensätzen arbeiten
- Mit der Schnellsuche Datensätze in einer Ansicht suchen
- Suchfelder und die Funktion zur automatischen Auflösung benutzen
- Die persönlichen Optionen nach eigenen Wünschen verändern
- Mithilfe des Ressourcencenters mehr über Microsoft Dynamics CRM erfahren
- Auf die Hilfe zum Programm innerhalb des Systems zugreifen

Bevor wir Ihnen zeigen, wie Sie in Microsoft Dynamics CRM Kundendaten verfolgen und verwalten, möchten wir Ihnen erklären, wo Sie die in diesem Buch angesprochenen Bereiche finden und wie Sie sich durch die Software bewegen. Außerdem erfahren Sie, welche Ressourcen für weitere Informationen über den Umgang mit der Software zur Verfügung stehen.

> **Übungsdateien**
>
> Für dieses Kapitel gibt es keine Übungsdateien.

> **WICHTIG** Die in diesem Buch verwendeten Bilder geben die vorgegebenen Formular- und Feldnamen in Microsoft Dynamics CRM wieder. Da die Software umfangreiche Anpassungsmöglichkeiten bietet, ist es möglich, dass manche Datensatztypen oder Felder in Ihrer Microsoft Dynamics CRM-Umgebung anders beschriftet wurden. Wenn Sie die erwähnten Formulare oder Felder nicht finden, sollten Sie den Systemadministrator um Hilfe bitten.

> **WICHTIG** Um die Übungen in diesem Buch durchzuarbeiten, müssen Sie den Speicherort Ihrer Microsoft Dynamics CRM-Website kennen. Überprüfen Sie die Webadresse mithilfe des Systemadministrators, wenn Sie sie nicht wissen.

Die Microsoft Dynamics CRM-Benutzeroberfläche

Meistens greifen Sie über eine der beiden primären Benutzeroberflächen auf Microsoft Dynamics CRM zu: den Webclient oder Microsoft Dynamics CRM für Outlook. Die Übungen und Beispiele in diesem Kapitel benutzen, soweit nicht anders angegeben, den Webclient. Kapitel 5, »*Microsoft Dynamics CRM für Outlook*«, erläutert die Besonderheiten der Systemnavigation in der Outlook-Benutzeroberfläche. Damit Sie leichter verstehen, wie Sie sich in der Software bewegen, werden hier die verschiedenen Komponenten der Weboberfläche beschrieben.

Die Benutzeroberfläche besteht aus folgenden Teilen:

- **Menüband** Das Menüband enthält Schaltflächen und Registerkarten, mit denen Sie schnell auf Systemaktionen zugreifen können. Wenn Sie Office 2007 oder 2010 von Microsoft benutzt haben, kennen Sie es bereits, weil es auch in den meisten Office-Anwendungen auftaucht. Es ist einzigartig, weil die Schaltflächen und Registerkarten auf der Grundlage dessen, was der Benutzer im System macht, dynamisch aktualisiert werden. Steuern Sie zum Beispiel **Kontakte** an, zeigt das Band andere Schaltflächen und Registerkarten als bei **Verkaufschancen**. Dahinter steht die Vorstellung, dem Benutzer ausgehend von seinem Standort im System die häufigsten Aktivitäten anzuzeigen, was ihm Klicks erspart.

Die Microsoft Dynamics CRM-Benutzeroberfläche

- **Raster** Das Raster zeigt eine Liste mit Datensätzen an. Die einzelnen Datensatzgruppen werden in Microsoft Dynamics CRM als Datensatzansichten bezeichnet. Das Raster besteht aus Datenzeilen und -spalten. Unten im Raster finden Sie Informationen über die Anzahl der Datensätze in der Ansicht. Außerdem enthält es eine Indexleiste, mit deren Hilfe Sie die enthaltenen Datensätze schnell nach Anfangsbuchstaben filtern können. Microsoft Dynamics CRM wendet die Aktionen des Bandes auf die im Raster ausgewählten Datensätze an. Wählen Sie in einem Raster beispielsweise drei Datensätze aus und klicken auf eine Schaltfläche des Bandes, wird die dazugehörige Aktion auf diese drei Datensätze angewendet.

- **Navigationsbereich** Dieser Bereich der Benutzeroberfläche bietet Zugriff auf die verschiedenen Arten von Microsoft Dynamics CRM-Daten. Mit einem Klick auf einen Hyperlink in diesem Bereich wird die betreffende Datensatzgruppe eingeblendet.

- **Anwendungsbereiche** Jeder Anwendungsbereich stellt eine logische Gruppe von Microsoft Dynamics CRM-Datensätzen bereit. Die Standardbereiche heißen **Arbeitsbereich**, **Vertrieb**, **Marketing**, **Service**, **Einstellungen** und **Ressourcencenter**. Klicken Sie auf eine dieser Schaltflächen, aktualisiert Microsoft Dynamics CRM den Anwendungsnavigationsbereich so, dass die in diesem Bereich zusammengefassten Datensätze anzeigt werden.

- **Bereich »Erste Schritte«** Der Bereich »Erste Schritte« enthält hilfreiche Informationen zur Arbeit mit Microsoft Dynamics CRM, die aus unterschiedlichen Inhalten wie Videos, Hyperlinks zu Hilfeseiten oder Links bestehen, die Systemaktionen starten. Der Inhalt des Bereichs »Erste Schritte« wird entsprechend der Art der angezeigten Datensätze dynamisch aktualisiert.

> **TIPP** Sie können den Bereich »Erste Schritte« reduzieren bzw. erweitern, indem Sie auf den Pfeil direkt unterhalb von ihm klicken. Über die persönlichen Optionen lässt er sich außerdem für alle Datensätze ausschalten. Näheres finden Sie unter »Persönliche Optionen« weiter hinten in diesem Kapitel.

- **Ansichtenauswahl** Mit der Ansichtenauswahl können Sie unterschiedliche Datensichten auswählen.
- **Schnellsuche** In diesem Feld können Sie Text eingeben, um bestimmte Datensätze schnell zu finden.
- **Diagramm** Dieser Bereich der Benutzeroberfläche zeigt Diagramme und Graphen an. Welche Daten im Diagramm erscheinen, hängt von der jeweiligen Ansicht ab. Wenn zum Beispiel die Ansicht **Offene Verkaufschancen** ausgewählt ist, zeigt ein Diagramm der wichtigsten Kunden sämtliche offenen Verkaufschancen. Ist dagegen die Ansicht **Meine offenen Verkaufschancen** ausgewählt, sehen Sie im Diagramm nur die Verkaufschancen, die Ihnen gehören. Abhängig von Ihren Daten kann das tatsächliche Aussehen des Diagramms unterschiedlich ausfallen.

TIPP Wie der Bereich »Erste Schritte« lässt sich auch das Diagramm mit einem Klick auf den Pfeil in der rechten oberen Ecke des Diagrammfensters reduzieren bzw. erweitern.

Wenn Sie in Microsoft Dynamics CRM einen Datensatz öffnen, sehen Sie weitere Teile der Benutzeroberfläche.

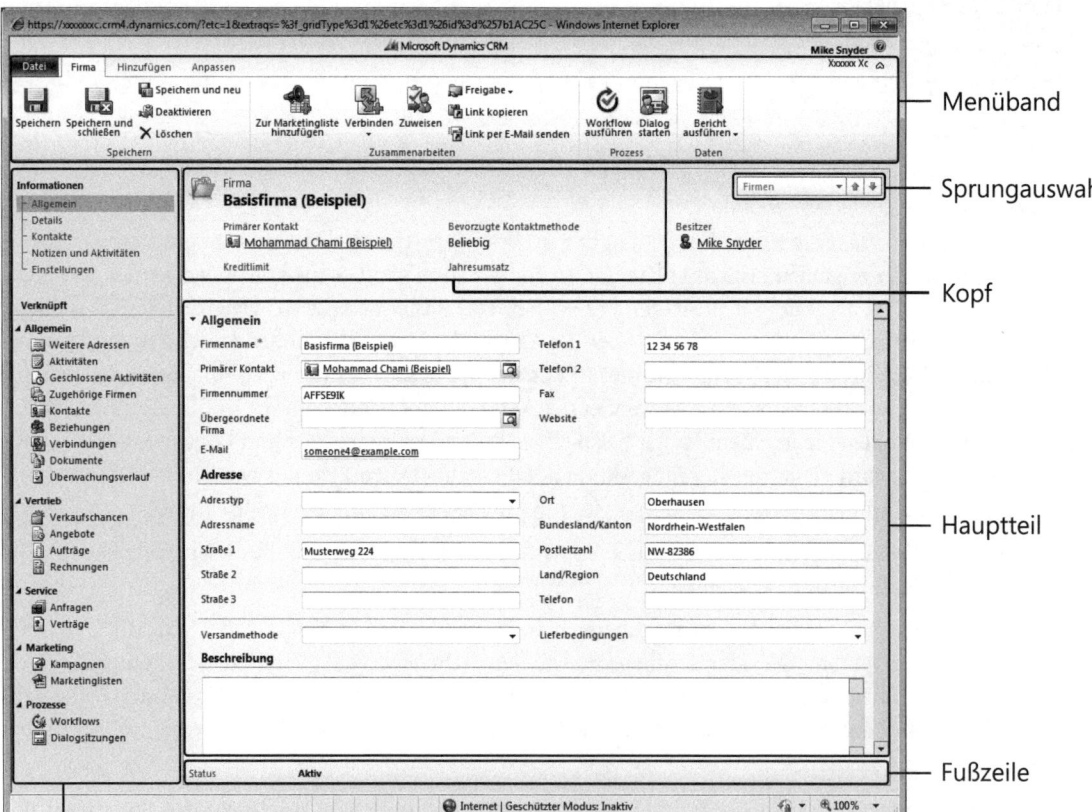

- **Menüband** Genau wie das Band in der Hauptbenutzeroberfläche enthält das Band jedes einzelnen Datensatzes Schaltflächen und Registerkarten, die sich auf die betreffende Datensatzart beziehen.

- **Navigationsbereich für Entitäten**   Wie im Navigationsbereich der Anwendung werden auch in diesem Bereich verschiedene Arten von Microsoft Dynamics CRM-Datensätzen angezeigt. Der Navigationsbereich für Entitäten enthält jedoch nur die mit dem offenen Datensatz verlinkten Datensätze. Klicken Sie zum Beispiel auf den Link **Kontakte** im Entitätennavigationsbereich eines Firmendatensatzes, werden nur die Kontakte dargestellt, bei denen der offene Firmendatensatz als übergeordneter Kunde aufgelistet ist. Sie können im Navigationsbereich nicht nur verwandte Datensätze zeigen, sondern auch auf die Textlinks unterhalb von **Informationen** klicken, um zu bestimmten Teilen des Formulars zu springen.
- **Hauptteil**   Der Hauptteil zeigt die zum offenen Datensatz in Beziehung stehenden Daten an. Manchmal werden die Felder des Entitätsformulars als Attribute bezeichnet.
- **Kopf**   Der Datensatzkopf enthält Daten über den Datensatz und bleibt immer sichtbar, wenn der Datensatz offen ist, auch wenn Sie auf eine der verwandten Entitäten im Navigationsbereich klicken.
- **Fußzeile**   Wie der Kopf bleibt auch die Fußzeile des Datensatzes sichtbar, solange der Datensatz geöffnet ist. Sie können dort bestimmte Datenfelder unterbringen, sodass Sie sie bei der Arbeit mit dem Datensatz ständig vor Augen haben.
- **Sprungauswahl**   Öffnen Sie einen Datensatz aus einer Datenansicht, so können Sie mithilfe der Sprungauswahl schnell zu anderen Datensätzen der Ansicht springen. Wenn Sie auf die Auswahlliste klicken, können Sie eine Liste der Kontakte aus der Ursprungsansicht sehen und einen davon auswählen. Außerdem können Sie mithilfe des Auf- und Abwärtspfeils den vorhergehenden bzw. nächsten Datensatz der Ansicht öffnen.

TIPP   Mithilfe des Tastaturkürzels `Strg` + `>` (rechte spitze Klammer) gelangen Sie zum nächsten, mit `Strg` + `<` (linke spitze Klammer) zum vorhergehenden Datensatz.

Mit Datensätzen über Ansichten arbeiten

Nachdem Sie die Hauptkomponenten der Microsoft Dynamics CRM-Benutzeroberfläche verstanden haben, können Sie anfangen, mit Datensätzen zu arbeiten. Microsoft Dynamics CRM verwendet eine Ansicht, um eine Liste mit Datensätzen in einem Raster anzuzeigen. Sie werden eine Menge Zeit auf die Arbeit mit Ansichten verwenden, weshalb Sie die Hilfsmittel verstehen müssen, die Microsoft Dynamics CRM Ihnen für die Arbeit mit ihnen an die Hand gibt.

Jede Ansicht kann eine unbegrenzte Anzahl von Datensätzen aufnehmen. Microsoft Dynamics CRM unterteilt die Daten der Ansicht in mehrere Seiten mit Datensätzen, sodass Sie auf die Seitenpfeile in der rechten unteren Ecke des Rasters klicken müssen, um auf die übrigen Datensätze in Ihrer Ansicht zuzugreifen. Sind die Pfeile deaktiviert, enthält Ihre Ansicht nur eine Datensatzseite.

TIPP   Obwohl Microsoft Dynamics CRM die Ansicht in mehrere Seiten unterteilt, sehen Sie in der linken unteren Ecke des Rasters die Gesamtzahl der enthaltenen Datensätze. Enthält Ihre Ansicht mehr als 5 000 Datensätze, steht dort lediglich 5000+.

In der folgenden Übung ändern Sie die Datensätze, die im Raster erscheinen, indem Sie eine andere Ansicht der Daten auswählen. Ansichten lassen sich zu verschiedenen Zwecken ändern, beispielsweise, um die Datensätze aus der Ansicht zum Erstellen eines Berichts nach Excel zu exportieren oder um mehrere Datensätze gemeinsam zu bearbeiten.

TIPP Die Breite einer Ansichtspalte können Sie ändern, indem Sie auf die Spaltentrennlinie klicken und sie nach links oder rechts ziehen. Anschließend sehen Sie mehr oder weniger von den Daten des Datensatzes.

VORBEREITUNG Öffnen Sie in Internet Explorer Ihre Microsoft Dynamics CRM-Website, bevor Sie mit dieser Übung beginnen.

1. Klicken Sie in den Anwendungsbereichen auf die Schaltfläche **Vertrieb**.
2. Klicken Sie im Navigationsbereich der Anwendung auf **Firmen**.

   Standardmäßig sehen Sie eine Ansicht aller aktiven Firmendatensätze in Ihrem System, deren Besitzer Sie sind.
3. Klicken Sie auf den Pfeil in der Ansichtenauswahl.

   Microsoft Dynamics CRM öffnet eine Liste der für die Firmenentität verfügbaren Ansichten.

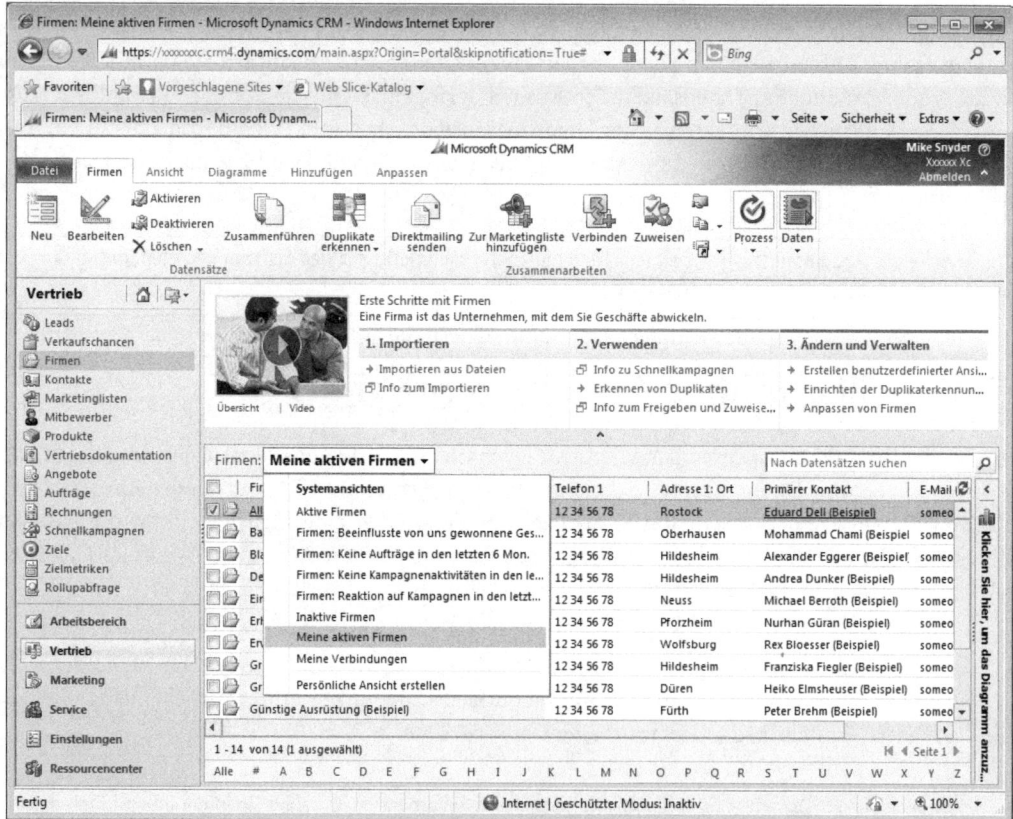

4. Wählen Sie **Aktive Firmen**.

   Microsoft Dynamics CRM ändert die Anzeige so, dass in der Datenbank alle aktiven Firmen angezeigt werden.

Datensätze in einer Ansicht sortieren

In jeder Ansicht können Sie die Datensätze sortieren, um sie in einer bestimmten Reihenfolge zu sehen. Jede Ansicht enthält eine Standardsortierreihenfolge, aber Sie können die Reihenfolge der Datensätze in jedem Raster ändern. Microsoft Dynamics CRM stellt in jeder Ansicht optische Indikatoren bereit, die zeigen, wie die Datensätze sortiert sind. Im Spaltenkopf sehen Sie neben einem der Spaltennamen ein kleines Dreieck, das nach oben oder unten zeigt. Es gibt an, dass die Daten der betreffenden Spalte zum Sortieren der Datensätze verwendet wurden. Ein nach oben zeigendes Dreieck bedeutet, dass die Datensätze in aufsteigender Reihenfolge angezeigt werden (von unten nach oben oder von A bis Z), ein nach unten zeigendes das Gegenteil. Außerdem wird die Spalte mit einem hellblauen Hintergrund dargestellt, um optisch hervorzuheben, dass die Ansicht nach dieser Spalte sortiert ist.

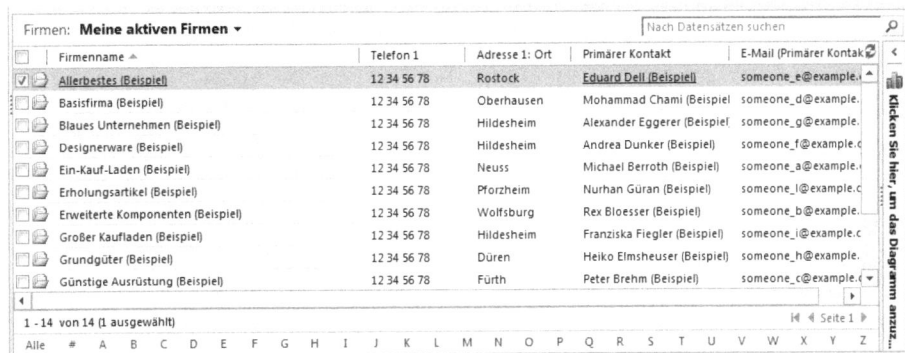

Die Sortierreihenfolge einer Spalte zu ändern ist unkompliziert; Sie brauchen nur auf ihre Überschrift zu klicken, um zwischen aufsteigender und absteigender Reihenfolge zu wechseln.

Datensätze lassen sich auch nach mehreren Spalten gleichzeitig sortieren. In der folgenden Übung sortieren Sie eine Ansicht anhand mehrerer Spalten.

WICHTIG Obwohl Sie Spalten aus verwandten Datensätzen in einer Ansicht anzeigen können, können Sie nur nach solchen Spalten sortieren, die Attribute der primären Entität der Ansicht sind. Eine Kontaktansicht, die Spalten aus den verwandten Firmendatensätzen enthält, können Sie zum Beispiel nur sortieren, indem Sie auf die Spalten klicken, die Kontaktdaten enthalten; ein Klick auf die Spalten der verwandten Firmen führt nicht zu einer Sortierung. Dabei bekommen Sie keine Fehlermeldung, sondern Microsoft Dynamics CRM reagiert einfach nicht.

VORBEREITUNG Rufen Sie bei Bedarf in Internet Explorer Ihre Microsoft Dynamics CRM-Website auf, bevor Sie mit dieser Übung beginnen. Öffnen Sie eine Webseite, die mehrere Datensätze in einer Ansicht enthält.

1. Klicken Sie auf die Überschrift der Spalte, nach der Sie die Datensätze sortieren wollen.

   Microsoft Dynamics CRM fügt den nach oben gerichteten Sortierpfeil ein und sortiert die Datensätze in der Ansicht in aufsteigender Reihenfolge.

2. Halten Sie die Umschalttaste gedrückt und klicken Sie auf die zweite Spaltenüberschrift, nach der Sie die Datensätze sortieren wollen.

Microsoft Dynamics CRM fügt einen weiteren nach oben gerichteten Sortierpfeil in diese Spalte ein und sortiert in aufsteigender Reihenfolge, wobei die Sortierung der ersten Spalte erhalten bleibt.

Firmenname ▲	Telefon 1	Adresse 1: Ort ▲	Primärer Kontakt	E-Mail (Primärer Kontak)
Grundgüter (Beispiel)	12 34 56 78	Düren	Heiko Elmsheuser (Beispiel)	someone_h@example.
Günstige Ausrüstung (Beispiel)	12 34 56 78	Fürth	Peter Brehm (Beispiel)	someone_c@example.c
Blaues Unternehmen (Beispiel)	12 34 56 78	Hildesheim	Alexander Eggerer (Beispiel)	someone_g@example.c
Designerware (Beispiel)	12 34 56 78	Hildesheim	Andrea Dunker (Beispiel)	someone_f@example.c
Großer Kaufladen (Beispiel)	12 34 56 78	Hildesheim	Franziska Fiegler (Beispiel)	someone_i@example.c
Ungewöhnlicher Kaufladen (Beispiel)	12 34 56 78	Ludwigshafen a...	Andreas Herbinger (Beispie	someone_m@example.
Ein-Kauf-Laden (Beispiel)	12 34 56 78	Neuss	Michael Berroth (Beispiel)	someone_a@example.c
Basisfirma (Beispiel)	12 34 56 78	Oberhausen	Mohammad Chami (Beispiel)	someone_c@example.
Erholungsartikel (Beispiel)	12 34 56 78	Pforzheim	Nurhan Güran (Beispiel)	someone_l@example.c
Kleinkaufladen (Beispiel)	12 34 56 78	Pforzheim	Joris Kalz (Beispiel)	someone_n@example.c

1 - 14 von 14 (0 ausgewählt)   Seite 1
Alle # A B C D E F G H I J K L M N O P Q R S T U V W X Y Z

3. Klicken Sie bei gedrückter Umschalttaste noch einmal auf die zweite Spaltenüberschrift. Microsoft Dynamics CRM schaltet die Sortierreihenfolge um, sodass die Datensätze in absteigender Reihenfolge angezeigt werden.

Datensätze in einer Ansicht auswählen und aktualisieren

Wie Sie weiter vorn in diesem Kapitel erfahren haben, können Sie mithilfe der Schaltflächen im Menüband Aktionen an ausgewählten Datensätzen einer Ansicht durchführen. Microsoft Dynamics CRM bietet unterschiedliche Möglichkeiten der Auswahl von Datensätzen in einer Ansicht. Geht es um einen einzelnen Datensatz, klicken Sie einfach auf die betreffende Zeile. Alternativ können Sie auch auf die gewünschte Zeile zeigen und das Kontrollkästchen aktivieren, das ganz links erscheint. Beide Aktionen führen dazu, dass Microsoft Dynamics CRM den Datensatz mit einem blauen Hintergrund hervorhebt, um zu verdeutlichen, welchen Datensatz Sie ausgewählt haben. Wollen Sie alle Datensätze auswählen, aktivieren Sie das Kontrollkästchen, das in der linken oberen Ecke der Ansicht erscheint. Dann hebt Microsoft Dynamics CRM alle Datensätze hervor, die auf der Seite zu sehen sind. Wenn Sie das Kontrollkästchen deaktivieren, wird die Auswahl aller Datensätze aufgehoben.

WICHTIG   Wenn Sie das Kontrollkästchen aktivieren, um sämtliche Datensätze auszuwählen, werden davon nur die Datensätze auf der jeweiligen Seite erfasst, nicht alle Datensätze in der Ansicht. Enthält Ihre Ansicht beispielsweise 500 Datensätze und Ihre Seite 25, werden durch Aktivieren des Kontrollkästchens nur die 25 auf der Seite angezeigten Datensätze ausgewählt. Einige der Funktionen im Menüband, darunter **Nach Excel exportieren** und **Direktmailing senden**, ermöglichen die Auswahl sämtlicher Datensätze der Ansicht, aber viele (beispielsweise Zuweisen von Datensätzen und Massenbearbeitung von Datensätzen) gelten nur für eine einzige Datensatzseite. Unglücklicherweise müssen Sie die Aktion in solchen Situationen für jede Seite wiederholen, wenn Ihre Ansicht mehrere Seiten enthält. Weiter hinten in diesem Kapitel erläutern wir, wie Sie bis zu 250 (anstelle der 25 standardmäßig vorgesehenen) Datensätze pro Seite in einer Ansicht anzeigen können, was dazu führt, dass Sie die gewünschte Aktion weniger oft wiederholen müssen.

Wollen Sie mehrere (aber nicht alle) Datensätze in einer Ansicht auswählen, arbeiten Sie mit den Tasten `Strg` und `⇧`. Diese Technik sollte Office-Benutzern vertraut sein, weil andere Anwendungen, etwa Excel und Outlook, den Benutzern ebenfalls die Möglichkeit bieten, mehrere Elemente durch Drücken der Taste `Strg` oder `⇧` und einen Klick auf die gewünschten Datensätze auszuwählen.

Möglicherweise stellen Sie bei der Arbeit mit den Datensätzen einer Ansicht fest, dass die Ansicht die Datensatzgruppe nicht wie erwartet auffrischt. Dies kann vorkommen, wenn Sie mit mehreren Datensatzgruppen in mehreren Browserfenstern arbeiten oder wenn ein anderer Benutzer die Datensätze in Ihrer Ansicht bearbeitet.

TIPP Ein bewährtes Verfahren besteht darin, die Daten in einer Ansicht vor der Durchführung von Aktionen an der Datensatzgruppe zu aktualisieren.

In der folgenden Übung aktualisieren Sie die in einer Ansicht erscheinenden Daten manuell und wählen danach mehrere Datensätze aus.

VORBEREITUNG Rufen Sie bei Bedarf in Internet Explorer Ihre Microsoft Dynamics CRM-Website auf, bevor Sie mit dieser Übung beginnen. Öffnen Sie eine Webseite, die mehrere Datensätze in einer Ansicht enthält.

1. Klicken Sie auf die Schaltfläche **Aktualisieren** in der rechten oberen Ecke der Ansicht, damit Microsoft Dynamics CRM die Daten in der Ansicht aktualisiert.
2. Klicken Sie auf einen Datensatz. Microsoft Dynamics CRM hebt die Zeile hervor, was besagt, dass der Datensatz ausgewählt ist.
3. Um einen weiteren Datensatz in die Auswahl aufzunehmen, halten Sie die Taste [Strg] gedrückt und wählen einen anderen Datensatz aus.

   Microsoft Dynamics CRM hebt auch den neuen Datensatz hervor, was besagt, dass Sie ihn ausgewählt haben.
4. Um mehrere Datensätze auszuwählen, klicken Sie auf einen von ihnen, halten dann die Taste [⇧] gedrückt und wählen einen weiteren Datensatz aus.

   Microsoft Dynamics CRM hebt dann die beiden Datensätze hervor, auf die Sie geklickt haben, und alle, die dazwischen liegen.

   Sind die richtigen Datensätze ausgewählt, können Sie die gewünschte Aktion vornehmen.

Mehrere Datensätze in einer Ansicht bearbeiten

Bei der Arbeit mit verschiedenen Datensätzen in einer Ansicht wollen Sie gelegentlich die Daten in mehreren Datensätzen gemeinsam aktualisieren. Microsoft Dynamics CRM gibt Ihnen die Möglichkeit, mehrere Datensätze auszuwählen und mit nur einem Formular zu bearbeiten, sodass Sie nicht jeden einzeln ändern müssen. Diese Funktion kann viel Zeit sparen, falls Sie zahlreiche Datensätze bearbeiten müssen. Sie ist zwar sehr bequem, unterliegt aber einigen wichtigen Einschränkungen:

- Wenn ein bestimmtes Feld Hintergrundskripts enthält (was Ihr Systemadministrator eingerichtet hat), können Sie die betreffenden Daten nicht zusammen mit anderen Datensätzen bearbeiten.
- Mit der Funktion zum Bearbeiten mehrerer Datensätze können Sie keine Werte aus einem Feld löschen, sondern nur Daten ändern oder hinzufügen.
- Bestimmte Felder in Microsoft Dynamics CRM können Sie mit der Funktion zur Bearbeitung mehrerer Datensätze nicht verändern, beispielsweise das Feld **Übergeordnete Firma** des Firmendatensatzes oder das Feld **Übergeordneter Kunde** eines Kontaktdatensatzes.

- Mit der Funktion zur Bearbeitung mehrerer Datensätze lassen sich nur die ausgewählten Datensätze auf der Seite aktualisieren, jedoch nicht alle Datensätze der Ansicht, wenn mehrere Seiten vorhanden sind.
- Ist ein Datenfeld auf dem Formular schreibgeschützt, können Sie es mit der Funktion zur Bearbeitung mehrerer Datensätze nicht ändern.

TIPP Obwohl Sie den Besitzer eines Datensatzes mit der Funktion zur Bearbeitung mehrerer Datensätze nicht ändern können, ist es möglich, den Besitzer mehrerer Datensätze mithilfe der Funktion **Zuweisen** im Menüband mit einem Schlag zu ändern.

In der folgenden Übung aktualisieren Sie das Feld **Bundesland/Kanton** für mehrere Kontakte.

VORBEREITUNG Rufen Sie bei Bedarf in Internet Explorer Ihre Microsoft Dynamics CRM-Website auf, bevor Sie mit dieser Übung beginnen. Öffnen Sie eine Ansicht mit Kontakten, die mehrere Datensätze enthält.

1. Klicken Sie bei gedrückter Taste [Strg] auf zwei oder mehr Kontaktdatensätze. Microsoft Dynamics CRM hebt die betreffenden Datensätze hervor, um anzuzeigen, dass sie ausgewählt sind.
2. Klicken Sie im Band auf **Bearbeiten**.
   Bearbeiten

   Das Dialogfeld **Mehrere Datensätze bearbeiten** erscheint. Es ist dem Kontaktformular sehr ähnlich, denn es weist dasselbe Layout und dieselben Felder auf.

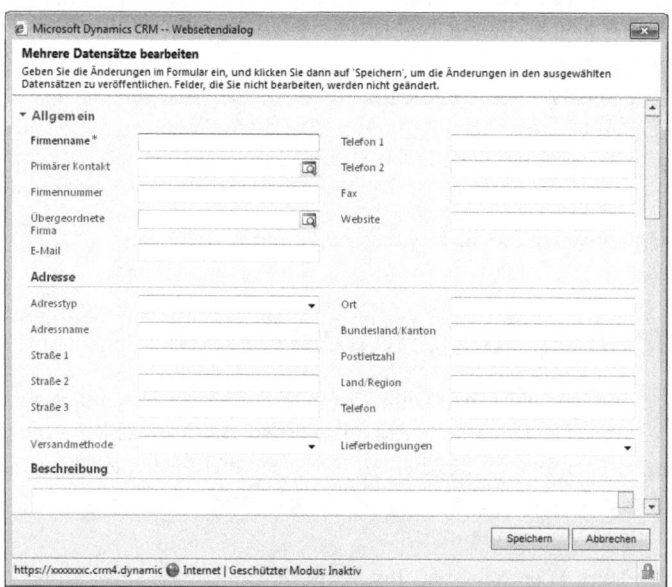

3. Suchen Sie das Feld **Bundesland/Kanton** und geben Sie *Berlin* ein.
4. Klicken Sie auf die Schaltfläche **Speichern**. Microsoft Dynamics CRM aktualisiert das Feld **Bundesland/Kanton** der ausgewählten Datensätze und schließt das Dialogfeld **Mehrere Datensätze bearbeiten**.

Datensätze mit der Schnellsuche in einer Ansicht finden

Selbst mit den Sortierfunktionen in Ansichten kann es manchmal zeitaufwändig sein, manuell nach einem bestimmten Datensatz zu suchen, insbesondere wenn die Ansicht sehr viele Datensätze enthält. Um dieses Problem zu verringern, bietet Microsoft Dynamics CRM eine Schnellsuche, mit der Sie anhand von Schlüsselwörtern oder Jokerzeichen nach Datensätzen suchen können. Sie finden das Suchfeld der Schnellsuche oberhalb des Rasters rechts von der Ansichtenauswahl. Um es einzusetzen, geben Sie eine Suchwendung ein und drücken auf der Tastatur die Eingabetaste oder klicken auf die Schaltfläche mit dem Vergrößerungsglas, um die Suche zu starten. Obwohl die Schnellsuche einfach zu bedienen ist, gibt es einige Tipps und Tricks, die Ihnen helfen, Datensätze effizienter zu finden.

- Ihr Systemadministrator kann Microsoft Dynamics CRM für die Suche nach passenden Datensätzen über mehrere Spalten einrichten. Sie können bestimmte Datensätze dann zum Beispiel anhand des Namens, der Telefonnummer oder der E-Mail-Adresse suchen. Auch die Aufnahme benutzerdefinierter Datenfelder in die Suchkriterien ist möglich.

- Wenn Sie Suchtext eingeben, sucht Microsoft Dynamics CRM so nach dem Wert, wie er eingegeben wurde, standardmäßig jedoch nicht nach Teilübereinstimmungen. Suchen Sie zum Beispiel anhand einer Telefonnummer und geben 555-1212 ein, während die Nummer des Kontakts (0312)555-1212 lautet, betrachtet Microsoft Dynamics CRM sie nicht als Treffer, sondern gibt nur die Datensätze zurück, deren Telefonnummer mit 555-1212 beginnt.

- Natürlich kommt es vor, dass Sie nicht genau wissen, wonach Sie genau suchen sollen. In solchen Fällen können Sie ein Sternchen (*) als Jokerzeichen in die Schnellsuche eingeben. Kennen Sie zum Beispiel nicht die genaue Telefonnummer, können Sie nach *555-1212 suchen, woraufhin Microsoft Dynamics CRM den passenden Datensatz (3012)555-1212 sowie weitere findet, die auf 555-1212 enden.

> **TIPP** Sie können das Jokerzeichen an einer beliebigen Stelle in Ihren Suchkriterien verwenden: am Anfang, in der Mitte oder am Ende. Können Sie den gewünschten Datensatz nicht finden, denken Sie daran, unterschiedliche Kombinationen mit dem Jokerzeichen auszuprobieren. Beachten Sie, dass die Schnellsuche nicht zwischen Groß- und Kleinschreibung unterscheidet.

- Wenn Sie eine Schnellsuche starten, während Sie mit einer bestimmten Ansicht arbeiten, beispielsweise **Meine aktiven Kontakte**, erwarten Sie möglicherweise, dass Microsoft Dynamics CRM die Suche auf diese Sicht beschränkt. Die Schnellsuche geht jedoch grundsätzlich alle aktiven Datensätze für die jeweilige Entität durch, ignoriert aber inaktive Datensätze.

> **TIPP** Um Datensätze innerhalb einer bestimmten Ansicht zu filtern, können Sie auf die Buchstaben klicken, die am unteren Rand der Ansicht erscheinen (was auch als Indexleiste bezeichnet wird). Die Ansicht zeigt dann nur diejenigen Datensätze an, deren Einträge in der aktuellen Sortierspalte mit dem ausgewählten Buchstaben anfangen. Wenn Sie beispielsweise die Ansicht **Meine aktiven Kontakte** nach Orten sortiert betrachten und auf den Buchstaben B in der Indexleiste klicken, zeigt Microsoft Dynamics CRM Ihnen nur die Datensätze, bei denen der Ort mit B beginnt. Wenn Sie anschließend auf die Spalte **Vollständiger Name** klicken, um nach diesem Feld zu sortieren, und dann auf C in der Indexleiste, sehen Sie nur noch die Datensätze, bei denen der vollständige Name mit C anfängt.

In der folgenden Übung suchen Sie mit der Schnellsuche Datensätze in Microsoft Dynamics CRM.

VORBEREITUNG Rufen Sie bei Bedarf in Internet Explorer Ihre Microsoft Dynamics CRM-Website auf, bevor Sie mit dieser Übung beginnen. Öffnen Sie eine Ansicht aus Kontakte, die mehrere Datensätze enthält.

1. Geben Sie in der Schnellsuche *ca ein und drücken Sie die Eingabetaste.

   Microsoft Dynamics CRM gibt dann alle aktiven Kontakte mit passenden Datensätzen zurück.

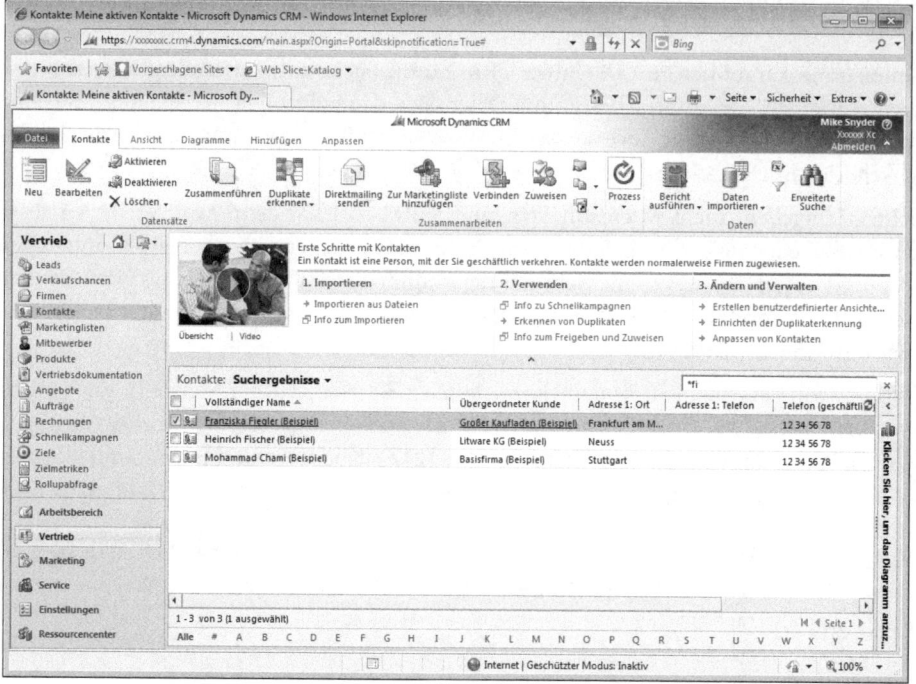

2. Um die Suche abzubrechen, klicken Sie auf die Schaltfläche ⊠ rechts vom Suchfeld oder wählen einfach in der Ansichtenauswahl eine neue Ansicht aus.

Eine persönliche Ansicht voreinstellen

Für jede Datensatzart kann Ihr Systemadministrator die Ansicht festlegen, die Sie sehen, wenn Sie eine Liste der betreffenden Datensätze ansteuern. Microsoft Dynamics CRM gibt jedoch außerdem jedem Benutzer die Möglichkeit, unabhängig von den Einstellungen des Systemadministrators eine eigene Standardansicht zu bestimmen. Diese Funktion erspart Ihnen möglicherweise jeden Tag einige Dutzend Mausklicks.

Auf zuletzt genutzte Datensätze und Ansichten zugreifen

WICHTIG In jeder Sitzung des Webbrowsers wird zuerst diese Standardansicht geladen; Microsoft Dynamics CRM verfolgt jedoch außerdem, welche Ansicht Sie kürzlich besucht haben, und zeigt diese aus Gründen der Bequemlichkeit zuerst an.

In der folgenden Übung legen Sie eine neue persönliche Standardansicht fest.

VORBEREITUNG Rufen Sie bei Bedarf in Internet Explorer Ihre Microsoft Dynamics CRM-Website auf, bevor Sie mit dieser Übung beginnen.

1. Begeben Sie sich zur Ansicht **Firmen**. Die Standardansicht für **Firmen** ist **Meine aktiven Firmen**, sodass Sie diese zuerst sehen. Nehmen wir an, Sie wollen als Standardansicht (nur für sich) **Aktive Firmen** wählen.
2. Klicken Sie auf die Ansichtenauswahl und wählen Sie **Aktive Firmen**.
3. Klicken Sie im Menüband auf die Registerkarte **Ansicht**.
4. Klicken Sie auf die Schaltfläche **Als Standardansicht festlegen**.

   Damit haben Sie diese Ansicht als persönlichen Standard für **Firmen** festgelegt. Wenn Sie sich das nächste Mal bei Microsoft Dynamics CRM anmelden und zu **Firmen** wechseln, sehen Sie zuerst die Ansicht **Aktive Firmen**.
5. Sehen wir uns an, wie die Standardansicht innerhalb einer einzelnen Browsersitzung funktioniert. Klicken Sie auf die Ansichtenauswahl und wählen Sie **Inaktive Firmen**.
6. Klicken Sie im Navigationsbereich der Anwendung auf **Kontakte**. Kehren wir nun zu **Firmen** zurück, um zu sehen, welche Ansicht zuerst erscheint.
7. Klicken Sie im Navigationsbereich der Anwendung auf **Firmen**.

   Zuerst erscheint die Ansicht **Inaktive Firmen**, obwohl Ihre persönliche Einstellung **Aktive Firmen** lautet, weil Microsoft Dynamics CRM standardmäßig zuerst die letzte Ansicht anzeigt, auf die Sie in der Browsersitzung zugegriffen haben.
8. Schließen Sie jetzt das Internet Explorer-Fenster, öffnen Sie ein neues und greifen Sie wieder auf Microsoft Dynamics CRM zu.
9. Wenn Sie zur Ansicht **Firmen** wechseln, sehen Sie zuerst die Ansicht **Aktive Firmen** (Ihre persönliche Standardansicht).

Auf zuletzt genutzte Datensätze und Ansichten zugreifen

Wenn Sie den ganzen Tag mit Microsoft Dynamics CRM arbeiten, stellen Sie wahrscheinlich fest, dass Sie dieselben Datensätze oder Ansichten immer wieder benutzen. Glücklicherweise bietet Microsoft Dynamics CRM die Funktion **Kürzlich besucht**, über die Sie schnell darauf zugreifen können, was Ihnen Zeit und Klicks erspart.

Wie Sie erwarten, hält der Bereich **Kürzlich besucht** die Datensätze und Ansichten fest, mit denen Sie zuletzt gearbeitet haben. Außerdem können Sie wie in den übrigen Office-Anwendungen, die eine derartige Funktion aufweisen, bestimmte Ansichten oder Datensätze anheften, sodass sie immer in der Liste der zuletzt verwendeten bleiben.

In der folgenden Übung heften Sie in der Liste **Kürzlich besucht** eine Ansicht fest, um später schnell darauf zugreifen zu können.

VORBEREITUNG Rufen Sie bei Bedarf in Internet Explorer Ihre Microsoft Dynamics CRM-Website auf, bevor Sie mit dieser Übung beginnen.

1. Klicken Sie auf die Schaltfläche **Kürzlich besucht**, die immer in der linken oberen Ecke des Anwendungsfensters direkt unter dem Menüband erscheint.

   Ein neues Menü wird eingeblendet, und Sie sehen zwei Listen mit Datensätzen und Ansichten. In der linken Spalte stehen die kürzlich besuchten Datensätze, in der rechten die kürzlich besuchten Ansichten. Außerdem finden Sie in beiden Spalten ein Symbol für den Datensatz- bzw. Ansichtstyp, sodass Sie erkennen können, welcher Art von Entität der Datensatz bzw. die Ansicht entspricht.

2. Klicken Sie auf eines der grauen Pinnwandnadelsymbole, um den betreffenden Datensatz dauerhaft anzuheften. Dadurch wird das Symbol grün und sieht aus, als stünde es aufrecht. Der angeheftete Datensatz bzw. die Sicht bleibt nun ständig in Ihrer Liste **Kürzlich besucht**.

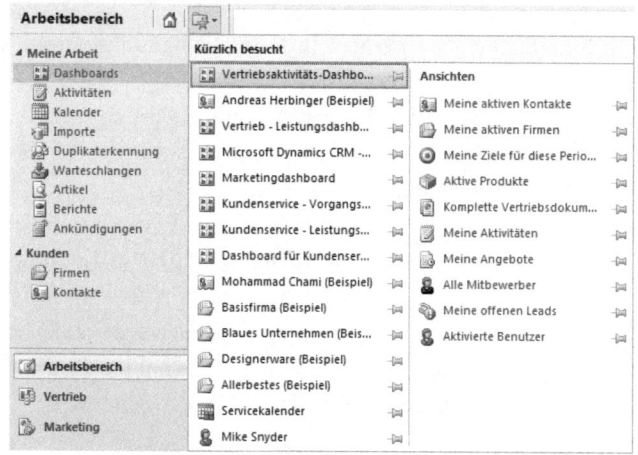

3. Um den Datensatz bzw. die Ansicht von der Liste **Kürzlich besucht** aus zu laden, klicken Sie einfach auf den Namen. Das Anheften lässt sich mit denselben Schritten aufheben: Klicken Sie auf die grüne Pinnwandnadel, um den Datensatz bzw. die Ansicht nicht mehr in der Liste anzuheften.

> **TIPP** Mit einem Klick auf die Schaltfläche **Start**, die sich links neben der Schaltfläche **Kürzlich besucht** befindet, können Sie jederzeit zu Ihrer Standardstartseite zurückkehren.

Suchansichten und automatische Auflösung verwenden

Einer der Hauptvorteile jedes Systems zur Verwaltung von Kundenbeziehungen liegt darin, dass Sie mithilfe der Software Beziehungen zwischen Datensätzen in Ihrer Datenbank anlegen können, die Ihnen dabei helfen, die unterschiedlichen Arten von Daten über Ihre Kunden, Anbieter und Partner sowie deren Zusammenspiel zu verstehen. Die Benutzeroberfläche von Microsoft Dynamics CRM zeigt den Link zwischen zwei Datensätzen mithilfe eines Suchvorgangs an. Das Standardkontaktformular enthält zwei Suchvorgänge: einen für den übergeordneten Kunden und einen für die Standardwährung.

Suchansichten und automatische Auflösung verwenden

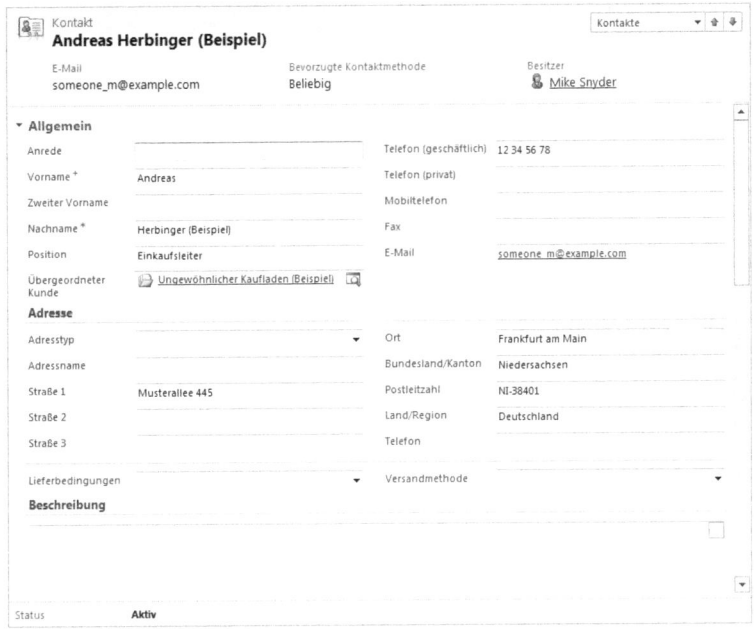

Dass es sich um ein Suchfeld handelt, erkennen Sie an folgenden Kriterien:

- Der Text im Feld ist ein Hyperlink (blau und unterstrichen).
- Links vom Text befindet sich ein Symbol, das die Entität des verlinkten Datensatzes angibt.
- Das Feld enthält ein Symbol mit einem Fenster und einem Vergrößerungsglas.

Ein Klick auf den Hyperlinktext im Feld öffnet ein neues Fenster mit dem verlinkten Datensatz. Anders als die anderen Felder des Formulars, in denen Sie einfach Daten eingeben, verlangen Suchfelder, dass Sie einen Datensatz zum Verlinken auswählen. Dafür stehen Ihnen drei verschiedene Techniken zur Verfügung:

- Das Dialogfeld **Suchen**. Dazu klicken Sie auf das Suchsymbol. Das Dialogfeld **Datensätze suchen** öffnet sich, in dem Sie einen Datensatz suchen und auswählen können.
- Die **Automatische Auflösung**. Dazu fangen Sie einfach an, den Namen des verlinkten Datensatzes im Suchfeld einzugeben. Wenn Sie einen Teil oder den ganzen Namen eingetippt haben, klicken Sie auf ein anderes Formularfeld oder drücken die Taste, woraufhin Microsoft Dynamics CRM versucht, Ihren Eintrag automatisch in einen vorhandenen Datensatz aufzulösen.
- **Kürzlich verwendet** auswählen. Wenn Sie beginnen, etwas in ein Suchfeld einzugeben, bemerken Sie möglicherweise, dass unter dem Feld eine Liste mit Datensätzen erscheint, die so genannte Liste **Kürzlich verwendet**. Um einen der dortigen Datensätze auszuwählen, klicken Sie einfach auf den gewünschten.

TIPP Die Funktion zur automatischen Auflösung kann beim Suchen zu erheblichen Zeiteinsparungen führen, wenn Sie mit vielen unterschiedlichen Datensätzen arbeiten.

Microsoft Dynamics CRM versucht, Datensätze beim Suchen mithilfe der Suchfelder der Entität zu vergleichen. Üblicherweise ist der Name der Entität als Suchfeld enthalten, aber Ihr Administrator kann zusätzliche Suchfelder einrichten, die Sie in Verbindung mit der automatischen Auflösung verwenden können. Wenn

Microsoft Dynamics CRM bei der automatischen Auflösung nur einen passenden Datensatz findet, setzt es einen Link darauf in das Suchfeld. Gibt es mehrere Treffer, zeigt das Suchfeld ein gelbes Treffersymbol und färbt den von Ihnen eingegebenen Text rot. Klicken Sie auf das gelbe Symbol, um die potenziellen Treffer anzuzeigen, und wählen Sie den gewünschten Datensatz aus. Microsoft Dynamics CRM verwendet diesen Wert dann für das Suchfeld.

Findet Microsoft Dynamics CRM keine potenziellen Treffer, wird der Text rot gefärbt und ein roter Kreis mit einem weißen ⊗ angezeigt.

Wollen Sie einen Wert aus einem Suchfeld entfernen, können Sie den weißen Teil des Feldes auswählen (ohne auf den Hyperlinktext zu klicken) und dann die Rück- oder Löschtaste betätigen.

In der folgenden Übung setzen Sie mithilfe der Liste **Kürzlich verwendet** einen Wert in das Suchfeld.

VORBEREITUNG Melden Sie sich über den Webclient bei Ihrer Microsoft Dynamics CRM-Website an, bevor Sie mit dieser Übung beginnen. Überzeugen Sie sich davon, dass die Microsoft Dynamics CRM-Musterdaten geladen sind.

1. Wechseln Sie zu einer Kontaktansicht und öffnen Sie einen Datensatz.
2. Klicken Sie im Feld **Übergeordneter Kunde** in den Leerraum und beginnen Sie, einen Kontonamen einzugeben. Wählen Sie für diese Übung *ein* und drücken Sie die Taste [↹]. Sie sehen, dass Microsoft Dynamics CRM keine passenden Datensätze gefunden hat und deshalb den roten Kreis mit dem weißen ⊗ anzeigt.
3. Klicken Sie im selben Feld **Übergeordneter Kunde** in den Leerraum und geben Sie **ein* ein. Nun beginnt Ihr Eintrag mit dem Jokerzeichen *. Wie Sie weiter vorn im Abschnitt *Schnellsuche* gelernt haben, erweitert es die Suche auf alles, das den Text *ein* enthält. In unserem ersten Beispiel ohne Joker suchte Microsoft Dynamics CRM nur nach passenden Datensätzen, die mit dem Suchtext *anfangen*, und hat keine Treffer ermittelt.
4. Wenn der Suchbegriff den Joker enthält, zeigt Microsoft Dynamics CRM das gelbe Treffersymbol an. Klicken Sie darauf, um die Liste der Datensätze einzublenden, die mit Ihrem Eintrag **ein* übereinstimmen. Sie sehen neun mögliche Treffer: fünf Firmen und vier Kontakte. Obwohl bei den Kontaktdatensätzen der

Suchansichten und automatische Auflösung verwenden

Text *ein anscheinend nicht im Namen vorkommt, handelt es sich um mögliche Treffer, weil diese Kontakte mit Firmen verlinkt sind, in deren Namen der Text enthalten ist.

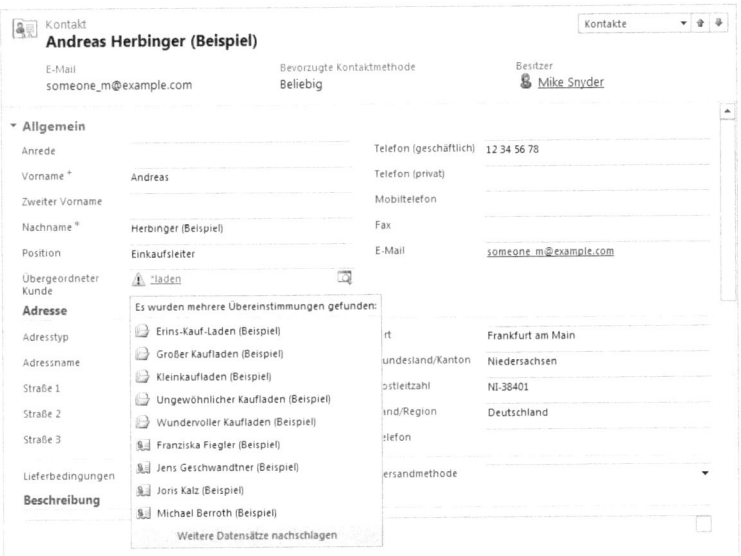

5. Wählen Sie **Erins-Kauf-Laden (Beispiel)**. Microsoft Dynamics CRM fügt diesen Datensatz dann automatisch in Ihre Liste **Kürzlich verwendet** ein. Nun greifen Sie von einem Suchfeld aus auf diese Liste zu, aber zuerst müssen Sie den vorhandenen Wert löschen.

6. Klicken Sie auf den Leerraum im Feld **Übergeordneter Kunde** und drücken Sie auf die Taste `Entf`, um das Feld zu leeren.

7. Klicken Sie jetzt in das Feld **Übergeordneter Kunde** und geben Sie *e* ein. Microsoft Dynamics CRM blendet direkt unterhalb des Suchfeldes die Liste **Kürzlich verwendet** ein.

8. Um einen Datensatz aus der Liste auszuwählen, klicken Sie mit der Maus darauf. Alternativ können Sie den gewünschten Datensatz mithilfe des Abwärtspfeils auf Ihrer Tastatur auswählen und dann die Taste benutzen.

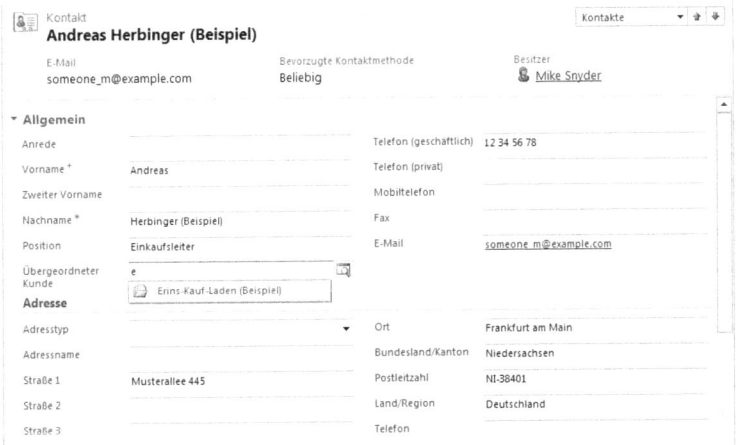

TIPP Wollen Sie einen Datensatz manuell aus der Liste **Kürzlich verwendet** entfernen, zeigen Sie mit der Maus darauf und klicken auf die Schaltfläche **Löschen** ⊠.

Persönliche Optionen festlegen

In Microsoft Dynamics CRM können Sie die Benutzeroberfläche mit persönlichen Optionen verändern. Auf die Optionen greifen Sie mit einem Klick auf die Registerkarte **Datei** im Menüband und einem weiteren auf **Optionen** zu, um das Dialogfeld **Optionen** zu öffnen. Auch wenn wir nicht sämtliche verfügbaren persönlichen Optionen durchgehen, möchten wir einige häufig vorkommende vorstellen.

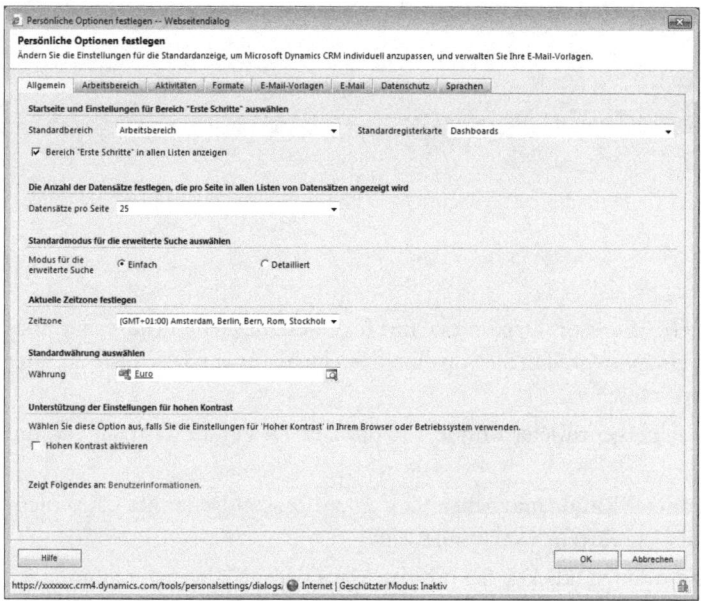

Auf der Registerkarte **Allgemein** können Sie Folgendes festlegen:

- **Standardstartseite** Durch Ändern dieser Auswahl können Sie festlegen, mit welcher Seite Microsoft Dynamics CRM startet, nachdem Sie sich über den Webclient angemeldet haben. Wählen Sie den Bereich und die Registerkarte, die Sie am häufigsten benutzen.

- **Bereich »Erste Schritte« in allen Listen anzeigen** Wollen Sie diese Bereiche im gesamten System ausschalten, deaktivieren Sie dieses Kontrollkästchen.

- **Datensätze pro Seite** Wie wir bereits erwähnt haben, wollen Sie vielleicht die Anzahl der Datensätze ändern, die auf einer Seite erscheinen. Indem Sie mehr Datensätze anzeigen, können Sie Aktionen auf eine größere Datensatzgruppe anwenden. Sie sollten jedoch daran denken, dass Benutzer mit einer großen Anzahl von Datensätzen pro Seite möglicherweise beim Laden von Seiten Leistungseinbußen erleben, und daher vorsichtig mit dieser Einstellung umgehen.

- **Zeitzone** Achten Sie darauf, die richtige Zeitzone festzulegen, die mit der Ihres Computers übereinstimmt. Trifft dies nicht zu, stellen Sie möglicherweise fest, dass mit Outlook synchronisierte Termine um einige Stunden verschoben sind.

Persönliche Optionen festlegen

Auf der Registerkarte **Arbeitsbereich** können Sie wählen, welche Anwendungsbereiche im Navigationsbereich angezeigt werden. Diese Einstellung gilt nur für Sie als einzelnen Benutzer, nicht für alle Benutzer im System. Nehmen Sie sich deshalb die Freiheit, sich Ihren Arbeitsbereich möglichst komfortabel einzurichten. In der folgenden Übung ändern Sie den Arbeitsbereich so, dass er neue Teile der Benutzeroberfläche enthält.

> **TIPP** Das Dialogfeld **Persönliche Optionen festlegen** in Microsoft Dynamics CRM für Outlook bietet gegenüber dem Dialogfeld im Webclient zusätzliche Einrichtungsoptionen. Weitere Informationen über die persönlichen Optionen in Outlook finden Sie in *Kapitel 5*.

VORBEREITUNG Melden Sie sich über den Webclient bei der Microsoft Dynamics CRM-Website an, bevor Sie mit dieser Übung anfangen.

1. Klicken Sie im Menüband auf die Registerkarte **Datei**.
2. Klicken Sie auf **Optionen**.

   Das Dialogfeld **Persönliche Optionen festlegen** erscheint.
3. Klicken Sie auf die Registerkarte **Arbeitsbereich**.
4. Aktivieren Sie das Kontrollkästchen links von **Vertrieb**.

   Microsoft Dynamics CRM aktualisiert die Vorschau links vom Dialogfeld so, dass sie den Bereich **Vertrieb** enthält.

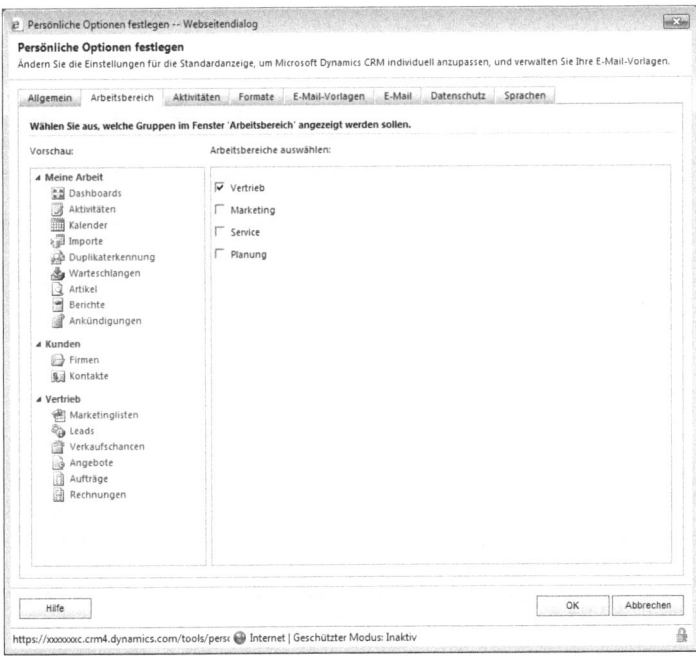

5. Klicken Sie auf **OK**.
6. Klicken Sie in den Anwendungsbereichen auf **Arbeitsbereich**.

   Microsoft Dynamics CRM hat jetzt auch den Bereich **Vertrieb**, den Sie gerade hinzugefügt haben, in den Navigationsbereich der Anwendung aufgenommen.

Das Ressourcencenter benutzen

Microsoft Dynamics CRM besitzt ein Ressourcencenter, das zusätzliche Informationen über die Software bereitstellt. Um darauf zuzugreifen, brauchen Sie nur im Navigationsbereich der Anwendung auf **Ressourcencenter** zu klicken. Es enthält dynamische Inhalte, die auf den Servern von Microsoft gehostet und von Microsoft fortlaufend aktualisiert werden. Um sie zu erreichen, benötigen Sie eine Internetverbindung.

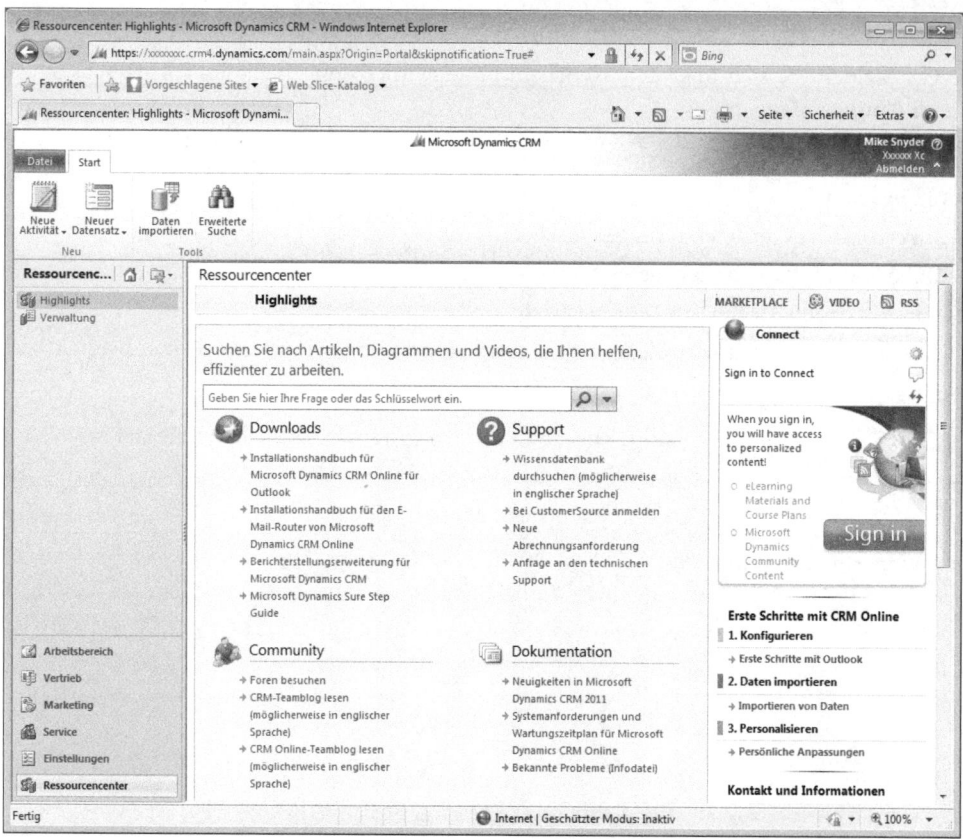

Außer Artikeln über die Verwendung der Software enthält das Ressourcencenter Links zu weiteren Ressourcen für Microsoft Dynamics CRM, darunter Downloads, Supportinformationen, Onlinegemeinden und die Dokumentation.

Die Hilfe von Microsoft Dynamics benutzen

Die meisten Benutzer geben zwar an, dass Microsoft Dynamics CRM intuitiv und leicht zu erlernen sei, aber dennoch haben Sie vielleicht Fragen. Glücklicherweise umfasst Microsoft Dynamics CRM auch Hilfen sowohl für Endbenutzer als auch für Administratoren. Über die Schaltfläche **Hilfe**, die Sie immer in der rechten oberen Bildschirmecke finden, gelangen Sie dorthin.

Alternativ können Sie auf die Hilfeinformationen zugreifen, indem Sie auf die Registerkarte **Datei** im Band und anschließend im Untermenü auf **Hilfe** klicken.

Die Hilfe von Microsoft Dynamics CRM ist kontextsensitiv, sodass Sie den Teil sehen, der für die gerade angezeigte Seite am relevantesten ist. Betrachten Sie zum Beispiel gerade einen Lead-Datensatz und klicken auf die Option **Hilfe auf dieser Seite**, werden Sie automatisch zum Hilfethema mit dem Titel »Arbeit mit Leads« geleitet.

TIPP Ihr Systemadministrator kann den Inhalt der Hilfe, der in Microsoft Dynamics CRM erscheint, so anpassen, dass er gezielte Informationen zu Ihrer konkreten Bereitstellung enthält.

Zusammenfassung

- Um Datensätze in einer Ansicht zu sortieren, schalten Sie die Reihenfolge mit einem Klick auf die Spaltenüberschrift von auf- zu absteigend um und umgekehrt. Um nach mehreren Spalten zu sortieren, klicken Sie bei gedrückter Taste [Strg] auf eine zweite Spaltenüberschrift.

- Um Datensätze in einer Ansicht auszuwählen, benutzen Sie für mehrere Datensätze die Taste [Strg] oder [⇧]. Durch Aktivieren des Kontrollkästchens wählen Sie alle Datensätze auf der Seite aus, aber nicht alle in der Ansicht.

- Sie können mehrere Datensätze gleichzeitig ändern, aber nur, wenn sie auf derselben Seite stehen.

- Mit der Schnellsuche können Sie nach Datensätzen in einer Ansicht suchen. Dabei können Sie das Sternchen (*) als Jokerzeichen einsetzen. Das ist auch in Suchfeldern möglich.

- Auf kürzlich angesehene Datensätze und Ansichten können Sie über das Menü **Kürzlich besucht** zugreifen. Außerdem können Sie diejenigen Ansichten und Datensätze in dieser Liste anheften, die dauerhaft dort verbleiben sollen.

- Suchvorgänge verlinken Datensätze in der Benutzeroberfläche. Indem Sie Text direkt in das Suchfeld eingeben, können Sie die automatische Auflösung benutzen. Außerdem können Sie beim Suchen Datensätze aus der Liste **Kürzlich verwendet** auswählen.

- Sie können Ihre persönlichen Optionen bearbeiten, um Ihre Vorlieben festzulegen, einschließlich der Startseite, die beim anfänglichen Laden von Microsoft Dynamics CRM angezeigt wird, oder der Anzahl der pro Seite angezeigten Datensätze.

- Im Ressourcencenter und im Bereich **Hilfe** finden Sie weitere Informationen über die Verwendung der Software Microsoft Dynamics CRM.

Kapitel 3

Mit Firmen und Kontakten arbeiten

In diesem Kapitel:

Eine Firma anlegen	59
Über- und untergeordnete Firmen anlegen	61
Einen Kontakt anlegen	62
Dateien an Firmen und Kontakte anhängen	66
Datensätze deaktivieren und aktivieren	68
Firmen und Kontakte mit anderen Anwendern teilen	69
Firmen und Kontakte anderen Benutzern zuweisen	71
Firmen- oder Kontaktdatensätze zusammenführen	72
Zusammenfassung	74

In diesem Kapitel lernen Sie:

- Eine Firma anlegen
- Über- und untergeordnete Firmen anlegen
- Einen Kontakt erstellen
- Dateien mit Firmen und Kontakten verlinken
- Datensätze deaktivieren bzw. aktivieren
- Firmen und Kontakte für andere Benutzer freigeben
- Firmen und Kontakte anderen Benutzern zuweisen
- Firmen- oder Kontaktdatensätze zusammenführen

Die vorhergehenden Kapitel haben eine Menge Hintergrundinformationen über Microsoft Dynamics CRM geliefert. In diesem Kapitel beginnen Sie, mit Kundendatensätzen zu arbeiten. Firmen und Kontakte zählen zu den wichtigsten und am häufigsten verwendeten Datensatzarten im System. Wie Sie in Kapitel 1, »*Einführung in Microsoft Dynamics CRM*«, gelernt haben, steht CRM für »Customer Relationship Management« (Verwaltung von Kundenbeziehungen). Das Festhalten der Beziehungen zwischen den Firmen und Kontakten, die mit Ihrer Organisation zusammenarbeiten, ist einer der wertvollsten Vorzüge des Programms Microsoft Dynamics CRM.

In Microsoft Dynamics CRM ist eine Firma eine Unternehmensentität, die mit Ihrer Organisation zusammenwirkt. Verkauft Ihr Unternehmen Produkte und Service an andere Unternehmen, können Firmen für Ihre Kunden stehen. Kontakte stehen in Microsoft Dynamics CRM für konkrete Einzelpersonen, die eine Beziehung mit einer Firma haben können oder auch nicht. Kontaktdatensätze lassen sich innerhalb des Systems ohne Verknüpfung mit bestimmten Firmendatensätzen verwalten, was Sie möglicherweise sinnvoll finden, wenn zu den Zielkunden Ihrer Organisation Endverbraucher gehören. Außer Kunden möchten Sie vielleicht auch die übrigen Organisationen und Personen verfolgen, die mit Ihrem Unternehmen zu tun haben, etwa Wettbewerber, Berater, Partner, Lieferanten und Hersteller. In diesem Kapitel erfahren Sie, wie Sie zwischen den betreffenden Datensatzarten unterscheiden. Außerdem lernen Sie, wie Sie Kontakte mit Firmen verlinken, sodass Sie verfolgen können, in welcher Beziehung jede Person zu einem anderen Unternehmen steht. Indem Sie möglichst viele Daten über Firmen und Kontakte festhalten, können Sie anfangen, eine Rundumansicht jeder Person und jedes Unternehmens mit einer Beziehung zu Ihrer Organisation zu entwickeln. Wenn Sie sämtliche Interaktionen mit den einzelnen Firmen und Kontakten verstehen, können Sie effizienter arbeiten, bessere Entscheidungen treffen und einen besseren Kundendienst bereitstellen.

Nehmen Sie zum Beispiel an, Sie nutzen als Vertriebsmitarbeiter Microsoft Dynamics CRM und wollen einem Bestandskunden den Erwerb eines weiteren Produkts Ihrer Firma nahe bringen. Bevor Sie den Telefonhörer ergreifen, um den Kunden anzurufen, wäre es ideal zu wissen, ob dieser Probleme mit dem im letzten Jahr bei Ihnen gekauften Produkt hat. Ein glücklicher Kunde ohne Serviceprobleme kauft wahrscheinlich eher als einer, der eine Menge Schwierigkeiten erlebt. Nehmen wir außerdem an, Ihre Kundendienstabteilung setzt ebenfalls Microsoft Dynamics CRM ein und verfolgt alle Serviceanfragen in demselben System, in dem Sie die Vertriebs- und Marketingaktivitäten beobachten. Wenn Sie den Kundendatensatz in Microsoft Dynamics CRM betrachten, sehen Sie ohne großen Aufwand Ihre gesamten Vertriebsinformationen und alle Kundendienstanfragen. Wenn Vertrieb und Service unterschiedliche Systeme benutzten, müssten Sie möglicherweise mehrere Anrufe tätigen oder sich an zwei verschiedenen Orten anmelden, um das vollständige Bild einer Kundenbeziehung mit Ihrer Organisation zu erhalten. Microsoft Dynamics CRM gibt Ihnen die

Möglichkeit, einen Kundendatensatz schnell zu überfliegen, um im Bilde zu sein, bevor Sie dem Kunden nahe legen, weitere Produkte oder Dienstleistungen zu erwerben.

In diesem Kapitel legen Sie in Microsoft Dynamics CRM Firmen und Kontakte an, verfolgen damit anschließend Unternehmensbeziehungen, verknüpfen verwandte Dateien damit und geben Berechtigungen für die Kundendaten für ein anderes Mitglied Ihres Teams frei.

> **Übungsdateien**
>
> Bevor Sie die Übungen in diesem Kapitel durchführen können, müssen Sie die Übungsdateien des Buches auf Ihren Computer kopieren. Die Dateien zu diesem Kapitel befinden sich im Übungsdateiordner *Kapitel03*. Eine vollständige Liste der Übungsdateien ist in »*Benutzung der Übungsdateien*« am Anfang des Buches abgedruckt.

WICHTIG In diesem Kapitel verwenden Sie zur Arbeit mit Firmen und Kontakten nicht den Client Microsoft Dynamics CRM für Outlook, sondern den Webclient. Beide haben zwar fast alle Konzepte und Schritte gemeinsam, Microsoft Dynamics CRM für Outlook bietet jedoch einige zusätzliche Funktionen für Firmen und Kontakte. Einer der wichtigsten Vorteile von Microsoft Dynamics CRM für Outlook ist die Fähigkeit, Kontakte aus Microsoft Dynamics CRM mit der Outlook-Kontaktliste zu synchronisieren. Anschließend können Sie Ihre Microsoft Dynamics CRM-Kontakte in Outlook auf ein mobiles oder ein Handgerät übertragen. In Kapitel 5, »*Microsoft Dynamics CRM für Outlook*«, wird der Synchronisierungsvorgang ausführlich erörtert.

WICHTIG Die in diesem Buch verwendeten Bilder geben die vorgegebenen Formular- und Feldnamen in Microsoft Dynamics CRM wieder. Da die Software umfangreiche Anpassungsmöglichkeiten bietet, ist es möglich, dass manche Datensatztypen oder Felder in Ihrer Microsoft Dynamics CRM-Umgebung anders beschriftet wurden. Wenn Sie die erwähnten Formulare, Felder oder Sicherheitsrollen nicht finden, sollten Sie den Systemadministrator um Hilfe bitten.

WICHTIG Um die Übungen in diesem Buch durchzuarbeiten, müssen Sie den Speicherort Ihrer Microsoft Dynamics CRM-Website kennen. Überprüfen Sie die Webadresse mithilfe des Systemadministrators, wenn Sie sie nicht wissen.

Eine Firma anlegen

Firmen stehen in Microsoft Dynamics CRM für Unternehmen oder Organisationen. Sie können aus den Bereichen **Vertrieb**, **Marketing** und **Service** auf Firmeninformationen zugreifen. Das Formular **Firma** besteht aus mehreren Teilen, die jeweils Datenfelder enthalten.

Erforderliche Attribute werden bei Firmen, Kontakten oder einem anderen Datensatztyp in Microsoft Dynamics CRM mit einem roten Sternchen (*) rechts vom Namen des Feldes gekennzeichnet. Es besagt, dass Sie einen Wert in das Feld eingeben müssen, bevor Sie den Datensatz anlegen oder speichern können. Wenn Sie versuchen, einen Datensatz zu erstellen oder zu speichern, in dem ein vorgeschriebenes Feld keine Daten enthält, fordert Microsoft Dynamics CRM Sie auf, Daten einzugeben, und speichert Ihre Änderungen nicht.

Ein blaues Pluszeichen (+) rechts vom Namen eines Feldes besagt, dass das Feld empfohlen ist. Sie können Datensätze aber auch erstellen oder bearbeiten, wenn in einem empfohlenen Feld keine Daten stehen.

Kapitel 3: Mit Firmen und Kontakten arbeiten

In der folgenden Übung legen Sie einen neuen Firmendatensatz an.

VORBEREITUNG Rufen Sie bei Bedarf in Internet Explorer Ihre Microsoft Dynamics CRM-Website auf, bevor Sie mit dieser Übung beginnen.

1. Klicken Sie im Bereich **Vertrieb** auf **Firma**.
2. Klicken Sie im Band auf die Schaltfläche **Neu**, um das Formular **Neue Firma** einzublenden.
3. Geben Sie im Feld **Firmenname** *Sonoma Partners* ein. Weist Ihr System weitere erforderliche Felder auf (die durch ein rotes Sternchen gekennzeichnet sind), müssen Sie auch dort Werte eingeben.
4. Geben Sie im Feld **Straße 1** *Waldstr. 57* ein.
5. Geben Sie im Feld **Ort** *Flensburg* ein.
6. Geben Sie im Feld **Bundesland/Kanton** *Schleswig-Holstein* ein.

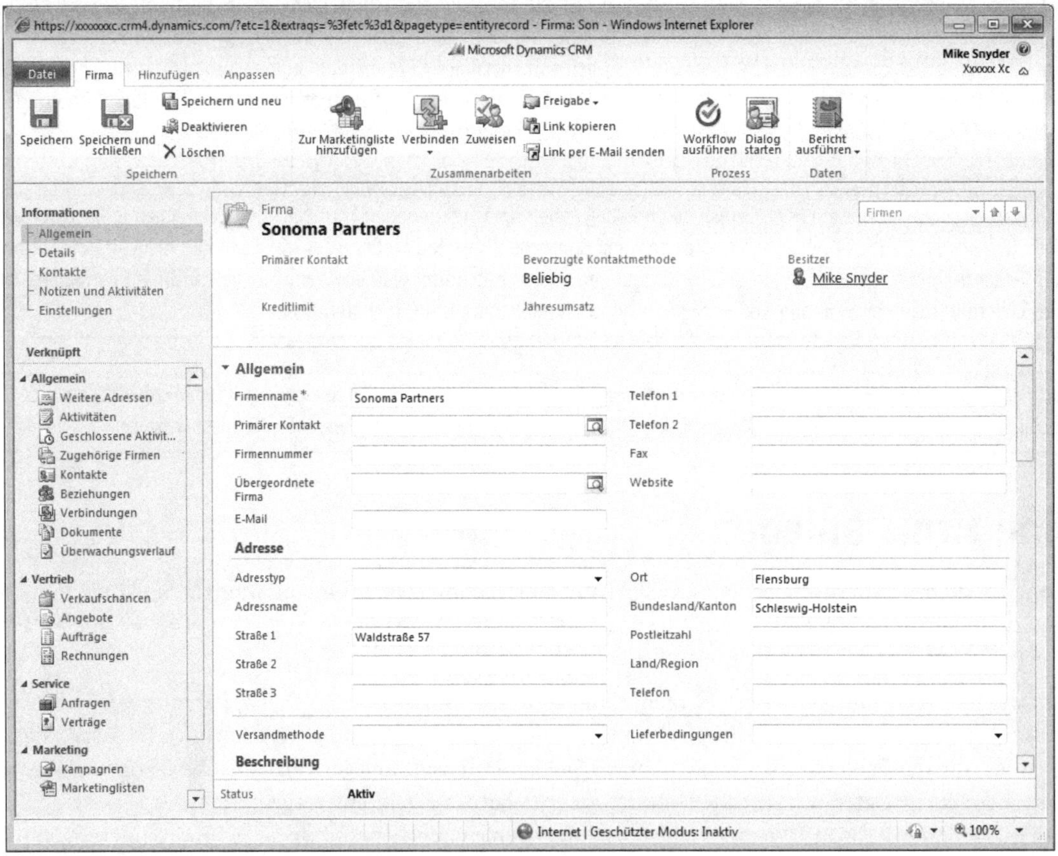

7. Klicken Sie auf **Speichern**, um die Firma anzulegen.

TIPP Sie können eine Firma auch erstellen, indem Sie nacheinander auf die Registerkarte **Datei** im Menüband, das Menü **Neuer Datensatz** und **Firma** klicken.

Über- und untergeordnete Firmen anlegen

Im vorhergehenden Beispiel haben Sie eine neue Firma mit dem Namen **Sonoma Partners** angelegt. Nehmen wir nun an, dass Sonoma Partners ein Bereich einer wesentlich größeren Organisation namens Contoso ist. Von der Beziehung zwischen Sonoma Partners und Contoso zu wissen kann bei der Arbeit mit einer der beiden Firmen von Vorteil sein. In Microsoft Dynamics CRM können Sie Beziehungen dieser Art mithilfe über- und untergeordneter Firmen aufzeichnen. Im folgenden Beispiel geben Sie Contoso als übergeordnete Firma von Sonoma Partners an. Wenn Sie so vorgehen, verzeichnet Microsoft Dynamics CRM Sonoma Partners automatisch als untergeordnete Firma von Contoso.

WICHTIG Sie können mithilfe über- und untergeordneter Firmen einen Link zwischen zwei Organisationen aufzeichnen. Wenn Sie eine davon als übergeordnet festlegen, wird die andere automatisch zur untergeordneten Firma. Jede Firma kann nur eine übergeordnete Firma haben, aber die Anzahl untergeordneter Firmen richtet sich nach dem Bedarf.

Die meisten Unternehmen, die Microsoft Dynamics CRM einsetzen, kennzeichnen mit über- und untergeordneten Firmen eine juristische oder auf Eigentum beruhende Beziehung zwischen zwei Firmen. Sind mit einer Firma ein oder mehrere untergeordnete Firmen verbunden, werden alle Aktivitäten und Verläufe der untergeordneten Firmen auf das übergeordnete übertragen. Betrachten Sie den Verlauf der Firma Contoso, zeigt Microsoft Dynamics CRM deshalb auch den Verlauf der mit der Firma Sonoma Partners verknüpften Datensätze an. Dadurch entsteht ein vollständiges Bild des Zusammenwirkens der verschiedenen Datensätze Ihres Systems, was Ihrer Organisation ermöglicht, ihre Kunden zu verstehen und ihre Vertriebs-, Marketing- und Servicebemühungen entsprechend auszurichten.

Weitere Informationen
Weitere Informationen über die Verfolgung von Aktivitäten können Sie in Kapitel 4, »*Aktivitäten und Notizen*«, nachlesen.

In der folgenden Übung legen Sie die neue Firma *Contoso* an und verlinken sie mit der im vorhergehenden Beispiel erstellten Firma *Sonoma Partners*.

VORBEREITUNG Rufen Sie bei Bedarf in Internet Explorer Ihre Microsoft Dynamics CRM-Website auf, bevor Sie mit dieser Übung beginnen. Sie benötigen den Firmendatensatz *Sonoma Partners*, den Sie in der vorigen Übung angelegt haben.

1. Klicken Sie auf die Registerkarte **Datei** im Menüband, wählen Sie das Menü **Neuer Datensatz** und klicken Sie auf **Firma**. Ein neues, leeres Firmenformular öffnet sich.
2. Geben Sie im Feld **Firmenname** *Contoso* ein.
3. Geben Sie in ggf. weitere erforderliche Felder (gekennzeichnet durch ein rotes Sternchen) Werte ein und klicken Sie dann auf **Speichern und schließen**.
4. Klicken Sie im Navigationsbereich der Anwendung auf **Firmen** und doppelklicken Sie anschließend auf den Datensatz *Sonoma Partners*.
5. Geben Sie im Textfeld **Übergeordnete Firma** *Contoso* ein und drücken Sie die Taste ⇥. Microsoft Dynamics CRM löst den eingegebenen Text automatisch in den Contoso-Datensatz auf, was der Unterstrich und die blaue Textfarbe des übergeordneten Firmennamens verdeutlichen.

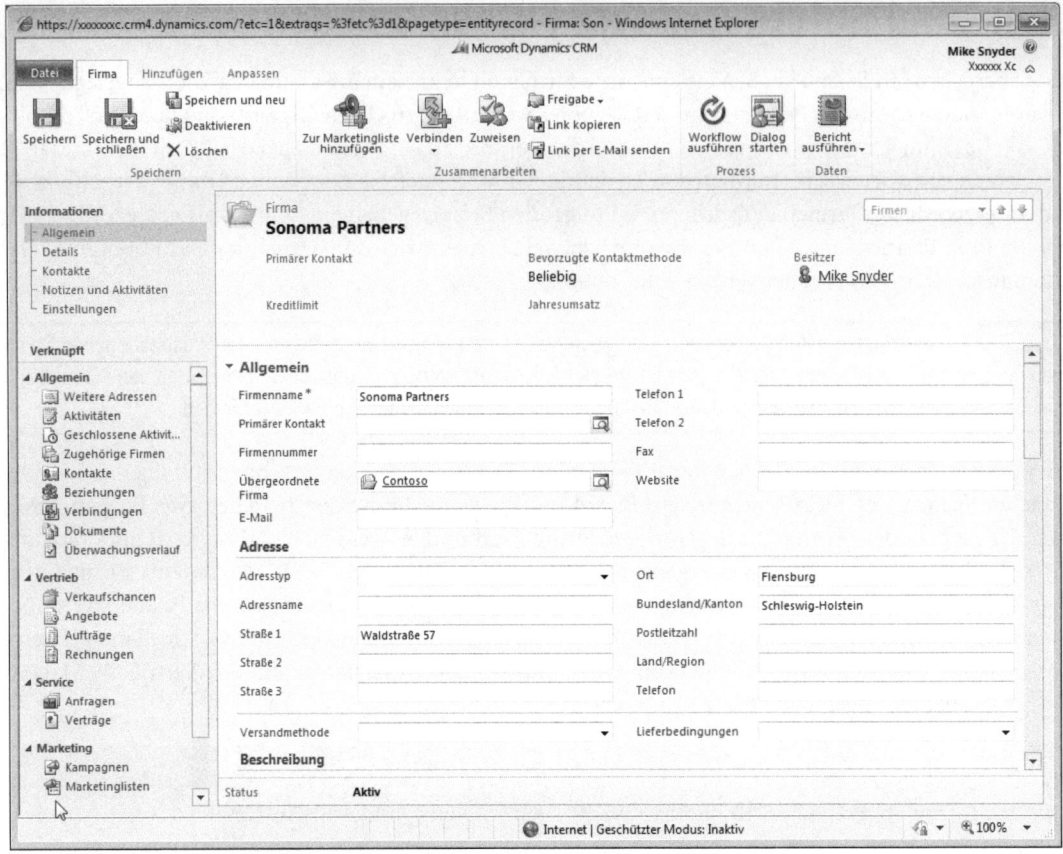

6. Klicken Sie auf **Speichern**.

TIPP Alternativ hätten Sie Contoso auch mithilfe der Schaltfläche **Suchen** rechts vom Textfeld **Übergeordnete Firma** als übergeordnete Firma auswählen können. Eine schnelle Auffrischung zum Thema Suchen bietet *Kapitel 2, »Erste Schritte in Microsoft Dynamics CRM«*.

Einen Kontakt anlegen

Kontakte stehen für die Personen, mit denen Sie Geschäfte machen. Für jeden Kontaktdatensatz können Sie genau eine Firma als übergeordneten Kunden festlegen. Die meisten Firmen tragen im Feld **Übergeordneter Kunde** den Arbeitgeber des Kontakts ein, aber dazu sind Sie nicht verpflichtet.

Durch Angabe eines übergeordneten Kunden erstellen Sie eine Beziehung zwischen den beiden Datensätzen. Wenn Sie Beziehungen zwischen Firmen und Kontakten anlegen, können Sie sämtliche Kontakte einer Firma mit einem Klick auf den Link **Kontakte** im Navigationsbereich der Firmenentität anzeigen. Die Kontaktliste der Firma wird als *Kontaktansicht* bezeichnet.

Einen Kontakt anlegen

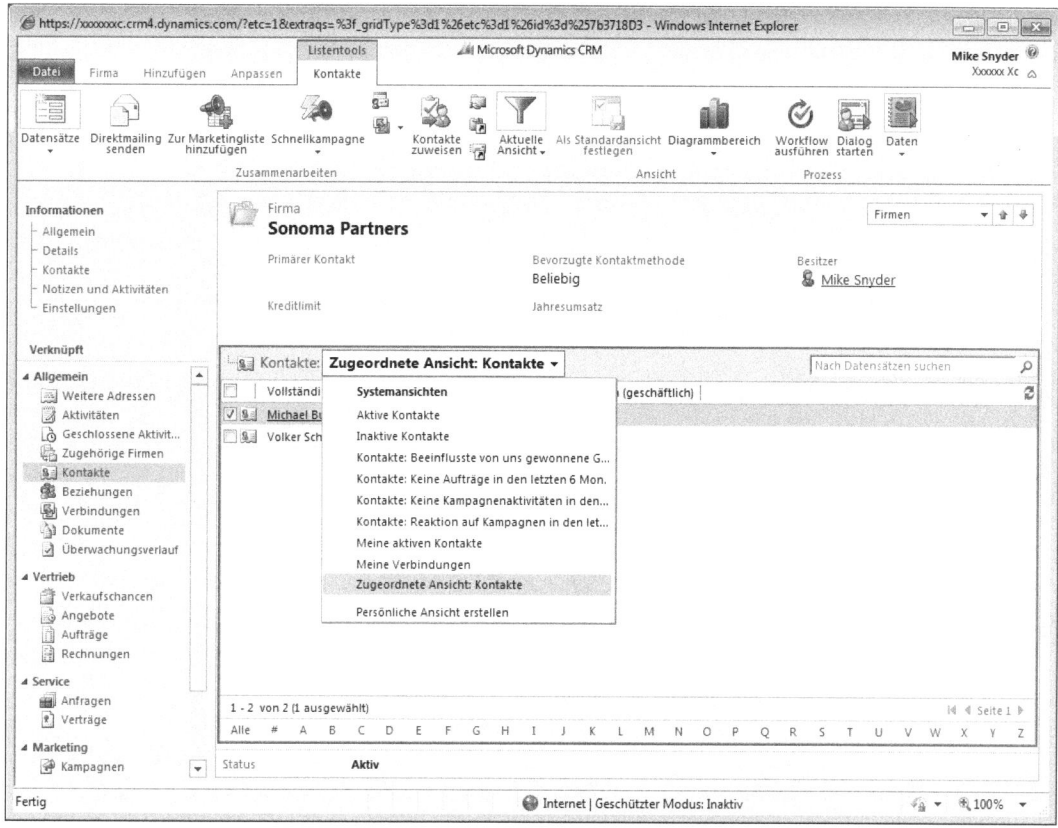

Nebenbei: Warum die Bezeichnung »Übergeordneter Kunde«?

In den Beispielen dieses Kapitels wird eine Firma als übergeordneter Kunde eines Kontakts festgelegt. Die meisten Firmen, die mit Microsoft Dynamics CRM arbeiten, verwenden dieses Feld jedoch für den *Arbeitgeber* des Kontakts. Warum nennt Microsoft Dynamics CRM das Feld **Übergeordneter Kunde**?

Das Kundenfeld ist in Microsoft Dynamics CRM ein besonderes, weil Sie es zur Auswahl eines Firmen- oder eines Kontaktdatensatzes benutzen können. Es erscheint an mehreren Stellen im Gesamtsystem (zum Beispiel unter **Anfragen** und **Verkaufschancen**), an denen Sie vielleicht eine Firma oder einen Kontakt auswählen wollen, je nachdem, wie Ihre Organisation in Microsoft Dynamics CRM Kunden verfolgt. Ihr Systemadministrator kann das Feld bei Bedarf in **Übergeordnete Firma** umbenennen.

Sie können nicht nur sämtliche mit der Firma verknüpften Kontakte einblenden, sondern über die Ansichtenauswahl auch unterschiedliche Kontaktfilter wählen. Jede Ansicht kann eigene Filterkriterien verwenden und unterschiedliche Datenspalten anzeigen. Beachten Sie, dass der Filter nur Kontakte ausgibt, die mit der angezeigten Firma verknüpft sind. Wählen Sie beispielsweise die Ansicht **Inaktive Kontakte** aus, zeigt Microsoft Dynamics CRM Ihnen alle inaktiven Kontakte, die zu dem Firmendatensatz gehören, den Sie gerade betrachten.

Ähnlich wie die Verknüpfung unter- und übergeordneter Firmen ermöglicht Ihnen das Verlinken von Kontakten mit einer Firma, die mit einer Firma in Beziehung stehenden Kontakte anzuzeigen, einschließlich des Einblicks in die Aktivitäten der betreffenden Kontakte zur übergeordneten Firma. Protokollieren Sie eine Anrufaktivität mit dem Kontaktdatensatz *Mike Snyder*, dessen übergeordnete Firma *Sonoma Partners* ist, können Sie den Anrufdatensatz sehen, wenn Sie den Datensatz *Sonoma Partners* betrachten.

TIPP Standardmäßig führt Microsoft Dynamics CRM den vollständigen Namen und die geschäftliche Telefonnummer auf, wenn Sie die Kontaktansicht für eine Firma anzeigen. Ihr Systemadministrator kann die Ansicht anpassen und zusätzliche Spalten wie Titel, Ort oder E-Mail-Adresse aufnehmen.

Wie für Firmen gibt es auch für Kontakte verschiedene Anlegemethoden:

- Über das Band mit einem Klick auf die Registerkarte **Datei**, Auswählen des Menüs **Neuer Datensatz** und einen Klick auf **Kontakt**
- Durch Öffnen einer Kontaktansicht und einen Klick auf die Schaltfläche **Neu** im Band
- Durch einen Klick auf die Schaltfläche **Neue Kontakt-Entität hinzufügen** in der Symbolleiste der Kontaktansicht einer Firma
- Durch einen Klick auf die Schaltfläche **Neu** im Dialogfeld **Datensatz Suchen** der Kontaktwebseite.

Ein Vorteil beim Erstellen eines Kontakts von der verknüpften Ansicht aus besteht darin, dass Microsoft Dynamics CRM ausgehend von dem Firmendatensatz, den Sie gerade betrachten, mehrere Felder im Kontaktdatensatz automatisch belegt. Ist zum Beispiel der Firmendatensatz *Sonoma Partners* geöffnet und klicken Sie in der zugehörigen Kontaktansicht auf **Neuer Kontakt**, füllt Microsoft Dynamics CRM viele Felder des neuen Kontaktdatensatzes mit Daten aus dem Firmendatensatz – **Straße 1, Ort, Bundesland/Kanton** usw. Außerdem steht im Feld **Übergeordneter Kunde** des neuen Kontakts der Eintrag *Sonoma Partners*. Dieses Verhalten der Vorbelegung von Datenfeldern wird als Feldzuordnung bezeichnet. Ihr Systemadministrator kann festlegen, wie Felder zweier verknüpfter Datensatztypen einander zugeordnet werden.

TIPP Legen Sie einen neuen Kontakt von der zugehörigen Ansicht aus an, werden die zugeordneten Felder automatisch ausgefüllt, beispielsweise **Übergeordneter Kunde** und die Adressfelder. Diese Technik spart Zeit, wenn der Kontakt dieselbe Adresse hat wie die Firma.

TIPP Legen Sie einen Kontakt mit der ersten oder zweiten oben beschriebenen Methoden an, belegt Microsoft Dynamics CRM die zugeordneten Felder nicht automatisch, was sinnvoll sein kann, wenn der Kontakt eine andere Adresse hat als die Firma (zum Beispiel ein Angestellter, der von zu Hause aus arbeitet).

Zwar belegt die Feldzuordnung den Kontaktdatensatz mit Daten aus der übergeordneten Firma, aber es gibt keinen fortbestehenden Link zwischen den beiden Datensätzen. Ändert sich die Firmenadresse, weil das Unternehmen in ein neues Büro wechselt, müssen Sie die Adressen der mit der Firma verknüpften Kontakte explizit ändern. Mithilfe der Bearbeitungsfunktion im Menüband der zugehörigen Kontaktansicht können Sie die Adressen mehrerer Kontakte auf einmal ändern.

Für jeden Firmendatensatz können Sie einen Primärkontakt festlegen. Wie Sie sicher erwarten, handelt es sich um diejenige Person, die Ihre Organisation zuerst ansprechen sollte. Obwohl es meistens ein Mitarbeiter des Unternehmens ist, muss dies nicht so sein. Sie können einen beliebigen Kontakt aus der Datenbank als Primärkontakt einer Firma auswählen. Infolgedessen führt die Zuweisung eines Primärkontakts zu einer Firma nicht automatisch dazu, dass die Datenfelder zugeordnet und die zugeordneten Werte vorbelegt werden.

Einen Kontakt anlegen

In der folgenden Übung legen Sie zwei neue Kontakte für die Firma *Sonoma Partners* an. Beim ersten gehen Sie von der Kontaktansicht aus, was bestimmte Werte für den Kontakt vorbelegt. Danach benutzen Sie eine andere Methode, bei der Microsoft Dynamics CRM die zugeordneten Felder nicht automatisch ausfüllt.

VORBEREITUNG Rufen Sie bei Bedarf in Internet Explorer Ihre Microsoft Dynamics CRM-Website auf, bevor Sie mit dieser Übung beginnen. Sie benötigen den Firmendatensatz *Sonoma Partners*, den Sie weiter vorn in diesem Kapitel angelegt haben.

1. Wechseln Sie zu **Firmen** und öffnen Sie den Datensatz *Sonoma Partners*.
2. Klicken Sie im Navigationsbereich der Entität auf den Link **Kontakte**.
3. Klicken Sie auf die Schaltfläche **Neue Kontakt-Entität hinzufügen** im Menüband.

   Microsoft Dynamics CRM öffnet ein neues Fenster. Beachten Sie, dass die folgenden Felder bereits Daten enthalten: **Übergeordneter Kunde**, **Straße 1**, **Ort** und **Bundesland/Kanton**.
4. Geben Sie im Feld **Vorname** den Namen *Michael* ein, im Feld **Nachname** *Burton*.

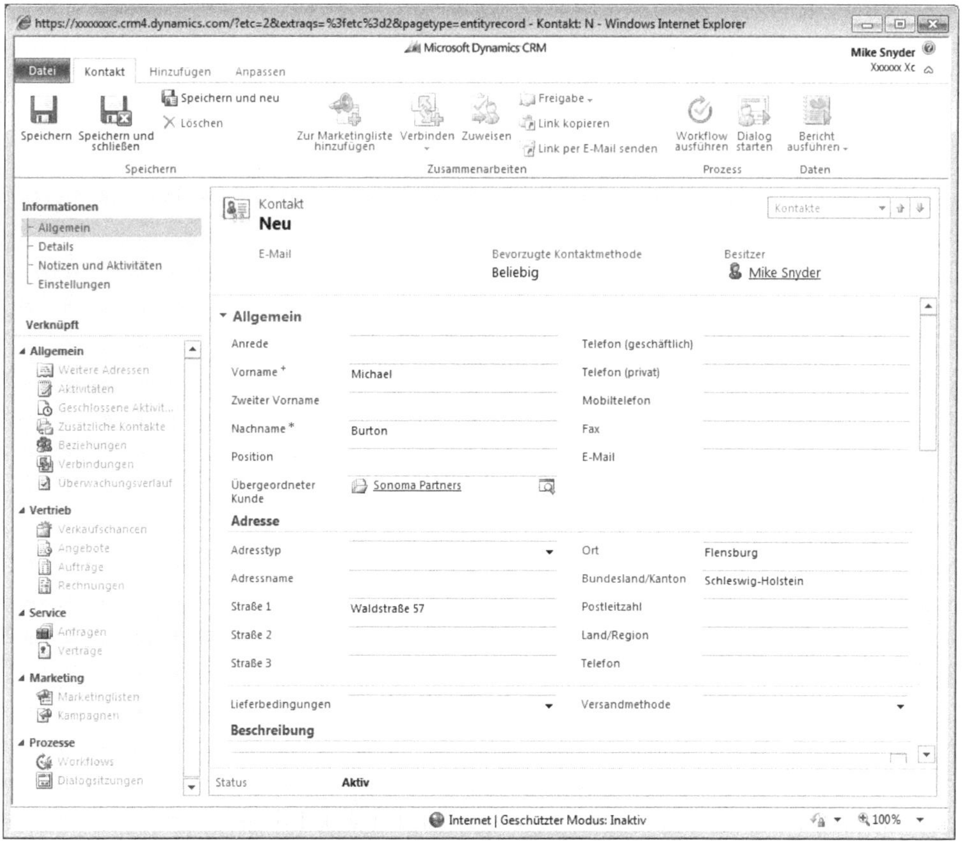

5. Klicken Sie auf **Speichern und schließen**.

   Sie sehen, dass der Kontakt Michael Burton jetzt in der Kontaktliste des Firmendatensatzes *Sonoma Partners* erscheint.

6. Klicken Sie im Hauptanwendungsfenster auf die Registerkarte **Datei**, dann auf **Neuer Datensatz** und auf **Kontakt**, um das Formular **Neuer Kontakt** zu starten.
7. Geben Sie im Feld **Vorname** *Alan* und im Feld **Nachname** *Jackson* ein.
8. Klicken Sie im Textfeld **Übergeordneter Kunde** auf die Schaltfläche **Suchen**, um den Webseitendialog **Datensatz suchen** einzublenden.
9. Geben Sie im Feld **Suchen** *Sonoma Partners* ein und drücken Sie ⏎.
10. Klicken Sie in den Ergebnissen auf den Datensatz *Sonoma Partners*.

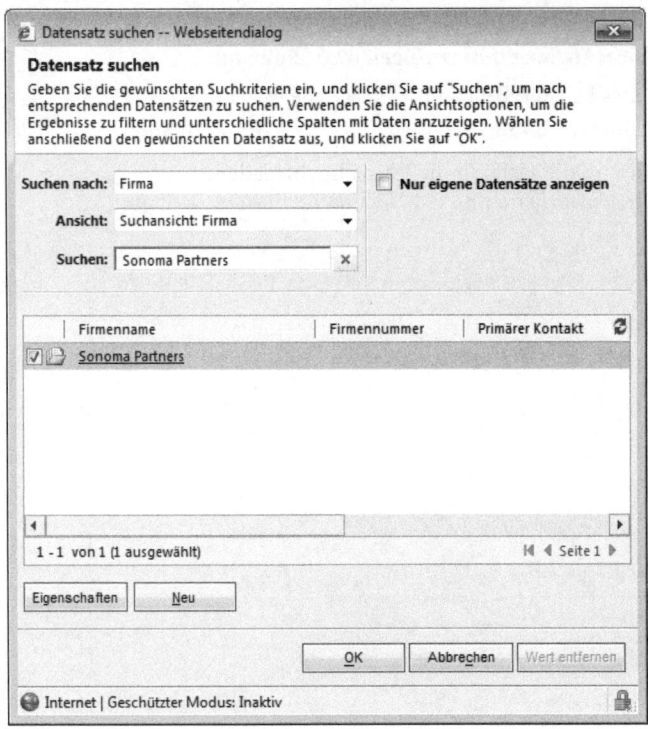

11. Schließen Sie den Webseitendialog mit einem Klick auf **OK**.
12. Klicken Sie auf **Speichern und schließen**.

Sie sehen, dass Michael Burton und Alan Jackson jetzt beide mit dem Firmendatensatz *Sonoma Partners* verlinkt sind, Microsoft Dynamics CRM aber nur die zugeordneten Felder des Datensatzes *Michael Burton* vorbelegt hat, weil Sie diesen von der zugehörigen Ansicht aus erstellt haben.

Dateien an Firmen und Kontakte anhängen

In den Formularen können Sie nicht nur Informationen über Firmen und Kontakte eingeben, sondern auch Dateien an den Datensatz anhängen (beispielsweise ein Excel-Arbeitsblatt oder eine PDF-Datei aus Adobe Acrobat). Microsoft Dynamics CRM gibt Ihnen die Möglichkeit, ohne großen Aufwand Dateien hochzuladen und zu speichern, die mit Firmen und Kontakten in Beziehung stehen, sodass Sie später darauf zurückgreifen können.

Dateien an Firmen und Kontakte anhängen

In der folgenden Übung speichern Sie eine Datei als Anlage zu einer Firma und laden sie zur Betrachtung herunter. Um eine Datei an einen Kontaktdatensatz anzufügen, gehen Sie ähnlich vor.

VORBEREITUNG Rufen Sie bei Bedarf in Internet Explorer Ihre Microsoft Dynamics CRM-Website auf, bevor Sie mit dieser Übung beginnen. Sie benötigen den Firmendatensatz *Sonoma Partners*, den Sie in der vorigen Übung angelegt haben, sowie die Übungsdatei *Orders1.xlsx*.

1. Öffnen Sie in der Ansicht **Firmen** den Datensatz *Sonoma Partners*.
2. Klicken Sie auf die Schaltfläche **Hinzufügen** im Band und dann auf **Datei anfügen**, um das Dialogfeld **Anlage verwalten** zu öffnen.

   Datei anfügen

3. Klicken Sie auf **Durchsuchen** und wechseln Sie zum Ordner *Kapitel03*.
4. Wählen Sie *Orders1.xlsx* aus und klicken Sie auf **Öffnen**.

   Das Navigationsfenster schließt sich.
5. Klicken Sie auf die Schaltfläche **Anfügen**, um die Datei in die Firma hochzuladen.
6. Klicken Sie auf **Schließen**.
7. Klicken Sie im Datensatz *Sonoma Partners* auf den Link **Notizen und Aktivitäten** im Entitätsnavigationsbereich. Betätigen Sie, falls erforderlich, den Bildlauf nach unten, um zum Bereich **Notizen** zu gelangen.

   Jetzt können Sie sehen, dass Microsoft Dynamics CRM die Datei *Orders1.xlsx* an den Firmendatensatz angefügt hat. Der Name des Benutzers, der sie hochgeladen hat, sowie Datum und Uhrzeit wurden automatisch aufgezeichnet.

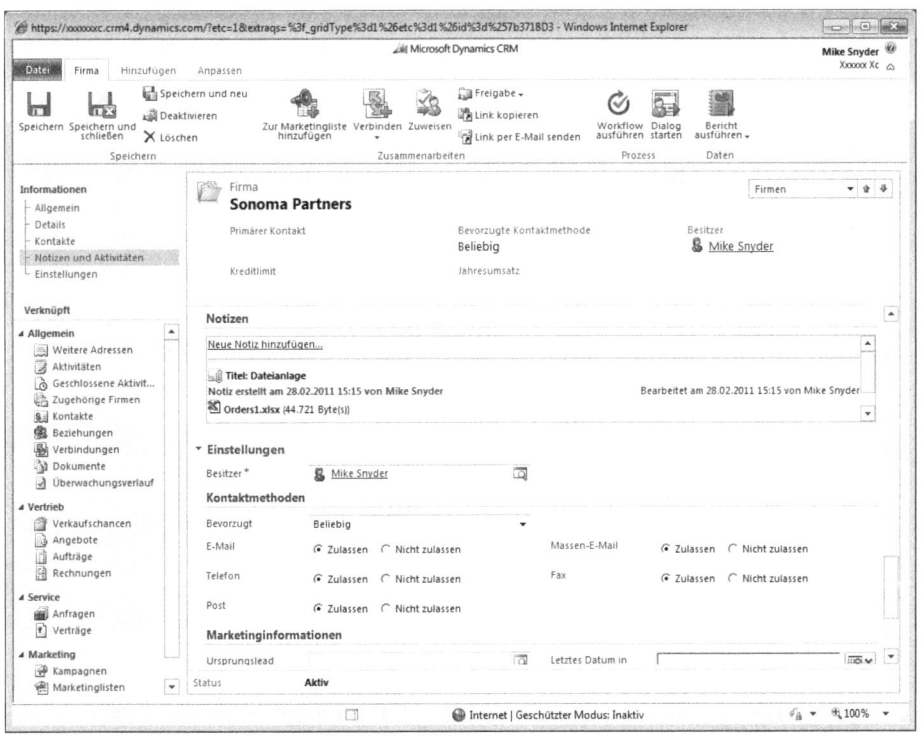

8. Um die Anlage zu öffnen, klicken Sie auf den Dateinamen und wählen entweder **Öffnen** oder **Speichern**.

Datensätze deaktivieren und aktivieren

Die meisten Datensätze in Microsoft Dynamics CRM enthalten Werte für den Status und den Grund dafür. Der Status eines Datensatzes definiert seinen Zustand, wobei die häufigsten Werte *Aktiv* und *Inaktiv* sind. Einige Datensatztypen verfügen jedoch über weitere Werte. Falldatensätze können zum Beispiel den Statuswert *Aktiv*, *Aufgelöst* oder *Abgebrochen* aufweisen. Datensätze, die nicht den Status *Offen* oder *Aktiv* haben, werden als deaktiviert betrachtet (auch als *Inaktiv* bezeichnet). Inaktive Datensätze werden in der Microsoft Dynamics CRM-Datenbank nicht gelöscht, sondern bleiben erhalten. Sie werden jedoch in verschiedenen Bereichen der gesamten Benutzeroberfläche nicht angezeigt, beispielsweise bei Schnellsuchen oder in Suchfenstern.

> **WICHTIG** Microsoft Dynamics CRM entfernt inaktive Datensätze aus Teilen der Benutzeroberfläche. Außerdem können Sie einen inaktiven Datensatz nicht mithilfe seines Formulars bearbeiten.

Die Statusbegründung eines Datensatzes bietet eine Beschreibung seines Status. Die Begründungen fallen abhängig von Datensatztyp und Statuswert unterschiedlich aus. Im Beispiel des Falls kann ein Datensatz mit dem Status *Aktiv* eine der folgenden Begründungen aufweisen: *In Bearbeitung*, *Angehalten*, *Warten auf Details* oder *Recherche*. Die folgende Tabelle verdeutlicht, wie sich der Status und die Statusbegründung je nach Datensatz unterscheiden können.

Datensatztyp	Status	Statusbegründung
Firma	Aktiv	Aktiv
	Inaktiv	Inaktiv
Kontakt	Aktiv	Aktiv
	Inaktiv	Inaktiv
Anfrage	Aktiv	In Bearbeitung Angehalten Warten auf Details Recherche
	Aufgelöst	Problem behoben
	Storniert	Storniert
Telefonanruf	Offen	Offen
	Abgeschlossen	Als empfangen registriert
	Storniert	Storniert

Bei der Arbeit mit Firmen und Kontakten möchten Sie manchmal Datensätze deaktivieren. Dafür kann es folgende Gründe geben:

- Ein Kontakt hat die Firma gewechselt oder arbeitet nicht mehr für die Firma.
- Eine Firma ist aus dem Geschäft ausgeschieden.
- Im System gibt es bereits ein Duplikat des Firmen- oder Kontaktdatensatzes.
- Sie wollen die Interaktion mit der Firma oder dem Kontakt nicht weiter verfolgen.

In der folgenden Übung deaktivieren Sie einen Kontaktdatensatz und aktivieren ihn anschließend wieder.

VORBEREITUNG Rufen Sie bei Bedarf in Internet Explorer Ihre Microsoft Dynamics CRM-Website auf, bevor Sie mit dieser Übung beginnen.

1. Klicken Sie im Bereich **Vertrieb** auf **Kontakte**.
2. Geben Sie in der Schnellsuche *Burton* ein und drücken Sie die Eingabetaste.
3. In den Ergebnissen sehen Sie den Datensatz *Michael Burton*. Wählen Sie ihn mit einem Klick aus. Klicken Sie im Band auf die Schaltfläche **Deaktivieren**. Wenn sich ein Dialogfeld öffnet, das Sie auffordert, die Deaktivierung zu bestätigen, klicken Sie auf **OK**. Microsoft Dynamics CRM deaktiviert den Datensatz.
4. Geben Sie in der Schnellsuche *Burton* ein und drücken Sie die Eingabetaste.

    In den Ergebnissen taucht der Datensatz *Michael Burton* nicht auf, weil Sie ihn deaktiviert haben. Microsoft Dynamics CRM nimmt inaktive Datensätze nicht in die Ergebnisse der Schnellsuche auf.
5. Nachdem Sie den Kontakt deaktiviert haben, reaktivieren Sie ihn. Wählen Sie in der Ansichtenauswahl **Inaktive Kontakte**. Sie sehen eine Liste mit deaktivierten Kontakten, in der auch der Datensatz *Michael Burton* steht.
6. Öffnen Sie den Kontaktdatensatz *Michael Burton* mit einem Doppelklick. Beachten Sie, dass Microsoft Dynamics CRM die Formularfelder unerreichbar gemacht hat, sodass Sie den inaktiven Datensatz nicht bearbeiten können.
7. Klicken Sie im Band auf die Schaltfläche **Aktivieren**. Wenn sich ein Dialogfeld öffnet, das Sie auffordert, die Aktivierung zu bestätigen, klicken Sie auf **OK**.
8. Microsoft Dynamics CRM deaktiviert den Kontakt und die Formularfelder, sodass Sie den Datensatz wieder bearbeiten können.

Firmen und Kontakte mit anderen Anwendern teilen

Microsoft Dynamics CRM verfolgt ein belastbares Sicherheitsmodell, bei dem die Administratoren einrichten können, welche Benutzer die verschiedenen Datensatztypen im System sehen und Aktionen damit durchführen können. Für die Fälle, in denen Sie eine bestimmte Firma oder einen Kontaktdatensatz für einen Benutzer freigeben wollen, weil dieser nicht darauf zugreifen kann, ermöglicht Microsoft Dynamics CRM dies ohne großen Aufwand, vorausgesetzt, Ihr Systemadministrator hat Ihnen die entsprechenden Berechtigungen erteilt. Ihre Organisation kann in Microsoft Dynamics CRM Benutzerteams anlegen, was von Vorteil sein kann, wenn Datensätze freigegeben werden sollen, weil die Teammitglieder zu beliebigen Geschäftseinheiten innerhalb der Organisation gehören können.

WICHTIG Microsoft Dynamics CRM bietet die Möglichkeit, Datensätze ad hoc für einen bestimmten Benutzer oder ein Team freizugeben. Dabei können Sie auch festlegen, welche Arten von Sicherheitsberechtigungen für die betreffenden Datensätze gewährt werden. Sie können anderen Benutzern Berechtigungen erteilen, wenn Sie selbst diese für den freigegebenen Datensatz besitzen.

Im folgenden Beispiel geben Sie einen Kontaktdatensatz für zwei Benutzer frei, sodass sie ihn sehen und bearbeiten können. Für Firmendatensätze gilt ein ähnliches Verfahren.

VORBEREITUNG Rufen Sie bei Bedarf in Internet Explorer Ihre Microsoft Dynamics CRM-Website auf, bevor Sie mit dieser Übung beginnen. Sie brauchen den Kontakt *Michael Burton*, den Sie weiter vorn in diesem Kapitel angelegt haben.

1. Öffnen Sie in einer Kontaktansicht den Kontakt *Michael Burton*.
2. Klicken Sie im Band auf die Schaltfläche **Freigabe** und dann auf **Freigeben**.
   Ein neues Fenster öffnet sich.
3. Klicken Sie im Bereich **Allgemeine Aufgaben** auf **Benutzer/Team hinzufügen**.
   Es erscheint der Webseitendialog **Datensatz suchen**.
4. Da Sie dabei sind, den Kontaktdatensatz mit einem Benutzer zu teilen, behalten Sie den Eintrag **Benutzer** in der Suchliste bei. Wählen Sie zwei beliebige Benutzer aus Ihrem System aus und klicken Sie auf **Hinzufügen**.
5. Klicken Sie auf **OK**.
   Microsoft Dynamics CRM führt die ausgewählten Benutzer im Freigabefenster auf.
6. In diesem Fenster können Sie entscheiden, welche Arten von Berechtigungen Sie den einzelnen Benutzern für den Kontaktdatensatz *Michael Burton* geben. Da Sie wollen, dass sie den Kontaktdatensatz bearbeiten dürfen, aktivieren Sie für beide das Kontrollkästchen **Schreiben**.

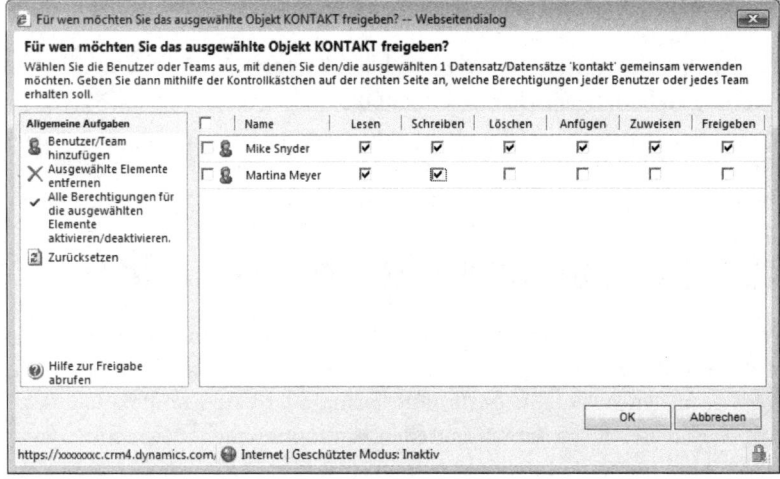

7. Klicken Sie auf **OK**.
   Microsoft Dynamics CRM aktualisiert die Sicherheitsberechtigungen und schließt das Freigabefenster.
8. Um die aktuellen Freigabeberechtigungen für einen Datensatz anzuzeigen, klicken Sie auf die Schaltfläche **Freigabe** im Menüband und dann auf **Freigeben**.
   Dann erscheint ein neues Fenster mit den Freigabeinformationen, die Sie gerade eingerichtet haben.

TIPP Bei der gemeinsamen Arbeit mit anderen Benutzern an einem Datensatz wollen Sie möglicherweise jemandem einen bestimmten Datensatz zur Durchsicht senden. Um das Zurückgreifen auf einen bestimmten Datensatz zu vereinfachen, bietet Microsoft Dynamics CRM für jeden Datensatz eine Webadresse (URL) als Abkürzung an. Der Datensatz lässt sich mit einem Klick auf diese Abkürzung automatisch im System öffnen, ohne über die Benutzeroberfläche zu gehen. Um die betreffende Adresse in Ihre Office-Zwischenablage zu kopieren, klicken Sie auf die Schaltfläche **Link kopieren** im Menüband.

Nun können Sie die Adresse des Datensatzes mit `Strg` + `V` in eine andere Anwendung einfügen, beispielsweise in eine E-Mail oder ein Dokument. Microsoft Dynamics CRM sieht für fast alle Datensatztypen im System solche Abkürzungen vor, darunter Firmen, Kontakte, Fälle und Aktivitäten. Wenn Sie auf die Schaltfläche **Link per E-Mail senden** klicken, startet Microsoft Dynamics CRM Ihr Standard-E-Mail-Programm, wobei der Link zum Datensatz bereits in der Nachricht steht.

Firmen und Kontakte anderen Benutzern zuweisen

Sie können Datensätze nicht nur für andere Benutzer freigeben, sondern auch den Besitzer eines Datensatzes ändern. Die meisten Datensätze in Microsoft Dynamics CRM »gehören« einem Benutzer oder einem Team. Außerdem ist der Besitzer ein wesentlicher Bestandteil des systemeigenen Sicherheitsmodells. Um den Besitzer eines Datensatzes zu ändern (oder den Datensatz zuzuweisen), bietet die Benutzeroberfläche mehrere Techniken:

- Sie können den Datensatz öffnen und den Wert im Feld **Besitzer** ändern.
- Sie können den Datensatz öffnen und auf die Schaltfläche **Zuweisen** im Band klicken.
- Sie können in Ansichten, die Datensatzlisten enthalten, einen oder mehrere Datensätze auswählen und dann auf die Schaltfläche **Zuweisen** klicken.

Unabhängig von der verwendeten Technik führen Sie zum Zuweisen von Firmen-, Kontakt- und den meisten anderen Datensatztypen in Microsoft Dynamics CRM dieselben Schritte durch.

In der folgenden Übung ändern Sie den Besitz eines Kontakts mithilfe der zweiten Technik, um ihn einem anderen Benutzer zuzuweisen.

VORBEREITUNG Rufen Sie bei Bedarf in Internet Explorer Ihre Microsoft Dynamics CRM-Website auf, bevor Sie mit dieser Übung beginnen. Sie brauchen den Kontakt *Michael Burton*, den Sie weiter vorn in diesem Kapitel angelegt haben.

1. Öffnen Sie den Kontaktdatensatz *Michael Burton*.
2. Klicken Sie im Band auf **Zuweisen**.
   Ein neues Fenster öffnet sich.

Zuweisen

3. Klicken Sie auf **Einem anderen Benutzer oder Team zuweisen**.
4. Wählen Sie einen anderen Benutzer aus, indem Sie den Benutzernamen direkt in das Feld eingeben oder auf die Schaltfläche **Suchen** klicken.

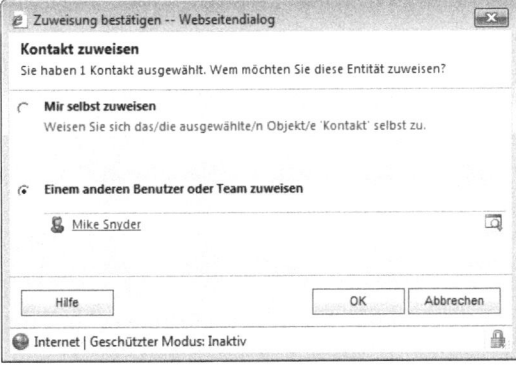

5. Klicken Sie auf **OK**.

Das Fenster schließt sich, und Microsoft Dynamics CRM setzt den Besitzer des Datensatzes auf den von Ihnen ausgewählten Wert.

> **TIPP** Inaktive Benutzer können Datensätze besitzen, Zuweisungen sind jedoch nur an aktive Benutzer möglich. Ist ein Benutzerdatensatz deaktiviert, bleiben bereits zugewiesene Datensätze in seinem Besitz, aber andere Datensätze können ihm erst zugewiesen werden, wenn er wieder in Microsoft Dynamics CRM aktiv ist.

Firmen- oder Kontaktdatensätze zusammenführen

Bei der Arbeit mit Firmen- oder Kontaktdatensätzen in Microsoft Dynamics CRM stellen Sie möglicherweise fest, dass sich zwei oder mehr Datensätze stark ähneln. Ihre Datenbank enthält möglicherweise mehrere Kontaktdatensätze für dieselbe Person in Ihrem System. Obwohl Sie wahrscheinlich nicht bewusst zwei Datensätze für dieselbe Person anlegen, ist es möglich, dass es im System Duplikate gibt.

> **Weitere Informationen**
>
> Microsoft Dynamics CRM bietet mehrere Werkzeuge zur Vermeidung doppelter Datensätze in der Datenbank. Um weitere Informationen über die Einrichtung der Funktionen zu erhalten, die auf Duplikate prüfen, bitten Sie Ihren Systemadministrator, diese Funktionen zu aktivieren und einzurichten.

Obwohl Microsoft Dynamics CRM leistungsfähige Werkzeuge zur Vermeidung von Duplikaten enthält, werden Sie ohne Zweifel einige in Ihrer Datenbank finden. Glücklicherweise steht Ihnen in Microsoft Dynamics CRM ein Werkzeug zum Zusammenführen zur Verfügung, mit dem Sie aus zwei Datensätzen einen machen können.

Beim Zusammenführen zweier Datensätze legen Sie einen davon als Masterdatensatz fest, woraufhin Microsoft Dynamics CRM den anderen als untergeordnet behandelt. Die Software deaktiviert den untergeordneten Datensatz und kopiert sämtliche dazugehörigen Datensätze (zum Beispiel Aktivitäten, Notizen und Gelegenheiten) in den Masterdatensatz. Während der Zusammenführung bietet Microsoft Dynamics CRM Ihnen ein Dialogfeld an, in dem Sie Daten aus einzelnen Feldern im untergeordneten Datensatz auswählen können, damit sie im überlebenden Masterdatensatz erhalten bleiben.

> **TIPP** Außer Firmen oder Kontakten können Sie auch Lead-Datensätze zusammenführen. Bei unterschiedlichen Datensatztypen ist keine Zusammenführung möglich. Sie können lediglich Leads mit anderen Leads, Firmen mit anderen Firmen und Kontakte mit anderen Kontakten zusammenführen.

Durch Zusammenführung doppelter Datensätze bleibt Ihre Kundendatenbank sauber, was zur Produktivität von Vertrieb, Marketing und Service beiträgt.

In der folgenden Übung legen Sie einen neuen Kontaktdatensatz an und führen ihn mit einem vorhandenen zusammen. Beim Zusammenführen von Firmen- oder Lead-Datensätzen verfahren Sie entsprechend.

VORBEREITUNG Rufen Sie bei Bedarf in Internet Explorer Ihre Microsoft Dynamics CRM-Website auf, bevor Sie mit dieser Übung beginnen.

1. Klicken Sie auf die Registerkarte **Datei** im Menüband, wählen Sie das Menü **Neuer Datensatz** und klicken Sie auf **Kontakt**.

Firmen- oder Kontaktdatensätze zusammenführen

2. Geben Sie Feld **Vorname** den Namen *Michael* ein, im Feld **Nachname** *Burton*. Die Faxnummer lautet *(312) 555-1212*.
3. Klicken Sie im Feld **Übergeordneter Kunde** auf die Schaltfläche **Suchen**, um den Webseitendialog **Datensatz suchen** zu starten.
4. Geben Sie im Feld **Suchen** *Sonoma Partners* ein und drücken Sie auf ⏎.
5. Klicken Sie in den Suchergebnissen auf den Datensatz *Sonoma Partners*.
6. Schließen Sie den Webseitendialog mit **OK**.
7. Klicken Sie im Band auf **Speichern und schließen**.
8. Klicken Sie im Bereich **Vertrieb** auf **Kontakte**.
9. Geben Sie in der Schnellsuche *Partners* ein und drücken Sie auf ⏎.

    Microsoft Dynamics CRM zeigt den gerade angelegten Kontakt und den Kontakt *Michael Burton* an, den Sie weiter vorn in diesem Kapitel erstellt haben.

10. Klicken Sie bei gedrückter Taste ⇧ auf beide Datensätze für Michael Burton im Raster, sodass sie hervorgehoben werden. Klicken Sie im Menüband auf **Zusammenführen**, um das Dialogfeld **Datensätze zusammenführen** zu öffnen.

    Zusammenführen

11. In diesem Dialogfeld legen Sie mithilfe des Optionsschalters neben dem gewünschten Kontaktdatensatz den Masterdatensatz fest. Außerdem können Sie auswählen, welche Datenfelder aus dem untergeordneten Datensatz erhalten bleiben und in den überlebenden Masterdatensatz übertragen werden sollen. Klicken Sie auf *(312) 555-1212* im Feld **Fax**, damit Microsoft Dynamics CRM diese Faxdaten in den endgültigen Datensatz übernimmt.

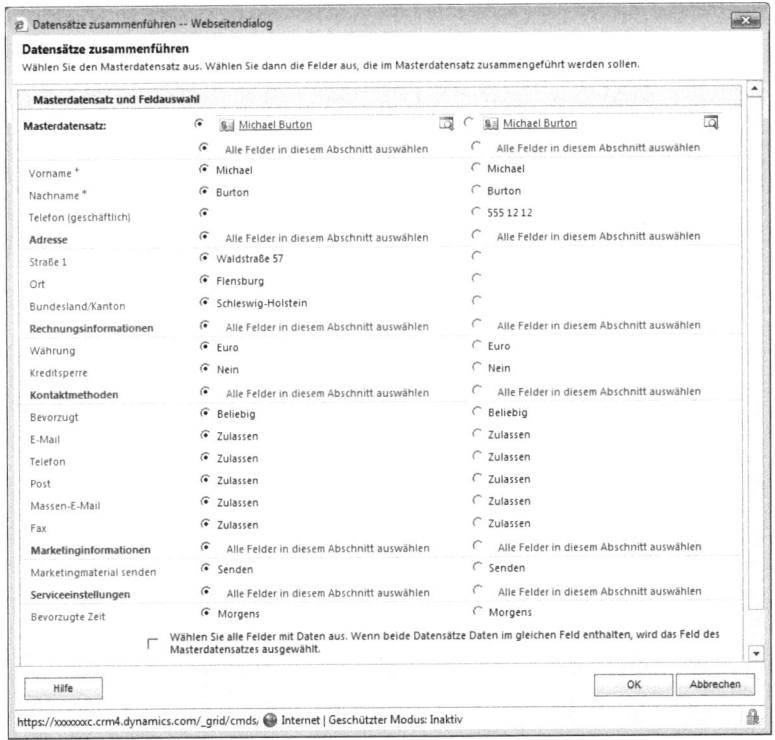

12. Klicken Sie auf **OK**.

   Microsoft Dynamics CRM führt die beiden Datensätze zusammen, indem es den Masterdatensatz aktualisiert und den untergeordneten deaktiviert. Nach Abschluss des Vorgangs wird eine Warnung angezeigt, die besagt, dass die ausgewählten Datensätze zusammengeführt und der untergeordnete deaktiviert wurde.

13. Schließen Sie das Dialogfeld mit **OK**.

Zusammenfassung

- Sie können Firmen und Kontakte auf dem Hauptbildschirm mit einem Klick auf die Schaltfläche **Neu** im Menüband oder mithilfe der Option **Neuer Datensatz** der Registerkarte **Datei** anlegen.
- Mehrere Firmen lassen sich verlinken, indem Sie eine als übergeordnete Firma festlegen, wodurch die andere automatisch zur untergeordneten wird.
- Jede Firma kann nur eine übergeordnete Firma haben, aber die Anzahl untergeordneter Firmen richtet sich nach dem Bedarf.
- In Microsoft Dynamics CRM lassen sich zu vielen Datensätzen Dateien als Anlagen hochladen, beispielsweise zu Firmen und Kontakten.
- Die Freigabe von Datensätzen für andere Benutzer oder Teams gibt Ihnen die Möglichkeit, Gruppen Sicherheitsberechtigungen zu erteilen, die sonst keinen Zugriff haben.
- Die meisten Datensätze in Microsoft Dynamics CRM, beispielsweise Firmen und Kontakte, gehören einem einzelnen Benutzer. Der Besitz eines Datensatzes erleichtert das Festlegen von Sicherheitseinstellungen. Er lässt sich durch Zuweisen des Datensatzes an einen anderen Benutzer oder ein Team ändern.
- Mit dem Zusammenführungswerkzeug können Sie doppelte Datensätze zu einem vereinigen, wobei der Verlauf beider Datensätze erhalten bleibt.

Kapitel 4

Mit Aktivitäten und Notizen arbeiten

In diesem Kapitel:

Aktivitätstypen	77
Das Feld Bezug	79
Folgeaktivitäten anlegen	82
Offene und abgeschlossene Aktivitäten für einen Datensatz anzeigen	84
Eine Notiz erstellen	90
Ihre Aktivitäten verwalten	92
Direktmailings senden	94
Zusammenfassung	96

In diesem Kapitel lernen Sie:

- Unterschiedliche Aktivitätstypen
- Das Feld **Bezug**
- Anlegen von Nachverfolgungsaktivitäten
- Anzeigen offener und abgeschlossener Aktivitäten für einen Datensatz
- Erstellen von Notizen
- Verwalten Ihrer Aktivitäten
- Senden von Direktmailings

Im vorigen Kapitel haben Sie gelernt, wie Sie in Microsoft Dynamics CRM Firmen und Kontakte anlegen und verwalten. In diesem Kapitel geht es darum, wie Sie Aktivitäten und Notizen, die in Beziehung zu diesen Datensätzen stehen, aufzeichnen, verwalten und über sie berichten. Das Wort »Aktivität« ist ein Oberbegriff, mit dem Microsoft Dynamics CRM geschäftliche Interaktionen beschreibt, beispielsweise Anrufe, Aufgaben und E-Mail-Nachrichten. Notizen sind Kommentare oder sonstige beschreibende Texte zu einem Datensatz.

Mithilfe von Aktivitäten und Notizen haben Sie und Ihr Unternehmen folgende Möglichkeiten:

- Ein- und ausgehende Anrufe einer bestimmten Person oder Firma aufzuzeichnen
- Kundendienstanrufe zu verfolgen, die ein Produkt oder eine Dienstleistung betreffen
- Aufgaben zuzuweisen, um sicherzustellen, dass ein Vertriebsmitarbeiter neue Leads zeitnah verfolgt
- Kopien der E-Mail-Korrespondenz zu einem bestimmten Thema zu speichern
- Einen Überblick über die Marketingaktivitäten zu gewinnen, an denen ein vorhandener oder zukünftiger Kunde im Verlauf seiner Beziehungen zu Ihrem Unternehmen teilgenommen hat

Erinnern Sie sich an die Zeit, in der Sie sich mit einer Frage telefonisch an ein Unternehmen wandten und sich der betreffende Mitarbeiter bei jedem Anruf zum selben Thema so verhielt, als hätten Sie mit dem Unternehmen noch niemals darüber gesprochen. Solche Situationen lösen sowohl beim Kunden als auch beim Unternehmen Frustration aus. Hätte dieses Unternehmen Anrufe und Notizen zu Ihrer Anfrage in einem CRM-System festgehalten, dann hätten die Mitarbeiter Ihre Folgeanrufe schneller erledigen können, weil sie auf den vollständigen Verlauf Ihrer Interaktionen mit dem Unternehmen Zugriff gehabt hätten.

Die Aufzeichnung aller Interaktionen mit Ihren Kunden und Interessenten in Form von Aktivitäten gibt Ihnen die Möglichkeit, Kundendienst auf höherem Niveau bereitzustellen, die Vertriebsaktivitäten zu verbessern, begründetere geschäftliche Entscheidungen zu treffen und wirkungsvoller zu verkaufen.

In diesem Kapitel lernen Sie, wie Sie Aufgaben, E-Mails, Faxe, Termine und andere Interaktionen mit Kunden in Microsoft Dynamics CRM aufzeichnen und sie mit Kunden- und anderen Datensätzen verknüpfen, um ein vollständiges Bild der Kommunikation Ihrer Organisation mit ihren Kunden zu gewinnen.

WICHTIG Die in diesem Buch verwendeten Bilder geben die vorgegebenen Formular- und Feldnamen in Microsoft Dynamics CRM wieder. Da die Software umfangreiche Anpassungsmöglichkeiten bietet, ist es möglich, dass manche Datensatztypen oder Felder in Ihrer Microsoft Dynamics CRM-Umgebung anders beschriftet wurden. Wenn Sie die erwähnten Formulare, Felder oder Sicherheitsrollen nicht finden, sollten Sie den Systemadministrator um Hilfe bitten.

Aktivitäten über einen Microsoft Dynamics CRM-Workflow anlegen

Sie können Aktivitäten zwar jeweils einzeln anlegen, aber mit Microsoft Dynamics CRM ist es auch möglich, Aktivitätsdatensätze mithilfe von Workflowregeln automatisch zu erstellen und zuzuweisen. Einen Microsoft Dynamics CRM-Workflow können Sie sich als Anwendung oder Dienst vorstellen, der rund um die Uhr im Hintergrund läuft und Ihre Microsoft Dynamics CRM-Daten sowie die vielen Workflowregeln in Ihrer Bereitstellung ständig auswertet. Trifft dieser Dienst auf ein auslösendes Ereignis, startet er anhand der betreffenden Workflowregeln die Workflowaktionen. Dabei handelt es sich üblicherweise darum, eine E-Mail zu senden, eine Aufgabe zu erstellen und ein Datenfeld oder einen Datensatz zu aktualisieren. Workflowregeln werden normalerweise von Systemadministratoren eingerichtet, um Verfolgungsaufgaben oder andere Aktionen in Microsoft Dynamics CRM an wichtigen Punkten in Vertriebs- oder sonstigen geschäftlichen Vorgängen zu automatisieren.

Aktivitäten mit einem Workflow anzulegen trägt dazu bei, dass beim Umgang mit Kunden ein konsistentes Verfahren eingehalten wird. Bitten Sie Ihren Systemadministrator, Workflowregeln einzurichten, um sicherzustellen, dass in Microsoft Dynamics CRM Verfolgungsaktivitäten für wesentliche Ereignisse erstellt werden, etwa dass eine Verfolgungsaufgabe erstellt wird, wenn ein neuer Lead angelegt wird, oder dass ein Vorzugskunde zum Geburtstag eine E-Mail bekommt.

Weitere Informationen

Die Aufstellung und Gestaltung von Workflowregeln geht über den Rahmen dieses Buches hinaus, mehr darüber erfahren Sie jedoch in *Arbeiten mit Microsoft Dynamics CRM 2011* von Mike Snyder und Jim Steger (Microsoft Press, 2011).

Übungsdateien

Die Übungen in diesem Kapitel setzen nur Datensätze voraus, die in früheren Kapiteln angelegt wurden; in den Übungsdateien zum Buch sind keine vorhanden. Weitere Informationen über Übungsdateien finden Sie in »*Verwendung der Übungsdateien*« am Anfang des Buches.

WICHTIG Um die Übungen in diesem Buch durchzuarbeiten, müssen Sie den Speicherort Ihrer Microsoft Dynamics CRM-Website kennen. Überprüfen Sie die Webadresse mithilfe des Systemadministrators, wenn Sie sie nicht wissen.

Aktivitätstypen

Mit dem Begriff »Aktivität« beschreibt Microsoft Dynamics CRM verschiedene Typen von Interaktion.

Es gibt folgende Typen:

- **Telefonanruf** Damit halten Sie einen ein- oder ausgegangenen Anruf fest.
- **Aufgabe** Damit zeichnen Sie ein zu erledigendes oder zu verfolgendes Element auf.
- **E-Mail** Damit halten Sie eine ein- oder ausgegangene E-Mail fest.
- **Brief** Damit zeichnen Sie das Senden eines physischen Briefs oder Dokuments auf.
- **Fax** Damit halten Sie ein ein- oder ausgegangenes Fax fest.

- **Termin** Damit zeichnen Sie eine Besprechung oder einen Termin auf. Viele Unternehmen verfolgen damit nicht nur reale Treffen, sondern auch Konferenzschaltungen oder Onlinebesprechungen.
- **Regelmäßiger Termin** Damit halten Sie Besprechungen oder Termine fest, die regelmäßig stattfinden, etwa am 15. jedes Monats oder jeden zweiten Dienstag. Aktivitäten dieser Art funktionieren genauso wie Termine abgesehen davon, dass Sie sie als regelmäßig planen können.
- **Dienstaktivität** Damit zeichnen Sie einen Dienst auf, den Sie für einen Kunden erledigt haben.

> **TIPP** Um Dienstaktivitäten zu erstellen und zu verwenden, müssen Sie sicherstellen, dass Ihr Administrator die Dienste, Sites und Ressourcen konfiguriert und eingerichtet hat, die Ihr Unternehmen anbietet. Dienstaktivitäten sind nicht für jede Art von Unternehmen angebracht; sie eignen sich am besten für solche, die Kundendienste in bestimmten Zeitfenstern planen müssen. Möglicherweise nutzt Ihr Unternehmen überhaupt keine Dienstaktivitäten.

- **Kampagnenreaktion** Damit zeichnen Sie die Reaktion eines Kunden oder Interessenten auf eine Marketingkampagne auf. Sie können zum Beispiel eine Kampagnenreaktion anlegen, um festzuhalten, dass sich ein Kunde für ein Seminar angemeldet hat.

Weitere Informationen

Kampagnenreaktionen bieten einzigartige Marketingfunktionen, die sich von den übrigen Aktivitäten unterscheiden. In Kapitel 9, »*Kampagnenaktivitäten und -reaktionen*«, erfahren Sie mehr über diesen Aktivitätstyp.

Benutzerdefinierte Aktivitätstypen

Microsoft Dynamics CRM 2011 enthält neue Funktionen, mit denen Ihr Systemadministrator benutzerdefinierte Aktivitätstypen einrichten und konfigurieren kann, die auf die besonderen Geschäftserfordernisse Ihres Unternehmens zugeschnitten sind. Das kann vielleicht eine Vertriebsdemonstration oder ein Besuch Ihrer Website sein. Wie Sie benutzerdefinierte Aktivitätstypen einsetzen, ist Sache Ihrer Organisation.

Die Verfolgung von Aktivitäten und Notizen zu Kundendatensätzen hilft Ihnen und anderen Mitgliedern Ihrer Organisation, die gesamte Kommunikation zwischen den einzelnen Kunden und der Organisation zu verstehen. Außerdem können Sie Suchvorgänge, Ansichten und Berichte erstellen, um Aktivitäten nach Kunden oder Aktivitätstypen zu verfolgen. Ein leitender Mitarbeiter im Vertrieb kann zum Beispiel bei einer wöchentlichen Vertriebsbesprechung Informationen über die Anrufe seines Teams anzeigen, um sie durchzugehen, oder ein leitender Kundendienstmitarbeiter kann sich die offenen Dienstaktivitäten für eine bevorstehende Woche ansehen, um sicherzustellen, dass sein Team verfügbar ist.

Weitere Informationen

Weitere Informationen über die Analyse von Daten und das Erstellen von Berichten in Microsoft Dynamics CRM finden Sie in Kapitel 15, »*Der Berichtsassistent*«.

Zu den am häufigsten verwendeten Datenfeldern in Aktivitätsdatensätzen zählen die in der folgenden Tabelle aufgeführten.

Datenfeld	Beschreibung
Betreff	Eine kurze Beschreibung der Aktivität
Bezug	Der Datensatz (Kunde oder anderer), zu dem die Aktivität gehört
Beschreibung	Weitere Notizen oder Informationen über die Aktivität
Status	Der Status der Aktivität, beispielsweise **Aktiv**, **Abgeschlossen** oder **Storniert**
Dauer	Die geschätzte Zeit zum Abschließen der Aktivität
Tatsächliche Dauer	Die tatsächliche Zeit zum Abschließen der Aktivität
Geplanter Start	Das geschätzte Startdatum der Aktivität
Fälligkeitsdatum	Das geschätzte Abschlussdatum der Aktivität
Tatsächlicher Start	Das Datum, an dem die Aktivität gestartet wurde
Tatsächliches Ende	Das Datum, an dem die Aktivität abgeschlossen wurde

Außerdem enthält jeder Aktivitätsdatensatz besondere Datenfelder für den jeweiligen Aktivitätstyp. Nur Anrufe enthalten zum Beispiel Informationen über die Telefonnummer oder die Richtung des Anrufs.

TIPP Auch wenn die Aktivitätsformulare Felder für Kategorie und Unterkategorie enthalten, haben Microsoft Dynamics CRM-Kategorien nichts mit denjenigen zu tun, die in Microsoft Outlook eingerichtet sind. Infolgedessen führt das Aktualisieren der Kategorie einer Aktivität in Microsoft Dynamics CRM *nicht* dazu, dass die Outlook-Kategorie der Aktivität geändert wird. Sie tragen zwar denselben Namen, aber Microsoft Dynamics CRM-Kategorien haben keine Beziehung zu Outlook-Kategorien.

Das Feld Bezug

Anstehende Tätigkeiten und andere Folgeaktivitäten lassen sich in Microsoft Dynamics CRM weitgehend genauso wie in Outlook als Aufgaben verfolgen. Wenn Sie in Microsoft Dynamics CRM eine Aktivität anlegen, können Sie im Feld **Bezug** einen Kunden- oder anderen Datensatz angeben, mit dem die Aktivität verknüpft ist. Dadurch erstellen Sie einen Link zwischen der Aktivität und dem zugehörigen Datensatz, sodass die Aktivität aus dem angegebenen Datensatz heraus angezeigt wird. Ohne dieses Feld können Sie zwar feststellen, wie viele Telefonanrufe Sie im Laufe einer Woche getätigt haben – aber durch Angabe des Kunden im Feld **Bezug** jeder Anrufaktivität können Sie auch feststellen, *weshalb* Sie telefoniert haben.

Standardmäßig können Sie eine Aktivität mit Bezug auf folgende Datensatztypen einrichten:

- Firma
- Kampagne
- Kampagnenaktivität
- Fall
- Kontakt
- Vertrag
- Rechnung
- Lead

- Gelegenheit
- Bestellung
- Quote

TIPP Möglicherweise können Sie Aktivitäten und Notizen zu weiteren Datensatztypen verfolgen, wenn Ihr Systemadministrator in Ihrer Microsoft Dynamics CRM-Umgebung weitere benutzerdefinierte Entitäten eingerichtet hat.

Indem Sie das Feld **Bezug** für Aktivitäten korrekt belegen, können Sie Kundeninformationen später leichter finden und darauf verweisen. Legen Sie zum Beispiel für alle Aufgaben einen Bezug zu einem Firmendatensatz fest, kann es bei mehreren hundert Aktivitäten für diesen Firmendatensatz mühsam sein, eine bestimmte Aufgabe zu finden. Wenn Sie die Aktivitäten aber auf bestimmte mit der Firma verknüpfte Datensätze beziehen (beispielsweise Quoten oder Fälle), finden Sie alle mit diesen Entitäten verknüpften Aktivitäten, ohne einige hundert durchsuchen zu müssen.

TIPP Ein bewährtes Verfahren ist es, Aktivitäten mithilfe des Feldes **Bezug** mit Microsoft Dynamics CRM-Datensätzen zu verknüpfen.

In der folgenden Übung legen Sie eine Aufgabe mit Bezug zur Firma Sonoma Partners an, die Sie im vorherigen Kapitel erstellt haben, und markieren sie anschließend als abgeschlossen.

VORBEREITUNG Rufen Sie bei Bedarf in Internet Explorer Ihre Microsoft Dynamics CRM-Website auf, bevor Sie mit dieser Übung beginnen. Sie brauchen den Firmendatensatz *Sonoma Partners*, den Sie in Kapitel 3, »*Mit Firmen und Kontakten arbeiten*«, angelegt haben. Wenn Sie diesen in Ihrem System nicht finden, wählen Sie für die Übung einen anderen Firmendatensatz.

1. Klicken Sie im Band auf die Schaltfläche **Datei** und wählen Sie **Neue Aktivität**.
2. Öffnen Sie mit einem Klick auf **Aufgabe** das Formular **Neue Aufgabe**.

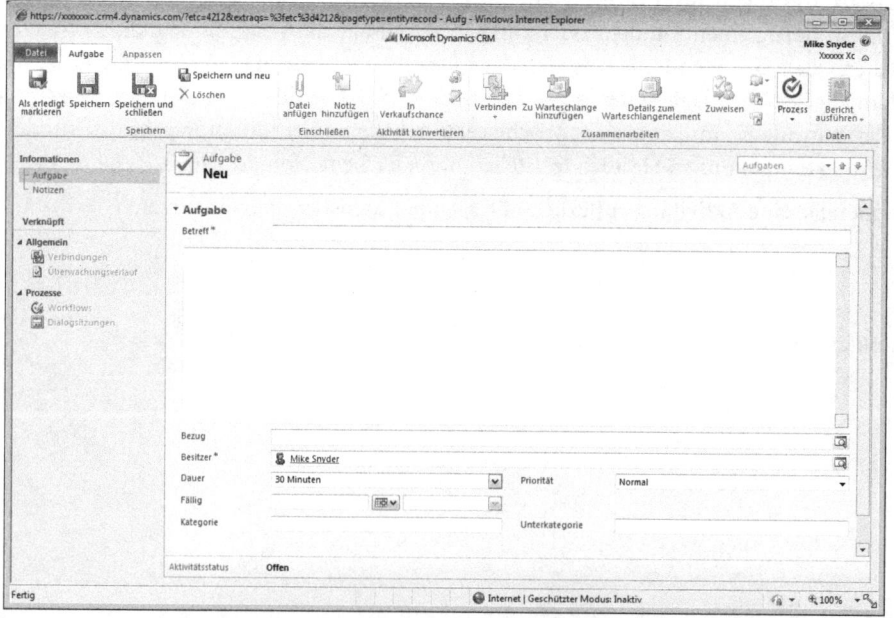

Das Feld Bezug

3. Geben Sie im Feld **Betreff** den Text *Informationen an den Kunden senden* ein.

   Standardmäßig müssen Sie nur in den Datenfeldern **Betreff** und **Besitzer** Werte eingeben, bevor Sie eine Aufgabe erstellen können.

4. Geben Sie im Feld **Beschreibung** *Beispielbeschreibung der Aufgabe* ein.

5. Klicken Sie auf die Schaltfläche **Suchen** im Feld **Bezug**, um einen Suchdialog zu starten. Lassen Sie im Feld **Suchen nach** den Begriff *Firma* stehen und geben Sie im Feld **Suchen** *Sonoma Partners* ein. Senden Sie Ihre Suche mit ⏎ ab.

> **TIPP** Sie können im Feld **Bezug** zwar nur einen Datensatz pro Aktivität eingeben, aber dieser kann von sehr unterschiedlichem Typ sein, darunter Lead, Firma, Verkaufschance oder Anfrage. Sie können dort auch den Namen des gesuchten Datensatzes eingeben, woraufhin Microsoft Dynamics CRM versucht, ihn zu finden.

Das Dialogfeld **Suchen** filtert die Datensätze und zeigt nur diejenigen Firmen an, auf die Ihr Suchbegriff passt.

6. Klicken Sie auf den Datensatz *Sonoma Partners* und dann auf **OK**.

7. Klicken Sie im Feld **Fällig** auf die Schaltfläche **Kalender** und wählen Sie das Datum aus, bis zu dem sie Aufgabe erledigt sein soll.

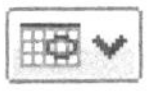

8. Nach der Auswahl eines Datums wird im Formular eine Liste mit Zeiten aktiviert, sodass Sie diejenige auswählen können, bis zu der die Aufgabe erledigt sein soll. Wählen Sie *13:00* aus.

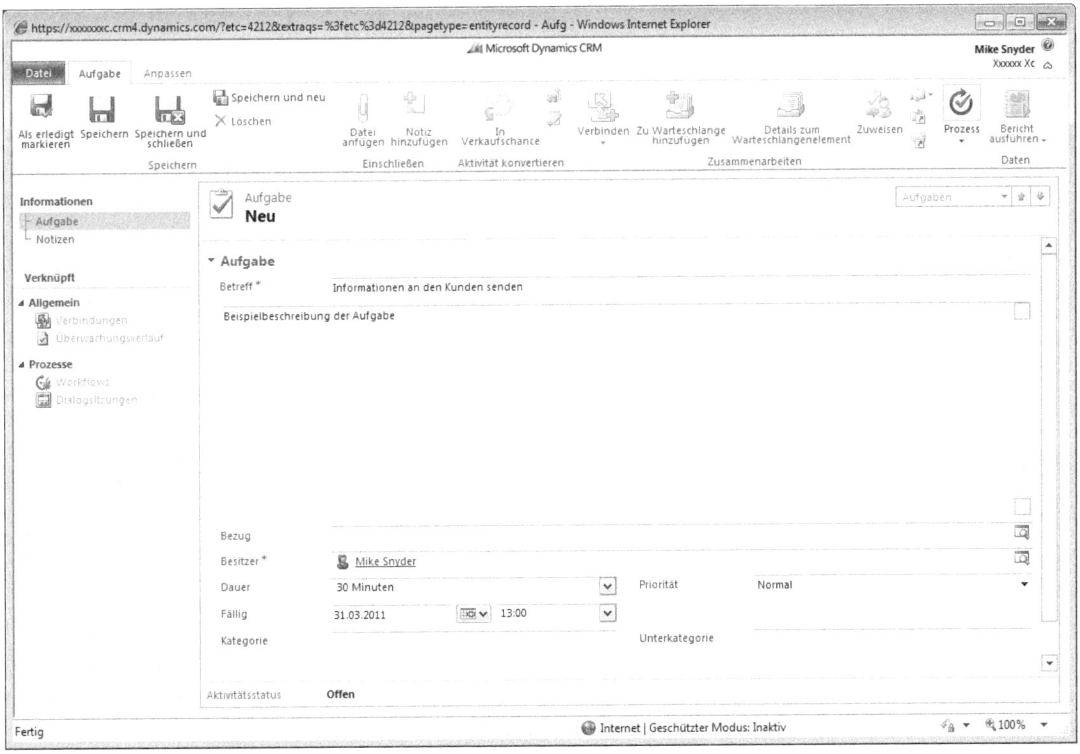

9. Klicken Sie auf **Speichern**, um die Aufgabe zu erstellen.
10. Markieren wir die Aufgabe nun als erledigt. Dazu gibt es zwei verschiedene Verfahren. Klicken Sie zuerst auf die Schaltfläche **Aufgabe schließen** im Menüband.

    Speichern

    Das Dialogfeld **Aufgabe schließen** wird eingeblendet.
11. Klicken Sie darin auf den Pfeil in der Statusliste, um die möglichen Werte zu zeigen.

    Aufgabe schließen

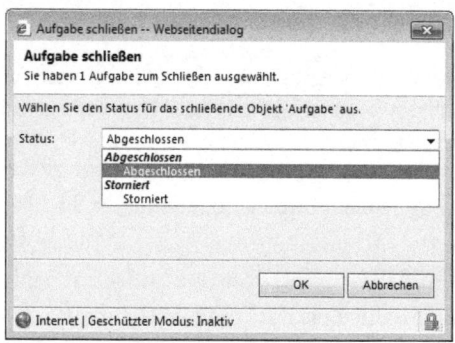

Mit dieser Technik können Sie die Aufgabe als **Abgeschlossen** oder **Storniert** markieren. Sie stornieren die Aufgabe, wenn Sie sie zwar nicht abgeschlossen haben, aber aus der Liste der offenen Aufgaben entfernen wollen. Nachdem Sie den gewünschten Wert ausgewählt haben, würden Sie die Aufgabe mit einem Klick auf **OK** schließen.

12. Klicken Sie für diese Übung auf die Schaltfläche **Abbrechen**, damit die Aufgabe aktiv bleibt. Sie werden die Aufgabe mit einer alternativen Methode schließen.
13. Klicken Sie im Menüband auf die Schaltfläche **Als erledigt markieren**.

    Microsoft Dynamics CRM markiert die Aufgabe als **Abgeschlossen** und schließt das Aufgabenfenster. Diese Technik spart ein paar Klicks, aber Sie können eine Aufgabe damit nicht als **Storniert** markieren.

    Als erledigt markieren

> **TIPP** Sie können auch zu einem Aktivitätsdatensatz auch Anhänge hochladen, was sinnvoll sein kann, wenn Sie auf eine bestimmte Datei verweisen müssen. Dabei gehen Sie genauso vor wie beim Hochladen einer Anlage zu einer Firma, wie es in Kapitel 3 erläutert wurde.

Folgeaktivitäten anlegen

Außer vom Band aus können Sie Aktivitäten in Microsoft Dynamics CRM auch von Kundendatensätzen oder anderen aus anlegen. Da Aktivitäten für die Entwicklung einer vollständigen Ansicht der Interaktionen eines Kunden mit Ihrem Unternehmen unverzichtbar sind, finden Sie mehrere Stellen, von denen aus Sie schnell neue Aktivitäten anlegen können – von einer vorhandenen Aktivität aus lassen sich sogar zeitlich festgelegte Folgeaktivitäten erstellen! Sie können zum Beispiel Notizen aus einem Telefongespräch mit einem Kundenkontakt eingeben und dann eine Folgeterminaktivität zu einer am Telefon mit dem Kunden abgesprochenen Zeit vorsehen. Auf diese Weise können Sie die Anrufaktivität als abgeschlossen speichern und gleichzeitig dafür sorgen, dass der Dialog mit dem Kunden fortgesetzt wird, indem Sie den zukünftigen Termin einplanen.

Folgeaktivitäten anlegen

Bei allen Datensatztypen, für die Sie Aktivitäten anlegen können, stellt Microsoft Dynamics CRM Ihnen zwei Verfahren zur Verfügung:

- Sie können auf eine der Aktivitätenschaltflächen auf der Registerkarte **Hinzufügen** des Menübands klicken.
- Sie können die Option **Aktivitäten** im Entitätsnavigationsbereich des Formulars benutzen. In der betreffenden Ansicht können Sie dann auf die Schaltfläche **Neue Aktivität hinzufügen** im Menüband klicken und eine Aktivität anlegen.

Immer wenn eine Aktivität von einem bestimmten Datensatz aus angelegt wird, steht dieser automatisch im Feld **Bezug** der neuen Aktivität. Erstellen Sie eine neue Aktivität von einem vorhandenen Lead-, Firmen- oder Kontaktdatensatz aus, kann Microsoft Dynamics CRM auch andere Aktivitätsfelder für den Datensatz vorbelegen, beispielsweise bei einem Anruf die Telefonnummer oder bei einer E-Mail-Nachricht das Empfängerfeld.

In der folgenden Übung erstellen Sie auf der Grundlage eines Kontaktdatensatzes eine Anrufaktivität. Wenn Sie die vorgestellte Technik benutzen, füllt Microsoft Dynamics CRM die zugeordneten Felder automatisch, also den Empfänger des Anrufs, die Telefonnummer und das Feld **Bezug**.

VORBEREITUNG Rufen Sie bei Bedarf in Internet Explorer Ihre Microsoft Dynamics CRM-Website auf, bevor Sie mit dieser Übung beginnen.

1. Öffnen Sie in der Ansicht **Kontakte** Ihres Systems einen beliebigen Datensatz. Achten Sie darauf, dass im Feld **Telefonnummer** des Kontaktdatensatzes eine Nummer steht.
2. Klicken Sie auf die Registerkarte **Hinzufügen** im Menüband und dann auf die Schaltfläche **Telefonanruf**. Ein Anrufdatensatz wird geöffnet, der Daten aus dem Kontaktdatensatz enthält.

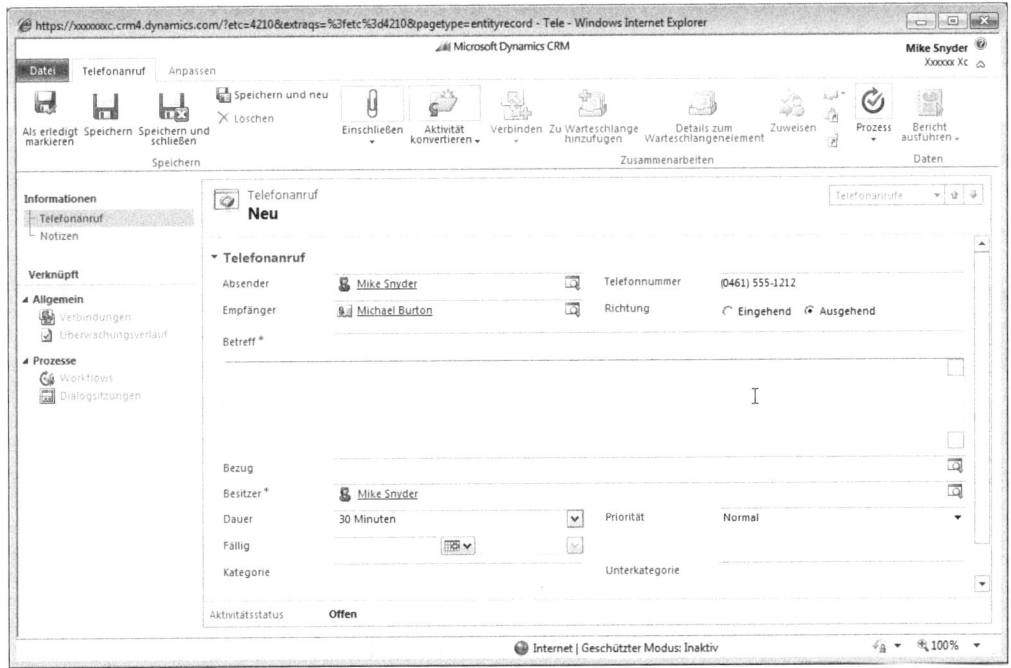

3. Wählen Sie oben im Formular den Optionsschalter **Eingehend**.

   Microsoft Dynamics CRM tauscht die Werte in den Feldern **Absender** und **Empfänger** dann automatisch. Dieses Richtungsfeld gibt an, ob Sie die Kontaktperson angerufen haben oder umgekehrt.

4. Geben Sie im Feld **Betreff** den Text *Mit dem Kunden gesprochen* ein.
5. Klicken Sie im Band auf **Speichern**.
6. Klicken Sie im Band auf die Schaltfläche **Telefonanruf schließen**. Sie sehen ein neues Dialogfeld.

Telefonanruf schließen

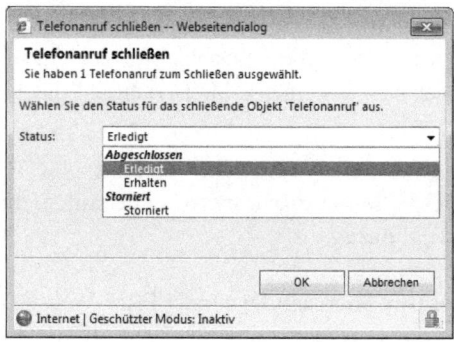

7. In diesem Dialogfeld können Sie einen Wert festhalten, der besagt, wie Sie den Anruf beendet haben. Wählen Sie **Erledigt** und klicken Sie auf **OK**.

   Microsoft Dynamics CRM schließt den Anruf als abgeschlossene Aktivität.

> **TIPP** Die anderen Aktivitätstypen werden auf ähnliche Weise angelegt, wie Sie es gerade für Aufgaben und Anrufe gelernt haben, weshalb wir die Übungen nicht für jeden Typ wiederholen. Kapitel 5, »*Microsoft Dynamics CRM für Outlook*«, zeigt, wie Sie in Outlook Termine, Aufgaben und E-Mails anlegen, die sich nach Microsoft Dynamics CRM übernehmen lassen.

> **TIPP** Bestimmte Aktivitätstypen lassen sich in Verkaufschancen und Anfragen umwandeln. Aus Anrufen, Aufgaben, Faxnachrichten, E-Mails, Terminen und Briefen werden Verkaufschancen oder Serviceanfragen, wenn Sie auf die Schaltfläche **Aktivität konvertieren** im Band klicken. Verkaufschancen werden in Kapitel 6, »*Mit Leads und* Verkaufschancen *arbeiten*«, Anfragen in Kapitel 10, »*Serviceanfragen überwachen*«, erörtert.

Offene und abgeschlossene Aktivitäten für einen Datensatz anzeigen

Bei der Verfolgung von Aktivitäten, die sich auf Ihre Kunden beziehen, können Sie und andere Mitglieder Ihrer Organisation auf diese Informationen verweisen, um den vollständigen Verlauf der Interaktion mit den betreffenden Kunden zu verstehen. Stellen Sie sich die Situation vor, dass ein Kunde mit jemandem aus Ihrem Büro zusammengearbeitet hat, der für eine Woche in Urlaub geht. Wenn der Kunde während der Abwesenheit des Mitarbeiters anruft, können Sie seinen Datensatz in Microsoft Dynamics CRM anzeigen und seinen Aktivitätsverlauf nachlesen, um auf demselben Stand zu sein wie der Kunde.

Offene und abgeschlossene Aktivitäten für einen Datensatz anzeigen

Wie Sie weiter vorn in diesem Kapitel erfahren haben, haben sämtliche Aktivitätstypen einige Datenfelder gemeinsam, darunter das Feld **Status**. Es hat folgende Standardwerte:

- Offen
- Geplant
- Abgeschlossen
- Storniert

Wenn Sie auf einen Kunden bezogene Aktivitäten suchen, stellen Sie fest, dass Microsoft Dynamics CRM sie in zwei Kategorien unterteilt: *Aktivitäten* und *Geschlossene Aktivitäten*. Der Bereich **Aktivitäten** zeigt alle auf den Datensatz bezogenen Aktivitäten, die noch erledigt werden müssen. In der Anzeige erscheinen nur Aktivitäten mit dem Status **Offen** oder **Geplant**. Im Abschnitt **Geschlossene Aktivitäten** finden Sie alle abgeschlossenen und stornierten Aktivitäten für den Datensatz.

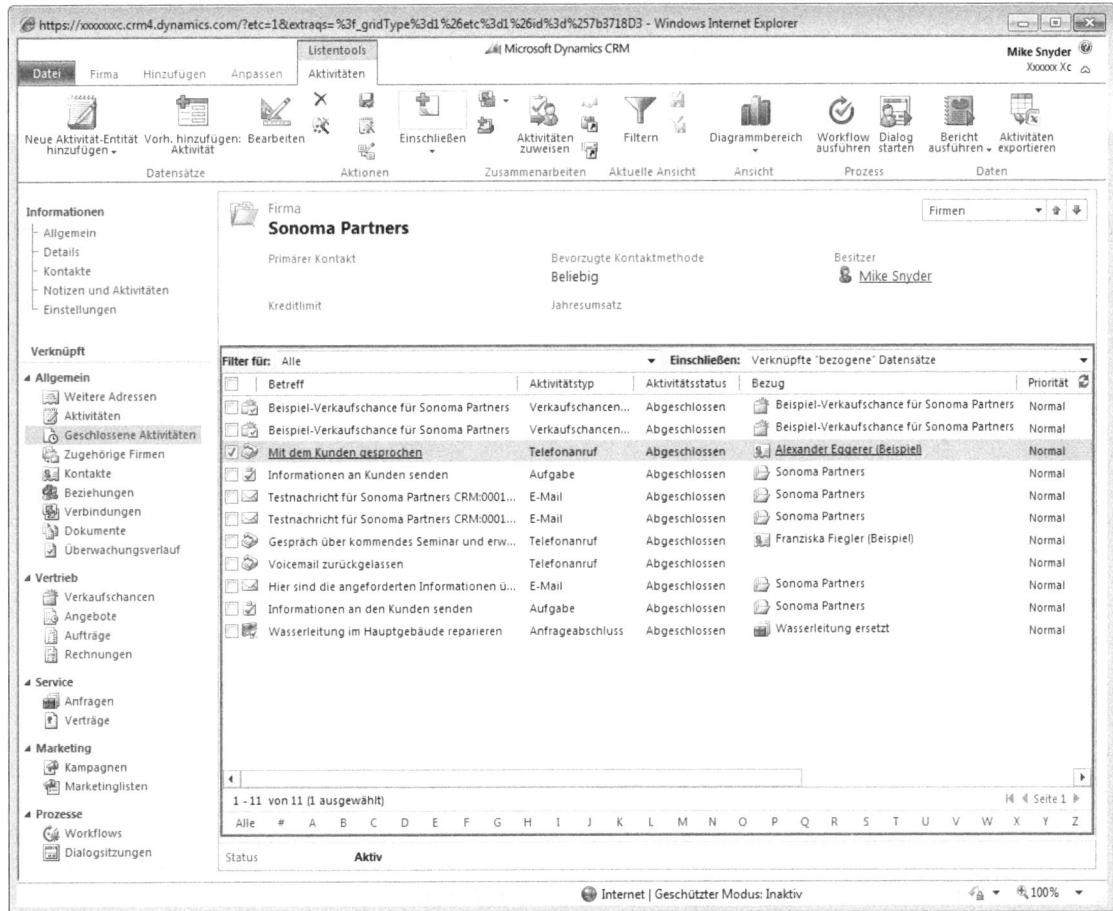

TIPP Wenn Ihre Ansicht eine große Zahl von Datensätzen enthält, können Sie mithilfe der Liste **Filtern für** nur die Aktivitäten in einem bestimmten Zeitraum anzeigen. Außerdem können Sie die Spalten der Datensatzliste genauso wie die übrigen Raster sortieren.

Microsoft Dynamics CRM zeigt nicht nur eine Ansicht aller auf den Datensatz bezogenen Aktivitäten an, sondern führt auch einen *Aktivitätsrollup* durch, sodass Sie alle Aktivitäten der Datensätze sehen, die zu dem angezeigten Datensatz in Beziehung stehen. In den Bildern dieses Abschnitts weist die Firma Sonoma Partners zum Beispiel zwölf verschiedene geschlossene Aktivitäten auf, von denen nur sechs einen Bezug zu Sonoma Partners haben. Die übrigen abgeschlossenen Aktivitäten beziehen sich auf Datensätze, die mit der Firma Sonoma Partners verknüpft sind. Es gibt zum Beispiel eine Anrufaktivität mit Bezug auf den Kontakt Gabriele Cannata. Sie erscheint in der Ansicht, weil Sonoma Partners die übergeordnete Firma von Gabriele Cannata ist. Außerdem enthält die Ansicht eine abgeschlossene Aktivität mit Bezug auf einen von Sonoma Partners geöffneten Fall. Wollen Sie nur die Datensätze mit Bezug zur Firma Sonoma Partners sehen, können Sie in der Liste **Einschließen** den Wert **Nur diesen Datensatz** auswählen. Der Microsoft Dynamics CRM-Aktivitätsrollup funktioniert mit offenen und geschlossenen Aktivitäten.

In der folgenden Übung legen Sie zwei Aktivitäten mit unterschiedlichen Werten für **Bezug** an, um zu sehen, wie Microsoft Dynamics CRM diese unter **Aktivitäten** und **Geschlossene Aktivitäten** anzeigt.

VORBEREITUNG Rufen Sie bei Bedarf in Internet Explorer Ihre Microsoft Dynamics CRM-Website auf, bevor Sie mit dieser Übung beginnen. Sie brauchen die Firmendatensätze *Sonoma Partners* und *Contoso*, die Sie in Kapitel 3 angelegt haben. Wenn Sie diese in Ihrem System nicht finden, wählen Sie für die Übung zwei andere Firmendatensätze.

1. Öffnen Sie in der Ansicht **Firmen** den Datensatz *Sonoma Partners*.
2. Klicken Sie im Menüband auf die Schaltfläche **Hinzufügen** und dann auf **Telefonanruf**. Ein neues Fenster öffnet sich.

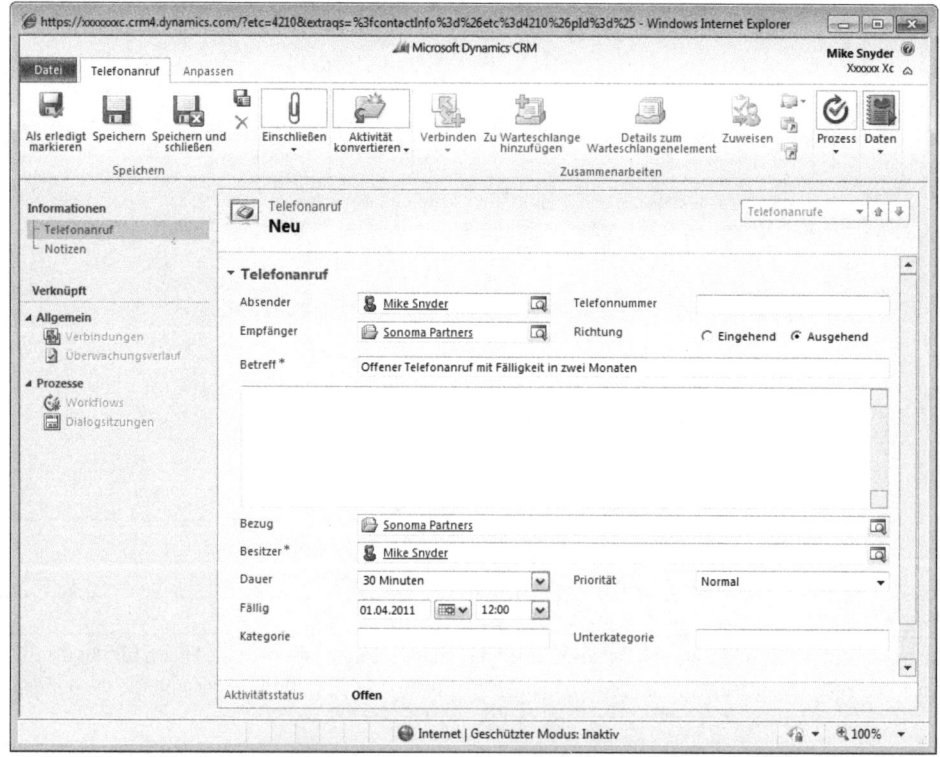

Offene und abgeschlossene Aktivitäten für einen Datensatz anzeigen

3. Geben Sie im Feld **Betreff** den Text *Offener Telefonanruf mit Fälligkeit in zwei Monaten* ein. Beachten Sie, dass Microsoft Dynamics CRM das Feld **Bezug** automatisch mit dem Konto *Sonoma Partners* belegt, weil Sie den Anruf von diesem Datensatz aus erstellt haben.
4. Wählen Sie im Feld **Fällig** ein Datum in zwei Monaten.
5. Klicken Sie auf **Speichern und schließen**.

   Das Fenster wird geschlossen, und Sie befinden sich wieder im Datensatz *Sonoma Partners*.
6. Wählen Sie im Feld **Übergeordnete Firma** den Datensatz *Contoso* aus, den Sie in den Übungen zu Kapitel 3 angelegt haben, und speichern Sie den Datensatz *Sonoma Partners*. Sie können auch einen anderen Firmendatensatz auswählen, wenn der Datensatz *Contoso* in Ihrem System nicht vorhanden ist.
7. Sie haben gerade eine Anrufaktivität mit Bezug zur Firma Sonoma Partners erstellt. Nun legen Sie eine Aufgabenaktivität für die übergeordnete Firma von Sonoma Partners an. Klicken Sie auf die Firma, die Sie im Feld **Übergeordnete Firma** ausgewählt haben, um die Details des Datensatzes der übergeordneten Firma anzuzeigen.
8. Klicken Sie im Band auf **Hinzufügen** und dann auf **Telefonanruf**. Ein neues Fenster öffnet sich. Beachten Sie, dass Microsoft Dynamics CRM das Feld **Bezug** automatisch mit der übergeordneten Firma belegt, weil Sie die Aufgabe von diesem Datensatz aus erstellt haben.
9. Geben Sie im Feld **Betreff** den Text *Aufgabe hinsichtlich Contoso mit Fälligkeit heute* ein.
10. Wählen Sie im Feld **Fällig** das aktuelle Datum aus.

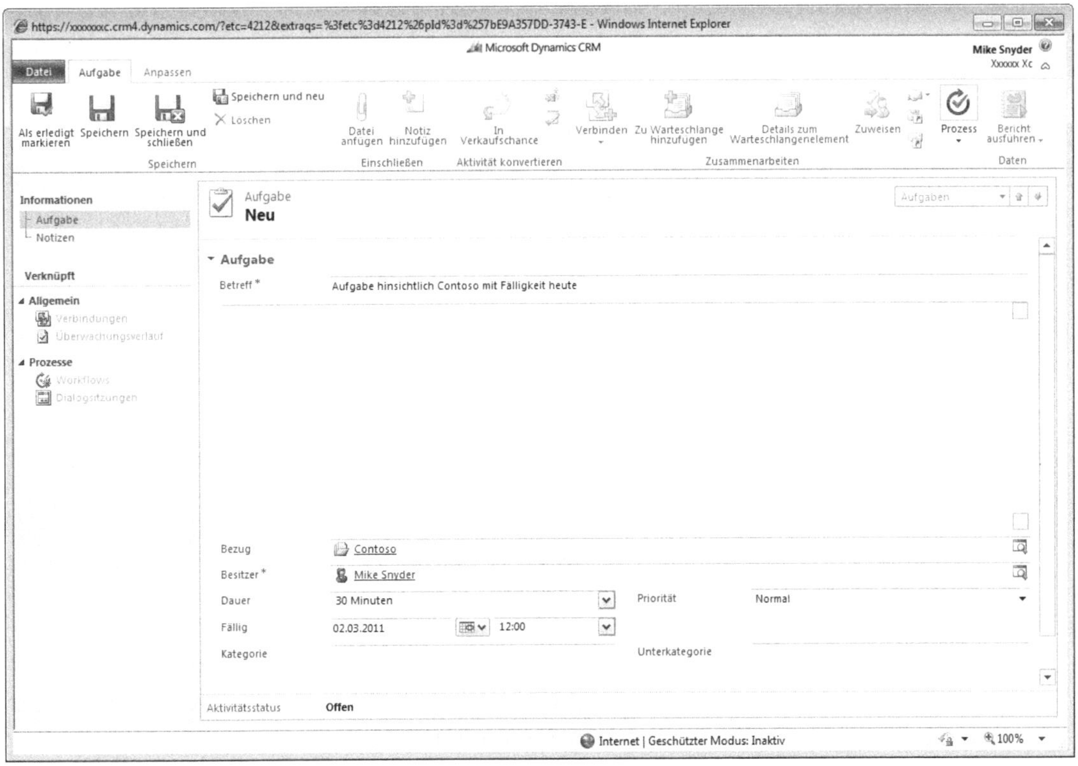

11. Klicken Sie auf **Speichern und schließen**.

    Das Fenster schließt sich, und Sie befinden sich wieder im übergeordneten Datensatz.

12. Klicken Sie im Entitätsnavigationsbereich auf **Aktivitäten**.

    Die Aktivitätenliste enthält die gerade angelegte Aufgabe, während der Anrufdatensatz nicht erscheint. Standardmäßig zeigt Microsoft Dynamics CRM offene Aktivitäten der nächsten 30 Tage und geschlossene Aktivitäten der vergangenen 30 Tage an. Da Sie für den Anruf ein Fälligkeitsdatum eingegeben haben, das zwei Monate zurückliegt, erfüllt der Datensatz diese Filterkriterien nicht.

13. Um den Telefonanruf anzuzeigen, klicken Sie auf den Pfeil in der Liste **Filter für** und wählen **Alle**.

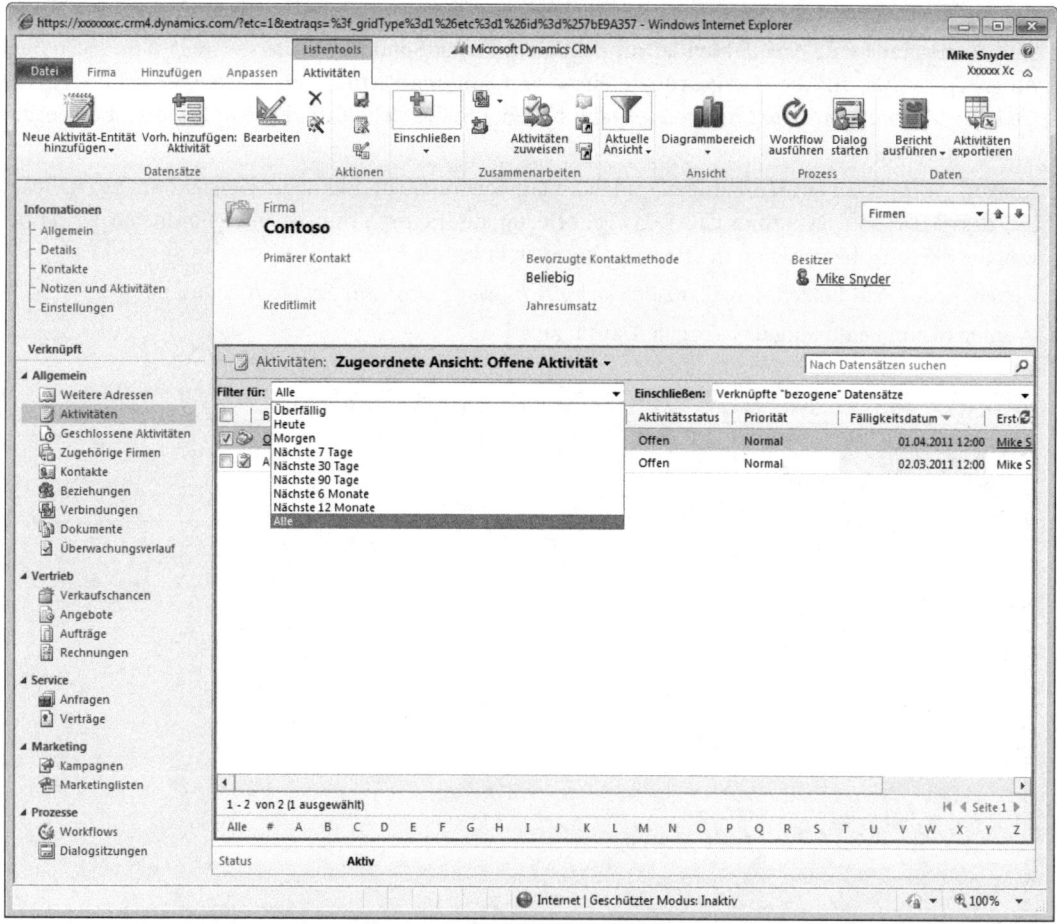

Die Ansicht wird aktualisiert und zeigt jetzt auch den Anruf an.

In diesem Beispiel sehen Sie den Aktivitätsrollup in Aktion. Sie haben zwei Aktivitäten mit Bezug zu zwei verschiedenen Datensätzen angelegt, sehen Sie aber in derselben Ansicht, weil der Datensatz *Sonoma Partners* als übergeordnete Firma Contoso aufführt.

Offene und abgeschlossene Aktivitäten für einen Datensatz anzeigen

14. Um nur die Aktivitäten mit Bezug zur übergeordneten Firma anzuzeigen, klicken Sie auf den Pfeil in der Liste **Einschließen** und wählen **Nur diesen Datensatz**.

    Wieder wird die Ansicht aktualisiert und zeigt nun nur die Aufgabe mit dem Bezug **Contoso**.

15. Doppelklicken Sie auf die Aufgabe, die sich auf die übergeordnete Firma bezieht, um diesen Datensatz zu öffnen. Klicken Sie auf **Als erledigt markieren**, um die Aufgabe als abgeschlossen zu kennzeichnen.
16. Klicken Sie im Entitätsnavigationsbereich auf den Datensatz der übergeordneten Firma.

    Der Datensatz der Aufgabe ist nicht mehr zu sehen, weil Sie ihn gerade geschlossen haben.
17. Um die geschlossene Aufgabe anzuzeigen, klicken Sie im Entitätsnavigationsbereich auf **Geschlossene Aktivitäten**.

    Jetzt zeigt die Ansicht die gerade abgeschlossene Aufgabe wieder an.

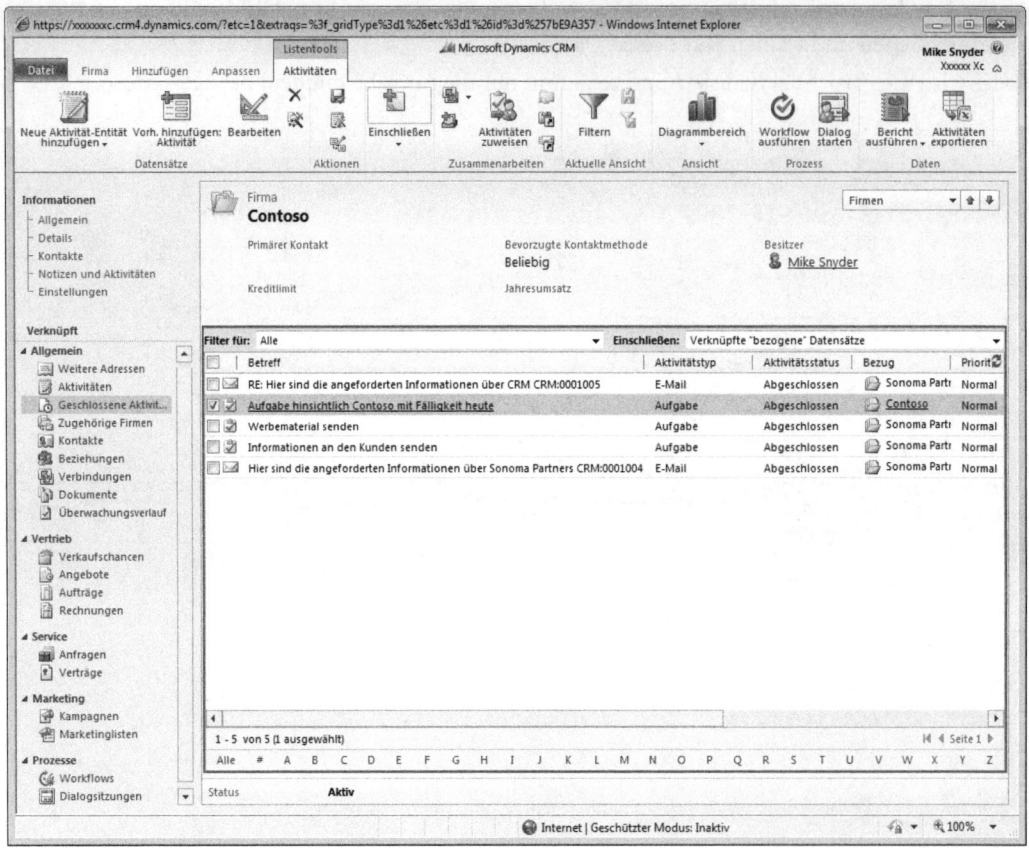

Eine Notiz erstellen

Möglicherweise wollen Sie nicht nur die Interaktionen mit Ihren Kunden mithilfe von Aktivitäten aufzeichnen, sondern auch einige Notizen über einen Datensatz festhalten. Nehmen Sie zum Beispiel an, Sie lesen in der Zeitung einen Artikel über eine Ihrer Firmen, der wichtige Informationen über deren Wachstumspläne enthält, und möchten diese in Microsoft Dynamics CRM ablegen. Da Sie noch nicht mit dem Kunden zu tun hatten, passt dies nicht in das Konzept der »Aktivitäten«. Glücklicherweise können Sie in Microsoft Dynamics CRM Notizen anlegen und mit den Datensätzen innerhalb des Systems verlinken.

TIPP Außer den Notizen, die Sie einem Datensatz hinzufügen, zeigt Microsoft Dynamics CRM im Bereich **Notizen** der Benutzeroberfläche auch hochgeladene Dateianlagen an. Weitere Informationen über das Anhängen von Dateien an Microsoft Dynamics CRM-Datensätze finden Sie in Kapitel 3.

In der folgenden Übung legen Sie eine Notiz über eine Firma an.

VORBEREITUNG Rufen Sie in Internet Explorer Ihre Microsoft Dynamics CRM-Website auf, bevor Sie mit dieser Übung beginnen. Sie brauchen den Firmendatensatz *Sonoma Partners*, den Sie in Kapitel 3 angelegt haben. Wenn Sie diesen in Ihrem System nicht finden, wählen Sie für die Übung einen anderen Firmendatensatz.

Eine Notiz erstellen

1. Öffnen Sie in der Ansicht **Firmen** den Datensatz *Sonoma Partners*.

WICHTIG Können Sie die Firma *Sonoma Partners* in Ihrem System nicht finden, wählen Sie für diese Übung eine beliebige Firma.

2. Klicken Sie im Band auf **Hinzufügen** und dann auf **Notiz hinzufügen**. Ein neues Fenster wird eingeblendet.
3. Geben Sie im Feld **Titel** den Text *Sonoma Partners in der Presse* ein.
4. Geben Sie im Textbereich unterhalb des Titels folgende Bemerkung ein: *Nach einem Artikel in der örtlichen Presse erzielt Sonoma Partners einen Rekord bei der Kundenzufriedenheit.*

Notiz hinzufügen

5. Klicken Sie in der Symbolleiste auf **Speichern und schließen**.
6. Um die gerade erstellte Notiz zusammen mit anderen für den Datensatz anzuzeigen, klicken Sie im Entitätsnavigationsbereich des Firmendatensatzes *Sonoma Partners* auf den Link **Notizen und Aktivitäten**.
7. Um die Notiz zu löschen, klicken Sie mit der rechten Maustaste auf ihren Titel.

WICHTIG Um eine Notiz zu löschen, müssen Sie eine Sicherheitsrolle mit Löschberechtigungen innehaben. Können Sie diesen Schritt nicht durchführen, bitten Sie Ihren Systemadministrator, die Notiz zu löschen.

Ein neues Menü wird eingeblendet.

8. Klicken Sie auf **Löschen**, um die Notiz zu löschen.

TIPP Anders als bei Aktivitäten werden Notizen von verknüpften Datensätzen aus nicht angezeigt. Sie sehen nur diejenigen Notizen, die einen Bezug zum angezeigten Datensatz haben.

Ihre Aktivitäten verwalten

Nachdem Sie wissen, wie Sie Aktivitäten für einen bestimmten Datensatz anlegen und damit arbeiten, befassen wir uns damit, wie Sie Tag für Tag mit Ihren Aktivitäten umgehen. An welcher Stelle fangen Sie zum Beispiel mit der Tagesarbeit an, wenn Sie im Büro angekommen sind und sich bei Microsoft Dynamics CRM angemeldet haben? Welche Anrufe müssen Sie erledigen, welche Aufgaben durchführen? Wie sieht Ihr Zeitplan aus? In Microsoft Dynamics CRM finden Sie den Bereich **Meine Arbeit**, mit dem Sie sämtliche Aktivitäten verwalten können.

Dieser enthält zahlreiche Teilbereiche, von denen die Links **Kalender** und **Aktivitäten** mit Aktivitäten zu tun haben. Der Kalender zeigt eine Terminliste an, die sich als Tages-, Wochen- oder Monatsansicht darstellen lässt.

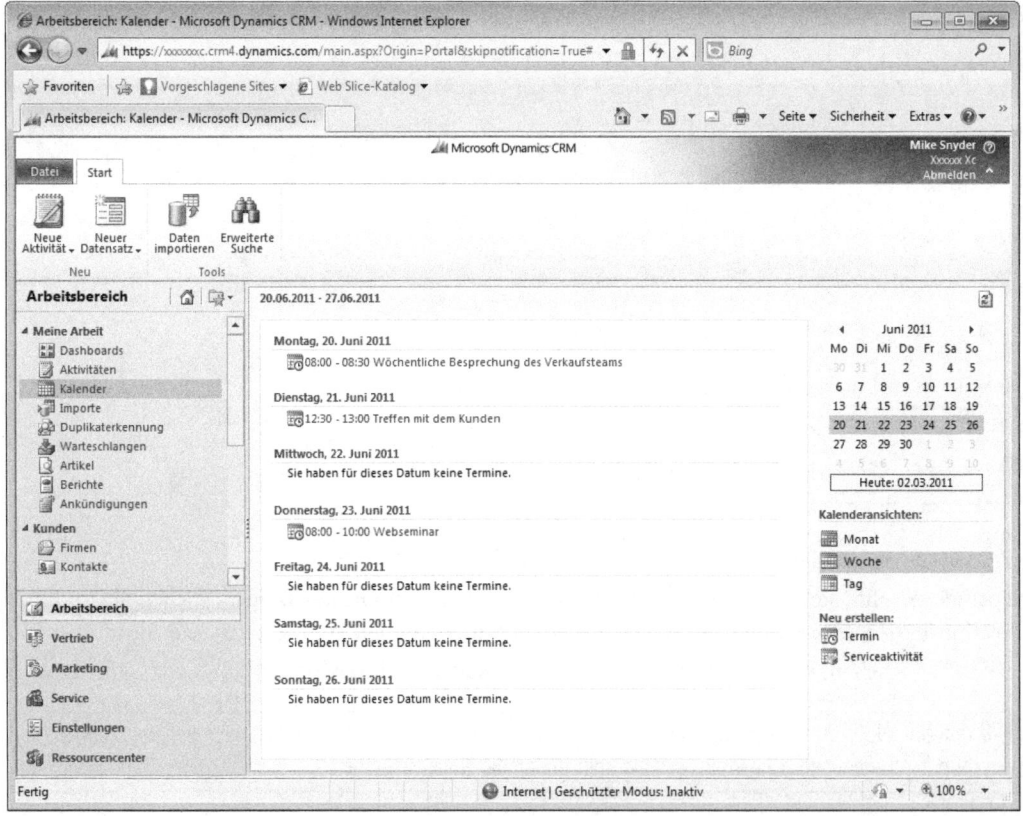

WICHTIG   Im Kalender stehen nur die in Microsoft Dynamics CRM eingetragenen Termine, jedoch nicht die Aktivitäten aus Ihrem persönlichen Outlook-Kalender. Außerdem finden Sie dort keine anderen Aktivitätsdatensatztypen, etwa Aufgaben oder Telefonanrufe. Weitere Informationen über die Arbeit mit Ihrem Kalender in Outlook können Sie in Kapitel 5 nachlesen.

Ihre Aktivitäten verwalten

Der Bereich **Aktivitäten** enthält eine Liste aller Aktivitätsdatensätze, für die Sie in Microsoft Dynamics CRM eine Anzeigeberechtigung haben. Sie können auf unterschiedliche Ansichten der Aktivitätsdaten zugreifen und die Datensätze nach Aktivitätstyp und Fälligkeitsdatum filtern. Außerdem können Sie über die Schnellsuche bestimmte Begriffe oder Schlüsselwörter in den Aktivitäten finden.

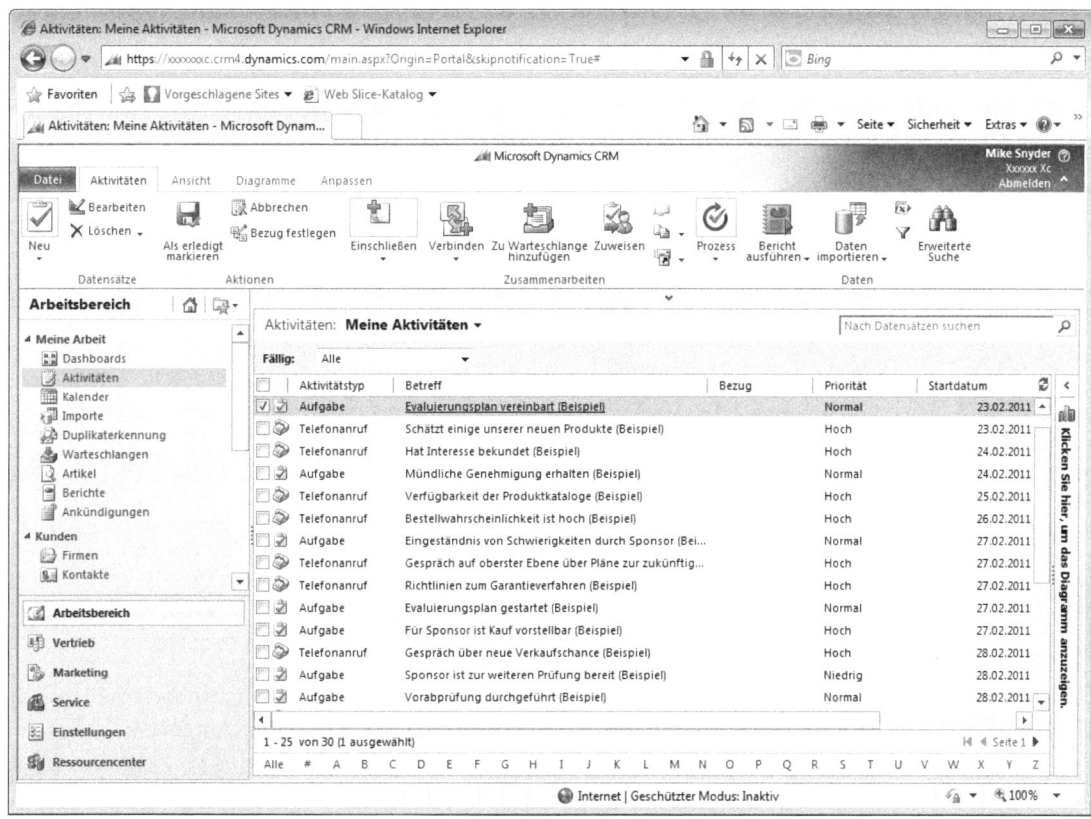

Durch Kombination der Ansichten **Kalender** und **Aktivitäten** können Sie Ihre offenen Aktivitäten schnell nach Priorität ordnen.

In der folgenden Übung schalten Sie zwischen den Filtern der Ansicht **Aktivitäten** hin und her, um zu erleben, wie sie die Ansicht dynamisch aktualisieren.

VORBEREITUNG   Rufen Sie in Internet Explorer Ihre Microsoft Dynamics CRM-Website auf, bevor Sie mit dieser Übung beginnen.

1. Klicken Sie im Navigationsbereich der Anwendung auf **Aktivitäten**.
2. Blenden Sie mit einem Klick auf den Pfeil in der Ansichtenauswahl die Liste der Aktivitätsansichten für alle Aktivitätstypen ein.
3. Klicken Sie im Menü auf **Telefonanruf**. Ein Untermenü mit weiteren Anrufansichten erscheint. Beachten Sie, dass diese Ansichten spezifisch für die Entität **Telefonanruf** sind. Sie müssen auf nichts klicken.

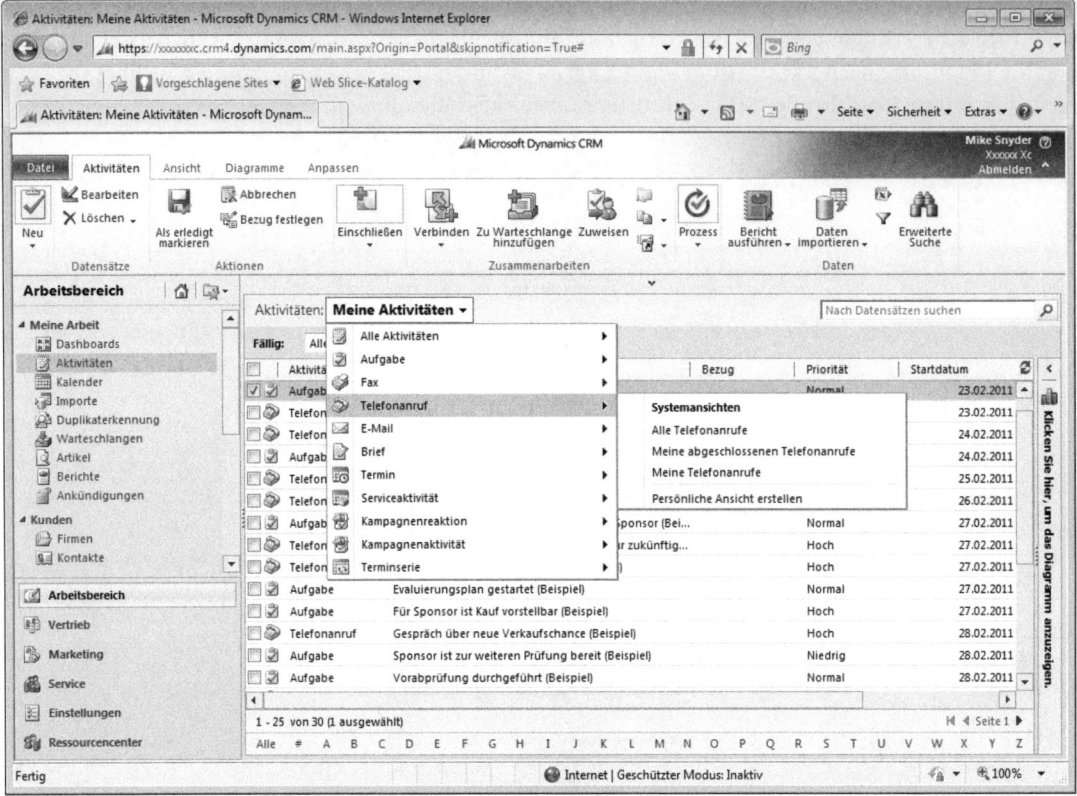

4. Klicken Sie nun im Menü auf **Aufgabe**. Sie sehen ein neues Untermenü mit zusätzlichen Aufgabenansichten, die für die Entität **Aufgaben** spezifisch sind. Klicken Sie auf die Ansicht **Meine Aufgaben**.
5. Jetzt haben Sie eine Liste aller Aufgaben vor Augen, deren Besitzer Sie sind. Um zu sehen, welche Aufgaben bald fällig sind, klicken Sie auf den Filter **Fällig**, um Filteroptionen wie **Überfällig**, **Heute**, **Morgen** und **Nächste 7 Tage** einzublenden.
6. Klicken Sie auf **Nächste 7 Tage**. Microsoft Dynamics CRM zeigt in Ihrer Aufgabenliste jetzt nur die Aufgaben an, deren Fälligkeitsdatum den Filterkriterien entspricht.

Direktmailings senden

Ein weiterer sehr wichtiger Aktivitätstyp ist E-Mail. Da Microsoft Dynamics CRM mit Outlook verzahnt ist, schreiben und lesen die meisten Benutzer E-Mails in Outlook. Eine Funktion, von der viele Benutzer profitieren wollen, ist jedoch die Möglichkeit, eine E-Mail an eine lange Liste von Empfängern zu senden, wobei jede Nachricht einzeln adressiert ist (anders ausgedrückt: aus einer E-Mail an 500 Empfänger werden 500 verschiedene E-Mails). Microsoft Dynamics CRM bezeichnet diese Erzeugung von Massen-E-Mails als *Direktmailing*. Sie können darauf nur über den Webclient zugreifen.

Wollen Sie ein Direktmailing senden, müssen Sie eine *E-Mail-Vorlage* auswählen. Microsoft Dynamics CRM bietet mehrere davon, sodass Sie eine für die Übung in diesem Abschnitt verwenden können. Wahrscheinlich wollen Sie aber neue Vorlagen für Ihr Unternehmen erstellen, die Sie für Ihre E-Mail-Korrespondenz benutzen.

Um ein Direktmailing zu senden, öffnen Sie eine Ansicht, die diese Funktion unterstützt (beispielsweise **Firmen**, **Kontakte** oder **Leads**), wählen einen oder mehrere Datensätze aus und klicken auf die Schaltfläche **Direktmailing senden** im Menüband. Microsoft Dynamics CRM öffnet ein Dialogfeld, in dem Sie eine E-Mail-Vorlage auswählen können. Haben Sie eine Ansicht mit mehreren Datensatzseiten ausgewählt, können Sie wählen, ob die E-Mail an die ausgewählten Datensätze, an alle Datensätze auf der Seite oder an sämtliche Datensätze gehen soll. Schließlich können Sie einen anderen Absender wählen als sich selbst, was in Frage kommt, wenn die E-Mail nicht von einer Person, sondern von einer allgemeinen Adresse kommen soll, etwa *info@sonomapartners.com*.

TIPP Die Funktion **Direktmailing** sendet keine Nachrichten an Datensätze, wenn die Voreinstellung des Empfängers für Massen-E-Mails auf **Nicht zugelassen** gesetzt ist. Solche Datensätze werden einfach aus der Mailingliste ausgeschlossen.

In der folgenden Übung senden Sie ein Direktmailing an Kontakte, indem Sie eine der vorgefertigten Vorlagen verwenden.

VORBEREITUNG Rufen Sie in Internet Explorer Ihre Microsoft Dynamics CRM-Website auf, bevor Sie mit dieser Übung beginnen.

1. Öffnen Sie die Ansicht **Kontakte**.
2. Wählen Sie einen oder mehrere Datensätze aus. Achten Sie darauf, dass es sich nicht um echte, sondern um Muster- oder Testadressen handelt.
3. Klicken Sie im Band auf die Schaltfläche **Direktmailing senden**.

   Ein neues Fenster öffnet sich.

Direktmailing senden

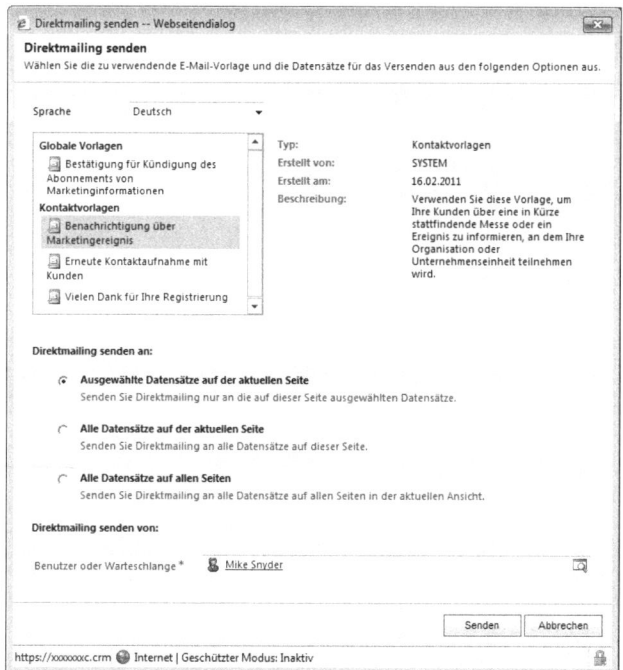

4. Wählen Sie die Vorlage **Erneute Kontaktaufnahme mit Kunden** aus. Behalten Sie bei den übrigen Optionen die Standardwerte bei.
5. Klicken Sie auf **Senden**.

   Microsoft Dynamics CRM sendet die E-Mail zur sofortigen Übermittlung. Wenn Sie die geschlossenen Aktivitäten der ausgewählten Kontaktdatensätze anzeigen, sehen Sie die gerade gesendete Nachricht.

Zusammenfassung

- Aktivitäten dienen dazu, Interaktionen mit Kunden, Interessenten, Anbietern und anderen Datensatztypen zu verfolgen.
- Mit Microsoft Dynamics CRM können Sie zahlreiche unterschiedliche Aktivitätsarten verfolgen, darunter Aufgaben, Anrufe, Faxe, Briefe, E-Mails, Termine, Dienstaktivitäten und Reaktionen auf Kampagnen. Außer den Standardtypen kann Ihr Systemadministrator benutzerdefinierte Aktivitätstypen anlegen.
- Eine Aktivität lässt sich vom Band oder aus einem bestimmten Datensatz heraus anlegen. Wenn Sie aus einem Datensatz starten, wird das Feld **Bezug** diesem Datensatz zugeordnet.
- Die mit einem Datensatz verknüpften Aktivitäten können Sie mit einem Klick auf **Aktivitäten** oder **Geschlossene Aktivitäten** im Navigationsbereich anzeigen. Der Link **Aktivitäten** zeigt offene oder geplante Aktivitätsdatensätze, der Link **Geschlossene Aktivitäten** abgeschlossene oder stornierte Aktivitäten.
- Microsoft Dynamics CRM zeigt automatisch Aktivitäten zwischen zugehörigen Datensätzen an, sodass Sie zusammengehörige Aktivitäten in derselben Ansicht sehen können. Sie können die Aktivitätsanzeige umschalten, während Sie in einer Aktivitätsansicht arbeiten.
- Außer Aktivitäten können Sie auch Notizen über die Datensätze in Ihrem System darstellen. Microsoft Dynamics CRM zeigt zu einem Datensatz gehörende Notizen an derselben Stelle an wie Dateianlagen zu dem betreffenden Datensatz.
- Microsoft Dynamics CRM enthält die Ansicht **Kalender** und die Ansicht **Aktivitäten**, mit denen Sie eine lange Liste von Aktivitäten verwalten können.
- Mit dem Webclient und der Direktmailingfunktion können Sie Massen-E-Mails an Leads, Kontakte und Firmen in Ihrem System senden.

Kapitel 5

Microsoft Dynamics CRM für Outlook

In diesem Kapitel:

In Microsoft Dynamics CRM für Outlook auf CRM-Datensätze zugreifen	99
In Microsoft Dynamics CRM für Outlook auf CRM-Einstellungen zugreifen	103
Kontakte, Aufgaben und Termine synchronisieren	104
Kontakte erstellen und verfolgen	107
Den Assistenten zum Hinzufügen von Kontakten verwenden	109
Aufgaben und Termine erstellen und verfolgen	113
In Microsoft Dynamics CRM für Outlook E-Mails senden und verfolgen	114
In Microsoft Dynamics CRM für Outlook Datensätze löschen	119
Mit Microsoft Dynamics CRM für Outlook offline gehen	120
Synchronisierungsfilter einrichten	122
Zusammenfassung	125

In diesem Kapitel lernen Sie:

- In Microsoft Dynamics CRM für Outlook auf CRM-Datensätze zugreifen
- In Microsoft Dynamics CRM für Outlook auf CRM-Einstellungen zugreifen
- Kontakte, Aufgaben und Termine zwischen Microsoft Dynamics CRM und Outlook synchronisieren
- CRM-Kontakte, -Aufgaben und -Termine in Outlook erstellen und verfolgen
- Den Assistenten zum Hinzufügen von Kontakten verwenden
- In Microsoft Dynamics CRM für Outlook E-Mails senden und verfolgen
- In Microsoft Dynamics CRM für Outlook Datensätze löschen
- Mit Microsoft Dynamics CRM für Outlook offline gehen
- Die Offline-Synchronisierungsfilter einrichten

Microsoft Dynamics CRM bietet außer der Webclientoberfläche die Oberfläche Microsoft Dynamics CRM für Outlook an. Zweifellos löst die Verzahnung mit Microsoft Outlook unter den Benutzern von Microsoft Dynamics CRM die meiste Begeisterung und das größte Interesse aus. Im Informationsbereich Beschäftigte empfinden es als angenehm, dass sie in Outlook direkt mit ihren Microsoft Dynamics CRM-Daten arbeiten können, ohne eine zweite Anwendung öffnen zu müssen. Noch wichtiger ist es, dass die Benutzer keine neue Anwendung erlernen müssen, um ihre tägliche Arbeit zu verrichten. Der Umgang mit Microsoft Dynamics CRM für Outlook entspricht weitgehend den übrigen Funktionen, die die Benutzer in Outlook bereits bedienen können. Dieses Kapitel beleuchtet viele wichtige Schritte und Vorgänge, die Sie bei der Arbeit mit Microsoft Dynamics CRM für Outlook verwenden.

WICHTIG Bevor Sie Microsoft Dynamics CRM für Outlook benutzen können, müssen Sie oder Ihr Systemadministrator die Software auf Ihrem Computer installieren. In diesem Kapitel gehen wir davon aus, dass dies bereits geschehen ist und die Verbindung mit Ihrem Microsoft Dynamics CRM-Server funktioniert.

Ihr Unternehmen kann zwischen zwei Versionen von Microsoft Dynamics CRM für Outlook wählen:

- Microsoft Dynamics CRM für Outlook
- Microsoft Dynamics CRM für Outlook mit Offlinezugriff

Sie bieten nahezu identische Funktionen, aber die zweite ermöglicht es, offline zu arbeiten, d.h., ohne Verbindung zum Microsoft Dynamics CRM-Server. In diesem Kapitel gehen wir davon aus, dass Sie mit dem Client für Offlinezugriff arbeiten.

In diesem Kapitel erfahren Sie, wie Sie die Integration von Microsoft Dynamics CRM und Outlook nutzen, um in Outlook Kontakte, Aufgaben, Termine und E-Mails zu erstellen und sie in Microsoft Dynamics CRM zu verfolgen. Außerdem lernen Sie, wie Sie ohne Verbindung zum Server mit Microsoft Dynamics CRM-Datensätzen arbeiten.

Übungsdateien

Die Übungen in diesem Kapitel setzen nur Datensätze voraus, die in früheren Kapiteln angelegt wurden; in den Übungsdateien zum Buch sind keine vorhanden. Weitere Informationen über Übungsdateien finden Sie in »*Verwendung der Übungsdateien*« am Anfang des Buches.

WICHTIG Die Beispiele und Übungen in diesem Kapitel verwenden Microsoft Dynamics CRM für Outlook und Outlook 2010, aber Microsoft Dynamics CRM unterstützt auch Outlook 2007 und Outlook 2003. Wenn Sie Outlook 2007 oder Outlook 2003 einsetzen, können die Übungen und Schritte abweichen, weil die Benutzeroberfläche von Outlook 2010 anders aussieht. Außerdem stehen einige Merkmale und Funktionen in Outlook 2007 oder Outlook 2003 nicht zur Verfügung.

WICHTIG Die in diesem Buch verwendeten Bilder geben die vorgegebenen Formular- und Feldnamen in Microsoft Dynamics CRM wieder. Da die Software umfangreiche Anpassungsmöglichkeiten bietet, ist es möglich, dass manche Datensatztypen oder Felder in Ihrer Microsoft Dynamics CRM-Umgebung anders beschriftet wurden. Wenn Sie die erwähnten Formulare, Felder oder Sicherheitsrollen nicht finden, sollten Sie den Systemadministrator um Hilfe bitten.

WICHTIG Um die Übungen in diesem Buch durchzuarbeiten, müssen Sie den Speicherort Ihrer Microsoft Dynamics CRM-Website kennen. Überprüfen Sie die Webadresse mithilfe des Systemadministrators, wenn Sie sie nicht wissen.

In Microsoft Dynamics CRM für Outlook auf CRM-Datensätze zugreifen

Mit Microsoft Dynamics CRM für Outlook können Sie direkt in Outlook auf CRM-Datensätze zugreifen und wichtige Aktionen durchführen. Viele Benutzer ziehen diese Art des Zugriffs dem Webclient vor, weil sie bereits in Outlook arbeiten, um E-Mails zu verwalten oder andere Aufgaben durchzuführen. Die Benutzeroberfläche des Outlook-Clients unterscheidet sich ein wenig von der des Webclients, sodass nun ein kurzer Überblick über die einzelnen Komponenten folgt.

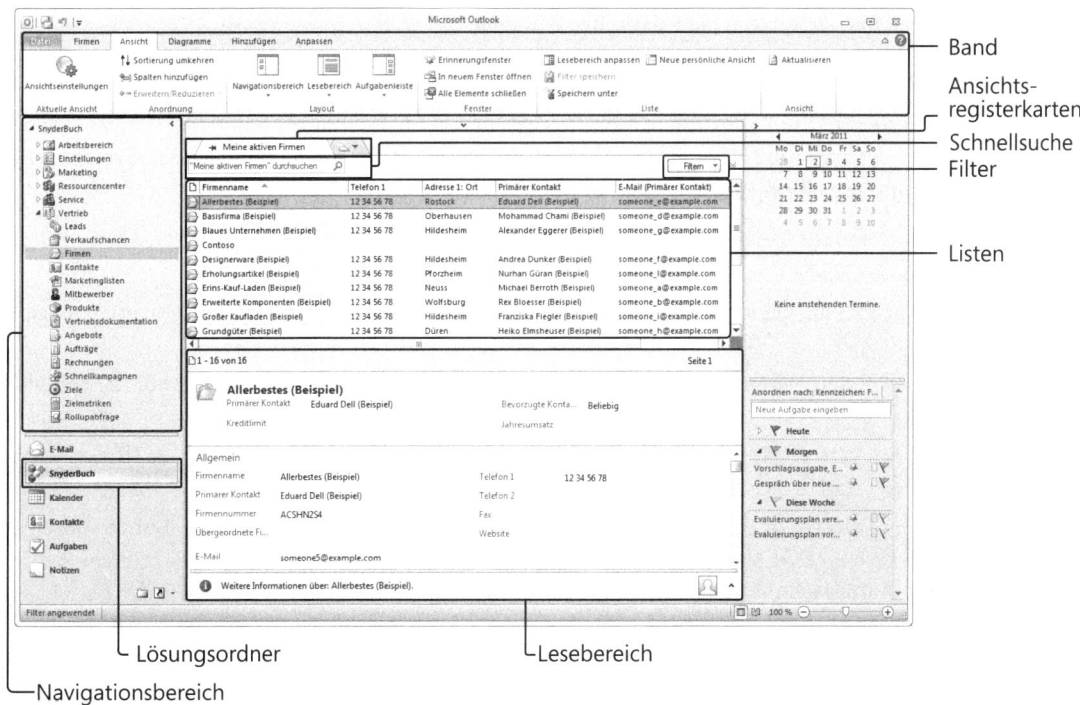

- **Lösungsordner** Sie sehen diese Schaltfläche in Outlook, nachdem Sie den Outlook-Client installiert haben. Über sie greifen Sie auf weitere Microsoft Dynamics CRM-Funktionen zu. Der in dieser Schaltfläche erscheinende Name ist derjenige der Organisation, mit der Ihr Microsoft Dynamics CRM-System verknüpft ist,

- **Menüband** Wie beim Webclient enthält das Band je nach Kontext verschiedene Schaltflächen und Merkmale. Sehen Sie sich zum Beispiel eine Firmenliste an, zeigt das Band Aktionen, die Sie an Firmendatensätzen vornehmen können. Betrachten Sie eine Kontaktliste, bietet das Band andere Aktionen, nämlich solche, die für Kontaktdatensätze zur Verfügung stehen.

- **Ansichtsregisterkarten** In diesem Bereich wählen Sie die Datenansicht aus, mit der Sie arbeiten wollen. Außerdem können Sie diese Registerkarten benutzen, um Ansichten anzuheften, auf die Sie in Zukunft schnell zugreifen wollen.

- **Listen** Ähnlich wie das Raster im Webclient zeigt dieser Bereich eine Liste mit Datensätzen an. Microsoft Dynamics CRM für Outlook filtert die angezeigten Datensätze anhand der Ansicht, die auf der Ansichtsregisterkarte ausgewählt wurde.

- **Schnellsuche** Wie beim Webclient können Sie in diesem Suchfeld einen Begriff eingeben, um bestimmte Datensätze zu finden. Beim Outlook-Client wird jedoch anders als beim Webclient nur in der aktuellen Ansicht gesucht, während der Webclient die gesamte Datenbank durchgeht.

- **Filter** Damit können Sie die Datensätze der aktuellen Ansicht filtern.

- **Lesebereich** Der Lesebereich des Outlook-Clients verhält sich wie derjenige, den Sie verwenden, wenn Sie mit Outlook-Kontakten, -E-Mails usw. arbeiten. Die Auswahl eines Datensatzes aus der Liste aktualisiert den Lesebereich so, dass er zusätzliche Informationen über den Datensatz anzeigt. Beachten Sie, dass der Lesebereich nur zur Anzeige dient; Sie können dort keine Datensätze bearbeiten.

In der folgenden Übung machen Sie sich mit Microsoft Dynamics CRM für Outlook vertraut, indem Sie eine neue Ansicht anzeigen und sich durch die Datensätze bewegen.

VORBEREITUNG Öffnen Sie Outlook, nachdem Microsoft Dynamics CRM für Outlook installiert wurde, bevor Sie mit dieser Übung beginnen. Sie brauchen den Firmendatensatz *Sonoma Partners*, den Sie in Kapitel 3, »*Mit Firmen und Kontakten arbeiten*«, angelegt haben. Wenn Sie diesen in Ihrem System nicht finden, wählen Sie für diese Übung einen anderen Firmendatensatz.

1. Klicken Sie in der Outlook-Navigationsleiste auf die Lösungsordnerschaltfläche, die den Namen Ihrer Microsoft Dynamics CRM-Organisation trägt.
2. Klicken Sie im Navigationsbereich auf **Vertrieb** und dann auf **Firmen**. Sie sehen eine Liste mit Microsoft Dynamics CRM-Firmen.
3. Klicken Sie auf den ersten Datensatz der Liste. Der Lesebereich zeigt Informationen über die betreffende Firma an.
4. Drücken Sie den Abwärtspfeil Ihrer Tastatur. Microsoft Dynamics CRM hebt den nächsten Firmendatensatz der Liste hervor, und der Lesebereich wird entsprechend aktualisiert.
5. Geben Sie *Sonoma Partners* in die Schnellsuche ein und drücken Sie die Eingabetaste. Damit sollte der Musterdatensatz *Sonoma Partners* angezeigt werden, den Sie in Kapitel 3 angelegt haben. Haben Sie ihn nicht erstellt, können Sie diese Übung mit einem beliebigen Datensatz aus der Liste durchführen.

In Microsoft Dynamics CRM für Outlook auf CRM-Datensätze zugreifen

6. Doppelklicken Sie auf den Datensatz *Sonoma Partners* in der Liste. Microsoft Dynamics CRM öffnet den Firmendatensatz im Webclient. In diesem Fenster können Sie alle erforderlichen Bearbeitungen des Datensatzes vornehmen.

Speichern und schließen

7. Klicken Sie auf die Schaltfläche **Speichern und schließen** im Band.

Als Nächstes öffnen Sie eine neue Firmenansicht in Microsoft Dynamics CRM für Outlook.

8. Klicken Sie im Ansichtsregisterkartenbereich auf das Symbol **Neue Registerkarte** rechts neben der offenen Registerkarte. Sie sehen eine Liste der verfügbaren System- und persönlichen Ansichten.

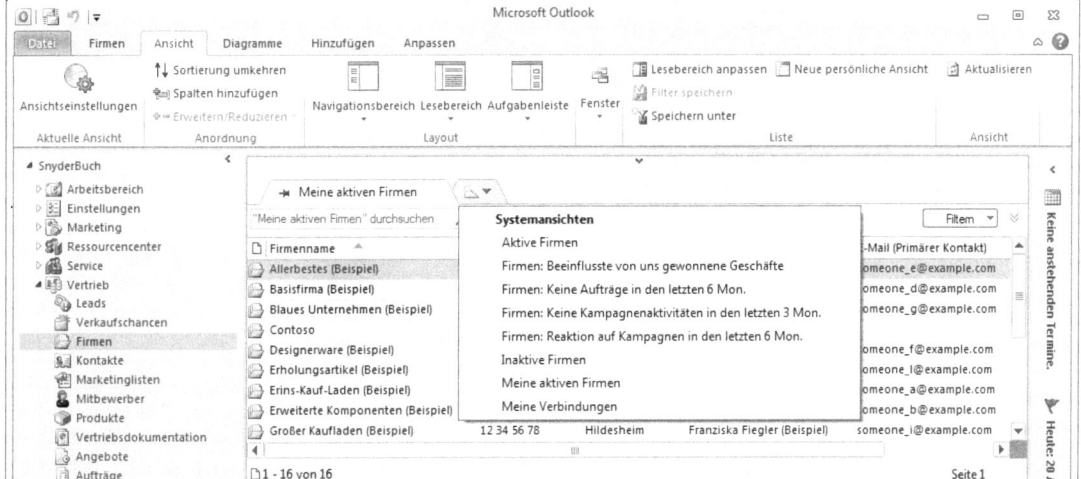

9. Klicken Sie auf **Aktive Firmen**. Microsoft Dynamics CRM fügt eine zweite Registerkarte hinzu und zeigt eine Liste aktiver Firmen in Microsoft Dynamics CRM für Outlook.

10. Klicken Sie nun auf das Pinnwandnadelsymbol links neben der Registerkarte **Aktive Firmen**. Microsoft Dynamics CRM für Outlook lässt diese Registerkarte dann offen, damit Sie in Zukunft schnell darauf zugreifen können.

> **TIPP** Wollen Sie eine Registerkarte entfernen, klicken Sie einfach auf das X auf ihrer rechten Seite. Microsoft Dynamics CRM löscht sie dann.

11. Mit Microsoft Dynamics CRM für Outlook können Sie das Erscheinungsbild der Benutzeroberfläche personalisieren. Nehmen wir an, Sie wollen den Lesebereich ausschalten und durch ein Diagramm ersetzen. Klicken Sie auf die Schaltfläche **Lesebereich** und wählen Sie im Untermenü, das erscheint, den Eintrag **Aus**. Microsoft Dynamics CRM entfernt den Lesebereich für die aktuelle Entität, mit der Sie arbeiten (**Firmen**).

Lesebereich

12. Klicken Sie im Band auf die Registerkarte **Diagramme** und dann auf die Schaltfläche **Diagrammbereich** und wählen Sie im eingeblendeten Untermenü **Rechts**.

    Microsoft Dynamics CRM zeigt rechts von der Liste ein Diagramm an. Innerhalb dieses Bereichs haben Sie die Wahl unter verschiedenen Diagrammen. Das gewünschte Diagramm wählen Sie mit einem Klick auf seinen Namen oben im Diagrammbereich aus.

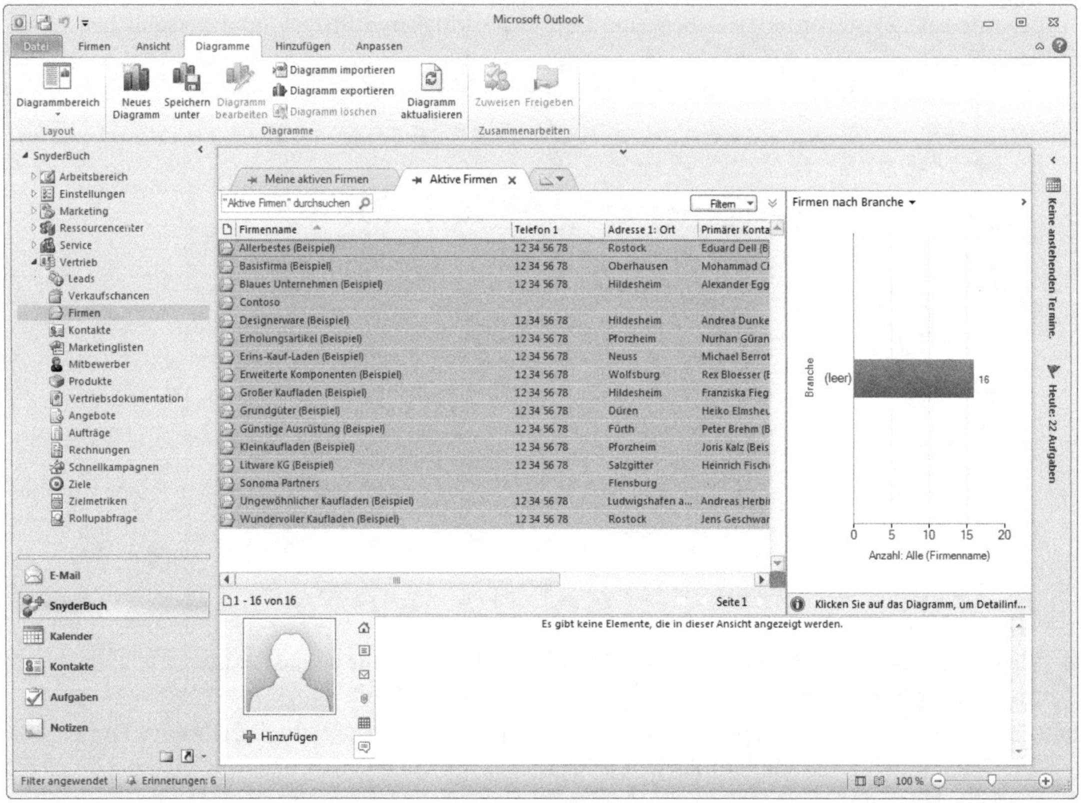

13. Nehmen wir zum Schluss an, dass Sie eine Aktivität für eine der Firmen in der Liste protokollieren wollen. Wie beim Webclient können Sie über **Hinzufügen** im Band auf die benötigten Schaltflächen zugreifen. Microsoft Dynamics CRM für Outlook bietet Ihnen jedoch auch ein Menü, dass es ermöglicht, Aktivitäten direkt aus der Liste zu protokollieren. Um darauf zuzugreifen, klicken Sie mit der rechten Maustaste auf irgendeine Firma in der Liste und klicken dann auf **Erstellen**. Microsoft Dynamics CRM für Outlook öffnet eine Liste mit Aktionen, die Sie an dem Datensatz vornehmen können, was Ihnen erlaubt, Aktivitäten anzulegen, einen Serienbrief zu erstellen, eine Notiz hinzuzufügen usw.

In Microsoft Dynamics CRM für Outlook auf CRM-Einstellungen zugreifen

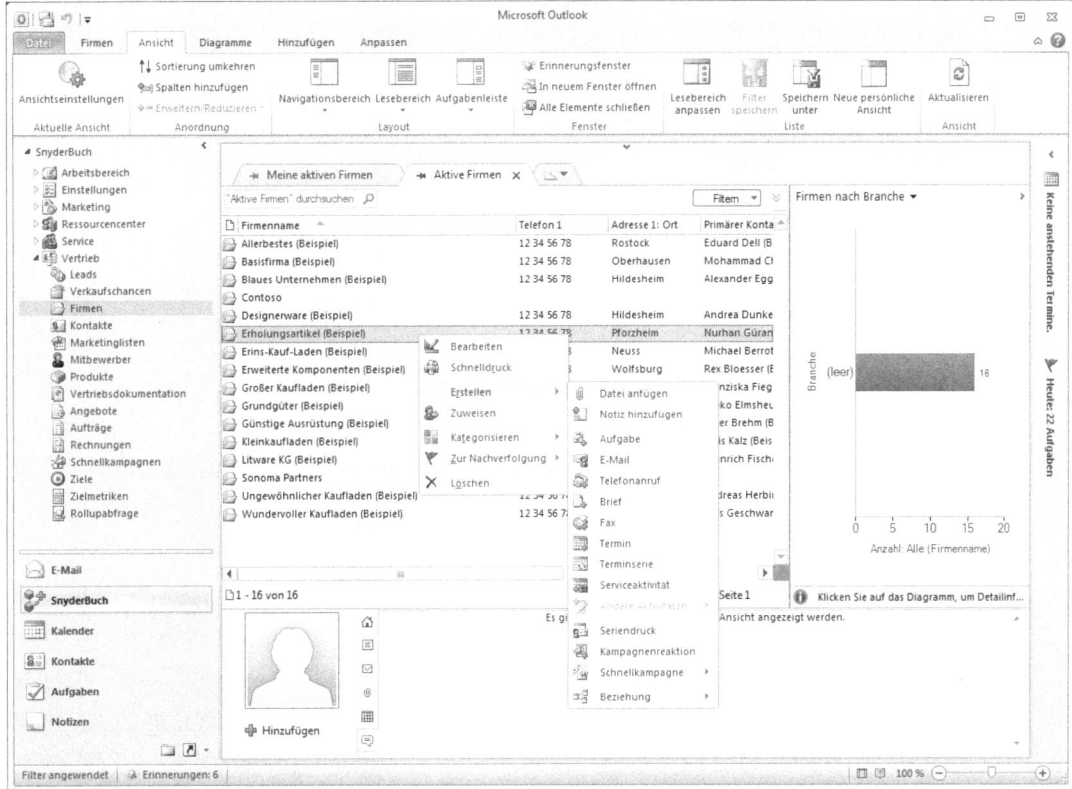

TIPP Von diesem Menü aus lassen sich nicht nur Microsoft Dynamics CRM-Datensätze anlegen, sondern auch Kategorien zuweisen und Folgeaktionen einrichten.

In Microsoft Dynamics CRM für Outlook auf CRM-Einstellungen zugreifen

Nachdem Sie mit der grundlegenden Benutzerschnittstelle von Microsoft Dynamics CRM gearbeitet haben, werfen wir einen schnellen Blick darauf, wie Sie auf den Einstellungsbereich zugreifen. Dies sollte nicht sehr oft erforderlich sein, aber Sie sollten jedenfalls wissen, wo sich die Einstellungsdaten befinden. In diesem Bereich können Sie zum Beispiel folgende wichtigen Dinge erledigen:

- Persönliche Optionen festlegen
- Synchronisierungs- und Offlinedatenfilter ändern
- Kontakte importieren

In der folgenden Übung greifen Sie in Microsoft Dynamics CRM für Outlook auf die CRM-Einstellungen zu.

VORBEREITUNG Öffnen Sie bei Bedarf Outlook, nachdem Microsoft Dynamics CRM für Outlook installiert wurde, bevor Sie mit dieser Übung beginnen.

1. Klicken Sie im Outlook-Menüband auf die Registerkarte **Datei**.
2. Klicken Sie im linken Teil auf **CRM**.

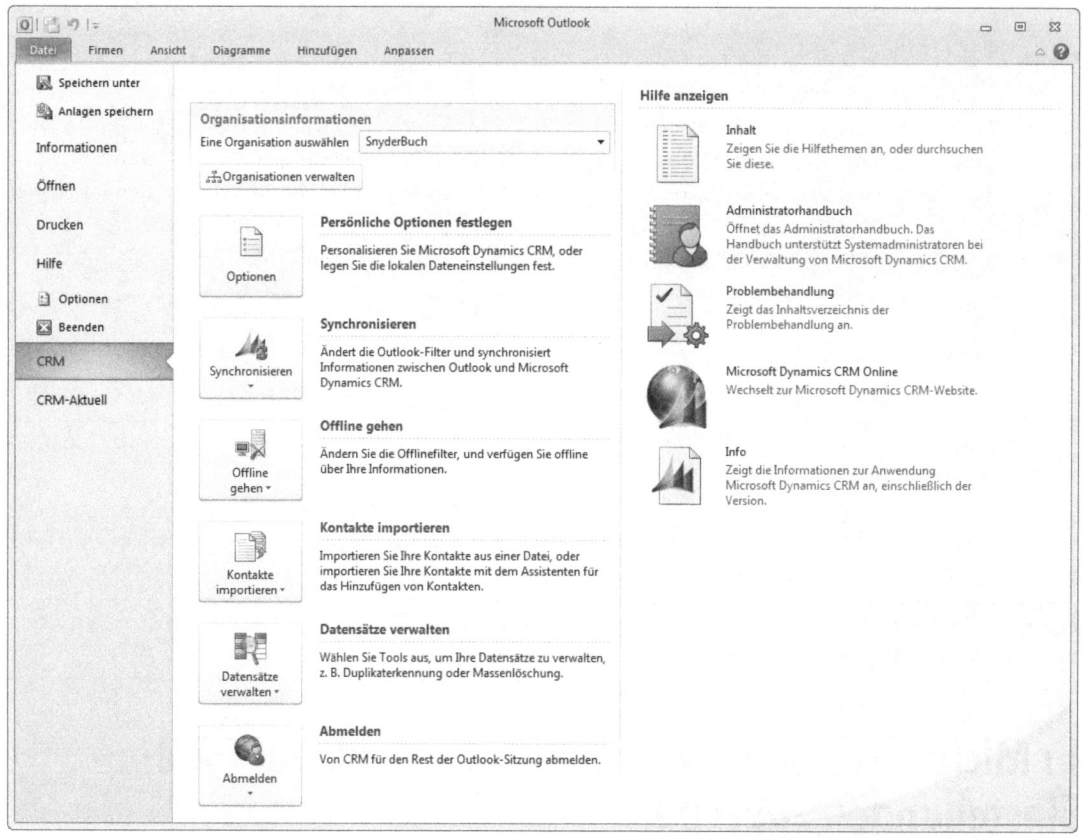

Kontakte, Aufgaben und Termine synchronisieren

Zu den wesentlichen Vorteilen von Microsoft Dynamics CRM für Outlook zählt, dass die Software Kontakte, Aufgaben und Termine zwischen Outlook und Microsoft Dynamics CRM synchronisiert. Legen Sie im Microsoft Dynamics CRM-Webclient einen neuen Kontakt an, kann die Software also eine Kopie davon in Outlook laden. Ebenso aktualisiert sie die Microsoft Dynamics CRM-Datenbank automatisch, wenn Sie die Daten eines Kontakts aktualisieren (zum Beispiel mit einer neuen Adresse oder Telefonnummer). Wenn andere Benutzer Ihres Systems den aktualisierten Kontakt in ihre Outlook-Datei übernehmen, erhalten diese Ihre Änderungen bei der nächsten Synchronisierung. Diese bidirektionale Aktualisierung von Kontaktdaten zwischen Outlook und Microsoft Dynamics CRM bedeutet, dass Sie und andere Benutzer immer auf die

Kontakte, Aufgaben und Termine synchronisieren

neuesten Daten zugreifen können. Microsoft Dynamics CRM für Outlook kann aber nicht nur Kontakte synchronisieren, sondern Ähnliches auch für Outlook-Termine und -Aufgaben vornehmen. Verwenden Sie ein Mobilgerät und synchronisieren es mit Outlook, können Sie über das Gerät auf Microsoft Dynamics CRM-Kontakte, -Termine und -Aufgaben zugreifen.

WICHTIG Microsoft Dynamics CRM kann auch andere Aktivitäten mit Outlook synchronisieren – zum Beispiel Anrufe, Briefe und Faxnachrichten. Die Synchronisierungssoftware kopiert diese ohne Berücksichtigung ihres Microsoft Dynamics CRM-Typs als Aufgaben nach Outlook.

Microsoft Dynamics CRM für Outlook synchronisiert nicht *sämtliche* Kontakte, Termine und Aufgaben aus Ihrer Outlook-Datei, sondern nur die Datensätze, die Sie in Microsoft Dynamics CRM verfolgen. Wenn Sie in Outlook persönliche Datensätze haben, die nicht in die Microsoft Dynamics CRM-Datenbank kopiert werden sollen, brauchen Sie sie in Microsoft Dynamics CRM nicht zu verfolgen. Ob ein bestimmter Datensatz in Microsoft Dynamics CRM verfolgt wird, stellen Sie fest, indem Sie ihn öffnen und den CRM-Verfolgungsbereich suchen, der sich am Ende des Datensatzes befindet. Wenn ein Verfolgungsbereich vorhanden ist, wird der Datensatz in die Microsoft Dynamics CRM für Outlook-Synchronisierung einbezogen.

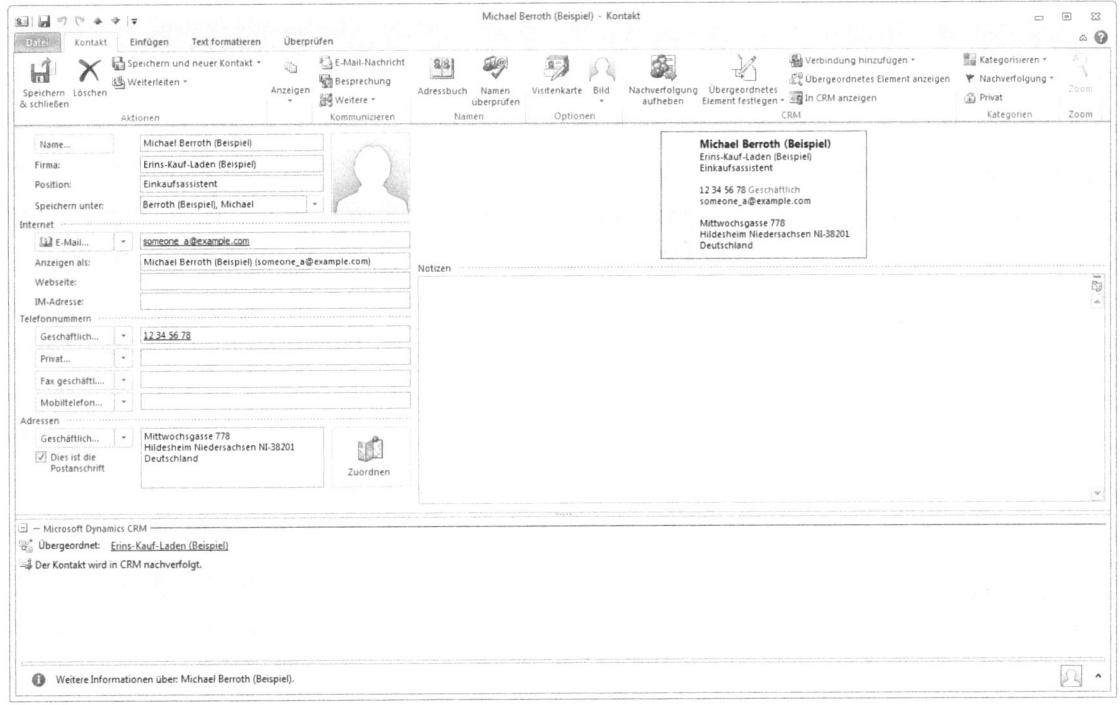

TIPP Ein verfolgter Datensatz lässt sich auch am Vorhandensein der Schaltfläche **Nachverfolgung aufheben** in der CRM-Gruppe in seinem Band erkennen.

Außerdem weisen verfolgte Datensätze in Microsoft Dynamics CRM ein besonderes Symbol auf, wenn Sie eine Datensatzliste in Outlook anzeigen.

Kapitel 5: Microsoft Dynamics CRM für Outlook

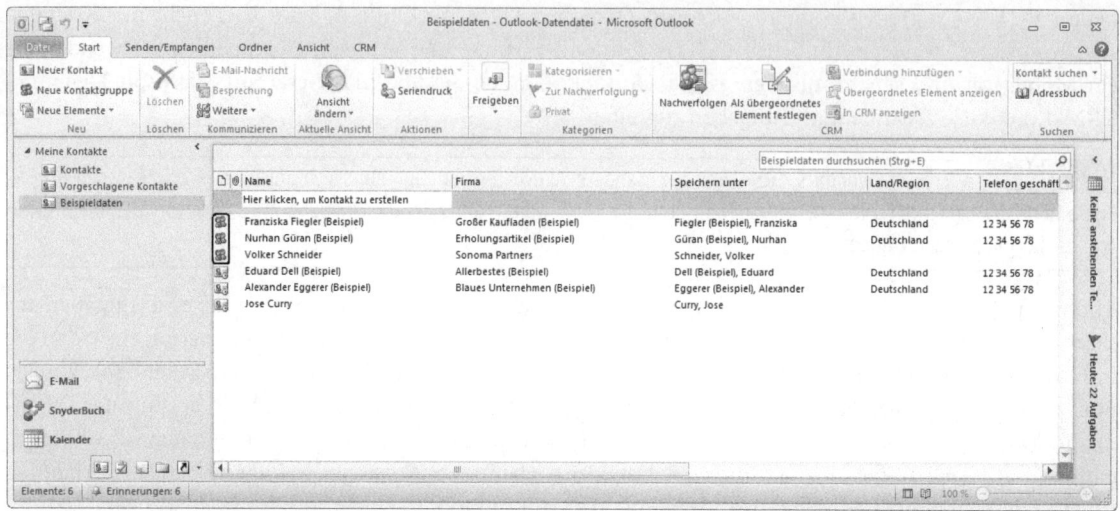

Bei der ersten Installation von Microsoft Dynamics CRM für Outlook verwendet die Software für die Synchronisierung ihre Standardeinstellungen. Eine davon legt fest, dass die Synchronisierung alle 15 Minuten im Hintergrund stattfindet, sodass Sie die Annehmlichkeit genießen, nicht explizit daran denken zu müssen. Sie können das Intervall für die automatische Synchronisierung verlängern, wenn sie wollen, aber nicht auf weniger als 15 Minuten reduzieren.

TIPP Wenn Sie mit dem Microsoft Dynamics CRM-Server verbunden sind, werden Änderungen an Kontakten, Aufgaben und Terminen in Outlook beim Speichern des Datensatzes auf den Server übertragen. Änderungen auf dem Microsoft Dynamics CRM-Server im Webclient erscheinen in Outlook jedoch erst, wenn der nächste Synchronisierungsvorgang abgeschlossen ist.

Wenn Sie das nächste geplante Intervall nicht abwarten wollen, können Sie die Synchronisierung von Hand starten. In der folgenden Übung synchronisieren Sie Outlook-Datensätze manuell mit dem Microsoft Dynamics CRM-Server.

VORBEREITUNG Öffnen Sie bei Bedarf Outlook, nachdem Microsoft Dynamics CRM für Outlook installiert wurde, bevor Sie mit dieser Übung beginnen.

1. Klicken Sie auf die Schaltfläche **Kontakte** in der Outlook-Navigationsleiste.
2. Klicken Sie im Band auf die Registerkarte **CRM** und dann auf die Schaltfläche **Mit CRM synchronisieren**.

   Es erscheint eine Fortschrittsanzeige. Wenn die Synchronisierung abgeschlossen ist, schließt sich das Fenster.

Mit CRM synchronisieren

Weitere Informationen

Zur Erinnerung: In Microsoft Dynamics CRM legen Sie Kontakte entweder mit Microsoft Dynamics CRM für Outlook oder mit dem Webclient an. Dieses Kapitel zeigt Ihnen, wie Sie Microsoft Dynamics CRM für Outlook verwenden, aber in Kapitel 3 können Sie nachlesen, wie Sie mit dem Webclient Kontakte erstellen.

Kontakte erstellen und verfolgen

Microsoft Dynamics CRM kann Ihre bestehenden Kontakte vom Microsoft Dynamics CRM-Server so synchronisieren, dass sie in Ihrer Outlook-Kontaktdatei erscheinen. Bei der weiteren Arbeit mit dem System wollen Sie aber sicher neue Kontakte anlegen und verfolgen. Um Kontakte in Outlook anzulegen und in Microsoft Dynamics CRM zu verfolgen, gehen Sie in Outlook wie gewohnt vor, klicken dann auf die Schaltfläche **Nachverfolgen** und speichern den Kontakt. Damit übertragen Sie den Kontakt nach Microsoft Dynamics CRM und nehmen ihn in zukünftige Synchronisierungsvorgänge auf. Bei der Erstellung in Outlook können Sie den Kontaktdatensatz auch mit einer übergeordneten Firma in Microsoft Dynamics CRM verlinken, indem Sie auf die Schaltfläche **Als übergeordnetes Element festlegen** auf der Registerkarte **Kontakte** des Outlook-Menübandes klicken.

TIPP In Microsoft Dynamics CRM haben Sie die Möglichkeit, einen Kontaktdatensatz als übergeordneten Datensatz für einen anderen Kontakt festzulegen, aber die meisten Organisationen verwenden als übergeordnete Elemente für Kontakte lieber Firmendatensätze. Für den Zweck dieses Buches gehen wir davon aus, dass Sie Firmen als übergeordnete Datensätze für Kontakte benutzen.

Wenn Sie einen neuen Kontakt in Outlook anlegen, ihn mit Microsoft Dynamics CRM verfolgen und ihn mit einer vorhandenen übergeordneten Firma verlinken, werden die zugeordneten Felder des Kontaktdatensatzes (beispielsweise Adresse und Telefonnummer) wie bei der Erstellung im Webclient nicht automatisch mit Daten aus der übergeordneten Firma aktualisiert. Verlinken Sie einen Kontakt jedoch von Microsoft Dynamics CRM aus mit einer übergeordneten Firma, kann Microsoft Dynamics CRM für Outlook deren Namen im Feld **Firma** des Outlook-Kontakts ablegen.

Fehlersuche

Durch Ausfüllen des Feldes **Firma** im Outlook-Kontaktdatensatz wird der Kontakt nicht automatisch mit dem Firmendatensatz des Unternehmens in Microsoft Dynamics CRM verlinkt. Datensätze neuer Kontakte, die in Outlook erstellt und mit Microsoft Dynamics CRM verfolgt werden, müssen explizit mit einer übergeordneten Firma verlinkt werden.

Wenn Sie einen Kontakt in Microsoft Dynamics CRM verfolgen, können Sie von Outlook aus über die beiden folgenden Links im Band des Kontaktdatensatzes auf weitere Informationen über den Datensatz zugreifen:

- **In CRM anzeigen** Dieser Link öffnet den Kontaktdatensatz im Microsoft Dynamics CRM-Webclient. Sie können dann sämtliche Details und zugehörigen Datensätze betrachten, die Sie in Microsoft Dynamics CRM verfolgen.

- **Übergeordnetes Element anzeigen** Dieser Link öffnet den Firmendatensatz der übergeordneten Firma. Normalerweise ist dies das Unternehmen, für das der Kontakt arbeitet.

In der folgenden Übung legen Sie zwei neue Kontakte an (einen in Outlook und einen im Webclient), um zu erleben, wie sich die unterschiedlichen Optionen auf die Kontaktdaten auswirken. Außerdem aktualisieren Sie die Kontaktdatensätze und starten den Synchronisierungsvorgang manuell.

VORBEREITUNG Öffnen Sie Outlook, nachdem Microsoft Dynamics CRM für Outlook installiert wurde, bevor Sie mit dieser Übung beginnen. Sie brauchen den Firmendatensatz *Sonoma Partners*, den Sie in Kapitel 3 angelegt haben. Wenn Sie diesen in Ihrem System nicht finden, wählen Sie für diese Übung einen anderen Firmendatensatz.

1. Klicken Sie in der Outlook-Navigationsleiste auf **Kontakte**. Öffnen Sie mit einem Klick auf **Neuer Kontakt** im Band das Formular für einen neuen Kontakt.

   Neuer Kontakt

2. Geben Sie als Namen des Kontakts *Chris Perry* ein.
3. Klicken Sie auf die Schaltfläche **Nachverfolgen**.

   Nachverfolgen

4. Klicken Sie auf die Schaltfläche **Als übergeordnetes Element festlegen** und dann im eingeblendeten Menü auf **Firma**.

   Ein Microsoft Dynamics CRM-Suchfenster wird geöffnet.

   Als übergeordnetes Element festlegen

5. Geben Sie im Textfeld *Sonoma Partners* ein und drücken Sie die Eingabetaste, um die Firma in Microsoft Dynamics CRM zu suchen. Wählen Sie in den Ergebnissen die richtige Firma aus und klicken Sie auf **OK**.

> **WICHTIG** Wenn Sie die Firma in Ihrem System nicht finden, können Sie für diese Übung eine beliebige Firma benutzen.

Der Firmenname *Sonoma Partners* erscheint im Feld **Firma** des Outlook-Kontakts *Chris Perry*.

> **Fehlersuche**
>
> Erscheint der Name der übergeordneten Firma nicht im Feld **Firma**, sollten Sie Ihre Vorgabeneinstellung in den Optionen von Microsoft Dynamics CRM für Outlook überprüfen. Um diese Vorgabe zu aktualisieren, greifen Sie wie in der Übung weiter vorn in diesem Kapitel auf die CRM-Einstellungen zu und klicken auf **Persönliche Optionen festlegen**. Suchen Sie auf der Registerkarte **Synchronisierung** des Fensters **Optionen** die Option **Das Feld Firma für Outlook-Kontakte aktualisieren** und sorgen Sie dafür, dass das Kontrollkästchen markiert ist. Auf diese Weise wird das Feld **Company** automatisch mit dem Namen der übergeordneten Firma versehen.

6. Klicken Sie auf die Schaltfläche **Speichern und schließen** im Menüband.

   Nun wird dieser Datensatz in Microsoft Dynamics CRM verfolgt, wie es der Microsoft Dynamics CRM-Verfolgungsbereich besagt.

7. Starten Sie Internet Explorer und Ihr Microsoft Dynamics CRM-System.
8. Wechseln Sie zu den Firmendatensätzen und öffnen Sie die Firma *Sonoma Partners* bzw. diejenige, die Sie in Schritt 5 ausgewählt haben.
9. Klicken Sie im Navigationsbereich auf **Kontakte**.

   Der Datensatz *Chris Perry* erscheint und ist mit dieser Firma verlinkt.

10. Öffnen Sie den Datensatz *Chris Perry* mit einem Doppelklick. Geben Sie Feld **Telefon geschäftlich** die Nummer *(312) 555-1212* ein.
11. Klicken Sie auf **Speichern und schließen** im Band. Microsoft Dynamics CRM schließt das Fenster und kehrt zur Liste der mit der Firma verknüpften Kontakte zurück.

Den Assistenten zum Hinzufügen von Kontakten verwenden

12. Klicken Sie im Entitätsnavigationsbereich des Firmendatensatzes auf **Kontakte**. Starten Sie mit einem Klick auf **Neuen Kontakt hinzufügen** im Band des Firmendatensatzes das Formular **Neuer Kontakt**.
13. Geben Sie im Feld **Vorname** den Namen *Jose*, im Feld **Nachname** den Namen *Curry* ein.

    Beachten Sie, dass der Kontaktdatensatz die zugeordneten Felder wie Adresse und Telefonnummer aus dem Datensatz der übergeordneten Firma enthält, weil Sie den Kontakt von der Firma aus erstellt haben.
14. Klicken Sie auf **Speichern und schließen**.
15. Schließen Sie Internet Explorer.
16. Klicken Sie in Outlook auf die Registerkarte **Datei** und dann auf **CRM**. Klicken Sie erst auf die Schaltfläche **Synchronisieren** und dann im eingeblendeten Untermenü auf **Synchronisieren**.

    Es öffnet sich ein Fenster mit dem Hinweis, dass Microsoft Dynamics CRM für Outlook Daten aktualisiert.
17. Klicken Sie in der Outlook-Navigationsleiste auf **Kontakte**. Geben Sie im Suchfeld *Jose Curry* ein.

    Der im Webclient angelegte Kontakt erscheint jetzt in Ihrer Outlook-Datei (mit den zugeordneten Feldern aus der Firma).
18. Geben Sie im Suchfeld *Chris Perry* ein.

    Outlook zeigt den Datensatz *Chris Perry* an, der jetzt die Telefonnummer enthält, die Sie im Webclient eingegeben haben.

WICHTIG Beim Anlegen von Kontakten aus dem Firmendatensatz im Webclient werden dem Kontakt Felder wie Adresse und Telefonnummer zugeordnet. Erstellen Sie einen Kontakt jedoch in Outlook und verlinken ihn mit einer Firma, wird nur der Firmenname zugeordnet, die übrigen Datenfelder dagegen nicht.

Den Assistenten zum Hinzufügen von Kontakten verwenden

Sie haben gerade erfahren, wie Sie Kontakte in Microsoft Dynamics CRM Datensatz für Datensatz hinzufügen und verfolgen. Möglicherweise stehen in Ihrer Outlook-Datei jedoch schon zahlreiche Kontakte, die Sie gern verfolgen, wahrscheinlich aber nicht einzeln verlinken möchten, besonders, wenn es sich um mehrere hundert handelt. Glücklicherweise stellt Microsoft Dynamics CRM für Outlook einen Assistenten zum Hinzufügen von Kontakten bereit, der Ihnen hilft, Ihre vorhandenen Outlook-Kontakte schnell und einfach in Microsoft Dynamics CRM zu übernehmen.

Bevor Sie den Assistenten einsetzen, wollen Sie vielleicht in Outlook Ordner anlegen, um die Kontakte in Gruppen zu unterteilen, etwa für geschäftliche und private Kontakte. Beim Durcharbeiten des Assistenten können Sie wählen, welche Ordner verwendet werden. Gibt es keine Kontaktordner, schließt der Assistent alle Kontakte in den Vorgang ein.

Anstatt neue Ordner anzulegen, können Sie Ihre vorhandenen Outlook-Kontakte alternativ mithilfe der Outlook-Kategoriefunktionen verschiedenen Kategorien zuweisen. Während des Importierens mit dem Assistenten zum Hinzufügen neuer Kontakte haben Sie die Wahl, welche Kategorien von Kontakten Microsoft Dynamics CRM hinzugefügt werden.

In der folgenden Übung übertragen Sie mithilfe des Assistenten zum Hinzufügen neuer Kontakte vorhandene Outlook-Kontakte nach Microsoft Dynamics CRM.

VORBEREITUNG Öffnen Sie Outlook, nachdem Microsoft Dynamics CRM für Outlook installiert wurde, bevor Sie mit dieser Übung beginnen.

1. Klicken Sie im Band auf die Schaltfläche **Datei** und dann im linken Bereich auf **CRM**.
2. Klicken Sie auf die Schaltfläche **Kontakte importieren** und dann im Untermenü auf **Kontakte hinzufügen**.

   Microsoft Dynamics CRM für Outlook startet den Assistenten zum Hinzufügen neuer Kontakte.

3. Klicken Sie auf **Weiter**.

   Haben Sie mehrere Kontaktordner angelegt, folgt nun der Schritt **Kontaktordner auswählen**. (Er fällt aus, wenn Sie nur einen Ordner haben.)

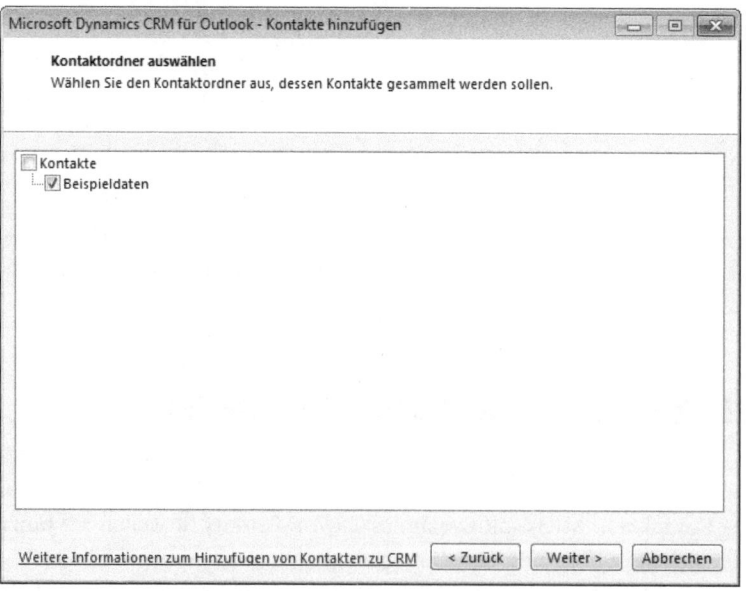

Den Assistenten zum Hinzufügen von Kontakten verwenden

4. Wählen Sie den für diesen Vorgang gewünschten Ordner aus und klicken Sie auf **Weiter**.
Der Assistent analysiert die Kontakte und blendet das Dialogfeld **Kontaktgruppen auswählen** ein.
Hier können Sie wählen, welche Kontakte in Microsoft Dynamics CRM übernommen werden sollen.

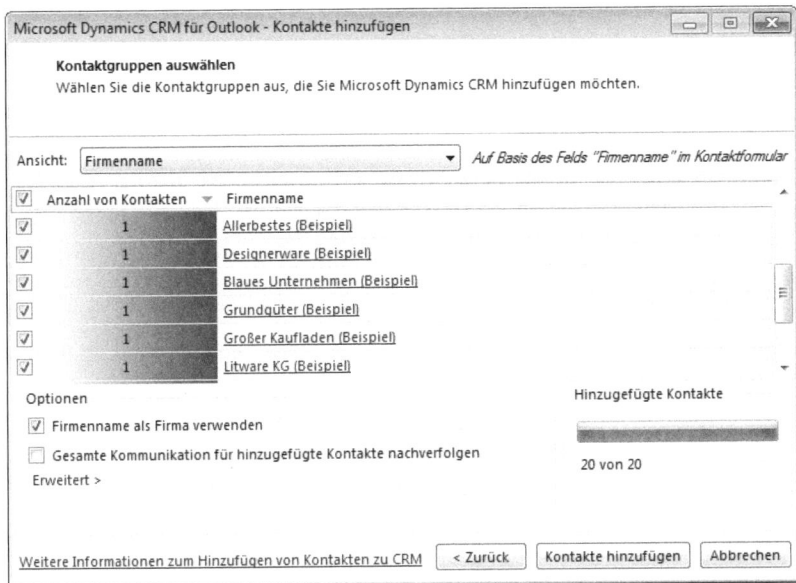

Sie können die Kontakte nach Firmennamen, E-Mail-Domäne oder Kategorie gruppieren. Wollen Sie die in einer Gruppe enthaltenen Kontakte sehen, klicken Sie auf den Hyperlink mit dem Gruppennamen, um ein neues Fenster mit einer Liste der Kontakte zu öffnen.

Die in Microsoft Dynamics CRM zu importierenden Datensatzgruppen wählen Sie mithilfe der Kontrollkästchen aus.

5. Wählen Sie für diese Übung eine Datensatzgruppe aus, die importiert werden soll.

TIPP Wir empfehlen, nur eine oder zwei Gruppen auszuwählen, um sich zu überzeugen, dass der Import erwartungsgemäß funktioniert.

Möglicherweise bemerken Sie, dass die Spalte **Anzahl von Kontakten** Farbkodierungen in Form roter, gelber oder grüner Balken enthält. Sie haben folgende Bedeutung:

- **Grün** 100 Prozent der Kontakte sind in Microsoft Dynamics CRM bereits vorhanden.
- **Gelb** Mindestens 50 Prozent der Kontakte sind in Microsoft Dynamics CRM bereits vorhanden.
- **Rot** Mindestens ein Kontakt ist in Microsoft Dynamics CRM bereits vorhanden.

6. Der Assistent zum Hinzufügen neuer Kontakte kann nicht nur Kontakte in Microsoft Dynamics CRM importieren, sondern außerdem mit den Kontakten verknüpfte E-Mails und Termine. Um diese Option zu aktivieren, setzen Sie ein Häkchen in das Kontrollkästchen **Gesamte Kommunikation für hinzugefügte Kontakte nachverfolgen**.

7. Standardmäßig legt der Assistent in Microsoft Dynamics CRM automatisch neue Firmen an, die mit den importierten Kontakten verlinkt sind. Um diese Option zu deaktivieren, entfernen Sie das Häkchen aus dem Kontrollkästchen **Firmenname als Firma verwenden**.

> **Fehlersuche**
>
> Wenn Ihr Systemadministrator die Microsoft Dynamics CRM-Einstellungen für die Duplikaterkennung aktiviert hat, legt der Assistent zum Hinzufügen neuer Kontakte beim Importieren möglicherweise keine Firmen- und Kontaktdatensätze an. Fragen Sie Ihren Administrator, ob dies für Ihr System zutrifft.

Möglicherweise enthält Microsoft Dynamics CRM bereits Firmendatensätze, die zu den importierten Kontakten passen. Wenn Sie den Assistenten zum Hinzufügen neuer Kontakte mit den Standardeinstellungen ausführen, importiert er die Kontakte und legt sie an, verlinkt sie aber nicht automatisch mit den vorhandenen Firmen, sondern Sie können sich dafür entscheiden, die importierten Kontakte manuell vorhandenen Microsoft Dynamics CRM-Firmen zuzuordnen.

8. Dazu klicken Sie auf den Link **Erweitert**. Zwei neue Spalten erscheinen. Klicken Sie in der Spalte **Firma festlegen** auf das Feld, um ein neues Menü einzublenden.

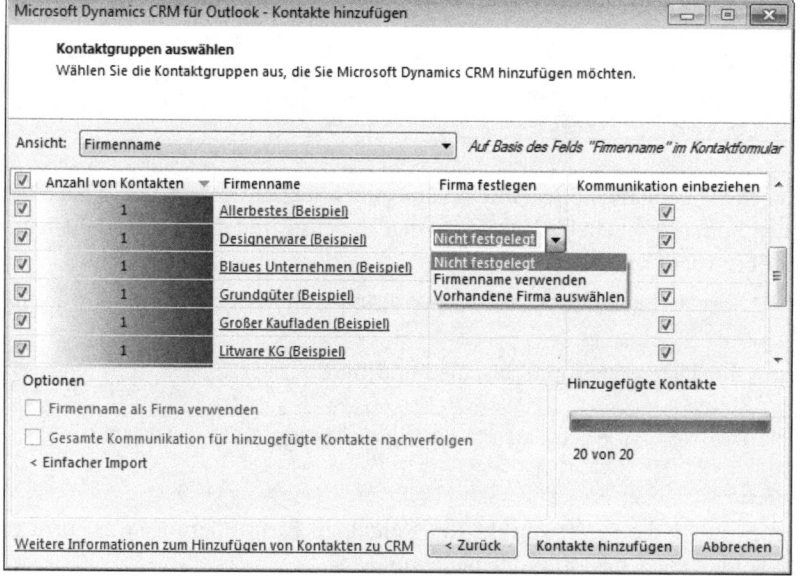

9. In diesem Menü klicken Sie auf **Vorhandene Firma auswählen**.

Das Dialogfeld zum Suchen von Firmendatensätzen wird eingeblendet. Wählen Sie die Firma aus, mit der Sie den Kontakt manuell verlinken wollen.

Aufgaben und Termine erstellen und verfolgen

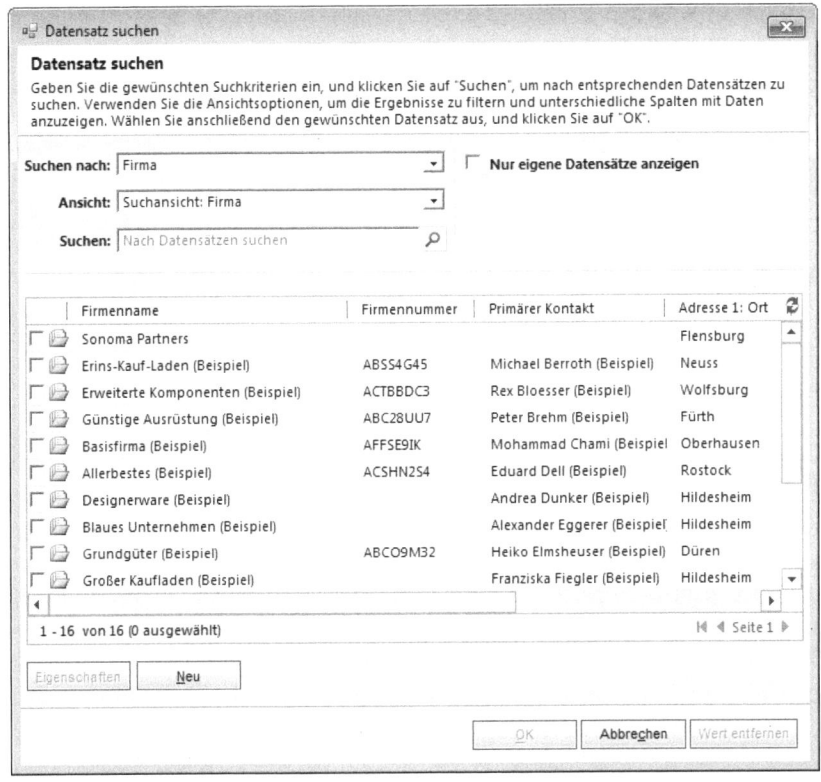

10. Entscheiden Sie sich bei dieser Übung für eine beliebige Firma und kehren Sie mit **OK** zum Assistenten zurück.

11. Klicken Sie auf **Kontakte hinzufügen**.

Der Assistent zum Hinzufügen von Kontakten durchläuft den Vorgang und zeigt ein abschließendes Bestätigungsfenster, das eine Auflistung aller Fehler enthält, die während des Importierens aufgetreten sind.

TIPP Sie können den Assistenten zum Hinzufügen von Kontakten so oft ausführen, wie es erforderlich ist, um später neue Kontakte aufzunehmen.

Aufgaben und Termine erstellen und verfolgen

Microsoft Dynamics CRM für Outlook kann nicht nur Kontakte, sondern auch Aufgaben und Termine zwischen Microsoft Dynamics CRM und Outlook synchronisieren. Der Vorgang läuft nach denselben Regeln ab wie bei Kontakten. Sie können Aufgaben- und Termindatensätze mit den Outlook-Standardwerkzeugen in Outlook anlegen und mit einem Klick auf **Nachverfolgen** eine Kopie in Microsoft Dynamics CRM speichern. Wie Sie in den vorhergehenden Kapiteln gelernt haben, können Sie für Aktivitäten wie Aufgaben und Termine auch einen Wert für **Bezug** angeben.

Wenn Sie Aufgaben oder Termine im Webclient erstellen, kann Microsoft Dynamics CRM für Outlook auch diese Datensätze vom Server in die Outlook-Datei übertragen.

WICHTIG Zahlreiche Synchronisierungseinstellungen für Microsoft Dynamics CRM für Outlook lassen sich ändern. Mit einem Klick auf **CRM** im Outlook-Menüband gelangen Sie auf die Seite für persönliche Einstellungen, wo Sie **Optionen** wählen. Die Synchronisierungseinstellungen finden Sie auf der Registerkarte **Synchronisierung**.

In Microsoft Dynamics CRM für Outlook E-Mails senden und verfolgen

Auch wenn Sie Microsoft Dynamics CRM-E-Mails mit dem Webclient verfassen und senden können, ziehen die meisten Benutzer dafür Outlook vor. Kopien der Outlook-Nachrichten lassen sich in Microsoft Dynamics CRM speichern, sodass Sie später bei Ihrer Rückkehr einen vollständigen Verlauf der Kommunikation sehen. Weitgehend wie Kontakte, Aufgaben und Termine können Sie auch E-Mails wie gewohnt in Outlook schreiben und eine Kopie der Nachrichten in Microsoft Dynamics CRM speichern, indem Sie auf **Nachverfolgen** klicken. Bei der Verarbeitung einer E-Mail geht Microsoft Dynamics CRM für Outlook die Liste der Nachrichtenteilnehmer durch und sucht automatisch entsprechende E-Mail-Datensätze in Microsoft Dynamics CRM. Findet die Software passende E-Mail-Adressen, hängt sie die E-Mail als abgeschlossene E-Mail-Aktivität an die jeweiligen Datensätze an. Bei diesem Vorgang werden diejenigen Microsoft Dynamics CRM-Datensatztypen durchsucht, die E-Mail-Adressen enthalten, also Kontakte, Firmen, Leads, Warteschlangen und Benutzer.

Außerdem können Sie mit Microsoft Dynamics CRM den Datensatz angeben, auf den sich die E-Mail bezieht. Möglicherweise senden Sie mehrere E-Mails an denselben Kunden, von denen eine eine Bestellung betrifft, eine andere jedoch ein Kundendienstproblem. Indem Sie das Feld **Bezug** der Meldungen ausfüllen (bei der einen eine Bestellung, bei der anderen ein Kundendienstproblem), können Sie den Kommunikationsverlauf auf die passenden Datensätze verteilen. Damit sparen Sie Zeit, wenn Sie den Aktivitätsverlauf der einzelnen Datensätze anzeigen. Microsoft Dynamics CRM für Outlook speichert eine Liste Ihrer kürzlich verwendeten Bezugswerte, sodass Sie E-Mails mit Bezug auf aktuelle Themen schnell verfolgen können.

Microsoft Dynamics CRM für Outlook gibt Ihnen nicht nur die Möglichkeit, von Outlook gesendete E-Mails zu verfolgen, sondern auch solche, die bei Ihnen eingehen. Um Nachrichten dieser Art zu verfolgen, können Sie sie entweder öffnen und auf die Schaltfläche **Nachverfolgen** klicken oder sie in Ihrem Posteingang auswählen und dann auf die Schaltfläche **Nachverfolgen** in der Gruppe **CRM** im Band klicken. Den Bezugswert der Nachricht setzen Sie mithilfe der Schaltfläche **Bezug festlegen** im Menüband.

TIPP Sie brauchen E-Mails nicht einzeln zu verfolgen, sondern können auch mehrere auswählen und dann auf **Nachverfolgen** klicken. Abhängig davon, welches E-Mail-System Sie verwenden und wie Ihre Microsoft Dynamics CRM-Verfolgung eingerichtet ist, kann Microsoft Dynamics CRM sämtliche E-Mails eines Betreffs-Threads verfolgen, sodass Sie dies nicht für jede Nachricht einzeln tun müssen. Fragen Sie Ihren Systemadministrator nach der genauen Systemkonfiguration.

In Microsoft Dynamics CRM für Outlook E-Mails senden und verfolgen

> **Weitere Informationen**
> Weitere Informationen über die Verfolgung von E-Mails und anderen Aktivitäten in Microsoft Dynamics CRM finden Sie in Kapitel 4, »*Mit Aktivitäten und Notizen arbeiten*«.

Wenn Sie E-Mails verfassen, nachdem der Microsoft Dynamics CRM für Outlook-Client installiert ist, haben Sie außerdem folgende Möglichkeiten:

- Einfügen einer CRM-E-Mail-Vorlage
- Einfügen eines Artikels aus der CRM-Wissensdatenbank
- Anfügen der in CRM gespeicherten Vertriebsdokumentation

Mit diesen Funktionen können Sie Zeit und Klicks sparen, weil Sie schnell auf Vorlagen, Artikel und Anlagen zugreifen können, die in Microsoft Dynamics CRM abgelegt sind.

Außerdem bietet Microsoft Dynamics CRM für Outlook Ihnen Zugriff auf ein Outlook-Adressbuch, das Ihre Microsoft Dynamics CRM-Datensätze enthält. Mithilfe des Microsoft Dynamics CRM-Adressbuchs erreichen Sie die E-Mail-Adressen Ihrer Microsoft Dynamics CRM-Datensätze ohne großen Aufwand direkt in Outlook, ohne sie im Webclient nachschlagen zu müssen. Außerdem kann das Microsoft Dynamics CRM-Adressbuch Informationen über Datensätze aufnehmen, die nicht zu Kontakten gehören und sich daher nicht mit Outlook synchronisieren lassen.

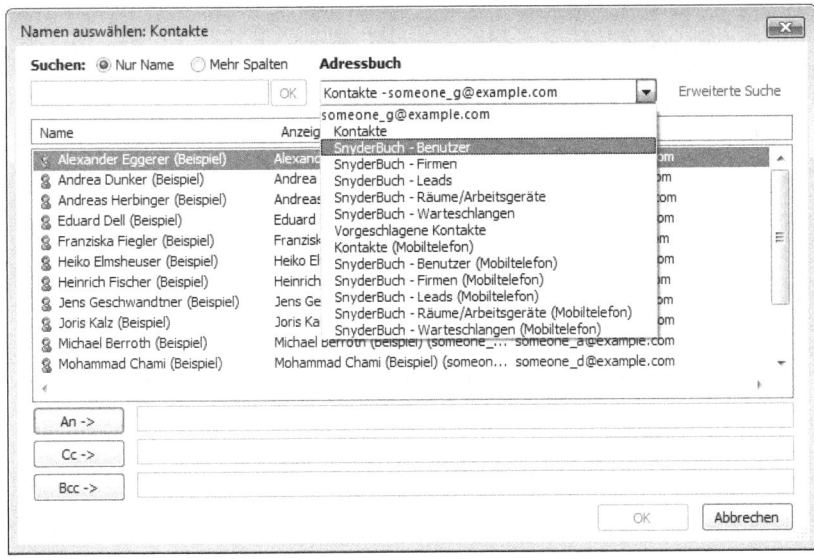

> **TIPP** In den Optionen von Microsoft Dynamics CRM für Outlook können Sie weitere Einstellungen für das Microsoft Dynamics CRM-Adressbuch vornehmen.

In der folgenden Übung verfassen Sie eine E-Mail in Outlook, fügen eine E-Mail-Vorlage ein und verfolgen die Nachricht in Microsoft Dynamics CRM.

VORBEREITUNG Öffnen Sie Outlook, nachdem Microsoft Dynamics CRM für Outlook installiert wurde, bevor Sie mit dieser Übung beginnen. Sie brauchen den Firmendatensatz *Sonoma Partners*, den Sie in Kapitel 3 angelegt haben. Wenn Sie diesen in Ihrem System nicht finden, wählen Sie für diese Übung einen anderen Firmendatensatz.

1. Klicken Sie auf die Schaltfläche **Start** im Menüband und dann auf **Neue E-Mail-Nachricht**. Sie sehen eine leere E-Mail.

2. Geben Sie im Feld **An** eine E-Mail-Adresse ein, die in Ihrer Microsoft Dynamics CRM-Datenbank noch nicht vorkommt. (Um die Schritte 13 und 14 dieser Übung durchzuführen, brauchen Sie eine neue E-Mail-Adresse.)

3. Geben Sie als **Betreff** den Text *Testnachricht* ein.

4. Klicken Sie im Menüband auf die Schaltfläche **Nachverfolgen**, um den CRM-Verfolgungsbereich einzublenden.

5. Klicken Sie auf **Bezug festlegen** und wählen Sie **Mehr**.
   Ein Microsoft Dynamics CRM-Suchfenster öffnet sich.

6. Klicken Sie im Suchfenster auf die Liste **Suchen nach**, um die Entitäten anzuzeigen, mit denen Sie die E-Mail verlinken können. Wählen Sie **Firma** aus.

7. Geben Sie im Suchfeld *Sonoma Partners* ein und drücken Sie die Eingabetaste, um die Firma in Microsoft Dynamics CRM zu suchen. Wählen Sie in den Ergebnissen die passende Firma aus und klicken Sie auf **OK**.
   Im CRM-Verfolgungsbereich können Sie sehen, dass Microsoft Dynamics CRM den Bezugswert auf **Sonoma Partners** gesetzt hat.

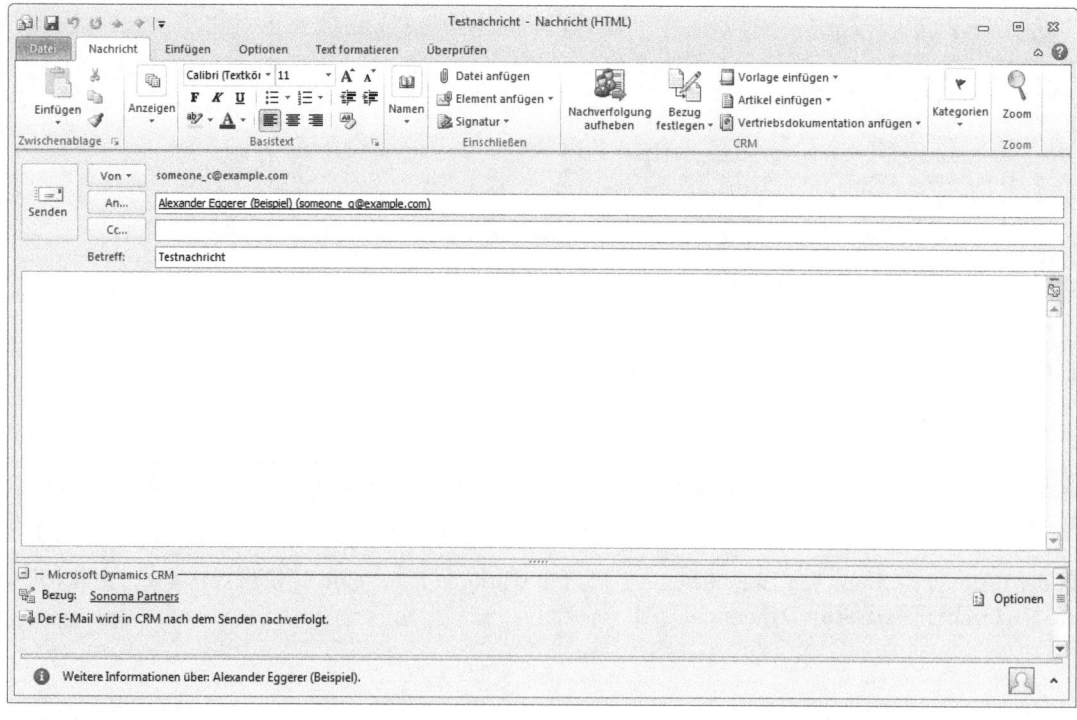

In Microsoft Dynamics CRM für Outlook E-Mails senden und verfolgen

8. Klicken Sie im Band der E-Mail auf die Schaltfläche **Vorlage einfügen** und dann auf **Weitere E-Mail-Vorlagen**.

> **WICHTIG** Weist Ihre E-Mail unterschiedliche Datensatztypen auf, zum Beispiel Firmen, Kontakte und Leads, müssen Sie beim Einfügen einer Vorlage ein Vorlagenziel angeben, weil für die Datensatztypen verschiedene Vorlagen verfügbar sein können. Besteht nur zu einem Datensatztyp ein Bezug (wie in dieser Übung), wird das Dialogfeld **Vorlagenziel auswählen** übersprungen.

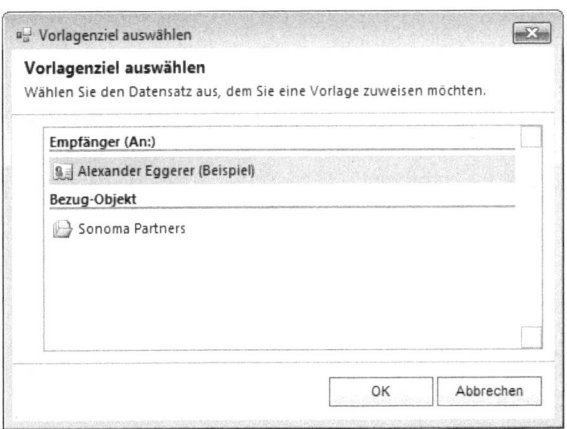

Microsoft Dynamics CRM startet das Dialogfeld **Vorlage einfügen**, das sowohl die globalen E-Mail-Vorlagen als auch die für den Datensatztyp des Empfängers anzeigt. Senden Sie zum Beispiel eine Nachricht an einen Kontakt, sehen Sie Kontaktvorlagen. Geht die Nachricht an einen Lead, sehen Sie Vorlagen für Leads. Da sich diese E-Mail auf den Firmendatensatz **Sonoma Partners** bezieht, sehen Sie außer den globalen Vorlagen solche für Firmen.

9. Klicken Sie für diese Übung auf **Bestätigung für Kündigung des Abonnements von Marketinginformationen**.

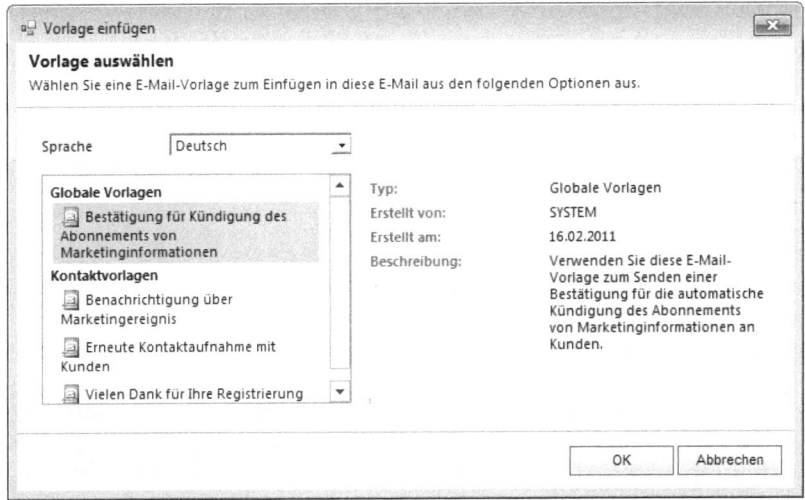

10. Klicken Sie auf **OK**. Microsoft Dynamics CRM fragt, ob Sie den bestehenden E-Mail-Betreff mit dem der Vorlage überschreiben wollen. Wenn Sie auf **OK** klicken, ersetzt Microsoft Dynamics CRM Ihren Betreff durch den der Vorlage. Klicken Sie in diesem Fall aber auf **Abbrechen**, sodass Microsoft Dynamics CRM die ausgewählte Vorlage nur in den Textteil Ihrer E-Mail einfügt.
11. Klicken Sie auf **Senden**.
12. Klicken Sie auf den Link **Gesendet** in der Ordnerliste, um eine Liste Ihrer gesendeten Nachrichten anzuzeigen. Doppelklicken Sie auf die gerade gesendete Testnachricht.

    Vorausgesetzt, Sie haben eine E-Mail-Adresse eingegeben, die in Ihrer Datenbank noch nicht vorkommt, sehen Sie im CRM-Verfolgungsbereich, dass die Musteradresse rot eingefärbt ist, was besagt, dass Microsoft Dynamics CRM in Ihrem System keine identische Adresse gefunden hat.
13. Um diese E-Mail manuell in einen Kontaktdatensatz umzuwandeln, klicken Sie auf die rote Adresse. Im eingeblendeten Menü können Sie wählen, ob der Datensatz als Kontakt oder Lead erstellt werden soll. Klicken Sie für diese Übung auf die Option **Als Kontakt erstellen**.

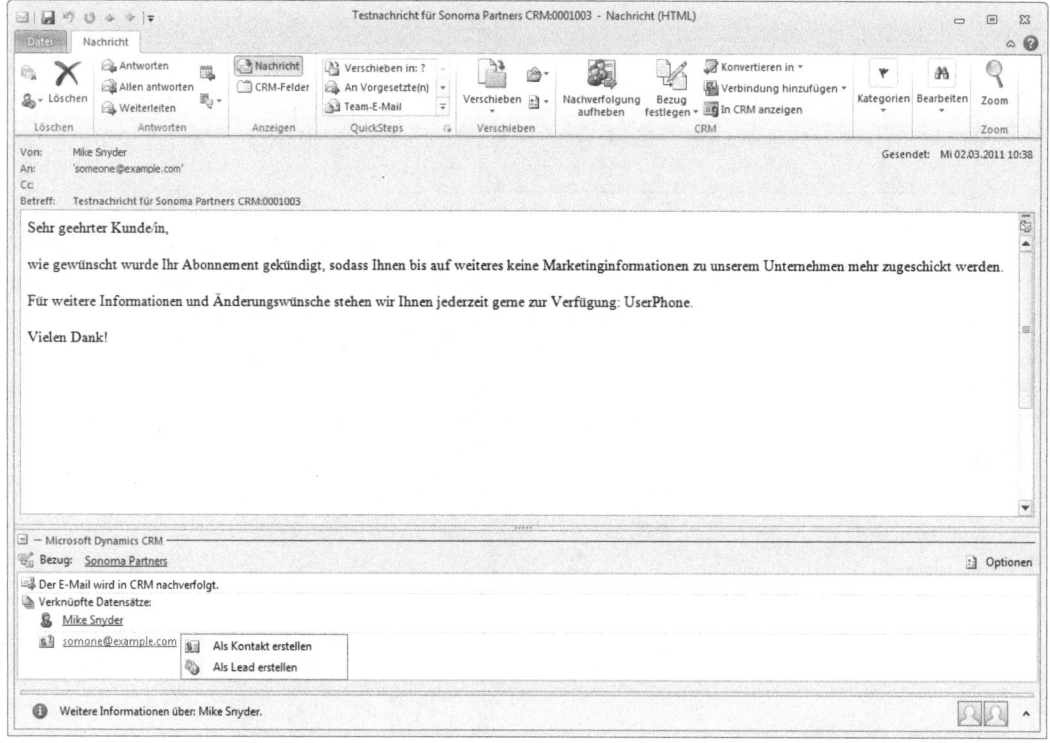

14. Ein leeres Kontaktformular erscheint. Geben Sie als Vornamen *Mike* und als Nachnamen *Snyder* ein. Klicken Sie im Band auf **Speichern und schließen**. Wenn Sie nun den Verlauf des Kontakts *Mike Snyder* oder der Firma *Sonoma Partners* betrachten, sehen Sie eine Kopie dieser E-Mail.

> **TIPP** In dieser Übung wurde gezeigt, wie Sie einen Kontakt aus einer gesendeten E-Mail erstellen. Sie können Microsoft Dynamics CRM für Outlook so einrichten, dass aus E-Mails, die Sie von anderen bekommen, automatisch Datensätze erstellt werden (Kontakte oder Leads), wenn Sie auf **Nachverfolgen** klicken. Diese Einstellung erreichen Sie über den Link **Optionen** im CRM-Verfolgungsbereich.

In Microsoft Dynamics CRM für Outlook Datensätze löschen

Nachdem Microsoft Dynamics CRM für Outlook den anfänglichen Vorgang der Synchronisierung mit Ihrer Outlook-Datei abgeschlossen hat, gelten besondere Regeln für den Umgang der Synchronisierung mit gelöschten Datensätzen. Das Löschen eines Kontaktdatensatzes in Outlook wirkt sich zum Beispiel nicht auf den Knotaktdatensatz in Microsoft Dynamics CRM aus. Umgekehrt entfernt das Löschen eines Kontakts in Microsoft Dynamics CRM den synchronisierten Kontakt jedoch für alle Outlook-Benutzer außer demjenigen, dem der Kontakt in Microsoft Dynamics CRM gehört, aus Outlook.

Was gelöschte Datensätze betrifft, hält sich Microsoft Dynamics CRM für Outlook an eine Reihe von Regeln und Bedingungen, um festzulegen, wie der Synchronisierungsvorgang Outlook und Microsoft Dynamics CRM aktualisiert. Microsoft Dynamics CRM für Outlook verarbeitet gelöschte Datensätze so, wie es in der folgenden Tabelle skizziert wird.

Datensatztyp	Aktion	Datensatzzustand	Ergebnis
Kontakt	In Microsoft Dynamics CRM löschen	Beliebig	Aus Outlook gelöscht für alle Benutzer außer Kontaktbesitzer. Verbleibt in Outlook-Datei des Kontaktbesitzers.
Kontakt	In Outlook löschen	Beliebig	Keine Änderung in Microsoft Dynamics CRM
Aufgabe	In Microsoft Dynamics CRM löschen	Schwebend (in Outlook nicht abgeschlossen)	Aus Outlook gelöscht
Aufgabe	In Microsoft Dynamics CRM löschen	Vorbei (in Outlook abgeschlossen)	Verbleibt in Outlook
Aufgabe	In Outlook löschen	Schwebend (in Microsoft Dynamics CRM offen)	Aus Microsoft Dynamics CRM gelöscht
Aufgabe	In Outlook löschen	Vorbei (in Microsoft Dynamics CRM abgeschlossen oder storniert)	Keine Änderung in Microsoft Dynamics CRM
Termin	In Microsoft Dynamics CRM löschen	Schwebend (in Microsoft Dynamics CRM offen)	Aus Outlook gelöscht, wenn Startzeit des Termins in der Zukunft liegt
Termin	In Microsoft Dynamics CRM löschen	Vorbei (in Microsoft Dynamics CRM abgeschlossen oder storniert)	Verbleibt in Outlook
Termin	In Outlook löschen	Schwebend (in Microsoft Dynamics CRM offen)	Aus Microsoft Dynamics CRM gelöscht, bei Löschung durch Besitzer oder Organisator. Nicht aus Microsoft Dynamics CRM gelöscht bei Löschung in Outlook durch anderen Benutzer.
Termin	In Outlook löschen	Vorbei (in Microsoft Dynamics CRM abgeschlossen oder storniert)	Keine Änderung in Microsoft Dynamics CRM

Wenn Sie einen Kontakt in Outlook löschen (wodurch er nicht in Microsoft Dynamics CRM gelöscht wird) und anschließend jemand den betreffenden Kontaktdatensatz in Microsoft Dynamics CRM ändert, legt Microsoft Dynamics CRM für Outlook den Kontakt in Ihrer Outlook-Datei erneut an, obwohl Sie ihn zuvor gelöscht hatten.

Die Deaktivierung von Kontakten in einer zugehörigen Notiz in Microsoft Dynamics CRM entfernt diese nicht aus Outlook. Sie müssen die deaktivierten Kontakte manuell aus Microsoft Dynamics CRM löschen, wenn sie nicht mehr in Ihrer Outlook-Datei erscheinen sollen.

In der folgenden Übung löschen Sie zwei Datensätze, um zu erleben, wie der Synchronisierungsvorgang mit den betreffenden Situationen umgeht.

VORBEREITUNG Öffnen Sie Outlook, nachdem Microsoft Dynamics CRM für Outlook installiert wurde, bevor Sie mit dieser Übung beginnen. Überzeugen Sie sich, dass Sie berechtigt sind, in Microsoft Dynamics CRM Kontaktdatensätze zu löschen. Wenn Sie nicht sicher sind, fragen Sie Ihren Systemadministrator. Sie brauchen den Firmendatensatz *Sonoma Partners*, den Sie in Kapitel 3 angelegt haben, sowie die Kontaktdatensätze *Chris Perry* und *Jose Curry*, die Sie weiter vorn in diesem Kapitel erstellt haben. Wenn Sie diese in Ihrem System nicht finden, wählen Sie für diese Übung andere Datensätze.

1. Klicken Sie in der Outlook-Navigationsleiste auf **Kontakte**.
2. Geben Sie im Suchfeld *Chris Perry* ein, um den Kontaktdatensatz zu suchen.
3. Wählen Sie den Datensatz *Chris Perry* aus und klicken Sie im Menüband auf **Löschen**.   ✗ Löschen
4. Öffnen Sie Microsoft Dynamics CRM in Internet Explorer, suchen Sie in der Firmenliste die Firma **Sonoma Partners** und öffnen Sie sie mit einem Doppelklick.
5. Klicken Sie im Entitätsnavigationsbereich auf **Kontakte**.

    Eine Liste der mit der Firma verknüpften Kontakte wird eingeblendet. Beachten Sie, dass Microsoft Dynamics CRM für Outlook den Datensatz *Chris Perry* nicht vom Server gelöscht hat, obwohl Sie den Kontakt aus Outlook entfernt haben.

6. Klicken Sie auf den Datensatz *Jose Curry* und dann im Menüband auf **Löschen**. Bestätigen Sie die Löschung im Dialogfeld **Löschen bestätigen** und klicken Sie im zweiten Bestätigungsdialog auf **OK**.
7. Schließen Sie Internet Explorer.
8. Öffnen Sie Outlook. Klicken Sie im Band auf die Registerkarte **Datei** und dann auf **CRM**. Klicken Sie auf die Schaltfläche **Synchronisieren** und wählen Sie im Untermenü **Synchronisieren**. Microsoft Dynamics CRM führt die Synchronisierung durch.
9. Geben Sie im Kontaktsuchfeld *Jose Curry* ein. Outlook zeigt den passenden Kontaktdatensatz an. Öffnen Sie ihn mit einem Doppelklick.

    Beachten Sie, dass Microsoft Dynamics CRM für Outlook den Kontakt nicht aus Ihrer Outlook-Datei gelöscht hat, weil Sie als Besitzer des Datensatzes verzeichnet sind. Er wird jedoch in Microsoft Dynamics CRM nicht mehr verfolgt. Wenn Sie einen Kontaktdatensatz löschen, dessen Besitzer ein anderer Benutzer ist, entfernt Microsoft Dynamics CRM für Outlook diesen dagegen aus Ihrer Outlook-Datei.

Mit Microsoft Dynamics CRM für Outlook offline gehen

Wenn Sie Microsoft Dynamics CRM für Outlook mit Offlinezugriff installieren, können Sie ohne Verbindung zum Server mit Microsoft Dynamics CRM-Daten arbeiten. Das ist sinnvoll, wenn Sie zu Besprechungen mit Kunden fahren müssen, weil Sie Ihre Notizen heranziehen, neue Notizen aufnehmen, Berichte ausführen und anderes unternehmen können, ohne eine Internetverbindung zu benötigen. Die Trennung vom Microsoft Dynamics CRM-Server wird als »offline gehen« bezeichnet. Wenn Sie offline gehen, kopiert

Mit Microsoft Dynamics CRM für Outlook offline gehen 121

Microsoft Dynamics CRM für Outlook einen Teil der Microsoft Dynamics CRM-Datenbank auf Ihren Computer. Während Sie offline sind, können Sie fast alle Microsoft Dynamics CRM-Funktionen genauso nutzen wie online. Sobald Sie wieder Verbindung zum Microsoft Dynamics CRM-Server aufnehmen können, gehen Sie online, um Ihre Offlinedatenbank mit der Microsoft Dynamics CRM-Hauptdatenbank zu synchronisieren. Microsoft Dynamics CRM für Outlook ermittelt automatisch, welche Datensätze in die Microsoft Dynamics CRM-Datenbank geladen und welche mit Ihrer lokalen Datenbank synchronisiert werden müssen.

Da einige Microsoft Dynamics CRM-Datenbanken recht groß werden können, werden beim Offlinegehen nicht alle Daten auf Ihren Rechner kopiert, sondern Microsoft Dynamics CRM für Outlook ermittelt mithilfe von Filtern für die Offlinesynchronisierung, welche Teile der Datenbank in die Offlinedatenbank übernommen werden. Die Filter sorgen für höhere Leistung und geringere Synchronisierungsdauer als bei Verwendung der gesamten Microsoft Dynamics CRM-Datenbank. Im nächsten Abschnitt werden die Offlinesynchronisierungsfilter ausführlicher erörtert.

TIPP Sie können Microsoft Dynamics CRM für Outlook mit Offlinezugriff so einrichten, dass Ihre lokalen Daten alle 15 Minuten im Hintergrund aktualisiert werden. Wenn diese Option gesetzt ist, können Sie nicht nur auf relativ aktuelle Offlinedaten zugreifen, falls Sie vergessen, explizit offline zu gehen, sondern in Zukunft auch schneller offline gehen.

In der folgenden Übung gehen Sie offline, öffnen ohne Verbindung zum Microsoft Dynamics CRM-Server einen Datensatz und gehen dann wieder online.

VORBEREITUNG Öffnen Sie Outlook, nachdem Microsoft Dynamics CRM für Outlook mit Offlinezugriff installiert wurde, bevor Sie mit dieser Übung beginnen. Um diese Übung durchzuführen, brauchen Sie die Version von Microsoft Dynamics CRM für Outlook, mit der Sie offline gehen können. Kontaktieren Sie Ihren Systemadministrator, wenn eine andere Microsoft Dynamics CRM für Outlook-Version installiert werden muss.

1. Klicken Sie im Outlook-Band auf die Registerkarte **CRM** und dann auf die Schaltfläche **Offline gehen**.
Sie sehen eine Fortschrittsanzeige, die den Status der Synchronisierung zeigt.

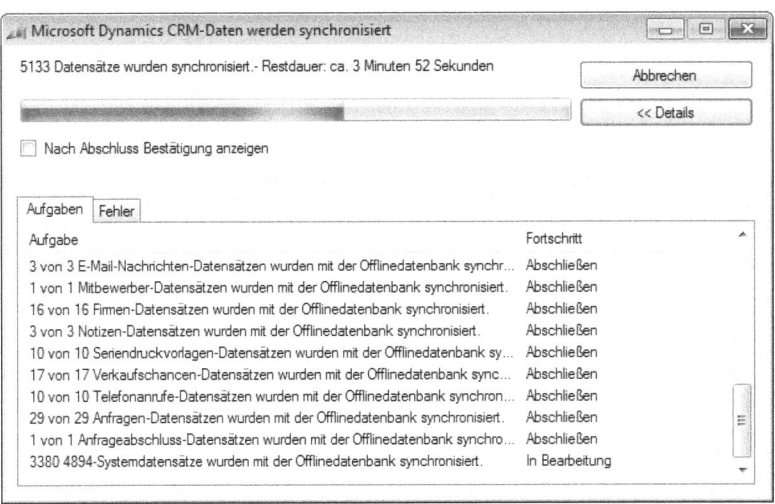

Nach Abschluss des Vorgangs ändert sich die Schaltfläche **Offline gehen** in **Online gehen**, was besagt, dass Sie jetzt nicht mehr mit Daten vom Microsoft Dynamics CRM-Server, sondern mit Daten aus der lokalen Datenbank arbeiten.

2. Klicken Sie in der Outlook-Navigationsleiste auf die Schaltfläche mit dem Namen Ihrer CRM-Organisation, erweitern Sie den Ordner **Vertrieb** und klicken Sie auf **Firmen**.

   Sie sehen wie während der Verbindung mit dem Microsoft Dynamics CRM-Server eine Liste mit Firmen. Abhängig von Ihren Offlinesynchronisierungsfiltern erscheint möglicherweise nur ein Teil der Microsoft Dynamics CRM-Firmen.

3. Um zu bestätigen, dass Sie offline arbeiten, öffnen Sie einen Firmendatensatz mit einem Doppelklick. Sobald er in Internet Explorer offen ist, drücken Sie die Taste F11 auf der Tastatur.

   Die Internet Explorer-Adressleiste erscheint. Wenn Sie die Webadresse des Datensatzes betrachten, stellen Sie fest, dass es sich nicht um die übliche Adresse handelt, mit der Sie auf Microsoft Dynamics CRM zugreifen, sondern dass sie mit *http://localhost:2525* beginnt. Diese Adresse verweist auf die Offlineadresse von Microsoft Dynamics CRM, sodass Sie wissen, dass Sie offline arbeiten.

4. Stellen Sie mit einem Klick auf die Schaltfläche **Online gehen** wieder eine Verbindung zum Microsoft Dynamics CRM-Server her.

Online gehen

Synchronisierungsfilter einrichten

Wie Sie im vorhergehenden Abschnitt erfahren haben, legen Offlinesynchronisierungsfilter fest, welche Daten Microsoft Dynamics CRM für Outlook mit Offlinezugriff vom Server in Ihre Offlinedatenbank kopiert. Während der Installation legt Microsoft Dynamics CRM über 35 verschiedene Offlinesynchronisierungsfilter für die Datensätze in Ihrem System an. Wenn Sie vorhaben, häufig offline zu arbeiten, sollten Sie die Standardfilter sorgfältig prüfen, um zu gewährleisten, dass Sie offline auf die Informationen zugreifen können, die Sie benötigen.

Synchronisierungsfilter einrichten

An den standardmäßigen lokalen Datengruppen werden oft folgende Änderungen vorgenommen:

- Einbeziehung aller Berichte, weil die lokale Standarddatengruppe nur die Berichte in die Offlinedatenbank aufnimmt, deren Besitzer Sie sind
- Einbeziehung benutzerdefinierter Entitäten, weil die standardmäßige lokale Datengruppe sie nicht enthält

WICHTIG Die Einstellungen für die Offlinesynchronisierungsfilter lassen sich nur ändern, wenn Sie online sind.

Verwendet Ihr Computer die reine Onlineversion von Microsoft Dynamics CRM für Outlook, enthält das System trotzdem Synchronisierungsfilter, die aber für einen anderen Zweck genutzt werden. Reine Onlinebenutzer von Microsoft Dynamics CRM für Outlook richten Outlook-Synchronisierungsfilter ein, um festzulegen, welche Datensatztypen die Software vom Server in Ihre Outlook-Datei kopieren soll. Standardmäßig enthält Microsoft Dynamics CRM für Outlook Synchronisierungsfilter, die Kontakte, Anrufe, Aufgaben und andere Datensätze, die Sie besitzen, vom CRM-Server in Ihre Outlook-Datei kopieren.

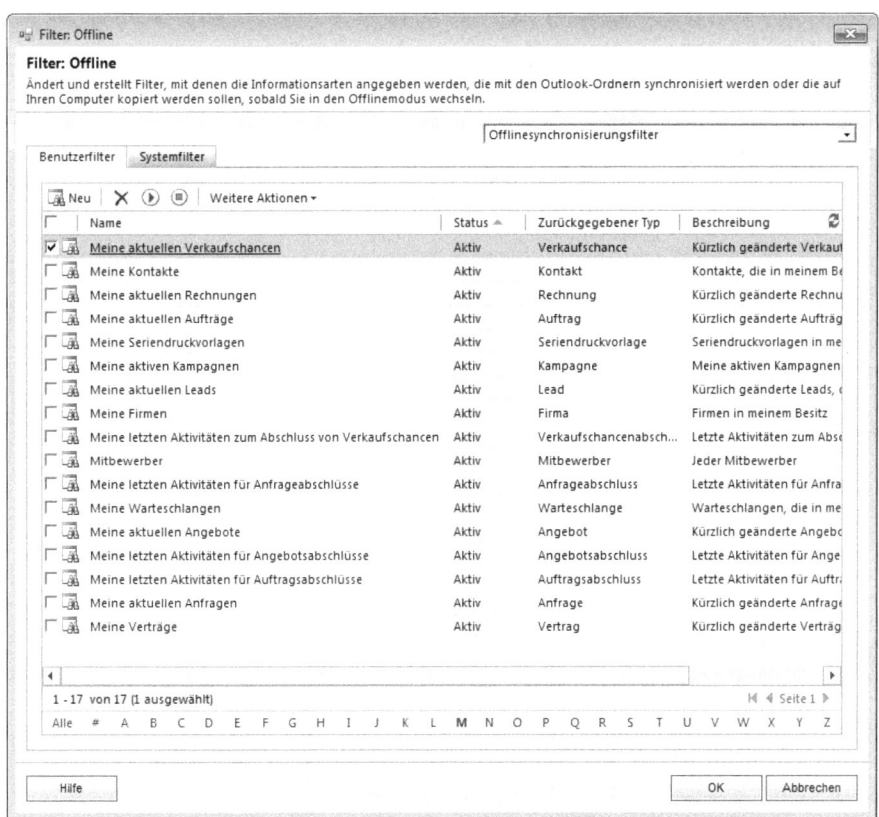

Sie können Synchronisierungsfilter löschen, deaktivieren, ändern oder ganz neue Datengruppen hinzufügen, wenn Sie wollen. Manche Benutzer legen die Filter gern so an, dass Microsoft Dynamics CRM sämtliche Kontakte für die Firmen und Verkaufschancen kopiert, die sie besitzen.

In der folgenden Übung ändern Sie die Offlinesynchronisierungsfilter für Microsoft Dynamics CRM für Outlook mit Offlinezugriff so, dass sie Kontakte, die in den letzten 30 Tagen geändert wurden, in die Offlinedatenbank übernehmen.

WICHTIG Wenn Sie offline Berichte erstellen, enthalten diese nur Daten aus der Offlinedatenbank, die üblicherweise nur einen Teil der gesamten Datenbank umfasst. Müssen Sie über die gesamte Datenbank berichten, sollten Sie daran denken, vorher online zu gehen.

VORBEREITUNG Öffnen Sie Outlook, nachdem Microsoft Dynamics CRM für Outlook mit Offlinezugriff installiert wurde, bevor Sie mit dieser Übung beginnen.

1. Klicken Sie im Outlook-Menüband auf die Registerkarte **Datei** und dann auf **CRM**.
2. Klicken Sie auf die Schaltfläche **Synchronisieren** und dann auf die Option **Outlook-Filter** im Untermenü. Das Dialogfeld **Outlook-Filter** öffnet sich.
3. Wählen Sie in der Auswahlliste den Eintrag **Offlinesynchronisierungsfilter**.
4. Klicken Sie in der Symbolleiste des Rasters auf **Neu**, sodass das Dialogfeld **Neuer Filter** erscheint.
5. Wählen Sie in der Liste **Suchen nach**.
6. Klicken Sie auf den Link **Auswählen** und wählen Sie **Geändert von**.
7. Klicken Sie noch einmal auf **Auswählen**, dann auf **Geändert am** und auf **Am**. Wählen Sie in nun eingeblendeten neuen Liste die Option **Letzte X Tage**.
8. Geben Sie im Textfeld, das Sie jetzt sehen, *30* ein.

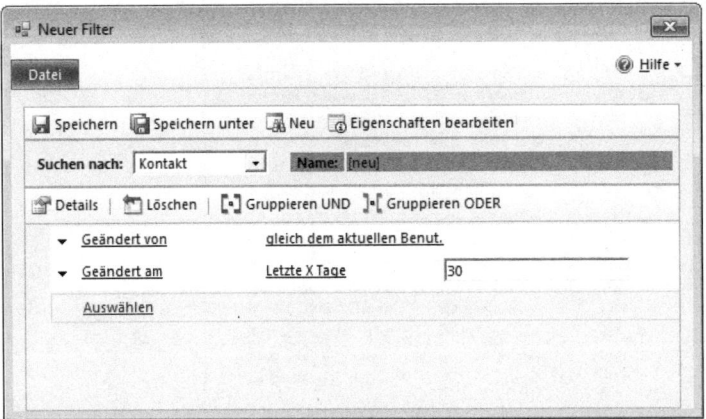

9. Klicken Sie auf die Schaltfläche **Speichern** in der Symbolleiste. Ein Dialogfeld öffnet sich, das Sie auffordert, dem Filter einen Namen zu geben. Geben Sie den Text *Kontakte, die vom aktuellen Benutzer in den letzten 30 Tagen geändert wurden* ein und klicken Sie auf **OK**.
10. Schließen Sie das Dialogfeld mit einem Klick auf das Schließfeld in der rechten oberen Ecke.
11. Klicken Sie auf **OK**, um das Fenster **Outlook-Filter** zu schließen.

12. Klicken Sie im Band auf die Schaltfläche **Offline gehen**. Microsoft Dynamics CRM führt die Offlinesynchronisierung mit dem neuen Filter durch. Wenn Sie in den letzten 30 Tagen Kontakte geändert haben, deren Besitzer Sie nicht sind, sehen Sie in der Fortschrittsanzeige, dass diese heruntergeladen werden.

ABSCHLUSS   Gehen Sie nach Abschluss dieser Übung wieder online.

Zusammenfassung

- Microsoft Dynamics CRM für Outlook integriert Outlook und Microsoft Dynamics CRM.

- Microsoft Dynamics CRM für Outlook steht in zwei Versionen zur Verfügung: einer für reine Onlinenutzung und einer mit Offlinezugriff, sodass Sie ohne Verbindung zum Server arbeiten können.

- Microsoft Dynamics CRM für Outlook synchronisiert verfolgte Kontakte, Aufgaben und Termine bidirektional zwischen Outlook und dem Microsoft Dynamics CRM-Server.

- Mit dem Assistenten zum Hinzufügen von Kontakten können Sie Kontakte, die in Outlook vorliegen, in Microsoft Dynamics CRM importieren. Außerdem bietet der Assistent die Möglichkeit, während des Vorgangs automatisch neue Firmen und Aktivitäten anzulegen. Importierte Kontakte lassen sich darüber hinaus mithilfe der Option **Erweitert** mit bestehenden Microsoft Dynamics CRM-Firmen verlinken.

- Um in Outlook Kontakte, Aufgaben und Termine zu erstellen, die in der Microsoft Dynamics CRM-Datenbank erscheinen, klicken Sie einfach auf die Schaltfläche **Nachverfolgen** im Menüband.

- Mit einem Klick auf die Schaltfläche **Nachverfolgen** können Sie E-Mails in Outlook verfassen und beantworten und diese Kommunikation in den passenden Microsoft Dynamics CRM-Datensätzen verfolgen.

- Beim Löschen synchronisierter Datensätze gelten eindeutige Verarbeitungsregeln, die sich nach Besitzer, Status und anderen Variablen richten.

- Microsoft Dynamics CRM für Outlook mit Offlinezugriff ermöglicht den Benutzern, Daten in eine lokale Datenbank zu kopieren und offline zu arbeiten.

- Synchronisierungsfilter definieren, welche Datensätze in Ihre Outlook-Datei übertragen werden. Sie können alle Datensatztypen, auf die Sie offline zugreifen wollen, für den Offlinemodus einrichten. Bei reiner Onlinenutzung legen die Outlook-Synchronisierungsfilter fest, welche Datensätze in Ihre Outlook-Datei synchronisiert werden.

- Sie können neue Synchronisierungsfilter entsprechend Ihren Bedürfnissen anlegen oder bestehende ändern.

Teil 2
Vertrieb und Marketing

In diesem Teil:

Kapitel 6	Mit Leads und Verkaufschancen arbeiten	129
Kapitel 7	Marketinglisten verwenden	147
Kapitel 8	Kampagnen und Schnellkampagnen verwalten	167
Kapitel 9	Mit Kampagnenaktivitäten und Reaktionen arbeiten	183

Kapitel 6

Mit Leads und Verkaufschancen arbeiten

In diesem Kapitel:

Leads und Verkaufschancen	130
Einen Lead anlegen und Leadquellen verfolgen	132
Einen Lead qualifizieren	134
Einen Lead disqualifizieren	135
Eine Verkaufschance anlegen	137
Potenzielle Verkäufe mithilfe von Verkaufschancen abschätzen	139
Eine Verkaufschance schließen	142
Eine Verkaufschance erneut öffnen	144
Eine E-Mail-Aktivität in einen Lead konvertieren	145
Zusammenfassung	146

In diesem Kapitel lernen Sie:

- Den Unterschied zwischen Leads und Verkaufschancen
- Einen Lead anlegen und Leadquellen verfolgen
- Einen Lead qualifizieren
- Einen Lead disqualifizieren
- Eine Verkaufschance anlegen
- Verkaufschancen zur Abschätzung potenzieller Verkäufe verwenden
- Eine Verkaufschance schließen
- Eine Verkaufschance erneut öffnen
- Eine E-Mail-Aktivität in einen Lead konvertieren.

Inzwischen kennen Sie zahlreiche Grundzüge von Microsoft Dynamics CRM und wissen, wie Sie sich in der Software bewegen. Microsoft Dynamics CRM besteht aus drei Hauptmodulen: Vertrieb, Marketing und Service. In diesem Kapitel werfen wir einen genaueren Blick auf die Fähigkeiten der Software im Vertrieb. Wie Sie erwarten, erleichtert es das Vertriebsmodul von Microsoft Dynamics CRM Organisationen, ertragbringende Aktivitäten wie Handhabung von Leads, Abschätzen von Verkaufschancen und Angebote zu verfolgen und durchzuführen. In diesem Kapitel erfahren Sie, wie Sie in Microsoft Dynamics CRM mit Leads und Verkaufschancen arbeiten, sodass Sie die Vertriebsdaten Ihrer Organisation effizienter handhaben können.

Übungsdateien

Die Übungen in diesem Kapitel setzen nur Datensätze voraus, die in früheren Kapiteln angelegt wurden; in den Übungsdateien zum Buch sind keine vorhanden. Weitere Informationen über Übungsdateien finden Sie in »*Verwendung der Übungsdateien*« am Anfang des Buches.

WICHTIG Die in diesem Buch verwendeten Bilder geben die vorgegebenen Formular- und Feldnamen in Microsoft Dynamics CRM wieder. Da die Software umfangreiche Anpassungsmöglichkeiten bietet, ist es möglich, dass manche Datensatztypen oder Felder in Ihrer Microsoft Dynamics CRM-Umgebung anders beschriftet wurden. Wenn Sie die erwähnten Formulare, Felder oder Sicherheitsrollen nicht finden, sollten Sie den Systemadministrator um Hilfe bitten.

WICHTIG Um die Übungen in diesem Buch durchzuarbeiten, müssen Sie den Speicherort Ihrer Microsoft Dynamics CRM-Website kennen. Überprüfen Sie die Webadresse mithilfe des Systemadministrators, wenn Sie sie nicht wissen.

Leads und Verkaufschancen

Viele CRM-Softwaresysteme verwenden die Begriffe *Lead* und *Verkaufschance* für unterschiedliche Typen von Vertriebsdatensätzen, was neue Benutzer gelegentlich verwirren kann. Leads repräsentieren potenzielle Kunden, die von Ihren Vertriebsmitarbeitern qualifiziert oder disqualifiziert werden müssen. Je nach den Vertriebs- und Marketingvorgängen Ihrer Organisation können Leads aus zahlreichen unterschiedlichen Quellen stammen – darunter Websiteanforderungen, erworbene Listen, Verkaufsmessen oder eingehende Anrufe. Viele Organisationen versuchen, Leaddatensätze möglichst schnell zu qualifizieren oder zu disqualifizieren, um festzustellen, ob es sich um potenzielle Kunden handelt. Da Leaddatensätze nicht für längerfristigen Gebrauch gedacht sind, weisen sie eine flache Datenstruktur auf, in der die Daten über eine Person und ihre Firma im selben Datensatz abgelegt sind.

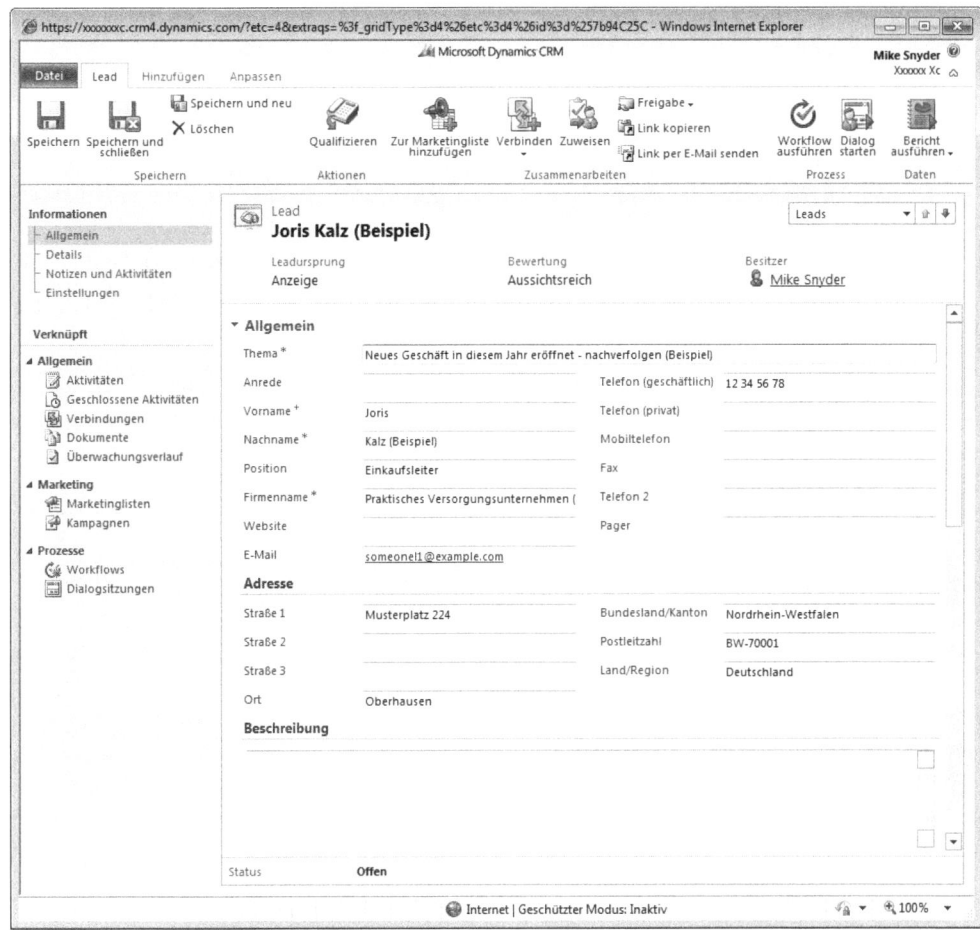

Jede Organisation definiert ihre eigenen Qualifizierungskriterien für Leads, in denen aber üblicherweise folgende Fragen zur Qualifizierung enthalten sind:

- Ist der Lead in einer Region angesiedelt, in der wir bereits verkaufen?
- Passt der Lead in das Finanzprofil unserer Kunden?
- Besteht bei dem Lead die Notwendigkeit oder der Wunsch nach unseren Produkten oder Dienstleistungen?

Wenn Sie feststellen, dass der Lead Ihren Vertriebskriterien entspricht, wandeln Sie ihn in einen oder mehrere Datensatztypen von Microsoft Dynamics CRM um:

- Firma
- Kontakt
- Verkaufschance

Wie Sie in Kapitel 3, »*Mit Firmen und Kontakten arbeiten*«, erfahren haben, stehen Firmen für Unternehmen und Kontakte für Personen. Indem Sie Interessenten und Kunden nicht mithilfe von Leads, sondern von Firmen und Kontakten verfolgen, können Sie in Microsoft Dynamics CRM zusätzliche Beziehungen modellieren, um die verschiedenen Personen in den einzelnen Firmen darzustellen.

Verkaufschancen stehen für Ereignisse, die Ihrer Organisation potenziell Erträge bringen. Die meisten Organisationen verfolgen Daten über eine potenzielle Verkaufschance, beispielsweise das vermutliche Schlussdatum, den geschätzten Ertrag, den Vertriebsmitarbeiter und das Verkaufsstadium. Jede Verkaufschance wird mit einer Firma oder einem Kontakt verlinkt, je nachdem, wie Sie den potenziellen Kunden verfolgen wollen. Da ein einzelner Kunde bei Ihrer Organisation möglicherweise mehrere Produkte oder Dienstleistungen erwirbt, kann ein Kundendatensatz mit mehreren Verkaufschancen verlinkt werden. Jeder potenzielle Verkauf kann eigene Daten über die Verkaufschance aufweisen. Sie können die einzelnen Verkaufschancen für einen Kontakt- oder Firmendatensatz sogar von unterschiedlichen Vertriebsmitarbeitern verfolgen lassen. Bei der langfristigen Zusammenarbeit mit Stammkunden legen Sie laufend neue Verkaufschancen für neue Situationen an, während die früheren Daten über Verkaufschancen erhalten bleiben.

> **TIPP** Leads setzen Sie zur Verfolgung von Interessenten ein, die qualifiziert oder disqualifiziert werden müssen. Mit Verkaufschancen verfolgen Sie potenzielle Verkäufe an qualifizierte Interessenten oder Bestandskunden. Nicht alle Organisationen nutzen Leads. Unternehmen und Organisationen, die ihre Produkte und Dienstleistungen an einen kleinen, begrenzten Kundenstamm verkaufen, arbeiten in Microsoft Dynamics CRM möglicherweise überhaupt nicht mit Leads.

Einen Lead anlegen und Leadquellen verfolgen

Je nach Ihren Vertriebs- und Marketingvorgängen ergeben sich Leads aus vielen verschiedenen Quellen. Möglicherweise erstellt Ihre Firmenwebsite automatisch Leads, oder Marketingmitarbeiter importieren Leads als Batch in Microsoft Dynamics CRM. Sie können Leaddatensätze aber auch manuell anlegen. Bei der Arbeit mit einem Lead können Sie Microsoft Dynamics CRM-Aktivitäten wie Aufgaben, Anrufe und E-Mails benutzen, um Ihre Interaktionen mit dem Lead im Verlauf der Qualifizierung zu verfolgen. Welche Datentypen Sie über einen Lead aufzeichnen, hängt von Ihren Unternehmenserfordernissen und den an Ihrem System vorgenommenen Anpassungen ab, aber die meisten Organisationen halten Namen und Adresse des Interessenten fest.

> **Weitere Informationen**
> Wenn Sie durch Import einer Datendatei gleichzeitig zahlreiche Leads erstellen müssen, finden Sie in Kapitel 18, »*Massenimport von Daten*«, weitere Details dazu.

Viele Organisationen wollen auch die Marketingquelle festhalten, von der der Lead stammt. In diesem Fall können leitende Vertriebs- und Marketingmitarbeiter Berichte erstellen, um zu ermitteln, welche Vorgehensweisen zur Erschließung von Leads am wirkungsvollsten sind. Sie können dann zum Beispiel feststellen, dass eine Handelsmesse als Leadquelle viele Leads ergibt, von denen sich nur ein geringer Prozentsatz als potenzieller Kunde qualifiziert. Ein anderes Marketingverfahren, beispielsweise eine Website, bringt im Gegensatz dazu vielleicht weniger Leads, von denen jedoch ein hoher Prozentsatz zu potenziellen Kunden wird. Wenn Sie wissen, woher Ihre Leads kommen, kann Ihr Unternehmen sinnvollere Entscheidungen darüber treffen, in welche Vertriebs- und Marketingaktivitäten es in Zukunft investiert.

Einen Lead anlegen und Leadquellen verfolgen

In der folgenden Übung erstellen Sie einen Lead, um einen neuen Interessenten zu verfolgen, der über eine Website auf Ihre Organisation gestoßen ist.

VORBEREITUNG Rufen Sie bei Bedarf in Internet Explorer Ihre Microsoft Dynamics CRM-Website auf, bevor Sie mit dieser Übung beginnen.

1. Klicken Sie im Anwendungsbereich auf **Vertrieb**.
2. Klicken Sie im Anwendungsbereich auf den Pfeil im Link **Leads** und dann im eingeblendeten Untermenü auf **Neu**.

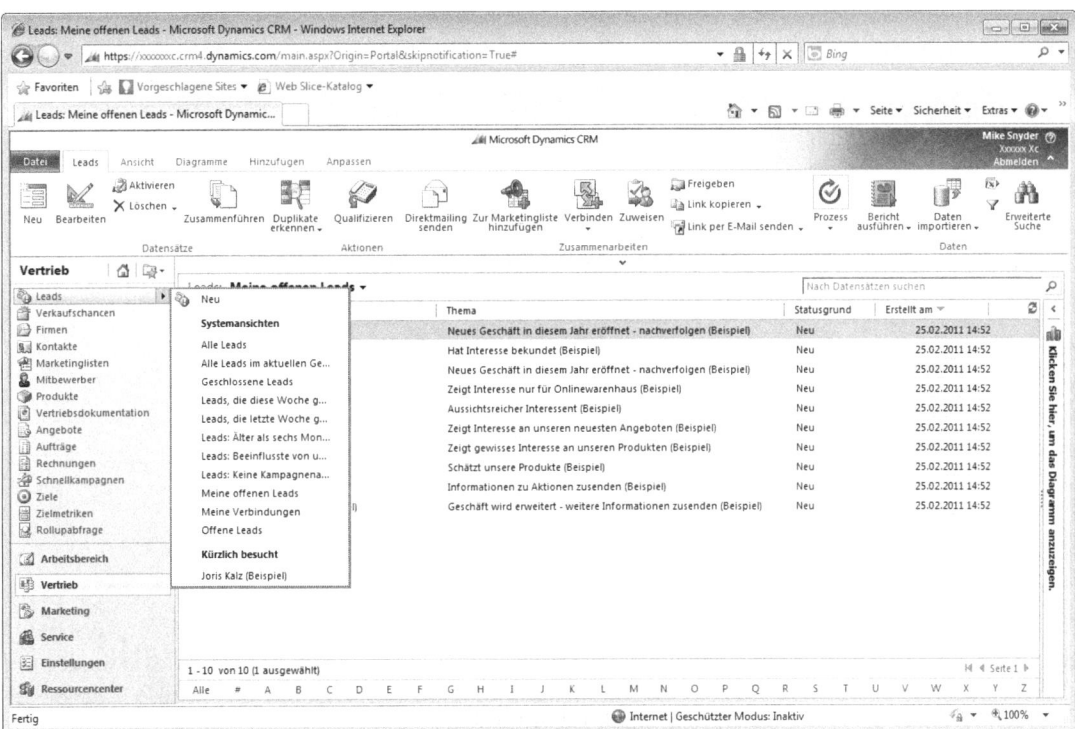

3. Das Formular **Neuer Lead** wird geöffnet. Geben Sie im Feld **Thema** *Neuer Lead – Mike Snyder* ein.
4. Geben Sie als Vornamen *Mike* ein.
5. Geben Sie als Nachnamen *Snyder* ein.
6. Geben Sie im Feld **Firmenname** *Sonoma Partners* ein.
7. Gehen Sie mithilfe des Bildlaufs im Formular zur Gruppe **Details**. Klicken Sie im Bereich **Leadinformationen** auf den Pfeil in der Liste **Leadursprung** und wählen Sie **Internet**.
8. Klicken Sie im Menüband auf **Speichern und schließen**.

Speichern und schließen

TIPP Ihr Systemadministrator kann die Listenwerte für das Feld **Leadursprung** ebenso wie für alle anderen Leadfelder anpassen.

Einen Lead qualifizieren

Leads stehen für potenzielle Kunden, die aufgrund von Kriterien, die Ihre Organisation festgelegt hat, qualifiziert oder disqualifiziert werden können. Nachdem Sie ermittelt haben, ob der potenzielle Kunde die Kriterien erfüllt, konvertieren Sie den Lead, wobei Sie angeben, ob er qualifiziert wird oder nicht.

Im ersten Fall legen Sie einen oder mehrere der folgenden Datensatztypen an: **Firma**, **Kontakt** oder **Verkaufschance**.

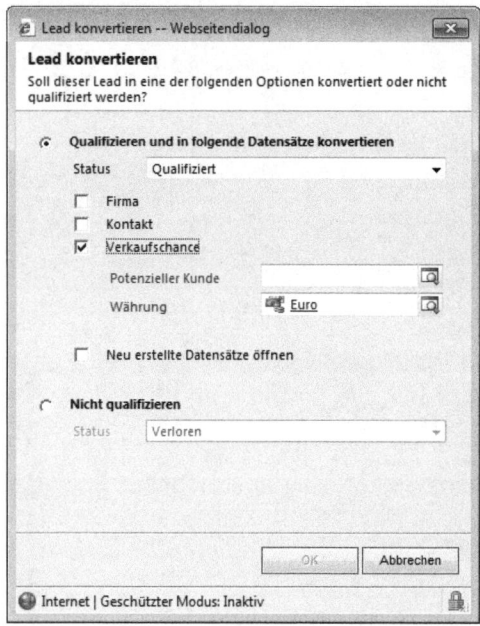

Ihr Geschäftsprozess sollte vorschreiben, welche Datensätze Sie erstellen. Verkauft Ihre Organisation zum Beispiel an Unternehmen, legen Sie wahrscheinlich sowohl eine Firma als auch einen Kontakt an. Handelt es sich um Einzelpersonen, verzichten Sie möglicherweise auf einen Firmendatensatz. Ebenso erstellen Sie bei der Qualifizierung eines Leads nicht unbedingt eine Verkaufschance. Vielleicht kommen Sie zu der Erkenntnis, dass ein Lead zwar die Qualifizierungskriterien erfüllt, dass aber keine unmittelbare Verkaufschance besteht.

Sie können nicht nur eine neue Verkaufschance, eine neue Firma und einen neuen Kontakt anlegen, die alle miteinander verlinkt sind, sondern einen Lead auch in eine neue Verkaufschance konvertieren, die mit einem in Microsoft Dynamics CRM vorhandenen Kundendatensatz verlinkt wird, falls in Ihrer Microsoft Dynamics CRM-Datenbank bereits ein solcher vorliegt.

Bei der Qualifizierung eines Leads können Sie ein Kontrollkästchen aktivieren, um die neu angelegten Datensätze zu öffnen, damit sie sofort damit arbeiten können, was Ihnen ein paar Klicks erspart.

> **TIPP** Microsoft Dynamics CRM belegt Datenfelder in den Datensätzen **Firma**, **Kontakt** und **Verkaufschance**, die Sie aus einem qualifizierten Lead erstellen, auf der Grundlage der zugeordneten Felder vor.

In der folgenden Übung konvertieren Sie einen Lead als qualifiziert und legen neue Datensätze für Firma, Kontakt und Verkaufschance an.

VORBEREITUNG Rufen Sie bei Bedarf in Internet Explorer Ihre Microsoft Dynamics CRM-Website auf, bevor Sie mit dieser Übung beginnen. Sie brauchen den Lead *Mike Snyder*, den Sie in der vorhergehenden Übung angelegt haben.

1. Öffnen Sie den Lead *Mike Snyder*, den Sie in der vorhergehenden Übung angelegt haben.
2. Klicken Sie im Menüband auf die Schaltfläche **Qualifizieren**.
3. Aktivieren Sie die Kontrollkästchen neben **Firma**, **Kontakt** und **Verkaufschance**.
4. Aktivieren Sie das Kontrollkästchen **Neu erstellte Datensätze öffnen**.
5. Klicken Sie auf **OK**.

Qualifizieren

   Microsoft Dynamics CRM schließt den Lead und legt drei neue Datensätze in neuen Fenstern an.

Einen Lead disqualifizieren

Nicht jeder Lead wird Ihre Qualifizierungskriterien erfüllen, sodass Sie von Zeit zu Zeit Leads disqualifizieren müssen. Der Datensatz wird dadurch nicht aus Ihrem System gelöscht, sondern der Lead wird deaktiviert, was besagt, dass sich niemand mehr darum kümmern muss. Wird ein Lead als qualifiziert konvertiert, wird der Datensatz ebenfalls nicht gelöscht, sondern deaktiviert und ein Firmen-, Kontakt- oder Verkaufschancendatensatz für spätere Folgeaktionen erstellt.

> **TIPP** Die Konvertierung eines Leads in den Status **Qualifiziert** oder **Disqualifiziert** löscht diesen nicht, sondern deaktiviert ihn, sodass er in keiner Leadliste mehr erscheint.

Bei der Disqualifizierung eines Leads können Sie einen Grund auswählen, der angibt, warum Sie so entschieden haben. Ihr Administrator kann diese Gründe auch anpassen. Die Standardwerte lauten **Verloren**, **Kontakt nicht möglich**, **Nicht mehr interessiert** und **Storniert**.

Genauso, wie die Aufzeichnung einer Leadquelle wertvolle Vertriebs- und Marketingdaten ergibt, führt auch ein Disqualifizierungsgrund zu Daten, die Sie analysieren können, um Ihre Vertriebs- und Marketingprozesse zu optimieren. Kreuzverweise zwischen den Leadquellen und den Disqualifizierungsdaten können wertvolle Einsichten vermitteln. Möglicherweise erkennen Sie, dass Ihr Vertriebsteam fünfzig Prozent der Leads aus einer gekauften Liste wegen ungültiger Kontaktdaten disqualifiziert hat. Leitende Vertriebs- und Marketingmitarbeiter können diese Informationen nutzen, um solche Listen in Zukunft klüger einzukaufen oder vielleicht sogar ganz darauf zu verzichten. Um zu Einsichten dieser Art zu gelangen, muss jeder Mitarbeiter im Vertrieb die Gründe für eine Disqualifizierung genau festhalten.

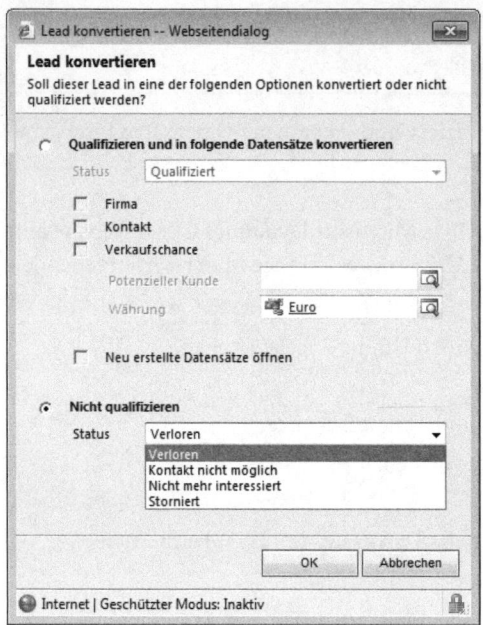

In der folgenden Übung legen Sie einen Lead an und disqualifizieren ihn anschließend.

VORBEREITUNG Rufen Sie bei Bedarf in Internet Explorer Ihre Microsoft Dynamics CRM-Website auf, bevor Sie mit dieser Übung beginnen.

1. Klicken Sie im Anwendungsbereich auf **Vertrieb**.
2. Klicken Sie im Navigationsbereich der Anwendung auf den Pfeil unter dem Link **Leads** und im eingeblendeten Untermenü auf **Neu**. Sie sehen einen leeren Leaddatensatz.
3. Geben Sie im Feld **Thema** *Zu disqualifizierender Lead – Mike Snyder* ein.
4. Geben Sie als Vornamen *Mike* ein.
5. Geben Sie als Nachnamen *Snyder* ein.
6. Geben Sie im Feld **Firmenname** *Sonoma Partners* ein.
7. Gehen Sie mithilfe des Bildlaufs im Formular zur Gruppe **Details**. Klicken Sie im Bereich **Leadinformationen** auf den Pfeil in der Liste **Leadursprung** und wählen Sie **Internet**.
8. Klicken Sie im Menüband auf **Speichern**.
9. Klicken Sie im Menüband auf die Schaltfläche **Qualifizieren**, um das Dialogfeld **Lead konvertieren** zu öffnen.
Speichern
10. Wählen Sie **Nicht qualifizieren**.
11. Klicken Sie auf den Pfeil in der Liste **Status** und wählen Sie **Kontakt nicht möglich**.
12. Klicken Sie auf **OK**, um den Status des Leads auf **nicht qualifiziert** zu setzen und ihn als inaktiv zu markieren.

Eine Verkaufschance anlegen

Verkaufschancen stehen für potenzielle Verkäufe. Viele Organisationen beobachten diese Daten sorgfältig, damit Folgendes besser funktioniert:

- Die Vertriebspipeline verstehen
- Die Leistung einzelner Vertriebsmitarbeiter bewerten
- Die zukünftige Nachfrage abschätzen

Bei der Arbeit mit Verkaufschancen können Sie den Namen des potenziellen Kunden, das geschätzte Abschlussdatum, die geschätzten Ertrag, die Wahrscheinlichkeit und die Bewertung jeder Verkaufschance verfolgen. Viele Organisationen passen das Formular für Verkaufschancen an, um abhängig von den von ihnen angebotenen Produkten und Dienstleistungen weitere Daten über den potenziellen Absatz aufzuzeichnen.

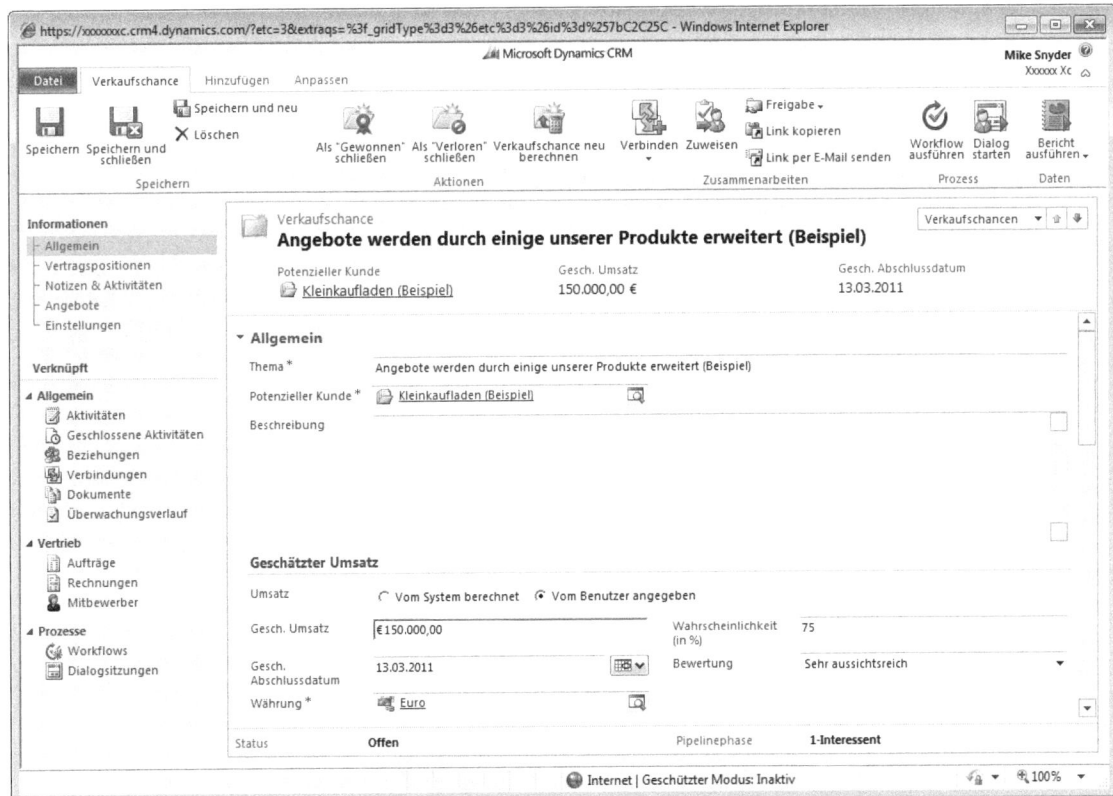

Sie haben für jede Verkaufschance die Wahl zwischen zwei Ertragseinstellungen: **Vom System berechnet** und **Vom Benutzer angegeben**. Bei der ersten Option berechnet Microsoft Dynamics CRM aus der Kombination der mit der Verkaufschance verknüpften Produkte und der ausgewählten Preisliste automatisch den Schätzwert der Chance. Bei der Einstellung **Vom Benutzer angegeben** können Sie im Feld **Gesch. Umsatz** direkt einen Betrag eingeben. Das Einrichten von Produkten und Preislisten in Microsoft Dynamics CRM erfordert Systemadministratorberechtigungen, sodass die Übungen in diesem Kapitel für den Umsatz die Option **Vom Benutzer angegeben** verwenden.

> **Weitere Informationen**
>
> Ihr Systemadministrator kann den Produktkatalog in Ihrer Bereitstellung aktivieren und einrichten. In der Onlinehilfe für Microsoft Dynamics CRM finden Sie weitere Informationen über die einzelnen Schritte bei der Einrichtung.

Geben Sie im Feld **Gesch. Abschlussdatum** das Datum ein, für das Sie das Schließen der Verkaufschance erwarten, ob als Gewinn oder als Verlust. Im Feld **Wahrscheinlichkeit** können Sie eine ganze Zahl von 0 bis 100 eingeben. Die Eingabe von 50 bedeutet zum Beispiel, dass Sie zu fünfzig Prozent davon überzeugt sind, die Verkaufschance zu gewinnen. Die Bewertung ist ein weiteres Maß für die Verkaufschance, welches die Standardwerte **Sehr aussichtsreich**, **Aussichtsreich** und **Wenig aussichtsreich** umfasst. einige Organisationen benutzen es für ihre Wahrnehmung der Kundeninteressen, andere dafür, wie stark sie selbst an der Verfolgung der Verkaufschance interessiert sind.

> **TIPP** Viele Organisationen automatisieren mithilfe der Workflowfunktion die Werte **Wahrscheinlichkeit** und **Bewertung** auf der Grundlage ihrer konkreten Geschäftsregeln. Das Erstellen und Gestalten von Workflowregeln geht über den Rahmen dieses Buches hinaus. In *Working with Microsoft Dynamics CRM 2011* von Mike Snyder und Jim Steger (Microsoft Press 2011) können Sie jedoch mehr dazu lesen.

Weiter vorn in diesem Kapitel haben Sie erfahren, wie Sie durch Konvertierung eines Leads einen Datensatz für eine Verkaufschance erstellen. Außerdem wollen Sie sicher Verkaufschancen für bestehende Firmen und Kontakte anlegen, sodass Sie auch wissen müssen, wie Sie außerhalb der Qualifizierung von Leads vorgehen.

In der folgenden Übung legen Sie eine Verkaufschance für den Firmendatensatz *Sonoma Partners* an, den Sie in einem früheren Kapitel erstellt haben.

VORBEREITUNG Rufen Sie bei Bedarf in Internet Explorer Ihre Microsoft Dynamics CRM-Website auf, bevor Sie mit dieser Übung beginnen. Sie brauchen den Firmendatensatz *Sonoma Partners*, den Sie in Kapitel 3 angelegt haben. Wenn Sie diesen in Ihrem System nicht finden, können Sie für diese Übung eine beliebige Firma verwenden.

1. Wechseln Sie zur Ansicht **Firmen** und öffnen Sie den Datensatz *Sonoma Partners*.
2. Klicken Sie im Entitätsnavigationsbereich auf **Verkaufschancen**.
3. Klicken Sie im Menüband auf **Neue Verkaufschance**. Ein leerer Datensatz für Verkaufschancen öffnet sich.

Neue Verkaufschance-Entität hinzufügen

4. Geben Sie im Feld **Thema** *Beispielverkaufschance für Sonoma Partners* ein.
5. Wählen Sie für das Datenfeld **Umsatz** die Option **Vom Benutzer angegeben**.
6. Geben Sie im Feld **Gesch. Umsatz** *50.000.000* ein.
7. Geben Sie im Feld **Gesch. Abschlussdatum** *31.12.2011* ein.
8. Geben Sie im Feld **Wahrscheinlichkeit** *50* ein.
9. Klicken Sie im Menüband auf **Speichern**.

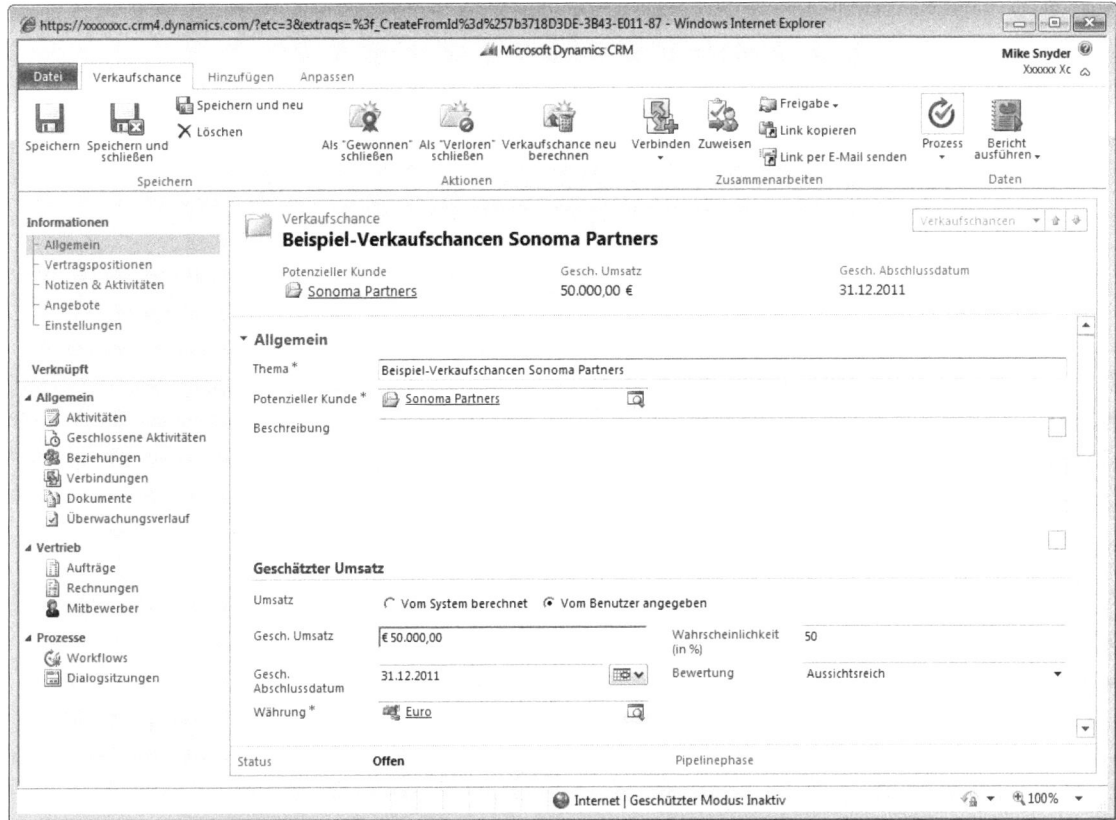

Potenzielle Verkäufe mithilfe von Verkaufschancen abschätzen

Einer der Hauptgründe für die Verfolgung von Verkaufschancen in Microsoft Dynamics CRM besteht darin, leitenden Mitarbeitern die Einschätzung bevorstehender und zukünftiger Geschäfte zu ermöglichen. Wie Sie im vorhergehenden Abschnitt gesehen haben, können Sie den Namen des potenziellen Kunden, die Produkte und Dienstleistungen, an deren Erwerb er interessiert ist, das geschätzte Abschlussdatum, den geschätzten Umsatz sowie die Wahrscheinlichkeit der einzelnen Verkaufschancen aufzeichnen. Anhand dieser Daten können die leitenden Vertriebsmitarbeiter die offenen Verkaufschancen durchgehen, um sicherzustellen, dass Bestellungen ausgeführt werden können und zu erfahren, welche Vertriebskräfte neue Absatzwege erschließen.

TIPP Um festzuhalten, welcher Vertriebsmitarbeiter eine Verkaufschance verfolgt, tragen Sie ihn als Besitzer der Verkaufschance ein.

Microsoft Dynamics CRM bietet mehrere Systemansichten für Verkaufschancen, darunter folgende:

- Verkaufschancen, die im nächsten Monat geschlossen werden
- Verkaufschancen, die in der letzten Woche geöffnet wurden
- Verkaufschancen, die in der laufenden Woche geöffnet wurden

Sie können diese Ansichten über die **Erweiterte Suche** ändern oder neue Ansichten anlegen, um Ihre Daten zu Verkaufschancen zu analysieren. In Kapitel 16, »*Die erweiterte Suche verwenden*«, finden Sie weitere Informationen über das Anlegen neuer Ansichten.

Außerdem stellt Microsoft Dynamics CRM weitere Berichte, Diagramme und Dashboards bereit, mit denen Sie Ihre Vertriebsdaten analysieren können:

- Das Dashboard **Vertriebsaktivitäts-Dashboard**
- Das Dashboard **Vertriebleistungsdashboard**
- Das Diagramm **Die wichtigsten Kunden**
- Das Diagramm **Vertriebsbestenliste**
- Das Diagramm **Gewonnene Aufträge im Vergleich zu verlorenen**
- Den Bericht **Verkaufspipeline**
- Den Bericht **Wirksamkeit von Leadquellen**
- Den Bericht **Gewonnene Aufträge im Vergleich zu verlorenen**

Erfüllt keiner dieser Berichte oder Analysewerkzeuge Ihre Anforderungen, können Sie selbst neue Berichte, Diagramme und Dashboards erstellen. In Kapitel 13, »*Mit Filtern und Diagrammen arbeiten*«, finden Sie mehr über Diagrammfunktionen, in Kapitel 14, »*Dashboards verwenden*«, mehr darüber, wie Sie eigene Dashboards einrichten. Kapitel 15, »*Den Berichtsassistenten verwenden*«, informiert Sie über die Erstellung von Berichten mithilfe der genannten Funktion.

Schließlich können Sie Berichte und Einschätzungen ad hoc abgeben, indem Sie Ihre Daten zu Verkaufschancen nach Microsoft Excel exportieren. Kapitel 17, »*Berichterstattung mit Excel*«, erläutert, wie Sie mithilfe statischer und dynamischer Excel-Arbeitsblätter Berichte erstellen und Analysen durchführen.

In der folgenden Übung öffnen Sie das Dashboard **Vertriebsaktivität** und zeigen das Diagramm **Verkaufspipeline** an.

VORBEREITUNG Rufen Sie bei Bedarf in Internet Explorer Ihre Microsoft Dynamics CRM-Website auf, bevor Sie mit dieser Übung beginnen. Ihre Berichte werden anders aussehen als die Bilder in dieser Übung, weil Ihre Microsoft Dynamics CRM-Datenbank andere Verkaufschancen enthält.

1. Klicken Sie im Anwendungsbereich auf **Arbeitsbereich**.
2. Klicken Sie unter **Meine Arbeit** im Anwendungsbereich auf **Dashboards**.
3. Öffnen Sie die Ansichtenauswahl mit einem Klick auf den Pfeil und wählen Sie **Vertriebsaktivitäts-Dashboard**. Das Dashboard wird aktualisiert und zeigt verschiedene Diagramme und Listen für Vertriebsaktivitäten innerhalb Ihrer Organisation.

Potenzielle Verkäufe mithilfe von Verkaufschancen abschätzen

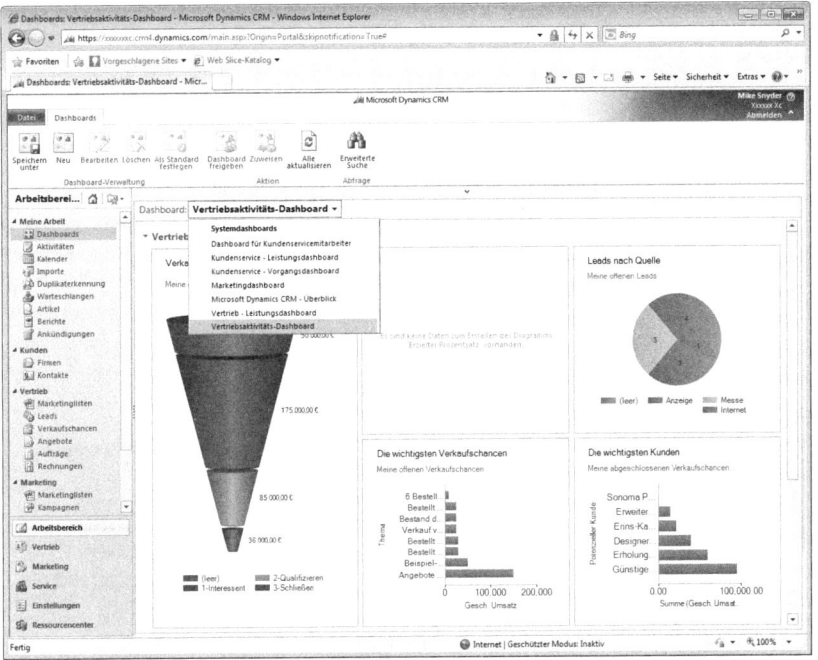

4. Klicken Sie im Anwendungsbereich auf **Vertrieb** und dann auf **Verkaufschancen**.
5. Falls das Diagramm noch nicht angezeigt wird, klicken Sie auf den Pfeil oben im Diagrammbereich, um es zu öffnen.
6. Klicken Sie auf den Namen des Diagramms, um eine Liste der verfügbaren Diagramme einzublenden, und wählen Sie **Verkaufspipeline**.

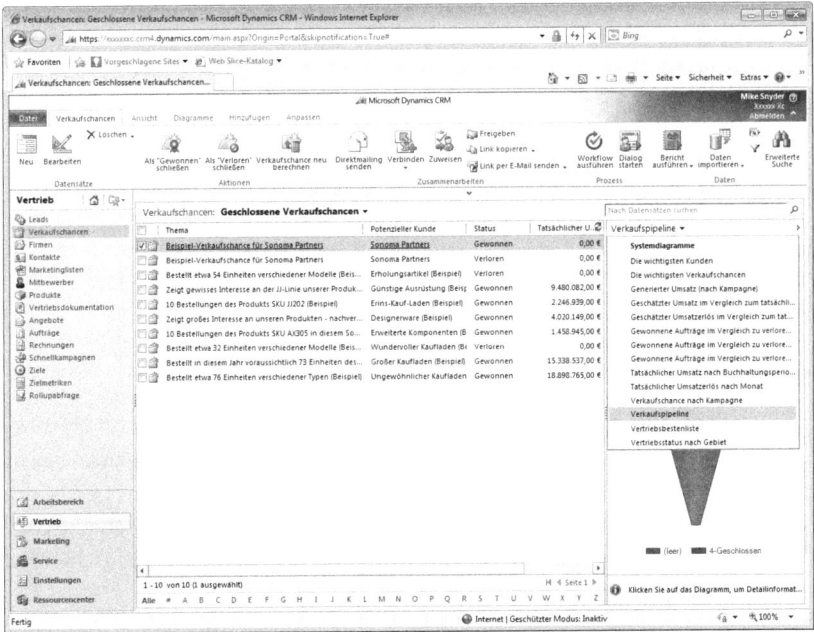

Microsoft Dynamics CRM zeigt nun das Diagramm **Verkaufspipeline**. Beachten Sie, dass es von der im Raster **Verkaufschance** ausgewählten Ansicht abhängt, welche Daten darin enthalten sind.

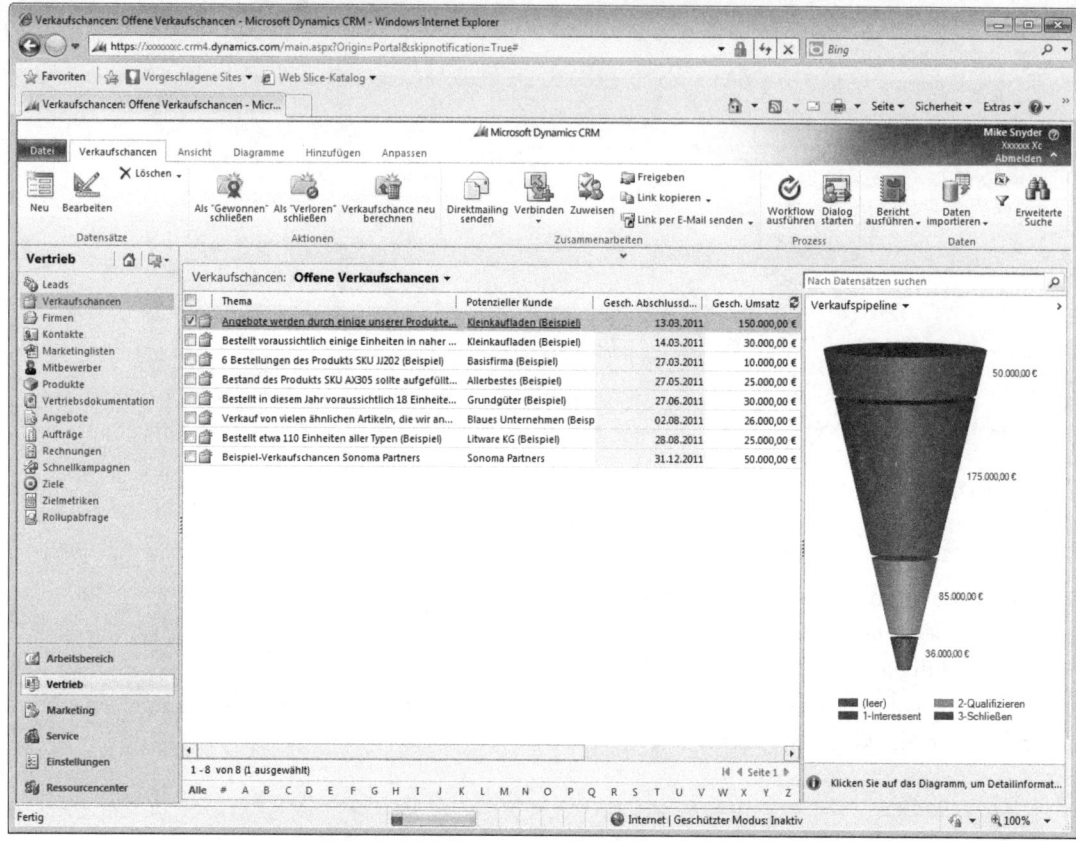

7. Um das Diagramm zu aktualisieren, klicken Sie auf den Namen der Ansicht und wählen eine andere Ansicht aus, beispielsweise **Meine offenen Verkaufschancen**.

> **Weitere Informationen**
>
> In Kapitel 13 finden Sie weitere Informationen darüber, wie Sie Diagramme für genauere Analysen und Berichte einsetzen.

Eine Verkaufschance schließen

Nachdem Sie mit einem Interessenten oder Kunden gearbeitet haben, um herauszufinden, ob er etwas bei Ihrer Organisation kaufen will, schließen Sie den Datensatz für die Verkaufschancen, um anzugeben, wie er sich entschieden hat. Dadurch wird der Datensatz nicht gelöscht, sondern Microsoft Dynamics CRM deaktiviert ihn nur und aktualisiert seinen Status, damit er nicht mehr in der Liste der offenen Verkaufschancen erscheint. Eine *gewonnene* Verkaufschance ist eine, bei der sich der Kunde für einen Kauf entschieden hat, eine *verlorene* dagegen eine ohne Verkauf.

Eine Verkaufschance schließen

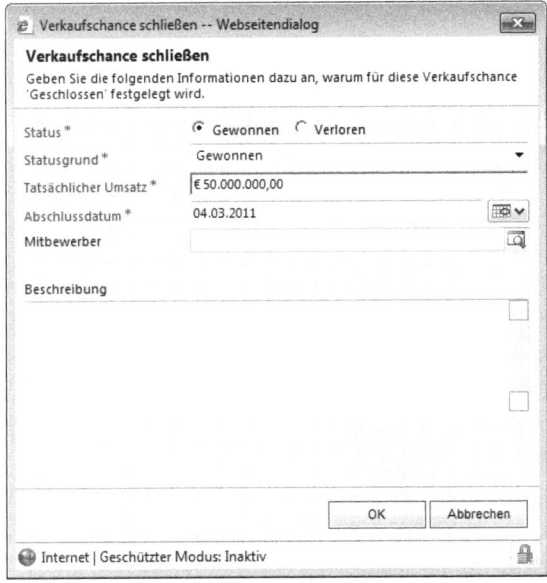

Eine verlorene Verkaufschance bedeutet nicht zwangsläufig, dass der Kunde bei jemand anderem gekauft hat. Sie schließen die Verkaufschance vielleicht als verloren, wenn der Kunde die Entscheidung für den Kauf storniert oder auf unbestimmte Zeit verschoben hat. Wie bei der Disqualifizierung von Leads kann Ihr Administrator die Gründe für die Markierung einer Verkaufschance als verloren anpassen, sodass Sie über diesen Datentyp berichten können. Haben Sie die Verkaufschance an einen Mitbewerber verloren, können Sie außerdem für Berichte und Analysen aufzeichnen, an wen.

TIPP Wie bei allen Microsoft Dynamics CRM-Datensätzen protokolliert die Software auch bei Verkaufschancen automatisch Datum und Uhrzeit von Datensatzänderungen. Müssen Sie jemals herausfinden, wann eine Verkaufschance geschlossen wurde, können Sie über den Überwachungsverlauf im Entitätsnavigationsbereich und Filtern nach **Status** auf diese Informationen zugreifen.

In der folgenden Übung schließen Sie eine Verkaufschance als gewonnen.

VORBEREITUNG Rufen Sie bei Bedarf in Internet Explorer Ihre Microsoft Dynamics CRM-Website auf, bevor Sie mit dieser Übung beginnen. Sie brauchen den Datensatz *Beispielverkaufschance für Sonoma Partners*, den Sie weiter vorn in diesem Kapitel angelegt haben. Sie können die Übung auch mit einem anderen Datensatz für eine offene Verkaufschance in Ihrem System durchführen.

1. Öffnen Sie den Datensatz *Beispielverkaufschance für Sonoma Partners*.
2. Klicken Sie im Band auf die Schaltfläche **Als »gewonnen« schließen**.

   Als "Gewonnen" schließen

   Das Dialogfeld **Verkaufschance schließen** öffnet sich mit dem vorgegebenen Statuswert Gewonnen. Microsoft Dynamics CRM belegt das Feld **Tatsächlicher Umsatz** automatisch mit dem Wert aus dem Feld **Gesch. Umsatz** aus der Verkaufschance vor. Außerdem benutzt es standardmäßig das aktuelle Datum als Abschlussdatum.

3. Klicken Sie auf **OK**. Microsoft Dynamics CRM schließt die Verkaufschance und setzt ihren Status auf Gewonnen.

TIPP Um eine Verkaufschance als verloren zu schließen, gehen Sie entsprechend vor, beginnen jedoch mit der Schaltfläche **Als »verloren« schließen** im Band.

Eine Verkaufschance erneut öffnen

Im vorhergehenden Abschnitt wurde erwähnt, dass Sie eine Verkaufschance als verloren schließen können, wenn der Kunde die Kaufentscheidung aufschiebt. Stellen Sie später fest, dass der Kunde die Erörterung potenzieller Käufe wieder aufnehmen möchte, brauchen Sie keinen neuen Datensatz anzulegen, sondern können die geschlossene Verkaufschance *erneut öffnen* und den Datensatz für die weitere Verfolgung des Verkaufs verwenden. Bei der erneuten Öffnung einer geschlossenen Verkaufschance können Sie auf den gesamten zuvor erstellten Aktivitätsverlauf und die mit der Aktivität verknüpften Notizen zugreifen.

In der folgenden Übung öffnen Sie eine geschlossene Verkaufschance erneut.

VORBEREITUNG Rufen Sie bei Bedarf in Internet Explorer Ihre Microsoft Dynamics CRM-Website auf, bevor Sie mit dieser Übung beginnen. Sie brauchen den Datensatz *Beispielverkaufschance für Sonoma Partners*, den Sie weiter vorn in diesem Kapitel angelegt haben.

1. Öffnen Sie die Ansicht **Verkaufschancen**.
2. Klicken Sie auf die Liste **Ansicht** und wählen Sie **Geschlossene Verkaufschancen**.
3. Suchen Sie den Datensatz *Beispielverkaufschance für Sonoma Partners* und öffnen Sie ihn mit einem Doppelklick.

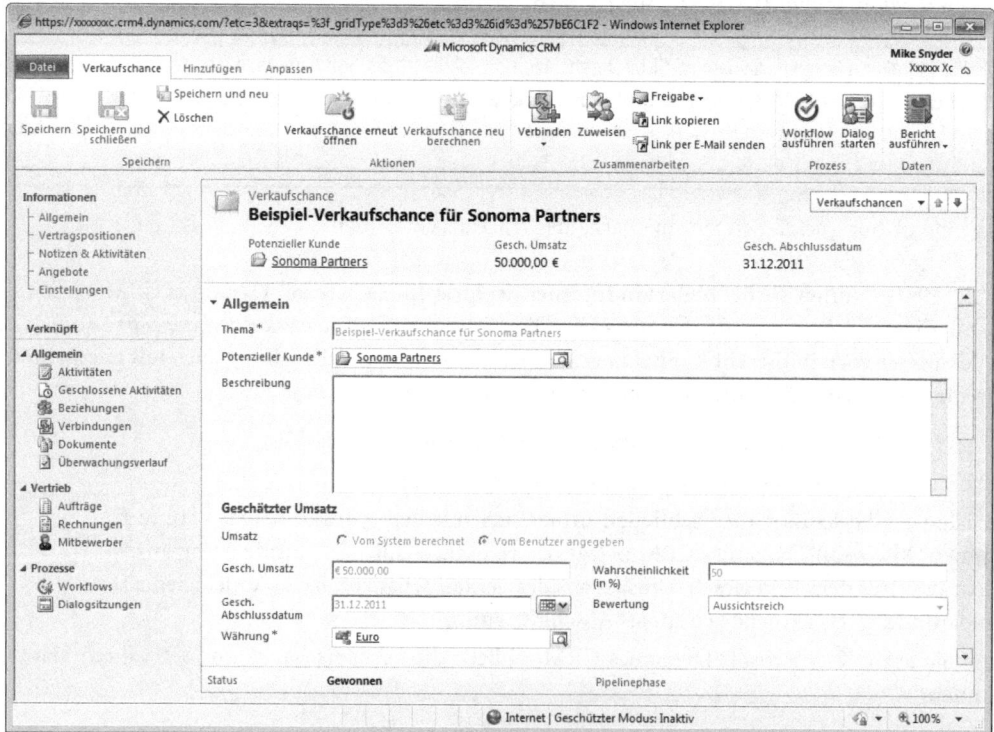

Beachten Sie, dass sämtliche Felder des Datensatzes nicht verfügbar sind; Sie können keinen der Werte ändern.

4. Klicken Sie im Band auf die Schaltfläche **Verkaufschance erneut öffnen**.

   Microsoft Dynamics CRM fordert Sie in einem Dialogfeld auf zu bestätigen, dass Sie die Verkaufschance erneut öffnen wollen.

5. Klicken Sie auf **OK**.

   Microsoft Dynamics CRM öffnet den Datensatz für die Verkaufschance erneut, sodass Sie die Datenfelder bearbeiten und die Arbeit mit dem Datensatz fortsetzen können.

Eine E-Mail-Aktivität in einen Lead konvertieren

Weiter vorn in diesem Kapitel haben Sie erfahren, wie Sie einen neuen Lead manuell anlegen. Eine weitere Technik dafür ist die Konvertierung einer E-Mail-Aktivität in einen Lead, was sich anbietet, wenn Sie eine E-Mail von einem Interessenten erhalten, der noch nicht in Ihrer Microsoft Dynamics CRM-Datenbank steht.

> **TIPP** Sie können eine E-Mail-Aktivität nicht nur in einen Lead, sondern auch in eine Verkaufschance oder einen Fall konvertieren, indem Sie die Schaltfläche **Aktivität konvertieren** im E-Mail-Datensatz benutzen.

In der folgenden Übung legen Sie eine E-Mail-Aktivität an und konvertieren sie in einen Lead.

VORBEREITUNG Rufen Sie bei Bedarf in Internet Explorer Ihre Microsoft Dynamics CRM-Website auf, bevor Sie mit dieser Übung beginnen.

1. Klicken Sie im Menüband auf die Registerkarte **Datei** und dann auf **Neue Aktivität**. Wählen Sie **E-Mail**, um ein leeres E-Mail-Formular zu öffnen.

2. Geben Sie im Feld **E-Mail-Betreff** *Beispiel-Lead-Konvertierung* ein.

3. Klicken Sie im Band auf **Speichern**.

4. Klicken Sie im Band auf die Schaltfläche **Aktivität ›E-Mail‹ konvertieren in Lead**.

Das Dialogfeld ›E-Mail‹ in Lead konvertieren öffnet sich. Dort können Sie Informationen über den Lead eingeben, zum Beispiel den Namen, die E-Mail-Adresse und das Unternehmen. Wenn Sie wollen, können Sie auch die Kontrollkästchen aktivieren, um den neuen Lead zu öffnen und das E-Mail-Formular zu schließen. Behalten Sie die vorgegebenen Werte bei.

5. Geben Sie als Vornamen *Jim* ein.
6. Geben Sie als Nachnamen *Steger* ein.
7. Geben Sie im Feld **Firmenname** *Sonoma Partners* ein.
8. Geben Sie im Feld **E-Mail-Adresse** *someone@example.com* ein.
9. Klicken Sie auf **OK**.

Microsoft Dynamics CRM schließt den E-Mail-Datensatz und erstellt einen neuen Lead mit den von Ihnen eingegebenen Werten.

TIPP Diese Übung hat Ihnen gezeigt, wie Sie eine E-Mail mithilfe des Webclients in einen Lead konvertieren. Mit Microsoft Dynamics CRM für Outlook können Sie eine Outlook-E-Mail ebenfalls in einen Lead, einen Fall oder eine Verkaufschance konvertieren. Sie erreichen die betreffenden Funktionen über die Schaltfläche **Konvertieren in** im Menüband der verfolgten E-Mail.

Zusammenfassung

- Leads stehen für potenzielle Kunden, die von Vertriebsmitarbeitern qualifiziert oder disqualifiziert werden müssen. Verkaufschancen stehen für ertragbringende Ereignisse, beispielsweise potenzielle Verkäufe, die mit qualifizierten Interessenten oder Bestandskunden verlinkt sind.
- Aktivitäten wie Aufgaben, Anrufe, E-Mails und Termine, die mit Leads und Verkaufschancen in Beziehung stehen, lassen sich verfolgen.
- Leads werden konvertiert, um sie als qualifiziert oder nicht qualifiziert zu markieren.
- Bei der Qualifizierung eines Leads haben Sie die Möglichkeit, einen Firmen-, Kontakt- oder Verkaufschancendatensatz anzulegen, den Microsoft Dynamics CRM mit Daten aus dem Leaddatensatz vorbelegt.
- Bei der Disqualifizierung eines Leads können Sie einen Grund wählen, der spätere Berichte und Analysen ermöglicht.
- Eine Verkaufschance enthält Daten zum potenziellen Verkauf, etwa den Vertriebsmitarbeiter, das geschätzte Abschlussdatum, die Wahrscheinlichkeit und den geschätzten Ertrag.
- Microsoft Dynamics CRM bietet zahlreiche Werkzeuge für Vertriebsberichte, beispielsweise Dashboards, Diagramme, Ansichten, vorgefertigte Berichte sowie die Möglichkeit des Exports nach Excel.
- Eine Verkaufschance wird als gewonnen oder verloren geschlossen, um anzugeben, ob sich der Kunde zum Erwerb Ihrer Produkte oder Dienstleistungen entschlossen hat oder nicht.
- Eine geschlossene Verkaufschance kann erneut geöffnet werden.
- Datensätze für E-Mail-Aktivitäten lassen sich konvertieren, um neue Leads, Fälle und Verkaufschancen zu erstellen.

Kapitel 7

Marketinglisten verwenden

In diesem Kapitel:

Eine statische Marketingliste erstellen	149
Der Liste über Nachschlagen Mitglieder hinzufügen	150
Der Liste über eine erweiterte Suche Mitglieder hinzufügen	152
Listenmitglieder mit der erweiterten Suche entfernen	154
Mitglieder einer Liste über eine erweiterte Suche bewerten	156
Ausgewählte Mitglieder aus einer Liste entfernen	157
Eine dynamische Marketingliste erstellen	158
Mitglieder zu einer anderen Marketingliste kopieren	160
Verkaufschancen aus Listenmitgliedern generieren	162
Über die Seriendruckfunktion ein Word-Dokument erstellen, das die Informationen der Listenmitglieder enthält	159
Zusammenfassung	166

In diesem Kapitel lernen Sie:

- Eine statische Marketingliste erstellen
- Der Liste über eine Suchansicht Mitglieder hinzufügen
- Der Liste über eine erweiterte Suche Mitglieder hinzufügen
- Aus der Liste über eine erweiterte Suche Mitglieder entfernen
- Mitglieder einer Liste über eine erweiterte Suche durchsehen
- ausgewählte Mitglieder individuell aus einer Liste entfernen
- Eine dynamische Marketingliste erstellen
- Mitglieder aus einer anderen Marketingliste kopieren
- Verkaufschancen aus Listenmitgliedern generieren
- Über die Seriendruckfunktion ein Word-Dokument erstellen, das die Informationen der Listenmitglieder enthält

Organisationen sind auf eine effektive Kommunikation mit ihren Kunden und potentiellen Kunden angewiesen. Marketing wird häufig als der Vorgang beschrieben, bei dem eine Organisation die Kommunikation und Mechanismen entwickelt, um Kunden zu überzeugen, ihre Produkte oder Dienstleistungen zu kaufen. Das Marketing verwendet üblicherweise zahlreiche Kommunikationskanäle für Kunden und potentielle Kunden: Post, E-Mail, Seminare, Vor-Ort-Besuche, Werbeaktionen und Telefonanrufe. Firmen setzen Listen von Kunden und potentiellen Kunden ein, um ihrem Zielpublikum die Vorteile ihrer Produkte und Dienstleistungen näher zu bringen. So könnte eine Firma beispielsweise eine E-Mail an alle Interessenten einer Stadt versenden, die auf eine interessante Werbeaktion am dortigen Geschäft hinweist. Oder eine Firma versendet eine Erinnerung an alle Kunden, deren Vertrag innerhalb der nächsten 30 Tage ausläuft.

Marketing-Profis können Microsoft Dynamics CRM dazu verwenden, Marketingstrategien umzusetzen und Kundenlisten zu segmentieren. Marketinglisten sind Gruppen von Firmen, Kontakten und Leads, die in Marketingkampagnen und zu vielen anderen Unternehmenszwecken verwendet werden. So könnte z.B. ein Mitarbeiter im Verkauf mit Microsoft Dynamics CRM eine Marketingliste seiner neuen Firmen erstellen, um schnellstmöglich Angebote zu versenden und neue Interessenten zu gewinnen.

In diesem Kapitel erfahren Sie, wie Sie Microsoft Dynamics CRM einsetzen, um statische und dynamische Marketinglisten zu erstellen, Listenmitglieder zu verwalten und einen Serienbrief zu entwickeln, der die Daten der Mitglieder einer Marketingliste enthält.

Übungsdateien

Es gibt zu diesem Kapitel keine Übungsdateien.

WICHTIG Die Bilder in diesem Buch zeigen die Standardformulare und Feldnamen in Microsoft Dynamics CRM. Da die Software vielfältig angepasst werden kann, ist es möglich, dass einige der Datentypen oder -felder in Ihrem Microsoft Dynamics CRM anders heißen. Wenn Sie die Formulare, Felder oder Sicherheitsrollen, die in diesem Buch angesprochen werden, nicht finden können, wenden Sie sich an Ihren Systemadministrator.

WICHTIG Sie müssen die Adresse Ihrer Microsoft Dynamics CRM-Website kennen, um die Beispiele dieses Buchs durchzugehen. Erfragen Sie die Adresse bei Ihrem Systemadministrator, wenn Sie sie nicht kennen.

Eine statische Marketingliste erstellen

Der wahre Wert eines Customer Relationship Management-Systems liegt in der Qualität seiner Daten. Marketinglisten bieten eine bequeme Möglichkeit, Firmen, Kontakte und Leads miteinander zu verknüpfen. Bevor Sie einer Liste Mitglieder hinzufügen, müssen Sie sie definieren. In der Voreinstellung verlangt Microsoft Dynamics CRM von Ihnen einen Listennamen, den Listentyp und dann die Mitglieder. Der Listentyp kann entweder statisch oder dynamisch sein. Der Mitgliedstyp kann entweder Firma, Kontakt oder Lead sein. Jede Liste kann nur einen Mitgliedstyp haben. Zusatzinformationen können angegeben werden, so wie Quelle, Kosten und Zweck der Liste. Sie können auch eigene Attribute erstellen, um Ihre Liste weitergehend zu definieren.

> **Weitere Informationen**
>
> Microsoft Dynamics CRM bietet die Möglichkeit, Marketinglisten zu importieren, so dass Sie mit einem einfachen Importassistenten mehrere Marketinglisten erstellen können. Auch wenn Sie mit dem Assistenten importieren können, werden Sie der Liste zusätzliche Mitglieder hinzufügen, indem Sie die in diesem Kapitel beschriebenen Techniken verwenden. Weitere Informationen über das Importieren von Daten in Microsoft Dynamics CRM finden Sie in Kapitel 18, »Massendaten importieren«.

In dieser Übung erstellen Sie eine statische Marketingliste mit Kundenkontakten, die sich in Berlin befinden.

VORBEREITUNG   Gehen Sie mit Microsoft Internet Explorer auf die Microsoft Dynamics CRM-Website, bevor Sie mit dieser Übung anfangen. Sie benötigen ein Benutzerkonto, das die Sicherheitsrolle *Marketingmanager* hat oder eine Rolle mit Privilegien, um Marketinglisten zu erstellen.

1. Im Menübereich **Marketing** klicken Sie auf **Marketinglisten**.

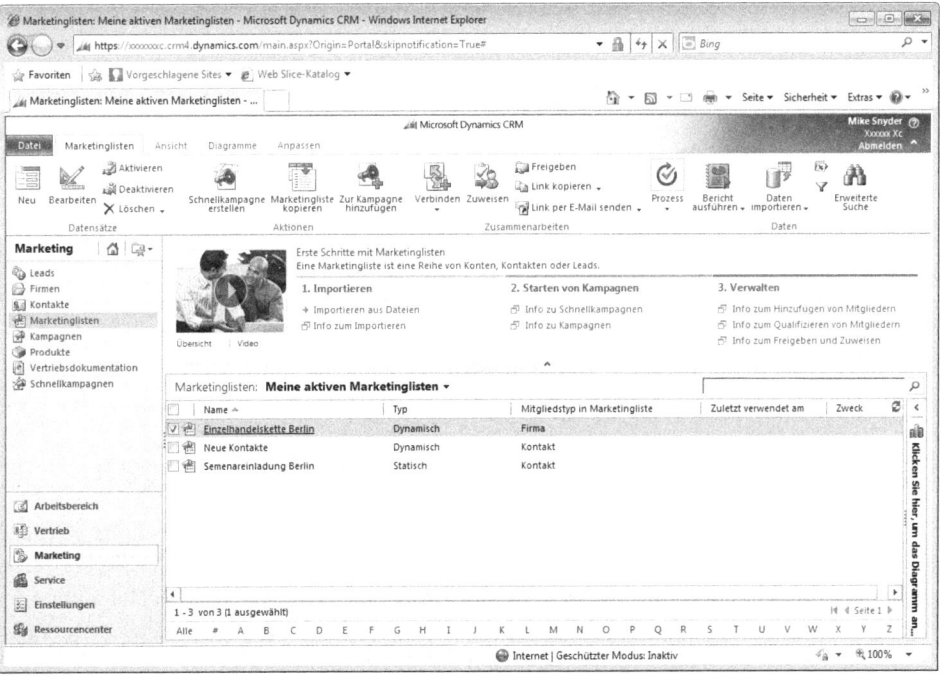

2. Klicken Sie auf die Schaltfläche **Neu**, um das Marketinglistenformular zu öffnen.
3. Im Feld **Name** geben Sie *Kontakte Berlin* ein. Im Feld **Mitgliedstyp** wählen Sie **Kontakt**. Belassen Sie das Feld **Typ** auf **Statisch**.

Neu

Fehlersuche

Typ und Mitgliedstyp können nach dem Speichern der Marketingliste nicht mehr geändert werden. Wenn Sie Interessenten und Kunden gleichzeitig bewerben wollen, sollten Sie mehrere Marketinglisten erstellen.

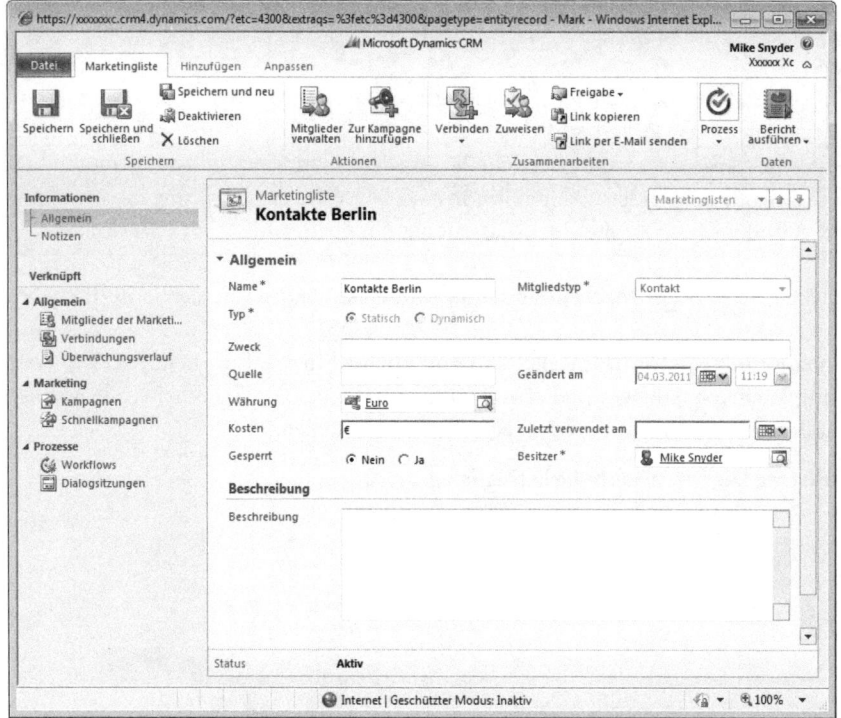

WICHTIG Das Attribut *Gesperrt* verhindert, dass jemand der Liste Mitglieder hinzufügt oder sie löscht. Belassen Sie dieses Attribut auf *Nein*, wenn Sie nicht wollen, dass Ihrer Liste Miglieder hinzugefügt werden.

4. Klicken Sie auf die Schaltfläche **Speichern und schließen**.

Speichern und schließen

Der Liste über Nachschlagen Mitglieder hinzufügen

Der Hauptzweck einer Marketingliste ist es, mehrere Listenmitglieder für eine oder mehrere Kampagnen zusammenzufassen. Sie könnten z.B. eine Liste benötigen, die alle Interessenten enthält, die Sie zu einem Seminar einladen möchten und eine andere, die die Vorzugskunden enthält. Nachdem Sie die Marketingliste gespeichert haben, müssen Sie ihr Mitglieder hinzufügen. Microsoft Dynamics CRM bietet mehrere Wege, einer Marketingliste Mitglieder hinzuzufügen. Sie können Mitglieder individuell hinzufügen oder die Erweiterte Suche verwenden, um viele Listenmitglieder hinzuzufügen, die gleiche Interessen oder Attribute besitzen.

Einer Liste die Mitglieder individuell hinzuzufügen, ist der direkte Ansatz. Da Sie jedes Mitglied individuell auswählen, haben Sie den größtmöglichen Einfluss auf Ihre Auswahl. Zusätzlich bietet Ihnen die Schnellsuche eine Möglichkeit, Listen zu erstellen, die keine gemeinsamen Daten besitzen, was bei der Erweiterten Suche nicht der Fall ist. Stellen Sie sich zum Beispiel vor, Sie hätten eine bestehende Gruppe von Personen, die zu einem Seminar angemeldet sind. Sie können eine neue Marketingliste erstellen, um alle bestätigten Anmeldungen im Auge zu behalten. Nachdem ein Kunde seine Anmeldung zum Ereignis bestätigt hat, können Sie den Kontaktdatensatz manuell auswählen und Ihrer Liste der bestätigten Anmeldungen hinzufügen.

In dieser Übung werden Sie einer bestehenden Marketingliste nacheinander über die Schnellsuche Mitglieder hinzufügen.

VORBEREITUNG Gehen Sie mit Microsoft Internet Explorer auf die Microsoft Dynamics CRM-Website, bevor Sie mit dieser Übung anfangen. Sie benötigen ein Benutzerkonto, das die Sicherheitsrolle *Marketingmanager* hat oder eine Rolle mit Privilegien, um Marketinglisten zu erstellen.

1. Im Menübereich **Marketing** klicken Sie auf **Marketinglisten**.
2. Doppelklicken Sie auf die Marketingliste **Kontakte Berlin**, die Sie im vorangegangenen Abschnitt erstellt haben.
3. Im Navigationsbereich klicken Sie auf **Mitglieder der Marketingliste**, um ihr Mitglieder hinzuzufügen.
4. Klicken Sie auf **Mitglieder verwalten**, um das Dialogfeld **Mitglieder verwalten** zu öffnen.

   Wenn Sie die Schaltfläche Mitglieder verwalten nicht sehen, prüfen Sie, ob Sie die Liste nicht gesperrt haben. Das Sperren einer Marktingliste verhindert, dass Mitglieder hinzugefügt oder gelöscht werden können.
5. Im Dialogfeld **Mitglieder verwalten** klicken Sie auf **Suche zum Hinzufügen von Mitgliedern verwenden**.

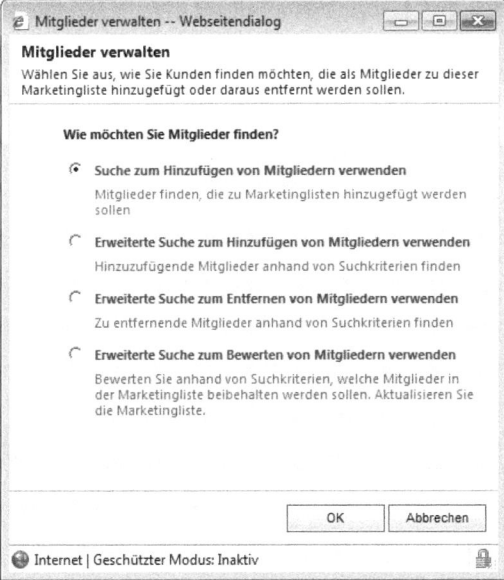

6. Klicken Sie auf **OK**, um das Dialogfeld **Mitglieder verwalten** zu schließen.

   Das Dialogfeld **Datensätze nachschlagen** wird geöffnet.

7. Im Dialogfeld **Datensätze nachschlagen** wird das Feld **Suchen nach** automatisch auf den Mitgliedstyp gesetzt, den Sie für die Marketingliste angegeben haben. Wählen Sie einen oder mehrere Datensätze aus und klicken Sie auf **Hinzufügen**, um sie der Liste **Ausgewählte Datensätze** hinzuzufügen.

8. Wenn Sie mit dem Auswählen von Datensätzen fertig sind, klicken Sie auf **OK**. Die Datensätze werden der Marketingliste hinzugefügt und das Dialogfeld **Datensätze nachschlagen** wird geschlossen.

Der Liste über eine erweiterte Suche Mitglieder hinzufügen

Viele Mitglieder der Liste haben etwas, das sie mit anderen Mitgliedern in Verbindung bringt. So enthält eine Liste z.B. nur Kontakte aus Berlin oder nur Firmen mit einem bestimmten Kundenstatus. Die erweiterte Suche hilft Ihnen dabei, auf einfache Weise nach Datensätzen zu suchen, die ein bestimmtes Attribut gemeinsam haben und sie – oder eine Auswahl davon – in Ihre Marketingliste aufzunehmen.

> **Weitere Informationen**
>
> Weitere Informationen über das Suchen nach Daten mit der erweiterten Suche finden Sie in Kapitel 16, »Die erweiterte Suche verwenden«.

Der Liste über eine erweiterte Suche Mitglieder hinzufügen

In dieser Übung fügen Sie alle aktiven Kontakte mit einer Adresse in Berlin als Miglieder in die Marketingliste *Kontakte Berlin* ein, die Sie im vorangegangenen Abschnitt erstellt haben.

TIPP Microsoft Dynamics CRM verhindert das doppelte Eintragen von Mitgliedern automatisch. Wenn Ihre Abfrage einen Datensatz enthält, der bereits in der Marketingliste vorhanden ist, ignoriert Microsoft Dynamics CRM diesen Eintrag.

VORBEREITUNG Gehen Sie mit Microsoft Internet Explorer auf die Microsoft Dynamics CRM-Website, bevor Sie mit dieser Übung anfangen. Sie benötigen ein Benutzerkonto, das die Sicherheitsrolle *Marketingmanager* hat oder eine Rolle mit Privilegien, um Marketinglisten zu erstellen.

1. Im Bereich **Marketing** klicken Sie auf **Marketinglisten**.
2. Doppelklicken Sie auf die Marketingliste **Kontakte Berlin**, die Sie vorher in diesem Kapitel erstellt haben.
3. Im Navigationsbereich klicken Sie auf **Mitglieder der Marketingliste**, um die Mitglieder anzuzeigen.
4. Klicken Sie auf **Mitglieder verwalten**, um das Dialogfeld **Mitglieder verwalten** zu öffnen.
5. Im Dialogfeld **Mitglieder verwalten** klicken Sie auf **Erweiterte Suche zum Hinzufügen von Mitgliedern verwenden**.
6. Klicken Sie auf **OK**. Im Dialogfeld **Mitglieder hinzufügen** geben Sie Ihre Abfrage ein wie in der folgenden Abbildung gezeigt.

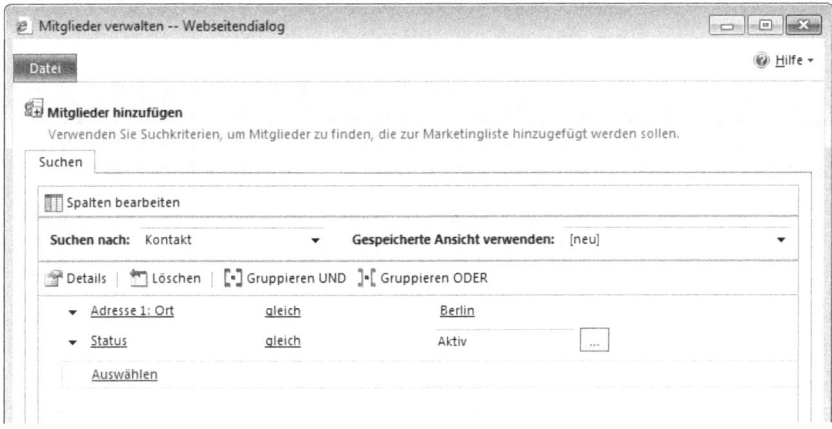

WICHTIG Wenn Ihr Unternehmen die genaue Bezeichnung des Bundeslandes einträgt statt einer Abkürzung, oder es keine Kontaktadressen aus Berlin gibt, verwenden Sie ein anderes Bundesland oder ein anderes Kriterium, damit die Suche Ergebnisse anzeigt.

TIPP Speichern Sie Ihre erweiterte Suchabfrage, um zukünftig neue Mitglieder einfach hinzufügen zu können.

7. Klicken Sie auf **Suchen**. Prüfen Sie, ob mindestens ein Kontakt in der Ergebnisliste angezeigt wird. Dann klicken Sie unterhalb der Ergebnisansicht auf **Alle von der Suche zurückgegebenen Mitglieder zur Marketingliste hinzufügen**.

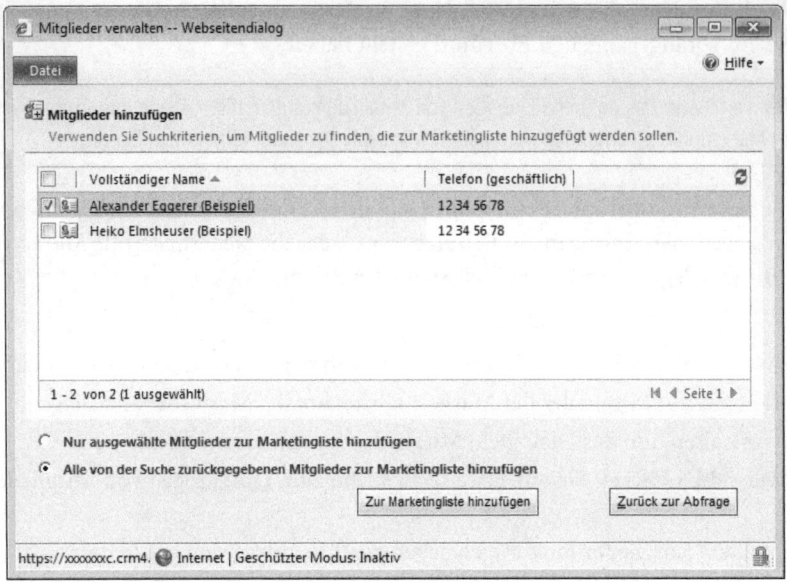

8. Klicken Sie auf **Zur Marketingliste hinzufügen,** um alle in der Suche gefundenen Kontakte hinzuzufügen.

Listenmitglieder mit der erweiterten Suche entfernen

Mitglieder bleiben in einer Liste enthalten, bis Sie sie manuell löschen. So wie Sie einer Liste Mitglieder hinzufügen, können Sie sie auch individuell löschen oder mit der erweiterten Suche eine ganze Gruppe aus ihr entfernen. Mit einer Abfrage in der erweiterten Suche können Sie leicht mehrere Mitglieder auf Basis eines gemeinsamen Kriteriums entfernen.

In dieser Übung verwenden Sie die erweiterte Suche, um Kontakte aus Ihrer Marketingliste *Kontakte Berlin* zu entfernen, die keine Stadt besitzen.

WICHTIG Dieser Vorgang entfernt die Einträge nur aus der Liste. Die eigentlichen Datensätze werden nicht gelöscht. Um die Änderung rückgängig zu machen, müssen Sie die Mitglieder der Liste wieder hinzufügen.

VORBEREITUNG Gehen Sie mit Microsoft Internet Explorer auf die Microsoft Dynamics CRM-Website, bevor Sie mit dieser Übung anfangen. Sie benötigen ein Benutzerkonto, das die Sicherheitsrolle *Marketingmanager* hat oder eine Rolle mit Privilegien, um Marketinglisten zu verwalten.

1. Im Bereich **Marketing** klicken Sie auf **Marketinglisten**.
2. Doppelklicken Sie auf die Marketingliste **Kontakte Berlin**, die Sie vorher in diesem Kapitel erstellt haben.
3. Im Navigationsbereich klicken Sie auf **Mitglieder der Marketingliste**.
4. Klicken Sie auf **Mitglieder verwalten**, um das Dialogfeld **Mitglieder verwalten** zu öffnen.
5. Klicken Sie auf **Erweiterte Suche zum Entfernen von Mitgliedern verwenden**.
6. Klicken Sie auf **OK**. Im Dialogfeld **Mitglieder entfernen** erstellen Sie eine Abfrage, die prüft, ob das Feld **Adresse1:Ort** leer ist.

Listenmitglieder mit der erweiterten Suche entfernen

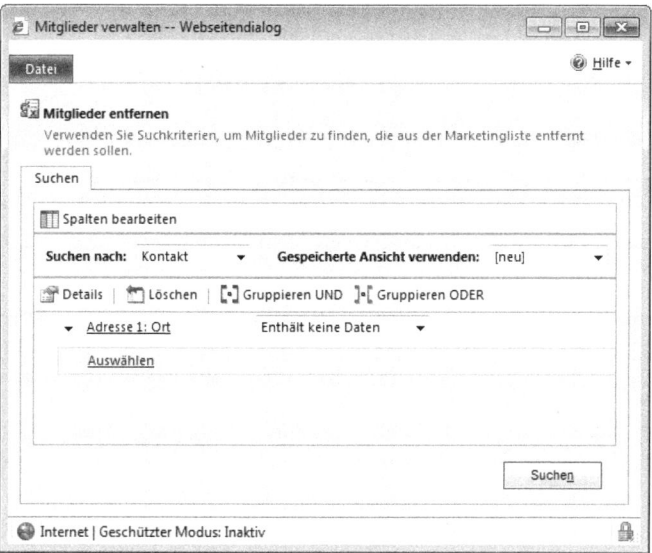

7. Klicken Sie auf **Suchen**, um die Suche auszuführen.

   WICHTIG Wenn Ihre Liste keine Kontakte enthält, verwenden Sie ein anderes Suchkriterium, um sicherzustellen, dass mindestens ein Kontaktdatensatz gefunden wird. Wenn keine Datensätze zurückgegeben werden und Sie auf Aus Marketingliste entfernen klicken, erhalten Sie eine Fehlermeldung.

8. Prüfen Sie, ob mindestens ein Kontakt in der Ergebnisliste angezeigt wird. Dann klicken Sie unterhalb der Ergebnisansicht auf **Alle von der Suche zurückgegebenen Mitglieder aus der Marketingliste löschen**.

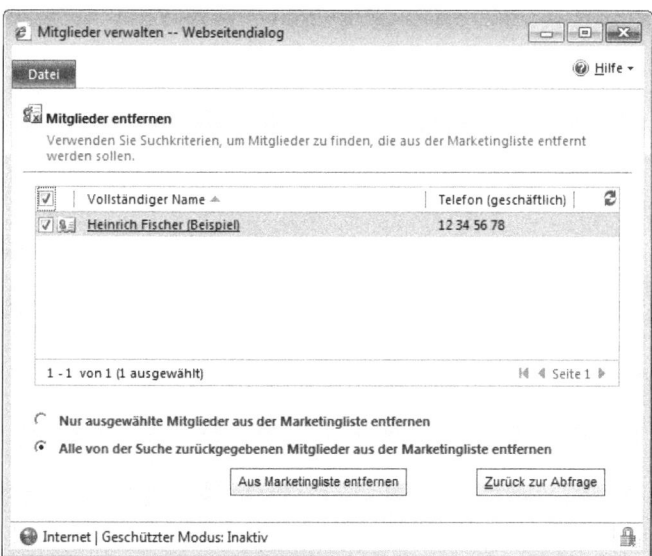

9. Klicken Sie auf **Von Marketingliste löschen** um alle in der Suche gefundenen Kontakte aus der Liste zu löschen.

Mitglieder einer Liste über eine erweiterte Suche bewerten

So wie Sie mit einer erweiterten Suche einer Liste mehrere Mitglieder hinzufügen oder daraus entfernen, können Sie auf diese Weise auch bewerten, welche Mitglieder in einer Liste behalten werden sollen. Die Bewertung gibt Ihnen die Möglichkeit, eine Marketingliste einfach über eine Abfrage zu aktualisieren. Diese Option fügt Mitglieder nicht auf Basis von Ergebnissen hinzu, sondern entfernt Mitglieder daraus, die nicht den Suchkriterien entsprechen.

Lassen Sie uns beispielsweise annehmen, Sie hätten eine Liste aller Kontakte in Berlin. Wenn einige frühe Mitglieder dieser Liste umgezogen sind, und nicht mehr in Berlin leben, müssen Sie sie manuell aus der Liste entfernen.

In dieser Übung bewerten Sie die Mitglieder der Marketingliste *Kontakte Berlin*, um sicherzustellen, dass sich nur Kontakte in der Liste befinden, die eine Adresse in Berlin haben.

VORBEREITUNG   Gehen Sie mit Microsoft Internet Explorer auf die Microsoft Dynamics CRM-Website, bevor Sie mit dieser Übung anfangen. Sie benötigen ein Benutzerkonto, das die Sicherheitsrolle *Marketingmanager* hat oder eine Rolle mit Privilegien, um Marketinglisten zu verwalten.

1. Im Bereich **Marketing** klicken Sie auf **Marketinglisten**.
2. Doppelklicken Sie auf die Marketingliste **Kontakte Berlin**, die Sie vorher in diesem Kapitel erstellt haben.
3. Im Navigationsbereich klicken Sie auf **Mitglieder der Marketingliste**.
4. Klicken Sie auf **Mitglieder verwalten**, um das Dialogfeld **Mitglieder verwalten** zu öffnen.
5. Im Dialogfeld **Mitglieder verwalten** klicken Sie auf **Erweiterte Suche zum Bewerten von Mitgliedern verwenden**.
6. Klicken Sie auf OK. Im Dialogfeld **Mitglieder bewerten und Marketingliste aktualisieren** erstellen Sie dieselbe Abfrage wie im vorherigen Abschnitt, um alle aktiven Kontakte in Berlin zu finden.

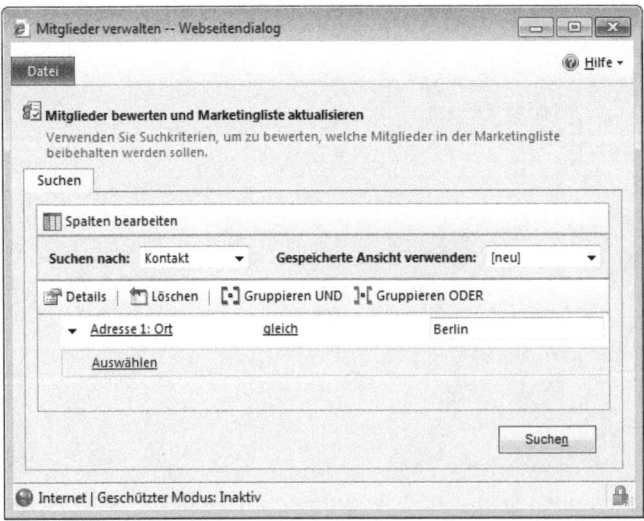

7. Klicken Sie auf **Suchen**, um die Suche auszuführen.
8. Prüfen Sie, ob mindestens ein Kontakt in der Ergebnisliste angezeigt wird. Dann klicken Sie unterhalb der Ergebnisansicht auf **Alle von der Suche zurückgegebenen Mitglieder in der Marketingliste beibehalten**.

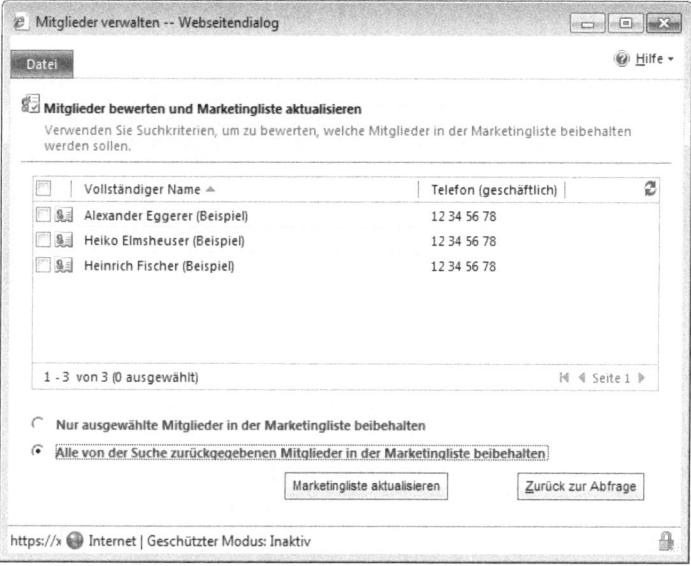

9. Klicken Sie auf **Marketingliste aktualisieren**, um die Marketingliste zu aktualisieren und alle Kontakte zu entfernen, die den Kriterien der erweiterten Suche entsprechen.

Ausgewählte Mitglieder aus einer Liste entfernen

Wie bereits erwähnt werden Mitglieder einer Marketingliste nicht dynamisch aktualisiert, wie Lead-, Kontakt-, und Firmen-Datensätze im System. Die Mitglieder bleiben in der Liste, bis Sie sie manuell entfernen. Zusätzlich zum Entfernen von Datensätzen können Sie in Microsoft Dynamics CRM Mitglieder einer Liste individuell entfernen, indem Sie den Befehl **Aus Marketingliste entfernen** verwenden.

In dieser Übung entfernen Sie individuelle Mitglieder aus der Liste *Kontakte Berlin*.

VORBEREITUNG   Gehen Sie mit Microsoft Internet Explorer auf die Microsoft Dynamics CRM-Website, bevor Sie mit dieser Übung anfangen. Sie benötigen ein Benutzerkonto, das die Sicherheitsrolle *Marketingmanager* hat oder eine Rolle mit Privilegien, um Marketinglisten zu verwalten.

1. Im Bereich **Marketing** klicken Sie auf **Marketinglisten**.
2. Doppelklicken Sie auf die Marketingliste **Kontakte Berlin**, die Sie vorher in diesem Kapitel erstellt haben.
3. Im Navigationsbereich klicken Sie auf **Mitglieder der Marketingliste**.
4. Ohne den Datensatz des Mitglieds der Marketingliste zu öffnen wählen Sie mindestens ein Mitglied zum Entfernen aus der Liste aus.

5. Im Menübereich klicken Sie auf **Aus Marketingliste entfernen**.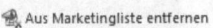

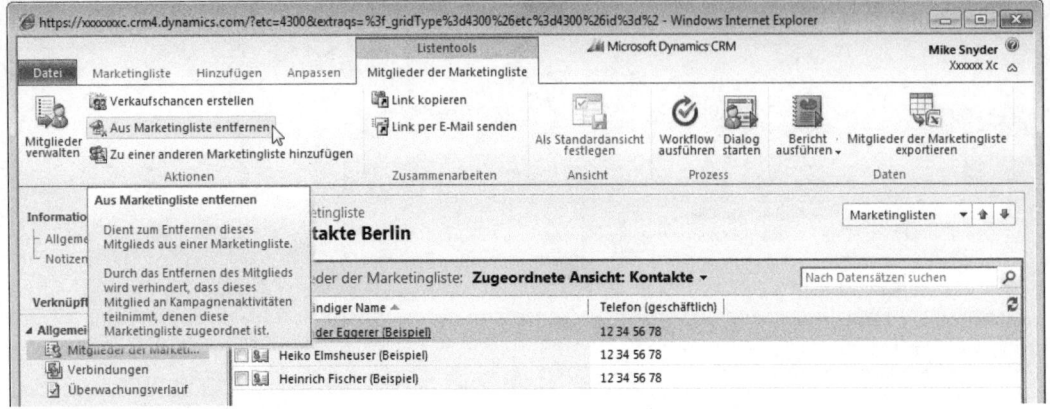

Eine Bestätigungsseite erscheint.

6. Im Dialogfeld **Mitglieder entfernen** klicken Sie auf **OK**, um die ausgewählten Mitglieder aus der Liste zu entfernen.

WICHTIG Dieser Vorgang entfernt die Einträge permanent aus der Liste. Um die Änderung rückgängig zu machen, müssen Sie die Mitglieder der Liste wieder neu hinzufügen.

Eine dynamische Marketingliste erstellen

Sie können auch eine Marketingliste erstellen, deren Mitglieder auf einer Abfrage basieren. Die Mitglieder der Marketingliste werden dadurch dynamisch generiert, basierend auf den Ergebnissen der letzten Abfrage. Die Möglichkeit, Mitglieder auf Basis der neuesten Daten zu definieren bedeutet, dass Sie sich nicht direkt um die Verwaltung der Mitglieder einer Liste zu kümmern brauchen. Dieser Ansatz ist gut geeignet für Listen, die z.B. alle Kontakte aus einer bestimmten Gegend enthalten, oder alle Kunden, die in den letzten sechs Monaten nichts gekauft oder bestellt haben, usw.

In dieser Übung erstellen Sie eine dynamische Marketingliste mit allen Kundenkontakten, die sich in Berlin befinden.

VORBEREITUNG Gehen Sie mit Microsoft Internet Explorer auf die Microsoft Dynamics CRM-Website, bevor Sie mit dieser Übung anfangen. Sie benötigen ein Benutzerkonto, das die Sicherheitsrolle *Marketingmanager* hat oder eine Rolle mit Privilegien, um Marketinglisten zu erstellen.

1. Im Bereich **Marketing** klicken Sie auf **Marketinglisten**.
2. Klicken Sie auf **Neu**.
3. Im Feld **Name** geben Sie *Kontakte Berlin* ein. Im Feld **Mitgliedstyp** wählen Sie **Kontakt**. Setzen Sie das Feld **Typ** auf **Dynamisch**.

Eine dynamische Marketingliste erstellen

> **Fehlersuche**
>
> Der Typ kann nach dem Speichern der Marketingliste weiter geändert werden. Wenn Sie die dynamische Marketingliste in eine statische ändern wollen, machen Sie das einfach durch einen Klick auf die Schaltfläche In statische Liste kopieren.

In statische Liste kopieren

WICHTIG Das Attribut Gesperrt hat für dynamische Marketinglisten keine Gültigkeit.

4. Klicken Sie auf **Speichern**. Oben in der Marketingliste erscheint eine Meldung, die anzeigt, dass alle Mitglieder dieser Liste dynamisch ausgewählt werden.

Speichern

5. Klicken Sie auf die Schaltfläche **Mitglieder verwalten**.

   Das Dialogfeld **Mitglieder verwalten** wird geöffnet, um die Abfrage zu erstellen, mit der die Mitglieder ausgewählt werden.

6. Im Dialogfeld **Mitglieder verwalten** geben Sie Ihre Abfrage für die *Kontakte Berlin* ein wie in der folgenden Abbildung gezeigt.

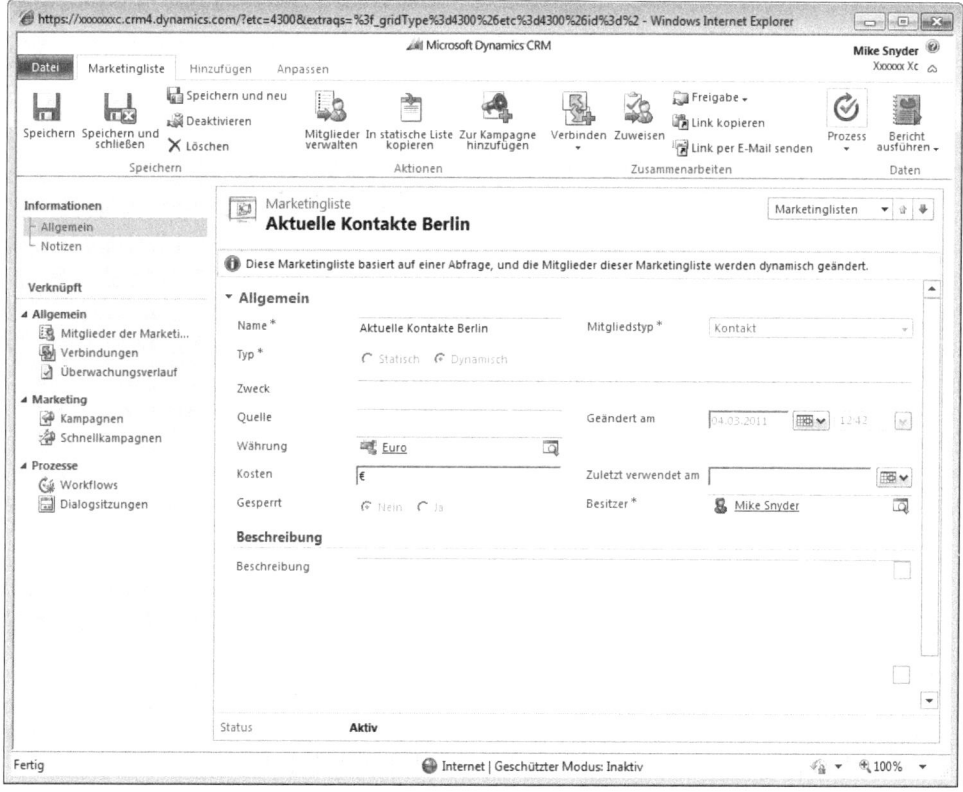

7. Klicken Sie auf **Suchen**, um das Ergebnis Ihrer Abfrage zu prüfen.

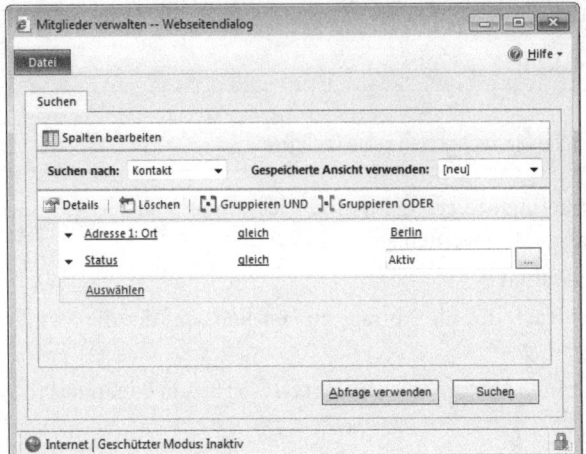

8. Klicken Sie auf **Abfrage verwenden**, um die Abfrage mit der dynamischen Marketingliste zu verbinden. In der Ansicht **Mitglieder der Marketingliste** sehen Sie die aktuellen Ergebnisse der Abfrage.

Mitglieder zu einer anderen Marketingliste kopieren

Manchmal werden Sie schnell alle Mitglieder einer Liste in eine andere kopieren wollen. Lassen Sie uns annehmen, Sie hätten eine Liste von Leads, die Ihre Einladung zu einer Verkaufsveranstaltung angenommen haben. Sie beschließen, diese bestimmte Liste zu sperren, damit Sie eine Übersicht haben, welche Kontakte vor der Veranstaltung geantwortet haben. Sie benötigen jedoch auch eine andere Liste mit den Kontakten, die tatsächlich zur Veranstaltung gekommen sind, so dass das Marketingteam diese schnell abarbeiten kann. Diese neue Liste mit Teilnehmern enthält viele Teilnehmer, die auch in der ersten Liste enthalten sind, darin stehen aber auch einige Personen, die nicht vorher bestätigt haben, und ihr fehlen die Interessenten, die sich angemeldet haben, aber nicht erschienen sind. Microsoft Dynamics CRM bietet einfache Funktionen, um Mitglieder aus Marketinglisten von einer zur anderen zu kopieren.

In dieser Übung kopieren Sie die Marketingliste *Kontakte Berlin* vom Anfang dieses Kapitels in eine neue Marketingliste namens *Seminareinladung Berlin*.

VORBEREITUNG Gehen Sie mit Microsoft Internet Explorer auf die Microsoft Dynamics CRM-Website, bevor Sie mit dieser Übung anfangen. Sie benötigen ein Benutzerkonto, das die Sicherheitsrolle *Marketingmanager* hat oder eine Rolle mit Privilegien, um Marketinglisten zu verwalten.

1. Im Bereich **Marketing** klicken Sie auf **Marketinglisten**.
2. Doppelklicken Sie auf die Marketingliste **Kontakte Berlin**, die Sie vorher in diesem Kapitel erstellt haben.
3. Im Navigationsbereich klicken Sie auf **Mitglieder der Marketingliste**, um die Mitglieder anzuzeigen.

> **TIPP** Microsoft Dynamics CRM beschränkt Ihre Auswahl auf die Höchstmenge von Datensätzen, die in der Ansicht angezeigt wird. Weitere Informationen darüber, wie Sie die Anzahl der Datensätze je Seite ändern können, finden Sie in Kapitel 2, »Einführung in Microsoft Dynamics CRM«.

Mitglieder zu einer anderen Marketingliste kopieren

4. Ohne einen Mitgliedsdatensatz der Liste zu öffnen wählen Sie mindestens ein Mitglied aus, das in Ihre neue Liste kopiert wird.

5. In der Gruppe **Aktionen** klicken Sie auf **Zu einer anderen Marketingliste hinzufügen**.

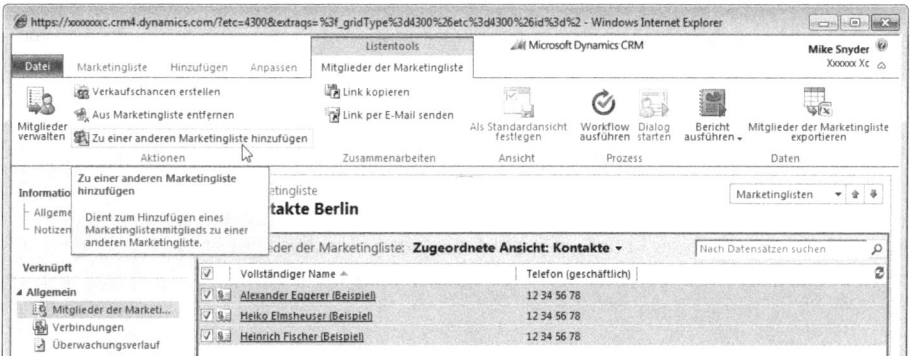

6. Im Dialogfeld **Datensätze nachschlagen** wird das Feld **Suchen nach** automatisch auf **Marketingliste** gesetzt und zeigt alle verfügbaren statischen Marketinglisten mit dem gleichen Mitgliedstyp an. Unten im Dialogfeld **Datensätze nachschlagen** klicken Sie auf **Neu**, um eine neue Marketingliste zu erstellen.

> **TIPP** Microsoft Dynamics CRM zeigt nur statische Marketinglisten an, da die Mitglieder dynamischer Listen immer auf Basis einer Abfrage generiert werden.

7. Im Formular **Marketingliste: Neu** geben Sie im Feld **Name** *Seminareinladung Berlin* ein. Im Feld **Mitgliedstyp** wählen Sie **Kontakt**. Belassen Sie das Feld **Typ** auf **Statisch**.

8. Klicken Sie auf **Speichern und schließen**, um die Marketingliste zu erstellen.

Das Dialogfeld **Datensätze nachschlagen** zeigt jetzt die Marketingliste *Seminareinladung Berlin* an.

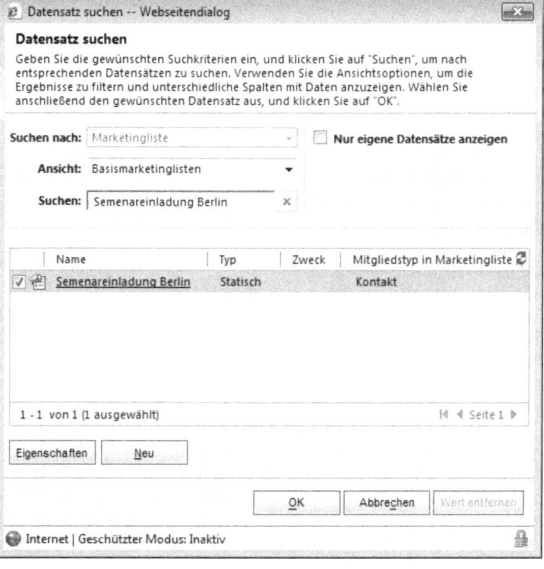

9. Wählen Sie die Marketingliste **Seminareinladung Berlin**, und klicken Sie auf **OK**, um die ausgewählten Mitglieder der neuen Liste hinzuzufügen.

Verkaufschancen aus Listenmitgliedern generieren

Mit Microsoft Dynamics CRM können Sie im Mitgliederbereich einer Marketingliste, die Firmen- oder Kontaktmitglieder besitzt, einfach neue Verkaufschancen erstellen. Sie können so viele Datensätze auswählen, wie im Bereich angezeigt werden, aber jede auf diese Weise erstellte Verkaufschance hat dieselben Vorgabewerte (wie auch **Neue Verkaufschance** im Anwendungsbereich **Verkaufschancen**. Bei Listen, die Lead-Mitglieder enthalten, können Sie Leads in Verkaufsschancen konvertieren, indem Sie die Aktion **Lead konvertieren** verwenden.

In Beispiel weiter vorn in diesem Kapitel könnte ein Marketingmanager diese Funktion verwenden, um für das Verkaufsteam Verkaufschancen zu erstellen, und jeden Interessenten im Auge zu behalten, der an der Verkaufsveranstaltung teilgenommen hat.

In dieser Übung erstellen Sie neue Verkaufschancen für ausgewählte Mitglieder einer Marketingliste.

VORBEREITUNG Gehen Sie mit Microsoft Internet Explorer auf die Microsoft Dynamics CRM-Website, bevor Sie mit dieser Übung anfangen. Sie benötigen ein Benutzerkonto, das die Sicherheitsrolle *Marketingmanager* hat oder eine Rolle mit Privilegien, um Verkaufschancen zu erstellen.

1. Im Bereich **Marketing** klicken Sie auf **Marketinglisten**.
2. Doppelklicken Sie auf die Marketingliste **Seminareinladung Berlin**, die Sie im vorangegangenen Abschnitt erstellt haben.
3. Im Navigationsbereich klicken Sie auf **Mitglieder der Marketingliste**.
4. Wählen Sie die einzelnen Mitglieder, für die Sie eine Verkaufschance erstellen wollen, manuell aus.
5. In der Gruppe **Aktionen** klicken Sie auf **Verkaufschancen erstellen**.

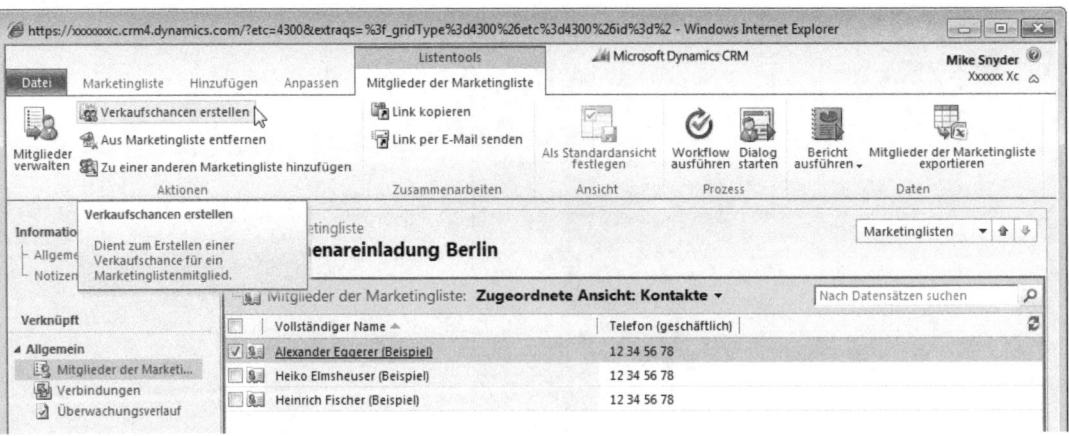

TIPP Die Schaltfläche Verkaufschancen erstellen ist nur für Listen verfügbar, die Firmen- oder Kontaktmitglieder enthalten. Bei Listen, die Lead-Mitglieder enthalten, erscheint die Schaltfläche Qualifizieren und die Schaltfläche Verkaufschancen erstellen ist deaktiviert.

6. Im Dialogfeld **Verkaufschance für Marketinglistenmitglieder erstellen** füllen Sie die benötigten Felder aus.

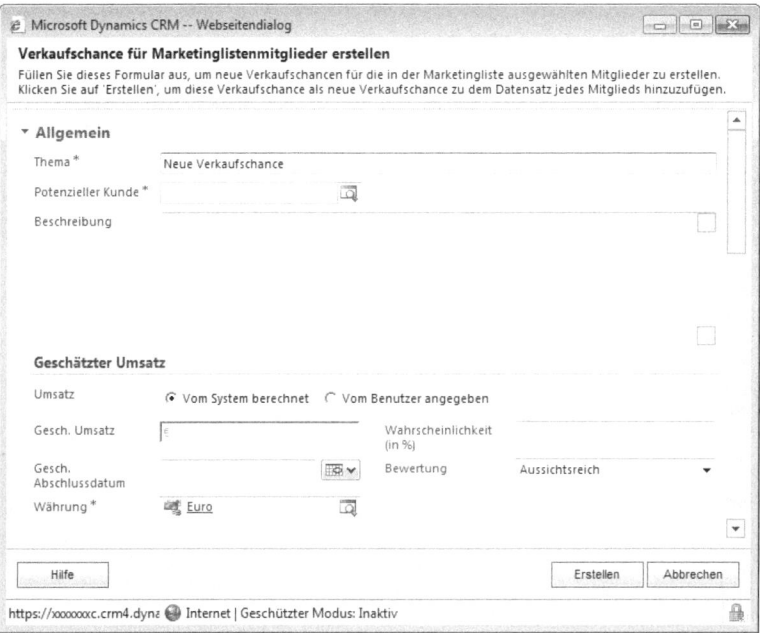

7. Klicken Sie auf **Erstellen**, um Verkaufschancen für die ausgewählten Kontakte zu erstellen.

TIPP So wie beim Verwenden des Werkzeugs zum Bearbeiten mehrerer Datensätze werden alle eingegebenen Werte in diesem Dialogfeld für alle neu erstellen Verkaufschancen verwendet. Das Feld Potenzieller Kunde wird automatisch mit jeder ausgewählten Firma oder Kontakt aus der Marketingliste belegt.

Über die Seriendruckfunktion ein Word-Dokument erstellen, das die Informationen der Listenmitglieder enthält

Marketing- und Serviceorganisationen verwenden häufig Briefsendungen als wichtige Kommunikationsfunktion für ihre Kunden und Interessenten. So könnten alle Interessenten eine Mitteilung über ein Sonderangebot erhalten, um sie zum Kaufen anzuregen. Oder es wird eine Mitteilung des Kundendiensts an alle bestehenden Kunden versandt. Die Seriendruckfunktionen von Microsoft Dynamics CRM bieten einen komfortablen Weg, Dokumente mit personalisierten Daten direkt aus einer Marketingliste zu generieren.

In dieser Übung erstellen Sie einen Serienbrief mit Daten aus einer Marketingliste.

WICHTIG Um diese Übung durchzuführen, benötigen Sie Zugriff auf die Dokumentvorlage *Kontaktwiederaufnahme mit Kontakten* von Microsoft Word, die bei jeder Microsoft Dynamics CRM-Installation beigefügt ist. Um zu prüfen, ob Sie Zugriff auf diese Dokumentvorlage haben, klicken Sie im Bereich **Einstellungen** auf **Vorlagen** und dann auf **Seriendruckvorlagen**. Ändern Sie die Ansicht auf **Aktive Seriendruckvorlagen** und prüfen Sie, ob *Kontaktwiederaufnahme mit Kontakten* in dieser Liste erscheint. Erscheint die Dokumentvorlage nicht, wählen Sie eine andere Vorlage aus oder kontaktieren Sie Ihren Systemadministrator.

VORBEREITUNG Gehen Sie mit Microsoft Internet Explorer auf die Microsoft Dynamics CRM-Website, bevor Sie mit dieser Übung anfangen. Sie benötigen ein Benutzerkonto, das die Sicherheitsrolle Marketingmanager hat oder eine Rolle mit Privilegien, um Marketinglisten und Seriendruckvorlagen zu verwalten.

1. Im Bereich **Marketing** klicken Sie auf **Marketinglisten**.
2. Doppelklicken Sie auf die Marketingliste **Seminareinladung Berlin**, die Sie vorher in diesem Kapitel erstellt haben.
3. Im Navigationsbereich klicken Sie auf **Hinzufügen** und dann auf **Seriendruck für Listenmitglieder**.
4. Im Dialogfeld **Seriendruck für Microsoft Dynamics CRM für Microsoft Office Word** wählen Sie **Brief** als Seriendrucktyp aus. Wählen Sie dann **Seriendruckvorlage der Organisation** und klicken Sie auf die jetzt verfügbare Schaltfläche **Nachschlagen**.

5. Im Dialogfeld **Datensätze nachschlagen**, in dem sich die verfügbaren Seriendruckvorlagen befinden, wählen Sie **Kontaktwiederaufnahme mit Kontakten** aus und klicken auf **OK**.

TIPP Microsoft Dynamics CRM enthält zahlreiche Seriendruckvorlagen. Sie können diese Vorlagen bearbeiten oder Ihre eigenen erstellen.

6. Zurück im Dialogfeld **Seriendruck für Microsoft Dynamics CRM für Microsoft Office Word** klicken Sie auf **OK**.
7. Im Dialogfeld **Datei herunterladen** klicken Sie auf **Öffnen**, um die Datei in Word anzusehen. Wenn Sie möchten, klicken Sie stattdessen auf **Speichern**, um den Serienbreif auf Ihrem Computer zu speichern.

WICHTIG Die nächsten Schritte benötigen Word 2007 oder Word 2010 und den Outlook-Client für Microsoft Dynamics CRM. Die CRM-Schaltfläche im Add-Ins erscheint nur, wenn der Microsoft Dynamics CRM-Client für Outlook auf Ihrem Computer installiert ist.

8. In Word klicken Sie auf **Add-Ins** und dann auf die Schaltfläche **CRM**.

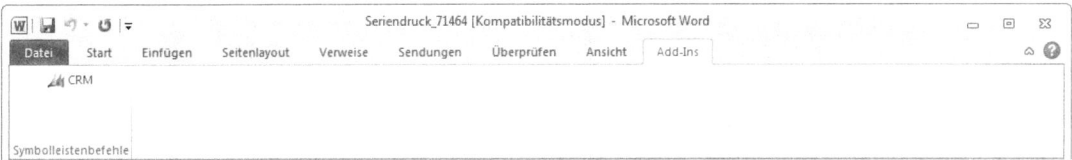

9. Das Dialogfeld **Seriendruckempfänger** wird geöffnet. Hier werden alle Empfänger des Serienbriefs aufgelistet. Klicken Sie auf **OK**, um alle Empfänger aufzunehmen.

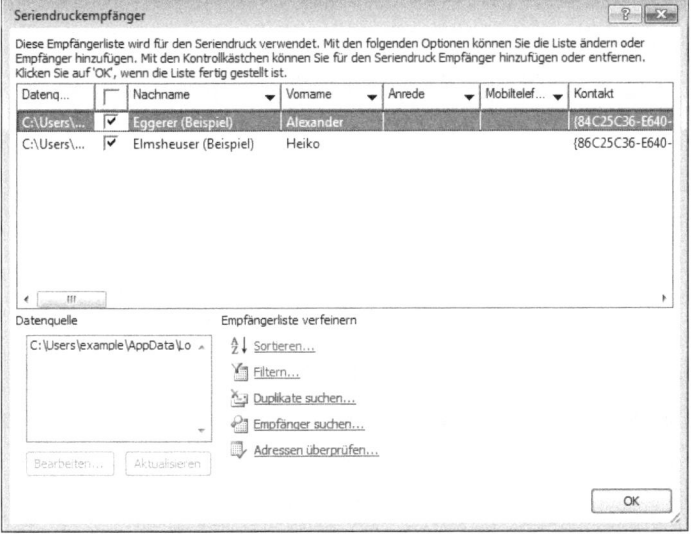

10. Jetzt können Sie den Text des Briefs aktualisieren und Informationen hinzufügen. Wenn Sie mit Ihren Änderungen fertig sind, klicken Sie auf **Weiter**. Prüfen Sie die Briefe im Bereich **Sendungen**.
11. Prüfen Sie die generierten Informationen für jeden Empfänger und aktualisieren Sie die Liste der Empfänger, wenn notwendig. Dann klicken Sie auf **Weiter**. Klicken Sie auf **Fertig stellen und zusammenführen**, wenn Sie fertig sind.

12. Im letzten Schritt können Sie die entstandenen Serienbriefe drucken oder individuelle Briefe bearbeiten.

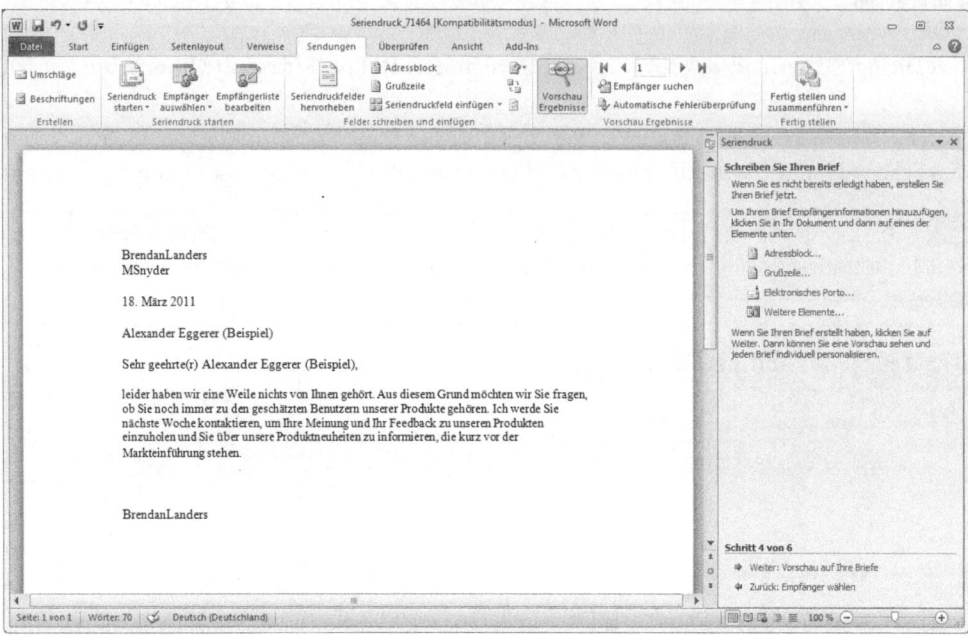

Zusammenfassung

- Marketinglisten bieten einen einfachen Weg, Firmen, Kontakte oder Leads zur Verwendung bei Werbung oder Kampagnen zu gruppieren. Marketinglisten helfen Ihnen dabei, die Übersicht über die wichtigsten Kunden, zu Veranstaltungen eingeladene Interessenten, Firmen in einer bestimmten Region usw. zu behalten.
- Microsoft Dynamics CRM beschränkt Marketinglisten auf Firmen, Kontakte oder Leads.
- Da Attribute zwischen Firmen, Kontakten und Leads variieren können, kann jede Marketingliste nur einen Mitgliedstyp enthalten. Wenn Sie einen Werbebrief sowohl an Kunden als auch an Interessenten versenden möchten, müssen Sie mehrere Listen erstellen.
- Statische Marketinglisten müssen Sie manuell auf dem Laufenden halten.
- Dynamische Marketinglisten werden aus den aktuellen Ergebnissen einer der Liste zugeordneten Abfrage generiert.
- Sie können die aktuellen Mitglieder einer dynamischen Marketingliste einfach in eine statische Marketingliste kopieren, indem Sie die Funktion »In statische Liste kopieren« verwenden.
- Bei statischen Marketinglisten können Sie Mitglieder hinzufügen, entfernen oder aktualisieren, indem Sie die erweiterte Suche benutzen.
- Das Sperren einer statischen Marketingliste verhindert, dass Mitglieder hinzugefügt oder gelöscht werden.
- Sie können die Mitglieder einer Marketingliste verwenden, um schnell Verkaufschancen zu erstellen oder Listen für den Direktvertrieb mittels Seriendruckfunktion zu generieren.

Kapitel 8

Kampagnen und Schnellkampagnen verwalten

In diesem Kapitel:

Eine Kampagne erstellen	169
Planungsaktivitäten hinzufügen	171
Zielmarketinglisten auswählen	173
Zielprodukte und Vertriebsdokumentation hinzufügen	175
Kampagnen verknüpfen	176
Kampagnenvorlagen erstellen	178
Kampagnendatensätze kopieren	178
Schnellkampagnen verwenden	179
Zusammenfassung	182

In diesem Kapitel lernen Sie:

- Eine Kampagne erstellen
- Planungsaktivitäten hinzufügen
- Zielmarketinglisten auswählen
- Zielprodukte und Vertriebsdokumentation hinzufügen
- Kampagnen verknüpfen
- Kampagnenvorlagen erstellen
- Datensätze einer Kampagne kopieren
- Schnellkampagnen verwenden

In Kapitel 7, »Marketinglisten verwenden«, haben Sie gelernt, wie Sie Marketinglisten verwenden, um Ihre Kunden und Interessenten in Listen zu gruppieren. Marketinglisten sind jedoch nur ein kleiner Bestandteil einer Marketingstrategie. Nachdem Sie Ihre Kunden- oder Interessentengruppen festgelegt haben, können Sie die Kampagnen in Microsoft Dynamics CRM verwenden, um mit den Gruppen zu kommunizieren und die Antworten zu verfolgen.

Siehe auch Kapitel 9, »Mit Kampagnenaktivitäten und Reaktionen arbeiten«, beschreibt, wie Sie eine Kampagne durchführen und die Reaktionen mittels Kampagnenaktivitäten und Überwachung verfolgen und erläutert verschiedene Berichte, um die Effektivität einer Kampagne zu messen, sie zu vergleichen und Kampagnenaktivitäten zu überwachen.

Eine Marketingkampagne besteht aus einer Reihe von Aktivitäten, um den Bekanntheitsgrad Ihrer Firma, Ihrer Produkte oder Ihrer Dienstleistungen zu steigern. Jeder im Vertrieb weiß, dass eine ordnungsgemäß durchgeführte Marketingkampagne die Koordination vieler Parteien, Dokumentation und von Aufgaben umfasst. Microsoft Dynamics CRM bietet einen bequemen Weg, um Kampagnen und die zugeordneten Aktivitäten, Aufgaben und Informationen zu verwalten.

Stellen Sie sich vor, Sie wollten ein neues Programm zur Kundenbindung starten. Dieses Programm belohnt Kunden für wiederholte Käufe Ihrer Produkte und bietet ihnen besondere Rabatte und Sonderangebote. Um die Kampagne zu starten, planen Sie einen Begrüßungsbrief mit einer Folge-E-Mail an die entsprechenden Kunden, um sie über das Programm zu informieren. Zu Ihren Aktivitäten gehört z.B:

- Die Kosten und die erwarteten Resultate der Kampagne zu ermitteln
- Den Entwurf des Begrüßungsbriefs und der Folge-E-Mail zu erstellen und genehmigen zu lassen
- Die Kunden für das Kundenbindungsprogramm auszuwählen
- Die Grafikerstellung und den Versand der Briefe und E-Mails mit Zulieferern und Ihrer IT-Abteilung abzustimmen
- Die eigentliche Kampagne an Ihre Kunden zu versenden
- Die Reaktionen für Folgeaktivitäten und zur Analyse zu überwachen

In diesem Kapitel lernen Sie eine Kampagne zu erstellen und die dazugehörenden Planungsaktivitäten, Kundenlisten, Produkte und Vertiebsdokumentation zu erstellen. Zusätzlich erstellen Sie eine Kampagnenvorlage, die für zukünftige Kampagnen verwendet werden kann. Schließlich erfahren Sie, wie Sie den Assistenten für Schnellkampagnen verwenden, um die Kampagnenaktivitäten für eine Auswahl von Leads, Kontakten oder Firmen schnell zu erstellen.

> **Übungsdateien**
> Es gibt zu diesem Kapitel keine Übungsdateien.

> **WICHTIG** Die Bilder in diesem Buch zeigen die Standardformulare und Feldnamen in Microsoft Dynamics CRM. Da die Software vielfältig angepasst werden kann, ist es möglich, dass einige der Datentypen oder -felder in Ihrem Microsoft Dynamics CRM anders heißen. Wenn Sie die Formulare, Felder oder Sicherheitsrollen, die in diesem Buch angesprochen werden, nicht finden können, wenden Sie sich an Ihren Systemadministrator.

> **WICHTIG** Sie müssen die Adresse Ihrer Microsoft Dynamics CRM-Website kennen, um die Beispiele dieses Buchs durchzugehen. Erfragen Sie die Adresse bei Ihrem Systemadministrator, wenn Sie sie nicht kennen.

Eine Kampagne erstellen

Microsoft Dynamics CRM ermöglicht es Ihnen, Marketinginformationen oder Reichweitenangaben in einem Kampagnendatensatz zu überwachen. Sie können Angebot, Typ, Termine und Finanzinformationen der Kampagne überwachen. So können Sie z.B. eine Kampagne erstellen, die die Werbeaktivitäten für die Einführung eines neuen Produkts koordiniert.

In der Voreinstellung werden die in der folgenden Tabelle beschriebenen Felder der Kampagnenvorlagen von Microsoft Dynamics CRM überwacht.

Feld	Beschreibung
Name	Dieses Feld enthält den Namen der Kampagne.
Statusgrund	Bezeichnet den Status der Kampagne für Berichtszwecke. Die vorgegebenen Statusgründe lauten Vorgeschlagen, Bereit zum Start, Gestartet, Abgeschlossen, Storniert und Angehalten.
Kampagnencode	Kann ein vom Benutzer eingegebener oder ein systemgenerierter Kampagnencode sein.
Kampagnentyp	Bietet eine Kategorie für die Kampagne, wie Anzeige, Direktmarketing, Veranstaltung, oder Co-Branding. Das Feld ist nützlich für Berichte.
Erwartete Reaktion	Ermöglicht die erwartete Reaktion auf eine Kampagne als Prozentsatz von 0 bis 100 anzugeben.
Gesamtkosten der Kampagnenaktivitäten	In diesem Feld addiert Microsoft Dynamics CRM automatisch die Kosten aller Kampagnenaktivitäten.
Verschiedene Kosten	Dieses Feld informiert über weitere Kosten im Zusammenhang mit der Kampagne.
Gesamtkosten der Kampagne	Dieses Feld enthält die Summe der Gesamtkosten der Kampagnenaktivitäten und der verschiedenen Kosten.

In dieser Übung erstellen Sie einen Kampagnendatensatz, der verwendet wird, um die Werbeaktivitäten Ihrer Produkteinführung zu koordinieren.

VORBEREITUNG Gehen Sie mit Microsoft Internet Explorer auf die Microsoft Dynamics CRM-Website, bevor Sie mit dieser Übung anfangen.

1. Im Bereich **Marketing** klicken Sie auf **Kampagnen**.

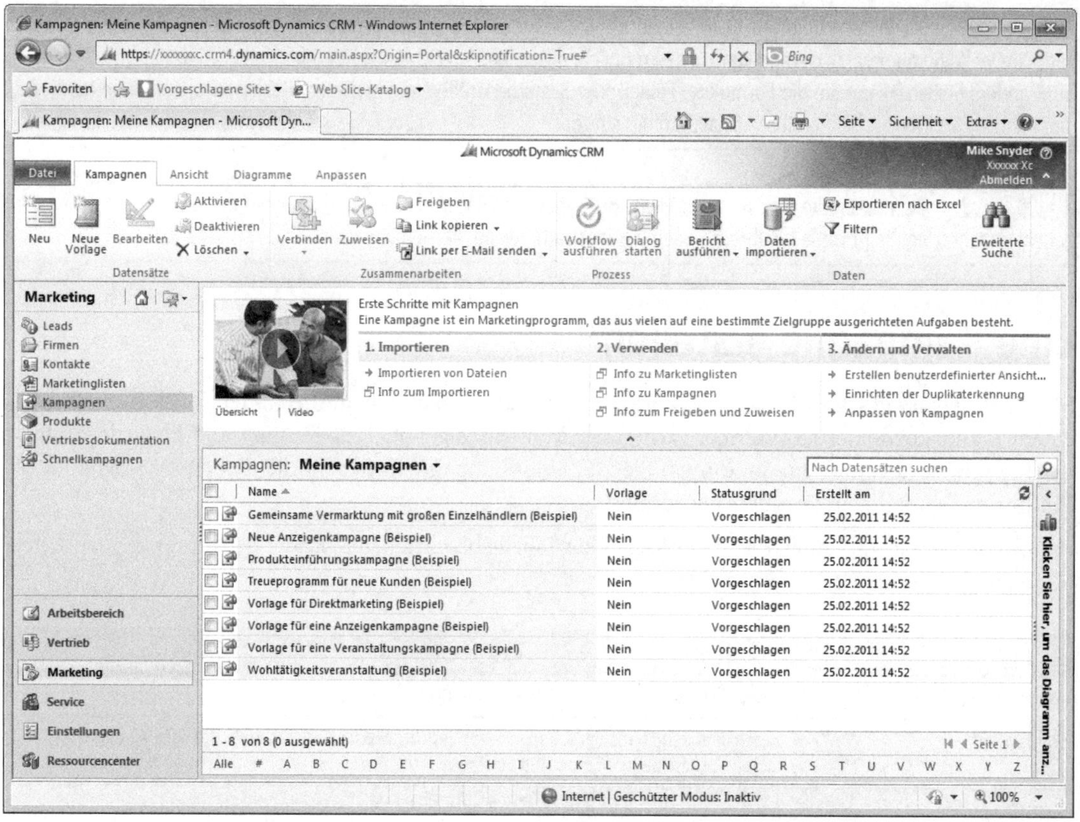

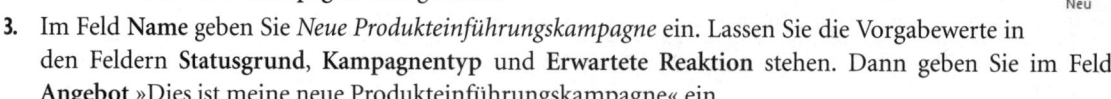

2. Klicken Sie im auf die Schaltfläche **Neu**.

   Das Formular **Neue Kampagne** wird geöffnet.

3. Im Feld **Name** geben Sie *Neue Produkteinführungskampagne* ein. Lassen Sie die Vorgabewerte in den Feldern **Statusgrund**, **Kampagnentyp** und **Erwartete Reaktion** stehen. Dann geben Sie im Feld **Angebot** »Dies ist meine neue Produkteinführungskampagne« ein.

   TIPP Der Kampagnencode wird von Microsoft Dynamics CRM automatisch ausgefüllt, wenn Sie keinen eingeben. Der Kampagnencode kann nicht mehr geändert werden, wenn Sie den Datensatz speichern.

4. Klicken Sie auf **Speichern**, um die Kampagne zu erstellen.

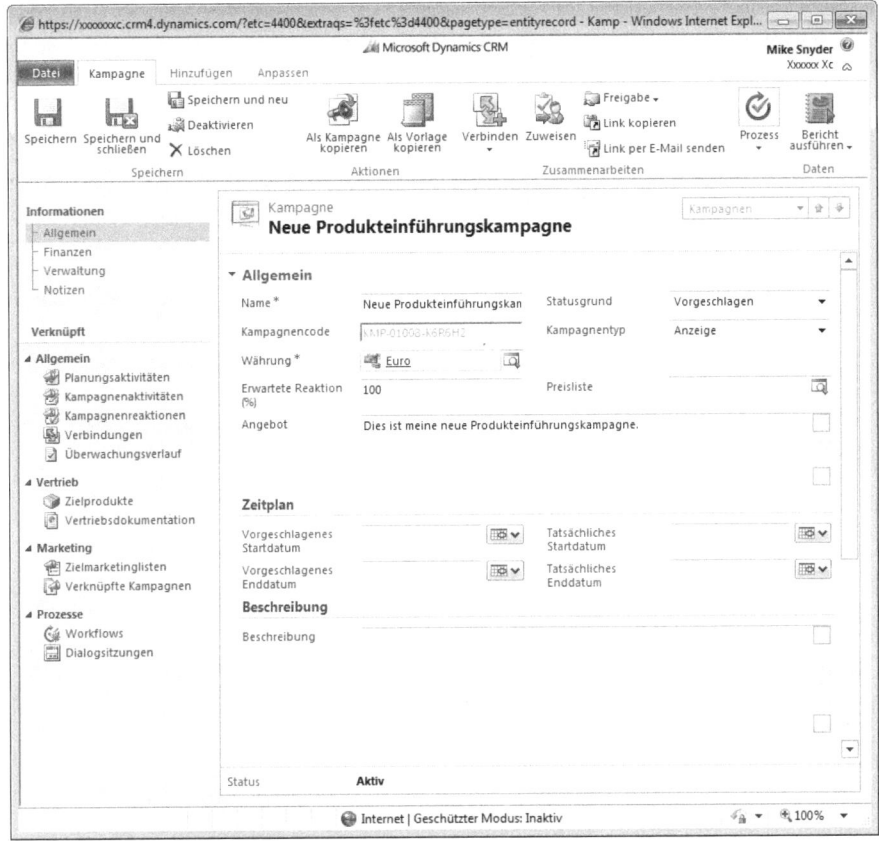

Planungsaktivitäten hinzufügen

Für jede Kampagne können Sie die Aufgabenliste mit Aktivitäten überwachen, die für die Kampagne vorgenommen werden müssen. Zu diesen Aktivitäten gehören z.B:

- Den Anbieter für Massenversand kontaktieren
- Kopien erstellen und genehmigen lassen
- Eine Zielmarketingliste erstellen
- Dokumentation drucken
- Das Angebot bestätigen

Mit Microsoft Dynamics CRM können Sie diese Aktivitäten verwalten, indem Sie den Bereich Planungsaktivitäten einer Kampagne verwenden. Kampagnenaktivitäten sind Microsoft Dynamics CRM-Aktivitäten, die in Verbindung zu einer Kampagne stehen.

In dieser Übung erstellen Sie eine Planungsaktivität, um Ihr Angebot für die Produkteinführungskampagne aus dem vorhergehenden Abschnitt genehmigen zu lassen.

VORBEREITUNG Gehen Sie mit Microsoft Internet Explorer auf die Microsoft Dynamics CRM-Website, bevor Sie mit dieser Übung anfangen.

1. Im Bereich **Marketing** klicken Sie auf **Kampagnen**.
2. Öffnen Sie die Kampagne **Neue Produkteinführungskampagne**, die Sie im vorhergehenden Abschnitt erstellt haben, wenn sie nicht bereits geöffnet ist.
3. Im Navigationsbereich klicken Sie auf **Planungsaktivitäten**.

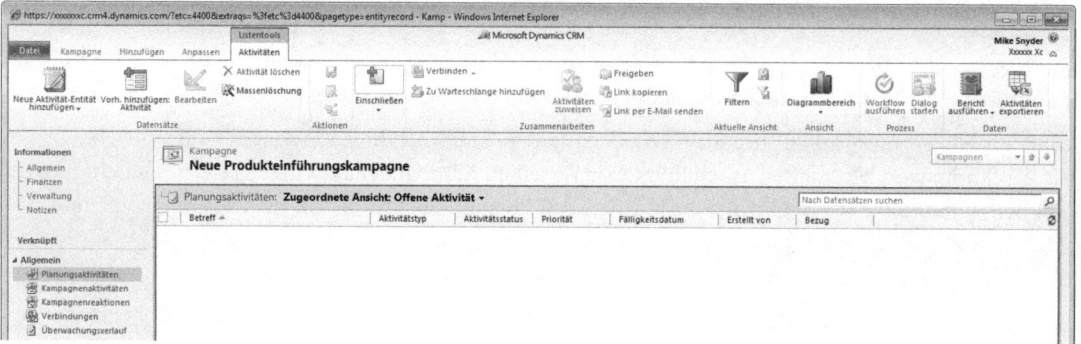

4. Klicken Sie auf **Neue Aktivität hinzufügen**, und klicken Sie im Untermenü auf **Aufgabe**.
5. Im Feld **Betreff** geben Sie *Angebot annehmen* ein. In das Feld **Fällig** tragen Sie ein Datum in zwei Wochen ein. In die Felder **Dauer** und **Priorität** lassen Sie die Vorgabewerte von **30 Minuten** und **Normal** ausgewählt.

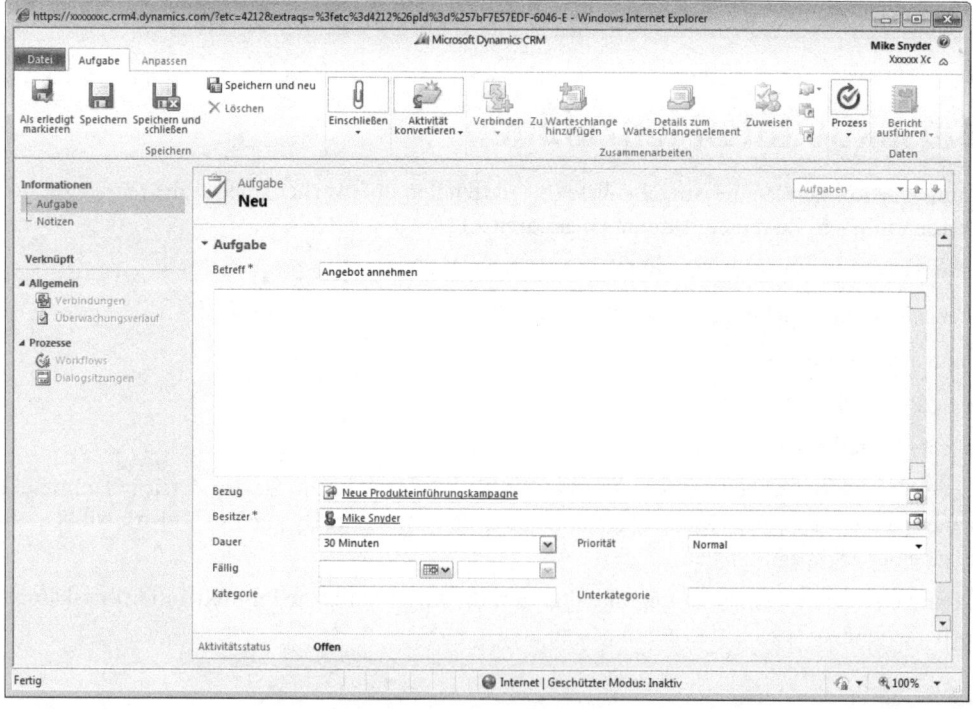

6. Klicken Sie auf **Speichern und schließen**, um die Planungsaktivität zu erstellen.

> **Weitere Informationen**
>
> Weitere Informationen über die Arbeit mit Aktivitäten finden Sie in Kapitel 4, »Mit Aktivitäten und Notizen arbeiten«.

Zielmarketinglisten auswählen

Sie können mit Zielmarketinglisten Firmen, Kontakte und Leads in Microsoft Dynamics CRM zusammenfassen und eine oder mehrere dieser Listen mit einzelnen Kampagnen verknüpfen.

Marketinglisten verknüpfen Ihre Kunden oder Interessenten mit Ihrer Kampagne, was notwendig ist, wenn Sie mit Kampagnenaktivitäten arbeiten und sie verteilen. Kampagnenaktivitäten sind besondere Aktivitäten, wie Briefe, Faxe und Telefonanrufe, die in Microsoft Dynamics CRM erstellt und mit Kampagnen verbunden werden. Kampagnenaktivitäten enthalten kampagnenspezifische Informationen und müssen verteilt werden, um individuelle Aktivitäten zu erstellen, die Anwender durchzuführen haben.

> **Weitere Informationen**
>
> Weitere Informationen über das Arbeiten mit Kampagnenaktivitäten finden Sie in Kapitel 9.

In dieser Übung fügen Sie die Marketingliste *Kontakte Berlin* aus Kapitel 7 der *Neuen Produkteinführungskampagne* hinzu.

VORBEREITUNG Gehen Sie mit Microsoft Internet Explorer auf die Microsoft Dynamics CRM-Website, bevor Sie mit dieser Übung anfangen. Sie benötigen die Marketingliste *Kontakte Berlin*, die Sie in Kapitel 7 erstellt haben. Wenn Sie diese Marketingliste nicht mehr auf Ihrem System finden können, wählen Sie für diese Übung eine andere Marketingliste aus. Sie müssen auf mindestens eine Marketingliste zugreifen können, um sie mit der Kampagne zu verbinden.

1. Im Bereich **Marketing** klicken Sie auf **Kampagnen**.
2. Öffnen Sie den Datensatz **Neue Produkteinführungskampagne**, den Sie in der vorhergehenden Übung erstellt haben, wenn er nicht bereits geöffnet ist.
3. Im Navigationsbereich klicken Sie auf **Zielmarketinglisten**.
4. Im Menübereich klicken Sie auf **Vorh. Hinzufügen: Marketingliste**.

   Das Dialogfeld **Datensätze nachschlagen** wird geöffnet. Das Feld **Suchen nach** wird automatisch auf die Marketingliste eingestellt.

5. Suchen Sie die Liste *Kontakte Berlin*, die Sie vorher in Kapitel 7 erstellt haben oder wählen Sie eine andere Marketingliste aus, die Sie Ihrer Kampagne hinzufügen. Wenn Sie die Marketinglisten ausgewählt haben, klicken Sie auf die Schaltfläche **Hinzufügen**.

> **Weitere Informationen**
>
> Weitere Informationen über das Erstellen von Marketinglisten finden Sie in Kapitel 7.

> **TIPP** Sie können neue Marketinglisten auch direkt im Dialogfeld Datensätze nachschlagen erstellen, indem Sie auf die Schaltfläche Neu klicken. Um weitere Einzelheiten eines ausgewählten Datensatzes anzusehen, klicken Sie auf die Schaltfläche Eigenschaften.

6. Wenn Sie mit dem Auswählen von Marketinglisten, die Sie Ihrer Kampagne hinzufügen wollen fertig sind, klicken Sie auf **OK**.

7. Sie werden aufgefordert anzugeben, ob Sie die Marketinglisten offenen, nicht verteilten Kampagnenaktivitäten hinzufügen wollen. Wenn Sie die Mitglieder dieser Listen Ihren Kampagnenaktivitäten hinzufügen möchten, lassen Sie das Markierungsfeld ausgewählt.

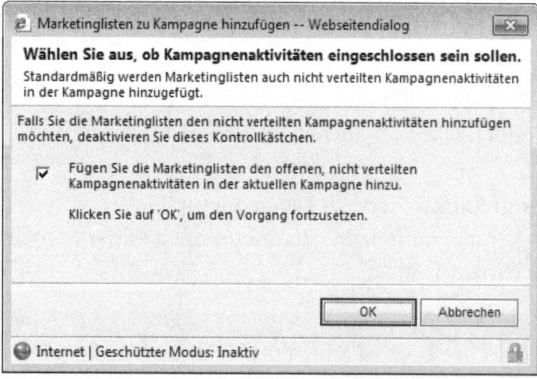

8. Klicken Sie auf **OK**, um die ausgewählten Marketinglisten der Kampagne und den offenen, unverteilten Kampagnenaktivitäten hinzuzufügen.

Zielprodukte und Vertriebsdokumentation hinzufügen

Kampagnen können verwendet werden, um die Produkte oder Dienstleistungen Ihres Unternehmens zu bewerben, oder um Aufmerksamkeit oder Reichweite durch ein neues Programm zu gewinnen. Bei Kampagnen für Produkte oder Dienstleistungen können Sie die Zielprodukte oder Zieldienstleistungen für die Kampagne auswählen.

TIPP Produkte und Dienstleistungen werden mit der Funktion Produktkatalog von Microsoft Dynamics CRM angelegt, die sich im Bereich Einstellungen befindet. Fragen Sie Ihren Systemadministrator, wie Sie ein Produkt oder eine Dienstleistung richtig anlegen.

Zusätzlich zur Überwachung von Produkten und Dienstleistungen können Sie relevante Marketingdokumente mit einer Kampagne verbinden. Diese Dokumente können Präsentationen, Produkt- und Preislisten, Marketinginfos und Firmenhandbücher umfassen. Microsoft Dynamics CRM nutzt die Funktionen für Marketingdokumente, um ein oder mehr Dokumente zur Verwendung mit Marketingkampagnen und Produkten zu speichern.

In dieser Übung verbinden Sie ein Produkt und Vertriebsdokumente für dieses Produkt mit Ihrer Kampagne.

VORBEREITUNG Gehen Sie mit Microsoft Internet Explorer auf die Microsoft Dynamics CRM-Website, bevor Sie mit dieser Übung anfangen.

1. Im Bereich **Marketing** klicken Sie auf **Kampagnen**.
2. Öffnen Sie den Datensatz **Neue Produkteinführungskampagne**, den Sie vorher in dieser Übung erstellt haben, wenn er nicht bereits geöffnet ist.
3. Im Navigationsbereich klicken Sie auf **Zielprodukte**.
4. Im Menübereich klicken Sie auf **Vorhandenes Produkt hinzufügen**.

   Das Dialogfeld **Datensatz nachschlagen** wird geöffnet und das Feld **Suchen nach** automatisch auf **Produkt** gesetzt.
5. Wählen Sie ein oder mehrere mit Ihrer Kampagne verbundene Produkte aus und klicken Sie auf **OK**.

   Das Fenster **Zielprodukte** wird geöffnet und zeigt das ausgewählte Produkt.

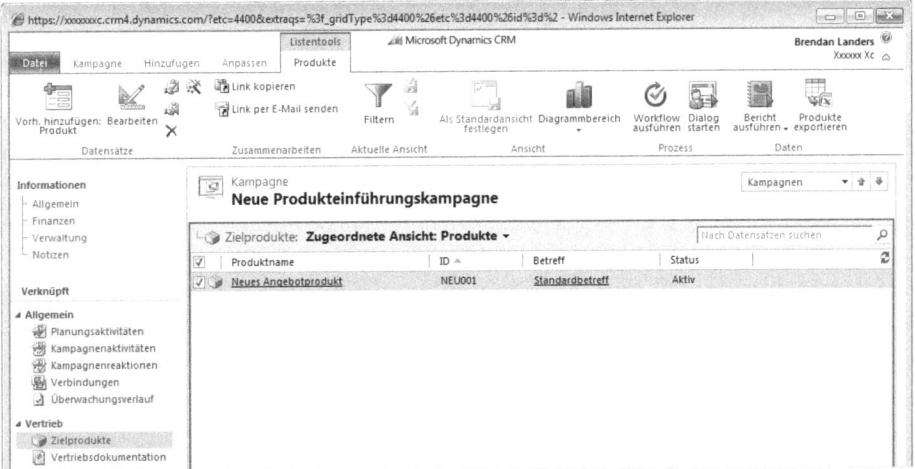

6. Im Navigationsbereich klicken Sie auf **Vertriebsdokumentation**.
7. Im Menüband klicken Sie auf **Vorh. hinzufügen: Vertriebsdokumentation**.

Vorh. hinzufügen: Produkt

   Das Dialogfeld **Datensatz nachschlagen** wird geöffnet und das Feld **Suchen nach** automatisch auf **Vertriebsdokumentation** gesetzt.
8. Klicken Sie auf **Neu**, um einen neuen Datensatz für Vertriebsdokumentation anzulegen.

> **TIPP** Für diese Übung werden Sie einen einfachen Datensatz für Vertriebsdokumentation anlegen. Sie können auch ein oder mehrere Dokumente hochladen und mit bestimmten Produkten über den Datensatz mit Vertriebsdokumentation verbinden.

9. In das Feld **Titel** geben Sie **Produktkalkulation** ein und wählen einen **Betreff**. Im Feld **Typ** wählen Sie **Preislisten**.

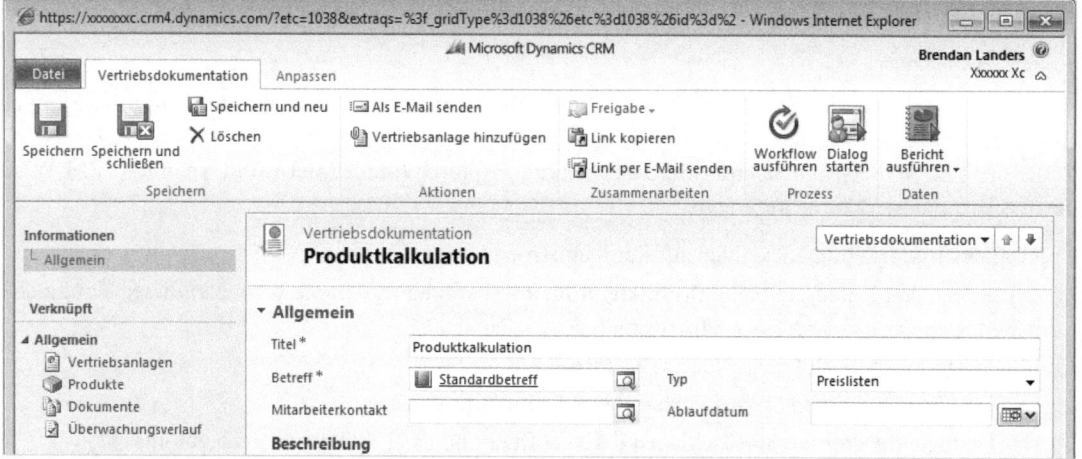

10. Klicken Sie auf die Schaltfläche **Speichern und Schließen**.

    Der Datensatz *Produktkalkulation* erscheint jetzt im Dialogfeld **Datensatz nachschlagen** und wird im Bereich **Ausgewählte Datensätze** angezeigt.
11. Klicken Sie auf **OK**, um den Dokumentations-Datensatz *Produktkalkulation* mit Ihrer Kampagne zu verbinden.

Kampagnen verknüpfen

Sie können Ihre Marketingkampagne mit anderen Kampagnen verbinden, um Berichte und Überwachungen zu generieren. Nehmen wir an, Sie führen eine globale Markenkampagne durch. Die Markenkampagne besteht aus mehreren Unterkampagnen, wie Massensendungen, E-Mail-Kampagnen und Radio- und Fernsehwerbung. In Microsoft Dynamics CRM können Sie mehrere einzelne Unterkampagnen anlegen und sie alle mit einer Hauptkampagne verbinden. So können Sie die Resultate jeder Kampagne einzeln überwachen und mehrere Kampagnen verknüpfen, um den Erfolg der Gesamtkampagne zu bewerten.

In dieser Übung erstellen Sie eine verknüpfte Kampagne, um den Erfolg des Co-Marketings mit einem Handelspartner zu überwachen, das Teil Ihrer Produkteinführungskampagne ist.

TIPP Wenn Sie zwei Kampagnen verknüpfen, erstellt Microsoft Dynamics CRM eine Einweg-Beziehung. Nehmen wir an, Sie haben die Kampagnen A und B. Mit Kampagne B als aktiver Kampagne verknüpfen Sie Kampagne A mit B. Wenn Sie Kampagne A öffnen, sehen Sie die Verknüpfung zu Kampagne B nicht. Sie sehen Kampagne A jedoch als verknüpfte Kampagne in Kampagne B.

VORBEREITUNG Gehen Sie mit Microsoft Internet Explorer auf die Microsoft Dynamics CRM-Website, bevor Sie mit dieser Übung anfangen.

1. Im Bereich **Marketing** klicken Sie auf **Kampagnen**.
2. Öffnen Sie den Datensatz **Neue Produkteinführungskampagne**, den Sie vorher in diesem Kapitel erstellt haben, wenn er nicht bereits geöffnet ist.
3. Im Navigationsbereich klicken Sie auf **Verknüpfte Kampagnen**.
4. Im Menüband klicken Sie auf **Vorhandene Kampagne hinzufügen**.

   Das Dialogfeld **Datensatz nachschlagen** wird geöffnet und das Feld **Suchen nach** automatisch auf **Kampagne** gesetzt.

   Vorh. hinzufügen: Kampagne

5. Klicken Sie auf **Neu**, um eine neue Kampagne zu erstellen.
6. Im Formular **Neue Kampagne** geben Sie in das Feld **Name** *Tandemwerbung mit großem Einzelhändler »Mehr Räder!«* ein.
7. Klicken Sie auf **Speichern und Schließen**, um die neue Kampagne zu erstellen.
8. Im Dialogfeld **Datensätze nachschlagen** wählen Sie die neue Kampagne *Tandemwerbung mit großem Einzelhändler »Mehr Räder!«* aus und klicken auf **OK**, um sie mit der Hauptkampagne zu verknüpfen.

   Die verknüpfte Kampagne wird im Bereich **Verknüpfte Kampagnen** der Hauptkampagne angezeigt.

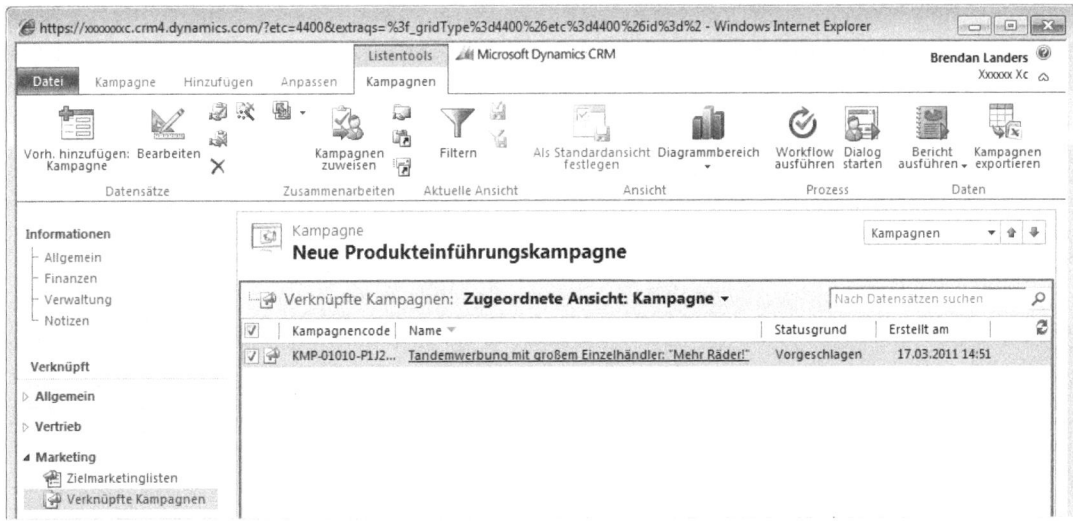

ABSCHLUSS Schließen Sie den Kampagnendatensatz.

Kampagnenvorlagen erstellen

Nehmen wir an, Sie seien der Marketingmanager für den monatlich erscheinenden Produktkatalog Ihrer Firma. Die meisten Planungsaktivitäten für den Katalog sind jeden Monat gleich. Statt jeden Monat also alle Kampagneninformationen neu anzulegen, können Sie mit Microsoft Dynamics CRM eine Kampagnenvorlage erstellen, die als Ausgangspunkt für die neuen Kampagnen dient.

Die Kampagnenvorlage speichert wichtige Daten und dazugehörige Informationen über die Kampagne und kann verwendet werden, um schnell eine ähnliche Kampagne zu starten. In Microsoft Dynamics CRM funktionieren Kampagnenvorlagen genauso wie Kampagnen.

In dieser Übung erstellen Sie eine neue Kampagnenvorlage.

VORBEREITUNG   Gehen Sie mit Microsoft Internet Explorer auf die Microsoft Dynamics CRM-Website, bevor Sie mit dieser Übung anfangen.

1. Im Bereich **Marketing** klicken Sie auf **Kampagnen**.
2. Im Menüband klicken Sie auf **Neue Vorlage,** um das Formular **Kampagne Neu** zu öffnen.
3. Im Feld **Name** geben Sie *VORLAGE: Produktwerbung* ein.
4. Klicken Sie auf **Speichern**.

Neue Vorlage

Kampagnendatensätze kopieren

Marketingkampagnen können sehr aufwändig werden und bei komplexen Kampagnen kann es erhebliche Mühe bereiten, die richtigen Informationen in Microsoft Dynamics CRM einzutragen. Kampagnenvorlagen bilden einen allgemeinen Ausgangspunkt für zukünftige Kampagnen und ersparen Ihnen Zeit und doppelte Arbeit, wenn Sie Kampagnen erstellen. Microsoft Dynamics CRM bietet Ihnen zwei Aktionen, um die Informationen aus einer bestehenden Kampagne schnell zu übertragen: **Als Kampagne kopieren** und **Als Vorlage kopieren**. Der Kopiervorgang dupliziert alle Planungsaktivitäten, Kampagnenaktivitäten, Marketinglisten, Produkte und Vertriebsdokumentation in Ihre neue Kampagne oder Vorlage.

Die Aktionen **Als Kampagne kopieren** und **Als Vorlage kopieren** funktionieren gleichermaßen und können für Kampagnen bzw. Vorlagen verwendet werden. Der wesentliche Unterschied ist das Ergebnis. Wenn Sie **Als Kampagne kopieren** verwenden, wird das Ergebnis eine sofort zu benutzende Kampagne sein. Die Aktion **Als Vorlage kopieren** liefert eine Vorlage, die für zukünftige Kampagnen verwendet werden kann. Die folgende Tabelle hilft Ihnen dabei zu entscheiden, welche Kopieraktion die passende ist.

Situation	Passende Kopieraktion
Sie haben eine bestehende Kampagne, die Sie in Zukunft verwenden möchten.	Im Kampagnendatensatz wählen Sie **Als Vorlage kopieren**, um eine Vorlage zu erstellen, die Sie zukünftig verwenden können.
Sie möchten zum sofortigen Gebrauch eine Kampagne erstellen, die einer bestehenden Kampagne gleicht.	Im Kampagnendatensatz wählen Sie **Als Kampagne kopieren**, um einen Kampagnendatensatz zu erstellen, den Sie sofort verwenden können.
Sie wollen eine neue Kampagne auf Basis einer bestehenden Vorlage erstellen.	Öffnen Sie die Kampagnenvorlage und verwenden Sie **Als Kampagne kopieren**, um einen neuen Kampagnendatensatz zu erstellen.
Sie wollen eine neue Kampagnenvorlage auf Basis einer bestehenden Vorlage erstellen.	Öffnen Sie die Kampagnenvorlage und verwenden Sie **Als Vorlage kopieren**, um einen neuen Vorlagendatensatz zu erstellen.

Schnellkampagnen verwenden

In dieser Übung erstellen Sie eine neue Kampagne auf Basis der im vorigen Abschnitt erstellten Kampagne.

VORBEREITUNG Gehen Sie mit Microsoft Internet Explorer auf die Microsoft Dynamics CRM-Website, bevor Sie mit dieser Übung anfangen.

1. Im Bereich **Marketing** klicken Sie auf **Kampagnen**.
2. Öffnen Sie die Produktwerbung-Kampagnenvorlage, die Sie in der vorigen Übung erstellt haben.
3. Im Menübereich klicken Sie auf **Als Kampagne kopieren**.

    Ein Kampagnendatensatz wird geöffnet, der Kopien aller Informationen der Ursprungskampagne enthält.

> **Fehlersuche**
> In Microsoft Dynamics CRM können Kampagnen und Kampagnenvorlagen denselben Namen haben. Benennen Sie Ihre neue Kampagne (oder die Kampagnenvorlage) um, um Verwechslungen zu vermeiden.

Schnellkampagnen verwenden

Wie Sie gesehen haben, können Sie Ihre Marketingaktionen mit Kampagnen in Microsoft Dynamics CRM planen und überwachen. Manchmal benötigen Sie jedoch einfach die grundlegenden Kampagnenfunktionen für eine spontane Liste (wie Briefe, Telefonanrufe oder E-Mail), ohne den ganzen Überbau einer kompletten Kampagne. Die Schnellkampagne ist eine vereinfachte Fassung einer Microsoft Dynamics CRM-Kampagne, mit der Sie die Aktionen einer einzelnen Kampagne an eine Gruppe von Firmen, Kontakten, Leads oder Marketinglisten verteilen können.

In dieser Übung erstellen Sie eine Schnellkampagne, um Folgeaktivitäten für eine Gruppe von Leads zu überwachen.

VORBEREITUNG Gehen Sie mit Microsoft Internet Explorer auf die Microsoft Dynamics CRM-Website, bevor Sie mit dieser Übung anfangen. Wenn nötig, erstellen Sie mehrere Lead-Datensätze, bevor Sie mit dieser Übung beginnen.

1. Im Bereich **Marketing** klicken Sie auf **Leads**.
2. Wählen Sie einige Lead-Datensätze aus.

    > **TIPP** Sie können mehrere Datensätze auswählen, indem Sie beim Klicken auf die Einträge STRG gedrückt halten.

3. Im Menübereich klicken Sie auf **Hinzufügen** und wählen dann die Schaltfläche **Schnellkampagne**.

4. Wählen Sie im Untermenü **Für ausgewählte Datensätze**.
   Der Assistent zum Erstellen von Schnellkampagnen wird geöffnet.
5. Der erste Schritt im **Assistent zum Erstellen von Schnellkampagnen** erläutert, wie es weitergeht. Klicken Sie auf **Weiter**, um fortzufahren.
6. Im nächsten Schritt geben Sie einen Namen für die Schnellkampagne an. Im Feld **Name** geben Sie *Unsere erste Lead-Schnellkampagne* ein und klicken auf **Weiter**.
7. Jetzt wählen Sie ein Aktivitätstyp und einen Besitzer aus, dem die Aktionen zugewiesen werden sollen. Wenn Sie als Aktivitätstyp E-Mail wählen, haben Sie die Option, die E-Mail-Aktivität automatisch zu senden und zu schließen. Wählen Sie im Bereich **Aktivitätstyp** *Telefonanruf* aus und *Mich* für **Diese Aktivitäten zuweisen an:**

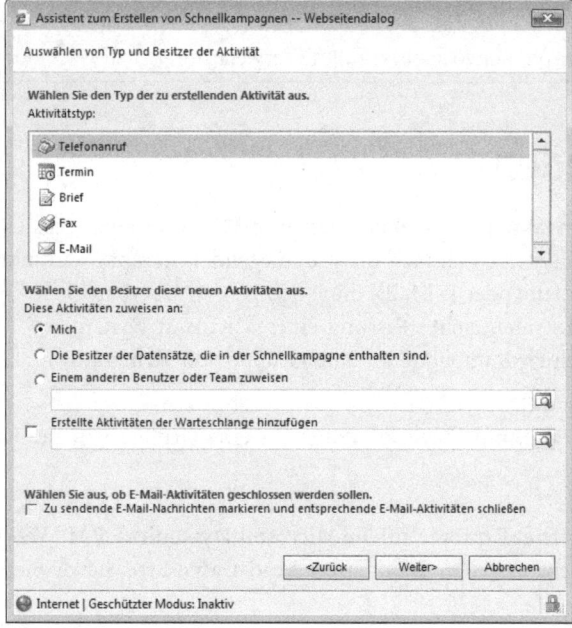

8. Klicken Sie auf **Weiter**. Im nächsten Schritt geben Sie die Informationen für die ausgewählte Aktivität ein. Da Sie **Telefonanruf** gewählt haben, sehen Sie das Formular **Telefonanruf**. In die Felder **Betreff** und **Beschreibung** geben Sie *Folgeanruf für Leads* ein. In das Feld **Fällig** tragen Sie ein, wann die Aktivität abgeschlossen sein soll.
9. Klicken Sie auf **Weiter**. Der letzte Schritt fast die Eingaben der vorherigen Schritte zusammen. Wenn alles richtig ist, klicken Sie auf **Fertig stellen**, um die Schnellkampagne abzuschließen.
10. Wenn Sie fertig sind, können Sie Ihre neue Schnellkampagne ansehen, indem Sie im Bereich **Marketing** auf **Schnellkampagne** klicken.

Schnellkampagnen verwenden

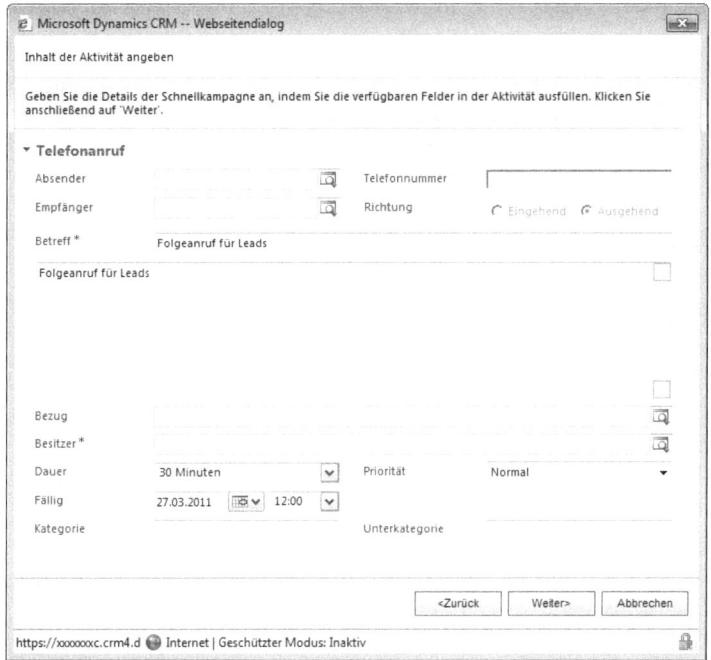

11. Doppelklicken Sie auf den Datensatz **Unsere erste Lead-Schnellkampagne**, um die Einzelheiten mit dem Aktivitätstyp *Telefonanruf* Ihrer Schnellkampagne anzusehen.

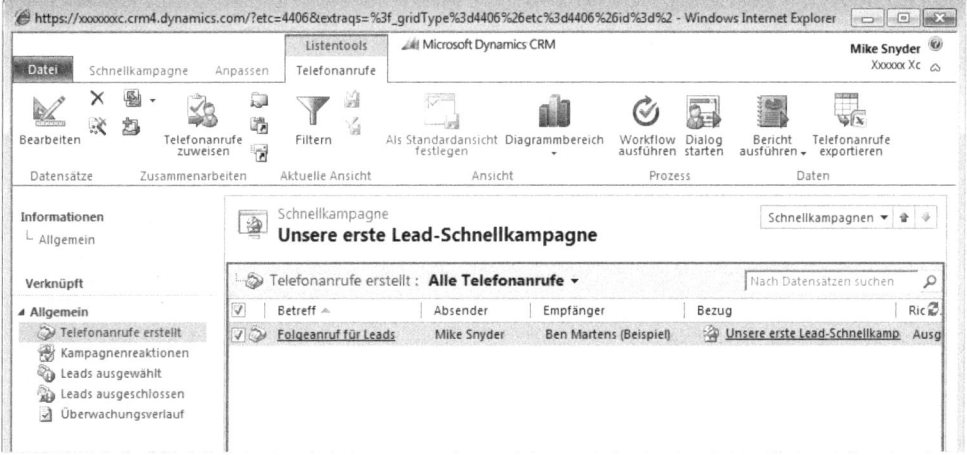

Zusammenfassung

- Kampagnen ermöglichen es Ihnen, Termine, Kosten, Planungsaktivitäten, Listen und Reaktionen einer Marketingkampagne zu überwachen und zu kommunizieren.
- Planungsaktivitäten sind übliche Microsoft Dynamics CRM-Aktivitäten in einer Kampagne oder Schnellkampagne.
- Marketinglisten, die einer Kampagne zugewiesen sind, enthalten die Namen der Zielkunden für die Aktivitäten.
- Sie können die dazugehörenden Produkte und Vertiebsdokumentationen einer Kampagne überwachen.
- Sie können eine Kampagne und alle dazugehörenden Informationen in eine Kampagnenvorlage oder eine andere Kampagne kopieren.
- Sie können Kampagnenaktivitäten schnell in spontane Listen mit Firmen, Leads, Kontakten oder Marketinglisten verteilen, indem Sie den Assistent für Schnellkampagnen verwenden.

Kapitel 9

Mit Kampagnenaktivitäten und Reaktionen arbeiten

In diesem Kapitel:

Eine Kampagnenaktivität erstellen	185
Eine Marketingliste einer Kampagnenaktivität zuweisen	188
Eine Kampagnenaktivität verteilen	190
Kampagnenreaktionen aufzeichnen	194
Eine Kampagnenaktivität in eine Kampagnenreaktion konvertieren	195
Kampagnenreaktionen konvertieren	197
Kampagnenresultate ansehen	200
Kampagnenspezifische Informationen anzeigen	201
Zusammenfassung	203

In diesem Kapitel lernen Sie:

- Eine Kampagnenaktivität erstellen
- Eine Marketingliste einer Kampagnenaktivität zuweisen
- Eine Kampagnenaktivität verteilen
- Kampagnenreaktionen aufzeichnen
- Eine Kampagnenreaktion in einen anderen Datensatz konvertieren
- Kampagnenresultate ansehen

In Kapitel 8, »Kampagnen und Schnellkampagnen verwalten« haben Sie gelernt, wie Sie Microsoft Dynamics CRM einsetzen, um eine Marketingkampagne zu planen und vorzubereiten. Eine genaue Planung und Einrichtung Ihrer Kampagne hilft dabei, die Durchführung und Überwachung zu einem Erfolg werden zu lassen. Zusätzlich zur Unterstützung der Vorbreitung vereinfacht Microsoft Dynamics CRM auch die Umsetzung der Marketingkampagne, indem Kampagnenaktivitäten und Kanpagnenreaktionen verwendet werden können. Dieses Kapitel macht Sie mit den Konzepten der Kampagnenumsetzung und -überwachung vertraut, damit Sie Ihre Marketingkampagne erfolgreich abschließen können.

Eine Marketingkampagne enthält üblicherweise einen oder mehrere Kommunikationswege mit Ihrer Zielmarketingliste. Nehmen wir an, ein Manager möchte eine E-Mail versenden, die allen Mitgliedern der Marketingliste ein neues Produkt vorstellt. Sie möchten, dass das Vertriebsteam dieser E-Mail sieben Tage später mit einem Telefonanruf nachgeht. Wenn ein Empfänger auf die Kampagne antwortet, möchten Sie diese Rückmeldung vermerken und bestimmte andere Aktionen einleiten, die von der Art der Rückmeldung abhängen. In Microsoft Dynamics CRM wird die Kommunikation innerhalb einer Kampagne als Kampagnenaktivität und als Reaktion der Empfänger in Kampagnenreaktionen gespeichert.

In diesem Kapitel lernen Sie, wie Sie Kampagnenaktivitäten einrichten und Kampagnenaktivitäten zuweisen. Zusätzlich erfahren Sie, wie Sie Kampagnenreaktionen speichern und sie in andere Datensätze konvertieren. Schließlich lernen Sie, wie Sie die Resultate einer Marketingkampagne ansehen, um die Effektivität zu beurteilen.

> **Übungsdateien**
>
> Die Übungen in diesem Kapitel benötigen nur Datensätze, die in den früheren Kapiteln erstellt wurden. Die Übungsdateien dieses Buchs enthalten keine solchen Datensätze. Weitere Informationen über Übungsdateien finden Sie unter »Die Übungsdateien verwenden« am Anfang dieses Buchs.

WICHTIG Die Bilder in diesem Buch zeigen die Standardformulare und Feldnamen in Microsoft Dynamics CRM. Da die Software vielfältig angepasst werden kann, ist es möglich, dass einige der Datentypen oder -felder in Ihrem Microsoft Dynamics CRM anders heißen. Wenn Sie die Formulare, Felder oder Sicherheitsrollen, die in diesem Buch angesprochen werden, nicht finden können, wenden Sie sich an Ihren Systemadministrator.

WICHTIG Sie müssen die Adresse Ihrer Microsoft Dynamics CRM-Website kennen, um die Beispiele dieses Buchs durchzugehen. Erfragen Sie die Adresse bei Ihrem Systemadministrator, wenn Sie sie nicht kennen.

Eine Kampagnenaktivität erstellen

Im Beispiel vom Anfang dieses Kapitels haben wir eine einzelne Kampagne mit zwei Kommunikationswegen besprochen: Eine E-Mail und ein darauf folgender Telefonanruf. Microsoft Dynamics CRM ermöglicht es Ihnen, diese Kommunikationstypen als Kampagnenaktivitäten einzurichten. Sie können Informationen über eine Kampagnenaktivität speichern, um eine oder mehrere davon zu überwachen und zu analysieren. Die folgende Tabelle erläutert die Felder, die bei Kampagnenaktivitäten meistens überwacht werden.

Feld	Beschreibung
Kanal	Der Kommunikationsweg für diese Aktivität
Typ	Kategorie der Aktivität
Betreff	Eine genaue Beschreibung der Aktivität
Besitzer	Der Anwender, dem diese Aktivität zugeordnet wurde
Outsourcing an	Alle Firmen oder Kontakte, die von einem Umsetzungsstandpunkt mit der Aktivität zu tun haben (nicht die Kampagnenziele)
Geplante Startzeit	Das Startdatum der Aktivität
Geplante Endzeit	Das Enddatum der Aktivität
Tatsächlicher Beginn	Das wirkliche Startdatum der Aktivität
Tatsächliches Ende	Das tatsächliche Enddatum der Aktivität
Zugewiesenes Budget	Das für die Aktivität vorgesehene Budget
Tatsächliche Kosten	Die wirklichen Kosten der Aktivität
Priorität	Die Wichtigkeit der Aktivität
Anzahl der Tage	Eine Anti-Spam-Einstellung, die verhindert, dass Kampagnen zu häufig mit dem Kunden kommunizieren

In dieser Übung erstellen Sie zwei Kampagnenaktivitäten, die Ihrem Team zugewiesen werden, das die Marketingkampagne unterstützt.

VORBEREITUNG Gehen Sie mit Microsoft Internet Explorer auf die Microsoft Dynamics CRM-Website, bevor Sie mit dieser Übung anfangen. Sie benötigen die Produkteinführungskampagne, die Sie in Kapitel 8 erstellt haben. Wenn Sie diese Kampagne nicht mehr auf Ihrem System finden können, wählen Sie für diese Übung eine andere aus.

1. Im Bereich **Marketing** klicken Sie auf **Kampagnen**.
2. Öffnen Sie die **Neue Produkteinführungskampagne**.
3. Im Navigationsbereich klicken Sie auf **Kampagnenaktivitäten**.
   Eine Liste der mit dieser Kampagne verbundenen Kampagnenaktivitäten erscheint.

Kapitel 9: Mit Kampagnenaktivitäten und Reaktionen arbeiten

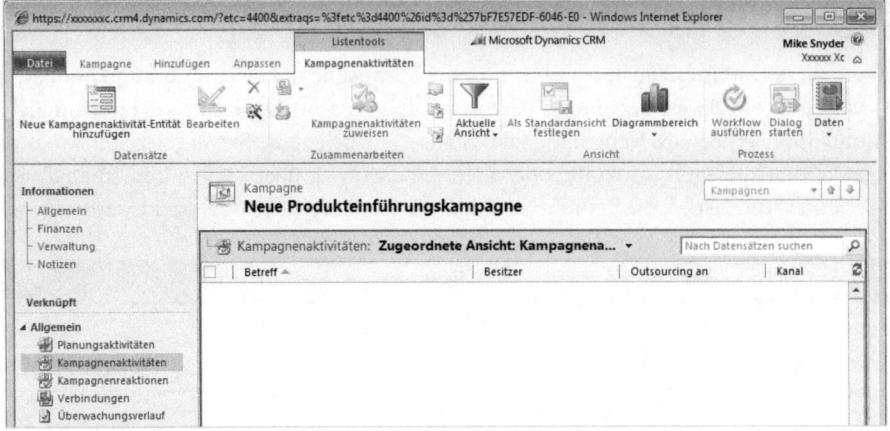

4. Im Menübereich klicken Sie auf **Neue Kampagnenaktivität**.

   Das Formular für Kampagnenaktivitäten erscheint. Sie werden feststellen, dass das Besitzerfeld auf Ihren Namen lautet, das Feld **Übergeordnete Kampagne** die *Neue Produkteinführungskampagne* enthält, und das Feld **Typ** auf *Recherche* voreingestellt ist.

5. In das Feld **Betreff** geben Sie **Neue Produkteinführungskampagne E-Mail-Nachricht** ein.
6. Im Feld **Kanal** wählen Sie **E-Mail**.

   Diese Auswahl hat Einfluss darauf, wie die Aktivität verteilt wird. Durch die Wahl von E-Mail legen Sie fest, dass die Empfänger eine E-Mail erhalten.

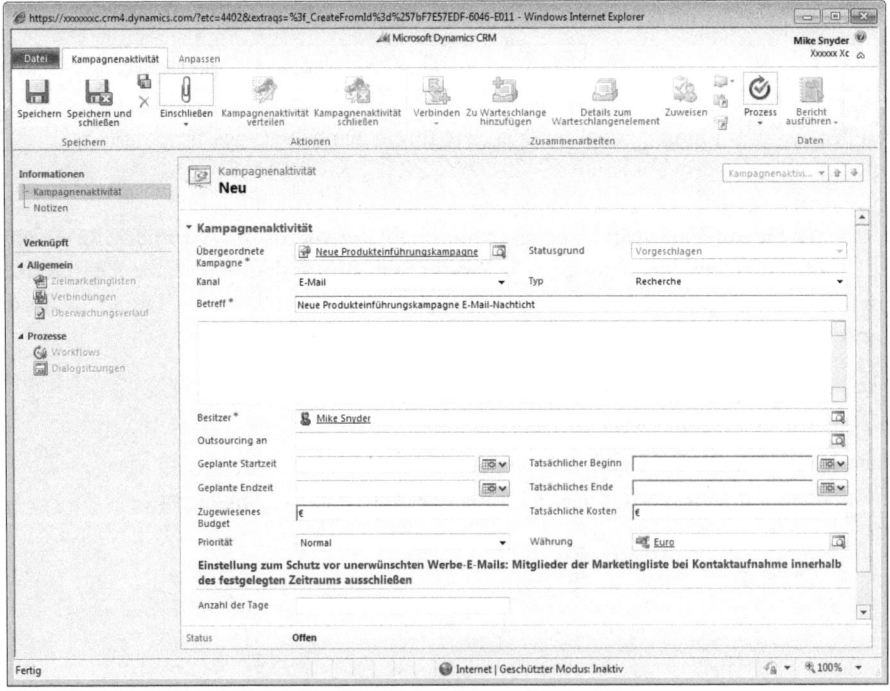

Eine Kampagnenaktivität erstellen

7. Im Menüband klicken Sie auf die Schaltfläche **Speichern und Schließen**, um die Kampagnenaktivität zu erstellen.
8. Im Menüband Kampagnenaktivitäten klicken Sie auf die Schaltfläche **Neue Kampagnenaktivität hinzufügen**.
9. Im Formular **Neue Kampagnenaktivität** geben Sie als Betreff *Neue Produkteinführungskampagne Folgeanruf* ein.
10. Im Feld **Kanal** wählen Sie **Telefonanruf**.
11. Klicken Sie auf **Speichern und Schließen**.

In der Liste erscheinen zwei Kampagnenaktivitäten.

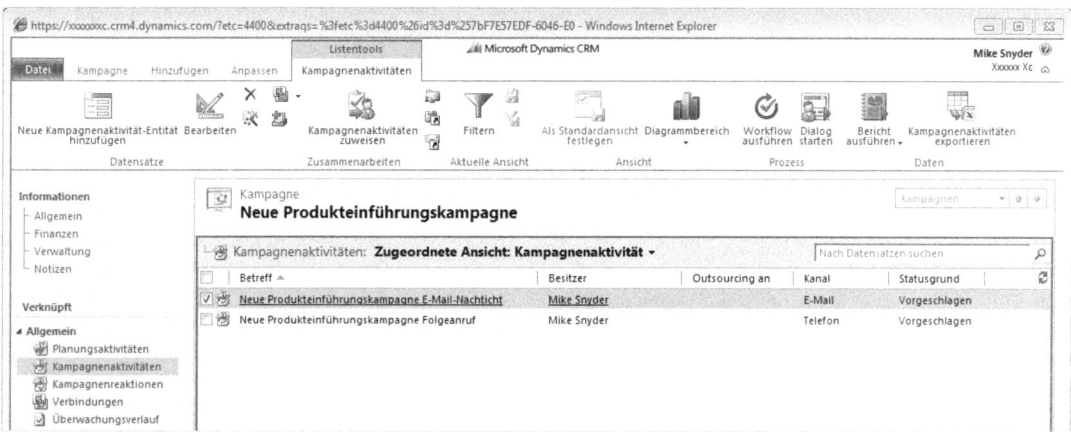

> **Weitere Informationen**
>
> Mit den Kanälen Brief, Fax und E-Mail die Serienfunktionen von Microsoft Dynamics CRM voll ausnutzen. Weitere Informationen über die Serienfunktionen finden Sie unter »Über die Seriendruckfunktion ein Word-Dokument erstellen, das die Informationen der Listenmitglieder enthält« in Kapitel 7, »Marketinglisten verwenden«.

TIPP Die für eine Kampagnenaktivität verfügbaren Kanäle basieren direkt auf den Kampagnenaktivitätstypen von Microsoft Dynamics CRM. Die einzige Ausnahme ist der Kanal Sonstige, der für spezielle Kampagnenaktivitäten gedacht ist, die nicht in andere Aktivitätstypen passen. Eine mit Sonstige bezeichnete Kampagnenaktivität dient nur als Datensatz für die Aktivität zur Terminierung und Budgetierung und kann nicht an Listenmitglieder verteilt werden.

Eine Marketingliste einer Kampagnenaktivität zuweisen

In Kapitel 8 haben Sie Marketinglisten mit Ihrer Kampagne verknüpft. Wie Sie vielleicht erwarten, werden die mit einer Kampagne verbundenen Marketinglisten automatisch mit einer neu erstellten Kampagnenaktivität verknüpft. Da sich während einer Kampagne die Umstände ändern können, müssen Sie nicht zwangsweise eine Kampagnenaktivität an alle Marketinglisten verteilen. Wenn Sie zum Beispiel verschiedene Aktivitätsvorlagen für verschiedene Industriezweige haben, können Sie den verschiedenen Gruppen auch verschiedene Produktvorteile vorstellen. In diesem Fall erstellen Sie für jeden Industriezweig spezifische Kampagnenaktivitäten. Stellen Sie sich alternativ den Fall vor, dass Sie eine weitere Marketingliste hinzufügen müssen, nachdem die Kampagnenaktivitäten bereits geplant sind. Wenn Sie zusätzliche Marketinglisten haben, die Sie der Kampagne hinzufügen möchten, können Sie die Liste automatisch allen noch ausstehenden Kampagnenaktivitäten hinzufügen, oder Sie können die Liste manuell speziellen Kampagnenaktivitäten hinzufügen, wenn es sich nicht um alle offenen Aktivitäten handeln soll.

In dieser Übung fügen Sie einer Kampagnenaktivität Marketinglisten hinzu und entfernen sie wieder.

VORBEREITUNG Gehen Sie mit Microsoft Internet Explorer auf die Microsoft Dynamics CRM-Website, bevor Sie mit dieser Übung anfangen. Sie benötigen die Produkteinführungskampagne, die Sie in Kapitel 8 erstellt haben. Wenn Sie diese Kampagne nicht mehr auf Ihrem System finden können, wählen Sie für diese Übung eine andere aus.

1. Im Bereich **Marketing** klicken Sie auf **Kampagnen**.
2. Öffnen Sie die **Produkteinführungskampagne**.
3. Im Navigationsbereich klicken Sie auf **Zielmarketinglisten**.

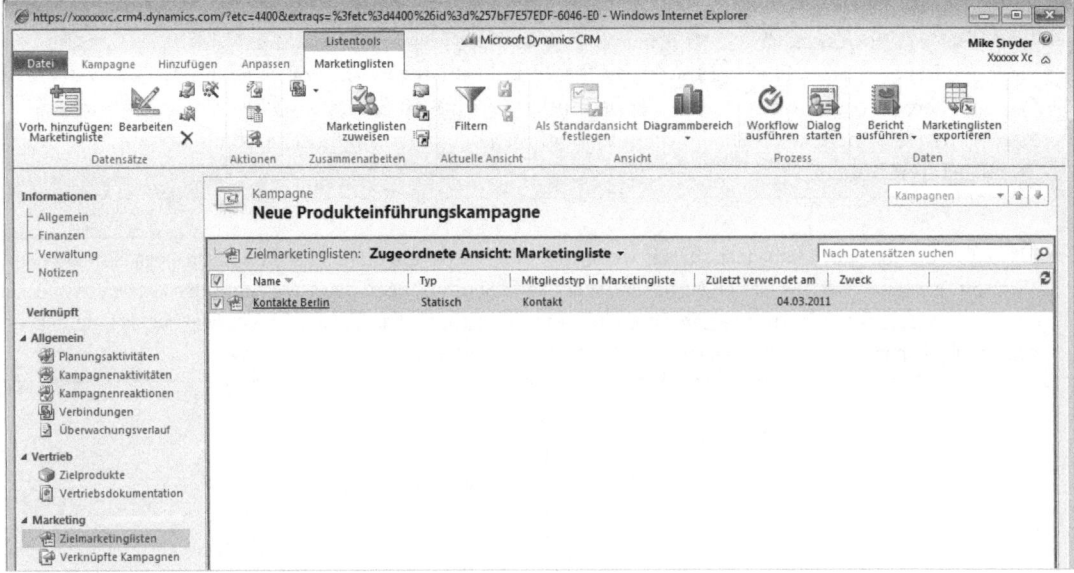

Eine Marketingliste einer Kampagnenaktivität zuweisen

4. Im Menüband klicken Sie auf **Vorh. hinzufügen: Marketingliste**.
   Das Dialogfeld **Datensätze nachschlagen** wird geöffnet.

Vorh. hinzufügen: Marketingliste

5. Im Dialogfeld **Datensätze nachschlagen** wählen Sie eine Marketingliste aus. Wenn keine Marketingliste existiert, legen Sie eine neue an. Klicken Sie auf **OK**.

   TIPP Wenn Sie nachschlagen möchten, wie Sie eine Marketingliste erstellen, lesen Sie »Eine statische Marketingliste erstellen« in Kapitel 7.

Das Dialogfeld **Wählen Sie aus, ob Kampagnenaktivitäten eingeschlossen sein sollen** erscheint.

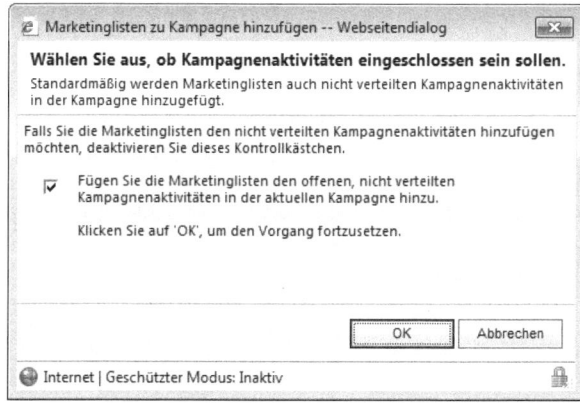

Kapitel 9: Mit Kampagnenaktivitäten und Reaktionen arbeiten

6. Im Dialogfeld löschen Sie das Häkchen und klicken Sie auf **OK**, um anzuzeigen, dass Sie die Marketingliste nicht den offenen Kampagnenaktivitäten hinzufügen wollen.
7. Im Navigationsbereich klicken Sie auf **Kampagnenaktivitäten**.
8. Öffnen Sie die Kampagnenaktivität **Neue Produkteinführungskampagne E-Mail-Nachricht**.
9. Im Navigationsbereich klicken Sie auf **Zielmarketinglisten**.
10. Im Menübereich klicken Sie auf **Aus Kampagne hinzufügen**.
11. Wählen Sie die neue Marketingliste aus, die Sie der Kampagne zugewiesen haben und klicken Sie auf **OK**.

Aus Kampagne hinzufügen

Die zusätzliche Marketingliste ist der Kampagne jetzt zugewiesen. Wenn Sie diese Kampagnenaktivitäten verteilen, werden die zusätzlichen Marketinglistenmitglieder ebenfalls mit der Aktivität verbunden.

> **TIPP** So wie Sie eine Marketingliste einer Kampagnenaktivität zuweisen können, können Sie eine Marketingliste auch entfernen. Um das zu tun, wählen Sie eine oder mehrere Marketinglisten aus und klicken auf die Schaltfläche Entfernen im Menübereich.

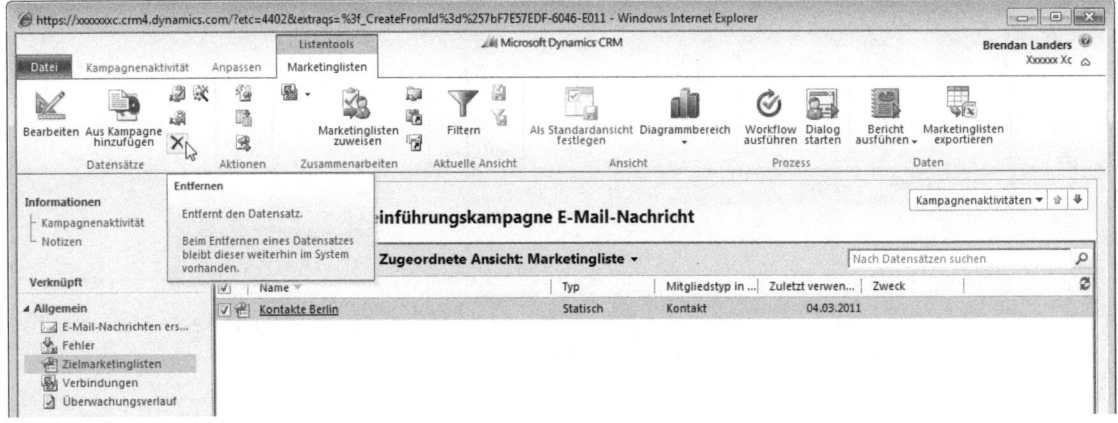

Eine Kampagnenaktivität verteilen

Wenn Sie die passenden Marketinglisten erstellt und Ihren Kampagnenaktivitäten zugewiesen haben, haben Sie die Schritte durchgeführt, um die Aktivitäten umzusetzen. Wenn Sie bereit sind, die Kampagnenaktivitäten auszuführen, verteilen Sie die Aktivitäten. Dieser Vorgang führt dazu, dass Microsoft Dynamics CRM Aktivitätsberichte erstellt, die unter den Firma-, Kontakt- oder Lead-Datensätzen abgelegt sind, die in den Zielmarketinglisten angegeben wurden.

> **TIPP** Die meisten Kampagnenaktivitäten werden als offene Aktivitäten verteilt, die abgeschlossen werden müssen. Die einzigen Ausnahmen von dieser Regel sind E-Mail-Kampagnenaktivitäten, da Sie auswählen können, ob sie automatisch versendet werden sollen, wenn Sie die E-Mail-Kampagnenaktivitäten verteilen.

Eine Kampagnenaktivität verteilen

In dieser Übung verteilen Sie die Kampagnenaktivitäten E-Mail und Telefonanruf, die Sie vorher in diesem Kapitel erstellt haben.

VORBEREITUNG   Gehen Sie mit Microsoft Internet Explorer auf die Microsoft Dynamics CRM-Website, bevor Sie mit dieser Übung anfangen. Sie benötigen die Produkteinführungskampagne, die Sie in Kapitel 8 erstellt haben. Wenn Sie diese Kampagne nicht mehr auf Ihrem System finden können, wählen Sie für diese Übung eine andere aus.

1. Im Bereich **Marketing** klicken Sie auf **Kampagnen**.
2. Öffnen Sie die **Produkteinführungskampagne**.
3. Im Navigationsbereich klicken Sie auf **Kampagnenaktivitäten**.
4. Öffnen Sie die Kampagnenaktivität **Neue Produkteinführungskampagne E-Mail-Nachricht**.
5. Klicken Sie auf die Schaltfläche **Kampagnenaktivität verteilen**. Das Fenster **Neue E-Mails** wird geöffnet.

Kampagnenaktivität verteilen

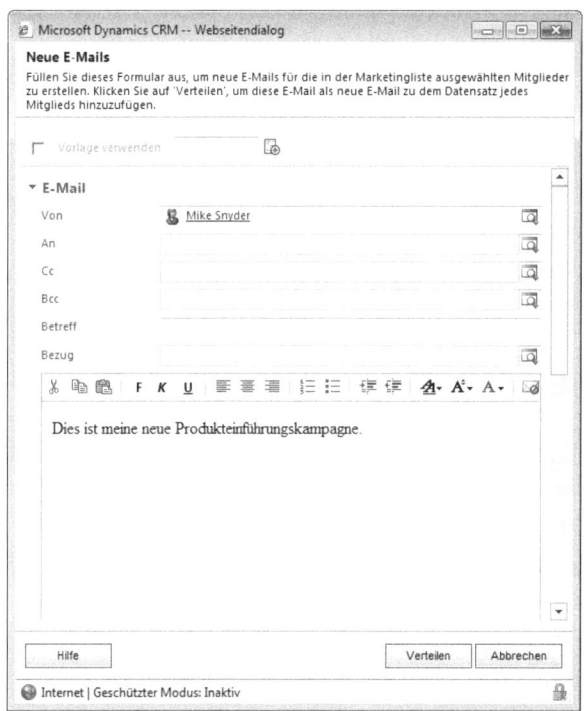

WICHTIG   Die folgenden Schritte senden eine E-Mail an die E-Mail-Adressen aller Mitglieder der Zielmarketingliste dieser Kampagnenaktivität. Passen Sie auf, dass Ihre Marketinglisten keine E-Mail-Adressen von Kunden enthalten, damit Sie ihnen keine Test-Mail senden!

---

6. Der Textkörper entspricht dem Text des Feldes **Betreff** der übergeordneten Kampagne. Geben Sie einen Betreff ein und schreiben Sie Ihre E-Mail. Dann klicken Sie auf **Verteilen**.

> **TIPP** Sie können Zeit sparen, indem Sie eine vorproduzierte E-Mail-Vorlage benutzen.

Das Dialogfeld **E-Mail-Nachrichten an Zielmarketinglisten verteilen** erscheint. In diesem Dialogfeld können Sie auswählen, wer Besitzer der Aktivität wird, indem Sie zwischen Besitzer der Datensätze, Ihnen selbst, einem anderen Benutzer, einem Team oder einer Warteschlange wählen. Sie können auch festlegen, ob die E-Mail-Nachricht automatisch gesendet werden und ob die entsprechende Aktivität als abgeschlossen markiert werden soll.

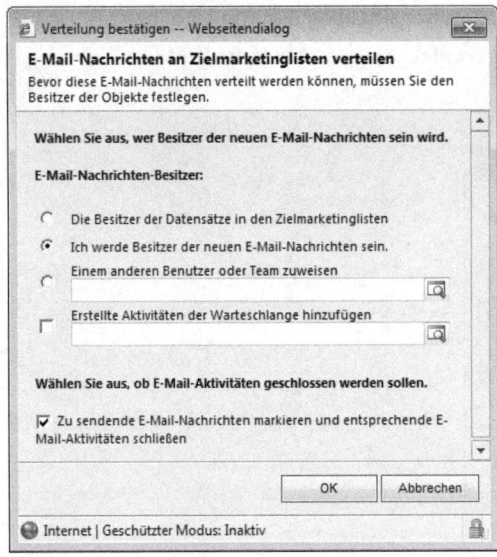

7. Lassen Sie das Markierungsfeld **Zu sendende E-Mail-Nachrichten markieren und entsprechende E-Mail-Aktivitäten** ausgewählt und klicken Sie auf **OK**. Die E-Mail-Nachrichten werden jetzt versendet.
8. In der Kampagnenaktivität klicken Sie auf **Speichern und Schließen**.
9. Öffnen Sie die Kampagnenaktivität **Folgeanruf für neue Produkteinführungskampagne**.
10. Im Menübereich klicken Sie auf **Kampagnenaktivität verteilen**.

    Das Fenster **Neue Telefonanrufe** wird geöffnet.
11. Geben Sie einen Betreff und eine Beschreibung ein und ändern Sie das Fälligkeitsdatum auf heute in einer Woche.
12. Klicken Sie auf **Verteilen**.

    Das Dialogfeld **Telefonanrufe an Zielmarketinglisten verteilen** erscheint.
13. Als **Besitzer des Telefonanrufs** wählen Sie **Besitzer der Datensätze in den Zielmarketinglisten** und klicken auf **OK**.

    Jetzt haben Sie die Kampagnenaktivitäten erfolgreich verteilt. Die E-Mail der neuen Produkteinführungskampagne wurde versendet und die Aktivität *Neue Produkteinführungskampagne Folgeanruf* wurde erstellt. Die Besitzer der Mitgliedseinträge in den Marketinglisten sehen die Aktivitäten in ihren Aktivitätslisten mit dem von Ihnen eingegebenen Fälligkeitsdatum.

Eine Kampagnenaktivität verteilen

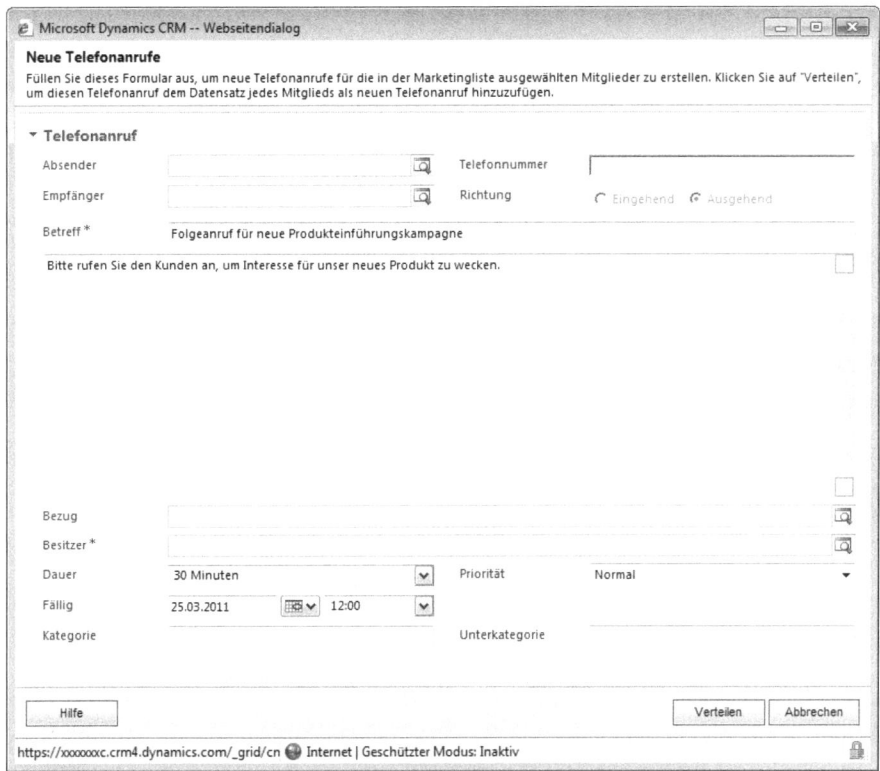

Microsoft Dynamics CRM ermöglicht es Ihnen, Marketingkampagnen mit mehreren Schritten zu erstellen und die Kampagnenaktivitäten in verschiedenen Kanälen zu speichern.

Wenn Sie die Aktivitäten verteilt haben, können Sie die erstellten Aktivitäten (die erfolgreichen und die fehlerhaften) im Navigationsbereich der Kampagnenaktivität sehen.

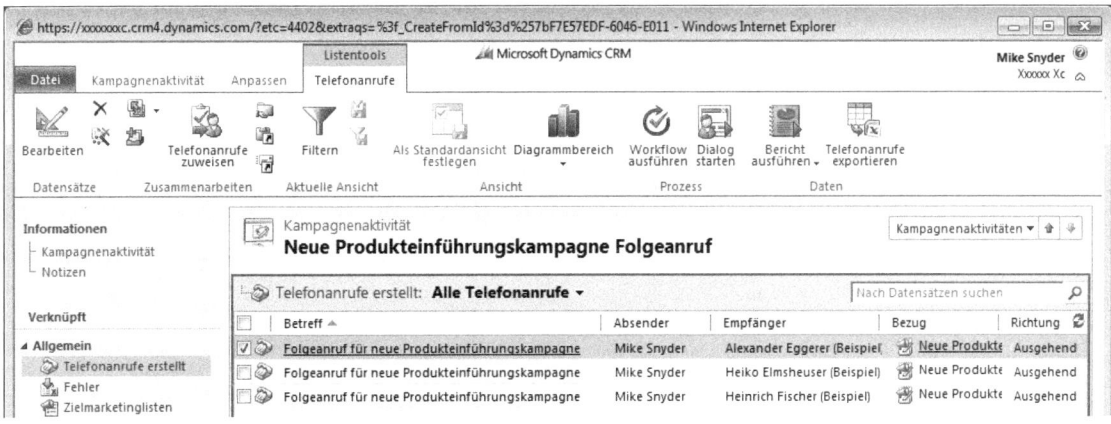

Kampagnenreaktionen aufzeichnen

Nachdem Ihre Kampagnenaktivitäten verteilt wurden und die Mitglieder der Zielmarketinglisten die Informationen erhalten haben, können Sie die positiven und negativen Reaktionen aufzeichnen. Indem Sie die Reaktionen aufzeichnen, können Sie zusätzliche Schritte unternehmen, um Kunden oder Interessenten zu gewinnen. Bei positiven Reaktionen möchten Sie vielleicht einen Folgeanruf oder eine andere Aktivität einplanen. Bei negativen Reaktionen können Sie Mitglieder aus bestimmten Marketinglisten entfernen. Durch das Sammeln der positiven und negativen Reaktionen können Marketingmanager eine Übersicht über die Gesamtresponse im Verhältnis zur positiven Response erhalten. Es gibt verschiedene Wege, wie Sie Kampagnenreaktionen in Microsoft Dynamics CRM speichern können. Sie können:

- Manuell einen Datensatz für die Kampagnenreaktion erstellen
- Eine Kampagnenaktivität als Reaktion abschließen
- Automatisch eine Kampagnenreaktion für alle E-Mail-Antworten erstellen
- Kampagnenreaktionen importieren

> **Weitere Informationen**
>
> Weitere Informationen über das Importieren von Kampagnenreaktionen und anderer Datensätze finden Sie in Kapitel 18, »Massendaten importieren«.

In dieser Übung erstellen Sie manuell eine neue Kampagnenreaktion.

VORBEREITUNG Gehen Sie mit Microsoft Internet Explorer auf die Microsoft Dynamics CRM-Website, bevor Sie mit dieser Übung anfangen. Sie benötigen die Produkteinführungskampagne, die Sie in Kapitel 8 erstellt haben. Wenn Sie diese Kampagne nicht mehr auf Ihrem System finden können, wählen Sie für diese Übung eine andere aus.

1. Im Bereich **Marketing** klicken Sie auf **Kampagnen**.
2. Öffnen Sie die **Produkteinführungskampagne**.
3. Im Navigationsbereich klicken Sie auf **Kampagnenreaktion**.
4. Klicken Sie auf die Schaltfläche **Neue Kampagnenreaktion-Entität hinzufügen**.

   Neue Kampagnenreaktion-Entität hinzufügen

   Das Formular für Kampagnenreaktionen erscheint. Es gibt viele Felder zum Auswerten einer Kampagnenreaktion, z.B. Promotionscode, Ursprungsaktivität und andere Details.

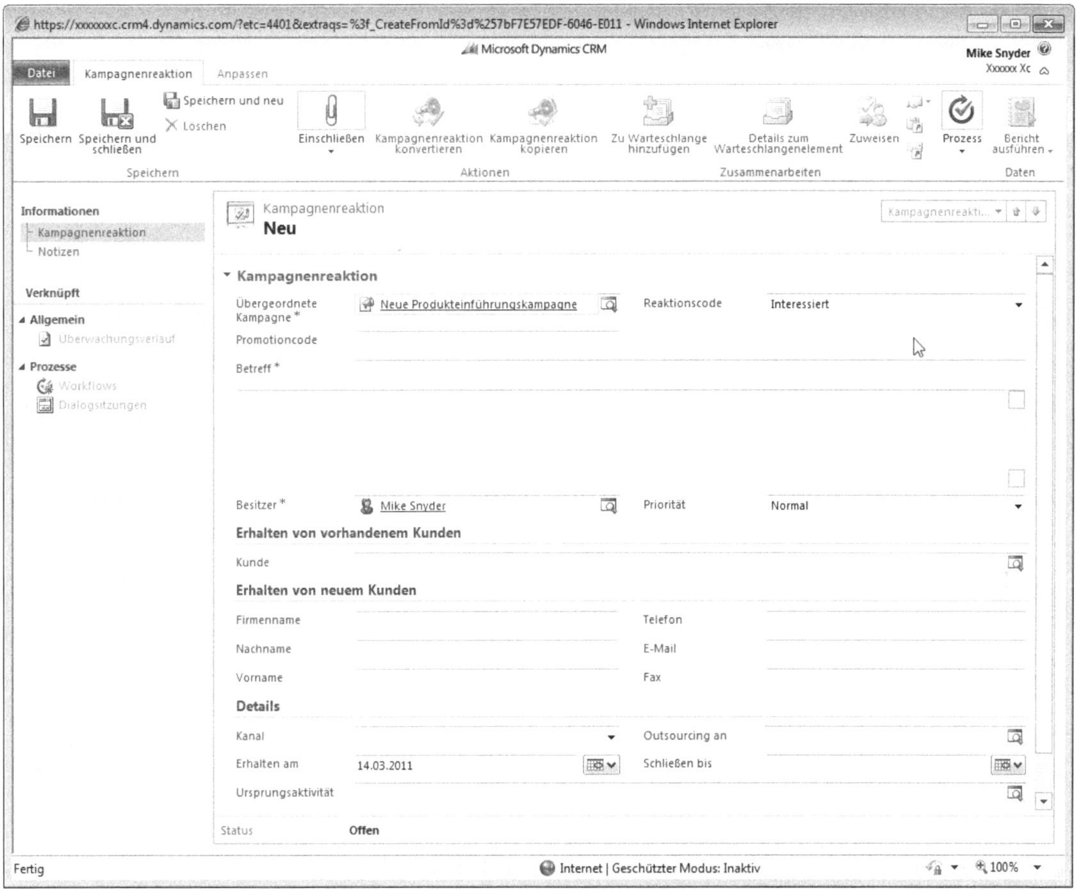

Eine Kampagnenaktivität in eine Kampagnenreaktion konvertieren

![Screenshot des Kampagnenreaktions-Formulars in Microsoft Dynamics CRM]

5. Geben Sie einen Betreff ein, wählen Sie einen bestehenden Kunden aus und klicken Sie dann auf die Schaltfläche **Speichern**.

Speichern

Eine Kampagnenaktivität in eine Kampagnenreaktion konvertieren

Sie werden bemerkt haben, dass ein Feld im Formular Kampagnenreaktion, Ursprungsaktivität, dazu verwendet werden kann, die Kampagnenreaktion mit der ursprünglichen Kampagnenaktivität zu verbinden. Microsoft Dynamics CRM ermöglicht Ihnen, die Kampagnenreaktion aus der ursprünglichen Kampagnenaktivität zu erstellen, so dass Sie die Effektivität jeder Kampagnenaktivität überwachen können und so einen Eindruck über die Gesamtwirkung der Kampagne bekommen. Sie können Kampagnenreaktionen auch in andere Entitäten konvertieren, wie Sie im folgenden Abschnitt sehen werden.

In dieser Übung konvertieren Sie eine Kampagnenaktivität in eine Kampagnenreaktion.

VORBEREITUNG Gehen Sie mit Microsoft Internet Explorer auf die Microsoft Dynamics CRM-Website, bevor Sie mit dieser Übung anfangen. Sie benötigen die Produkteinführungskampagne, die Sie in Kapitel 8 erstellt haben. Wenn Sie diese Kampagne nicht mehr auf Ihrem System finden können, wählen Sie für diese Übung eine andere aus.

1. Im Bereich **Marketing** klicken Sie auf **Kampagnen**.
2. Öffnen Sie die **Produkteinführungskampagne**.
3. Im Navigationsbereich klicken Sie auf **Kampagnenaktivitäten**.
4. Öffnen Sie die Aktivität **Folgeanruf für neue Produkteinführungskampagne**.
5. Im Navigationsbereich klicken Sie auf **Telefonanrufe erstellt**.
   Die Liste mit den erstellten Telefonanrufen erscheint.

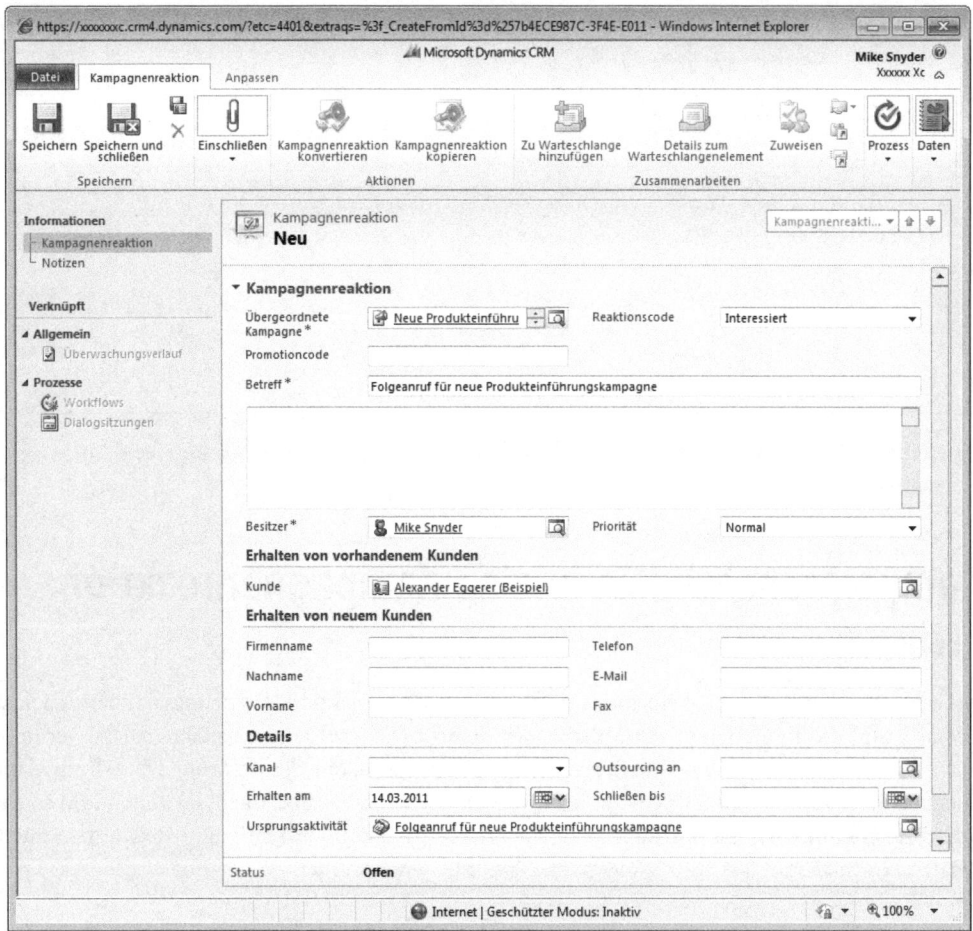

6. Öffnen Sie einen der Telefonanrufe in der Liste.
7. Im Menüband **Aktivität konvertieren** klicken Sie auf **Kampagnenreaktion konvertieren**.

   Das Formular für Kampagnenreaktionen erscheint. Beachten Sie, dass viele Felder bereits mit Daten aus der Kampagnenaktivität belegt sind, die Sie für die Konvertierung verwendet haben.

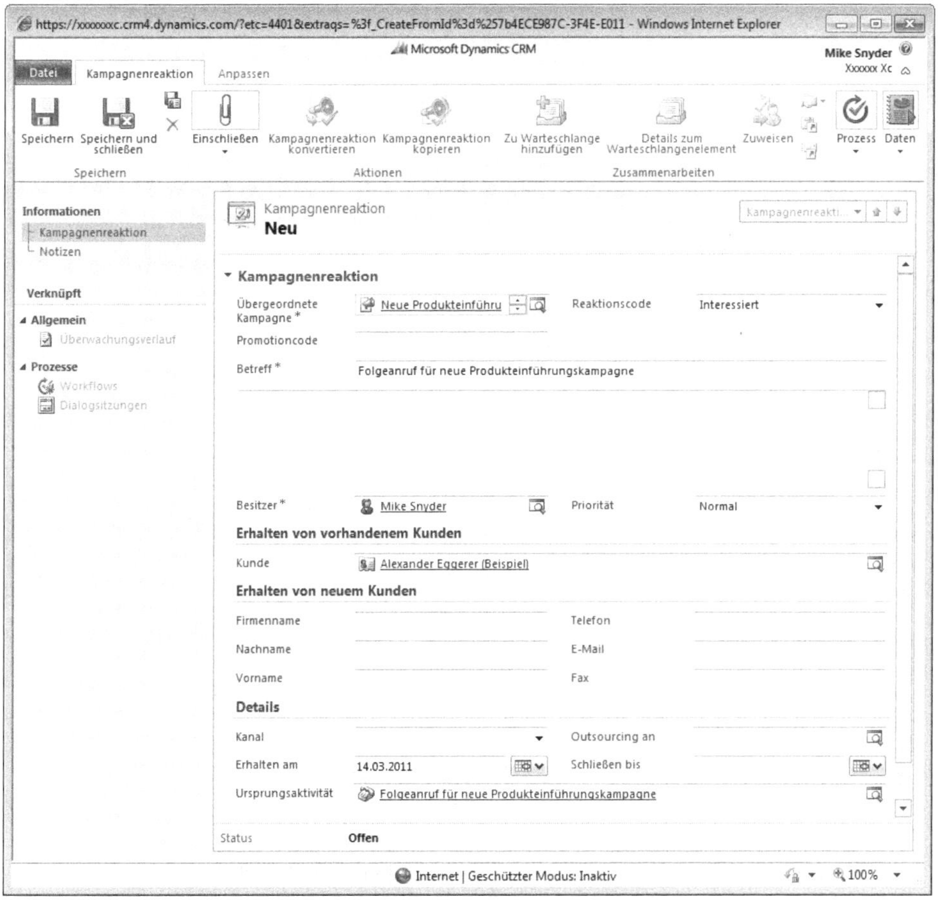

8. Aktualisieren Sie den Betreff und beliebige andere Felder und klicken Sie auf die Schaltfläche **Speichern**.

Kampagnenreaktionen konvertieren

Wenn Sie eine positive Reaktion von einem Mitglied einer Zielmarketingliste erhalten, wollen Sie den Kunden oder Interessenten vermutlich weiter bearbeiten. Microsoft Dynamics CRM ermöglicht es, die Kampagnenreaktion zu schließen und in einen anderen Datensatztyp zu konvertieren. Die folgende Tabelle erklärt die verschiedenen Arten der Datensatzkonvertierungen, die Sie auswählen können.

Konvertierungsoption	Einsatzzweck
Neuen Lead erstellen	Das Mitglied reagiert mit Interesse an weiteren Informationen, ist aber noch nicht als potenzieller Kunde qualifiziert.
In vorhandenen Lead konvertieren	Das Mitglied existiert bereits als Lead. Wegen der Reaktion auf die Kampagne gilt der Lead als qualifiziert und wird konvertiert.
Neuen Datensatz für einen Kunden erstellen	Das Mitglied ist bereits Kunde mit Potenzial für eine Umsatzsteigerung oder neue Verkaufschancen. Sie werden vielleicht ein neues Angebot, Auftrag oder eine Verkaufschance erstellen.

In dieser Übung konvertieren Sie eine Kampagnenreaktion in einen neuen Lead.

VORBEREITUNG Gehen Sie mit Microsoft Internet Explorer auf die Microsoft Dynamics CRM-Website, bevor Sie mit dieser Übung anfangen. Sie benötigen die Produkteinführungskampagne, die Sie in Kapitel 8 erstellt haben. Wenn Sie diese Kampagne nicht mehr auf Ihrem System finden können, wählen Sie für diese Übung eine andere aus.

1. Im Bereich **Marketing** klicken Sie auf **Kampagnen**.
2. Öffnen Sie die **Produkteinführungskampagne**.
3. Im Navigationsbereich klicken Sie auf **Kampagnenreaktion**.

    Eine Liste aller der Kampagne zugeordneten Reaktionen erscheint.

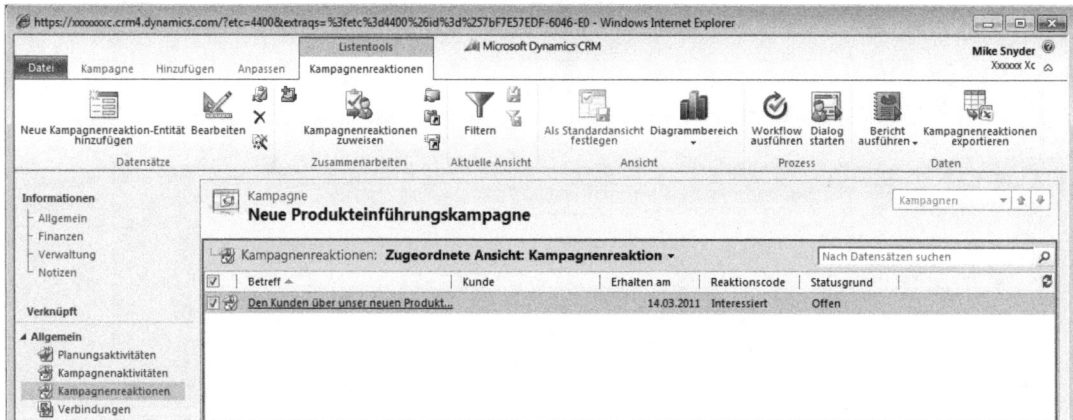

4. Öffnen Sie einen Datensatz mit Kampagnenreaktionen.
5. Im Menübereich klicken Sie auf **Kampagnenreaktion konvertieren**.

    Das Dialogfeld **Reaktion schließen und konvertieren** erscheint.

Kampagnenreaktion konvertieren

6. Lassen Sie die Option **Neuen Lead erstellen** ausgewählt und klicken Sie auf **OK**.

    Diese Aktion schließt die Kampagnenreaktion und öffnet ein neues Lead-Formular, dessen Thema bereits mit der Kampagnenreaktion ausgefüllt ist.

Kampagnenreaktionen konvertieren

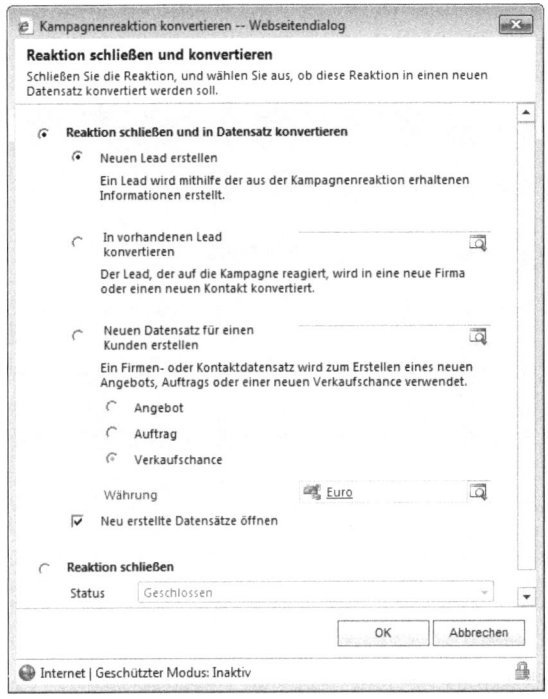

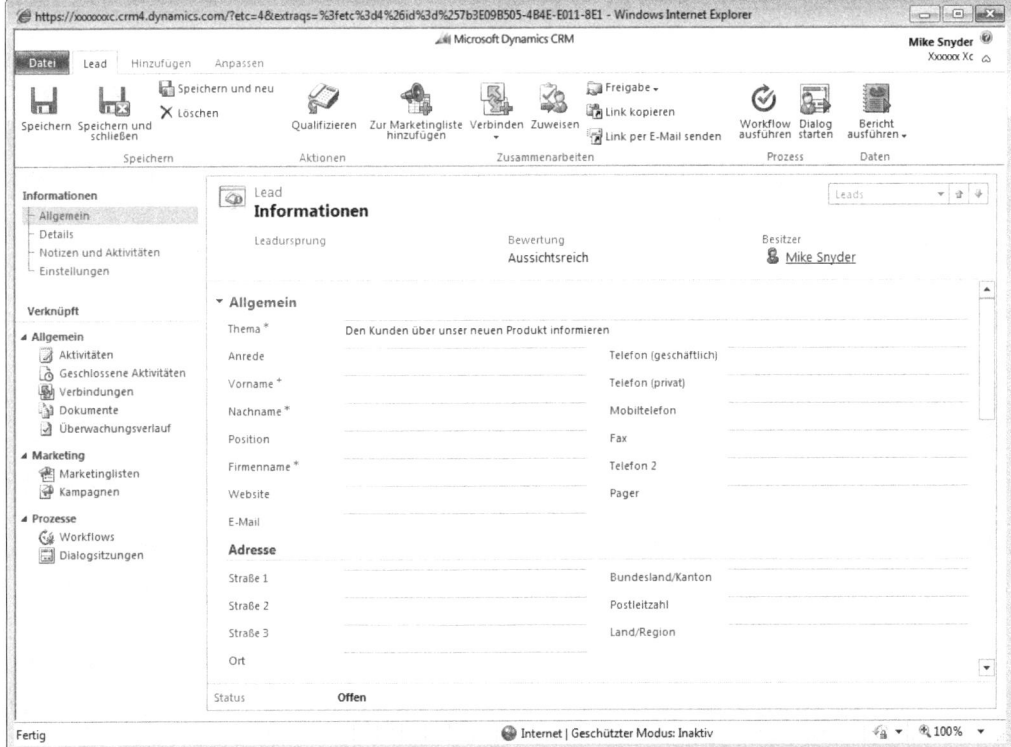

Jetzt haben Sie die Kampagnenreaktion erfolgreich in einen Lead-Datensatz konvertiert. Von hier aus bearbeiten Sie den Datensatz ganz normal nach Ihren Vertriebsrichtlinien weiter. Wenn der Lead bereits existierte, als Sie die Konvertierung durchführten, wären Sie zum normalen Dialogfeld für die Lead-Konvertierung gelangt. Wenn Sie einen neuen Datensatz für einen Kunden anlegen, würde der angegebene Datensatz mit den Informationen aus der Kampagnenreaktion vorausgefüllt (wie bei der Konvertierung in einen Lead). Alternativ können Sie die Reaktion mit dem Status **Geschlossen** oder **Storniert** schließen.

Kampagnenresultate ansehen

Wenn eine Kampagne durchgeführt wird, möchten Sie Einblick in die Kampagnenaktivitäten haben und wissen, welche Erfolge sie erzielt. Die Geschwindigkeit, mit der Aktivitäten geschlossen werden, welche Aktivitäten noch offen sind und die Anzahl der Reaktionen sind allesamt sehr wichtige Daten. Auf Basis dieser Daten möchten Sie vielleicht weitere Aktivitäten planen. Sie könnten beispielsweise eine zusätzliche Kampagnenaktivität für Zielmitglieder einrichten, die nicht geantwortet haben, oder Sie können beim Vertriebsteam nachhaken, um zu prüfen, ob die Aktivitäten auch stattfinden. Microsoft Dynamics CRM bietet Ihnen verschiedene Berichte an denen Sie die Resultate der Marketingkampagnen ablesen können.

In dieser Übung betrachten Sie den Gesamterfolg einer Marketingkampagne, indem Sie den Standard-Kampagnenbericht verwenden.

VORBEREITUNG Gehen Sie mit Microsoft Internet Explorer auf die Microsoft Dynamics CRM-Website, bevor Sie mit dieser Übung anfangen. Sie benötigen die Produkteinführungskampagne, die Sie in Kapitel 8 erstellt haben. Wenn Sie diese Kampagne nicht mehr auf Ihrem System finden können, wählen Sie für diese Übung eine andere aus.

1. Im Bereich **Marketing** klicken Sie auf **Kampagnen**.
2. Öffnen Sie die **Produkteinführungskampagne**.
3. Im Menüband, in der Gruppe **Daten** klicken Sie auf die Schaltfläche **Bericht ausführen** und wählen im Menü **Kampagnenresultate**.

Der Bericht für die Kampagnenresultate wird ausgeführt. Dieser Bericht enthält eine Ansicht, die Informationen quer durch den Kampagnendatensatz enthält, einschließlich der Zielmarketinglisten, Vertriebsdokumentation, verknüpfte Kampagnen, Planungsaufgaben, Kampagnenaktivitäten, Kampagnenreaktionen und Finanzdaten der Kampagne.

TIPP Die Daten in den folgenden Beispielen stellen die von Ihnen erstellte Kampagne dar und sind abhängig von der Größe der ausgewählten Marketinglisten. Daher werden Sie vermutlich andere Daten sehen, als im Beispiel.

Kampagnenspezifische Informationen anzeigen

In unserem Beispiel wurden vier Kampagnenaktivitäten erstellt und drei Kampagnenreaktionen empfangen. Die Reaktionsrate beträgt 50%.

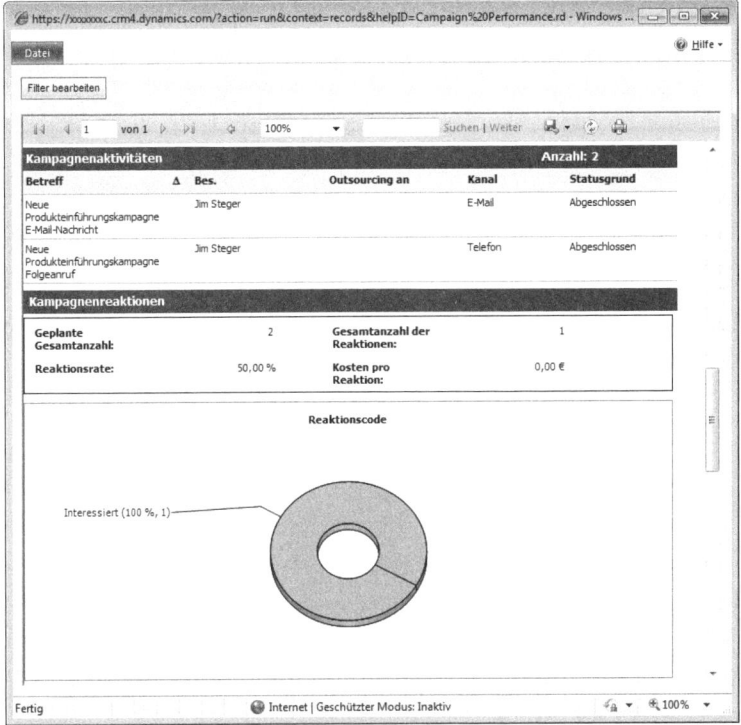

ABSCHLUSS Schließen Sie den Bereich über die Kampagnenresultate.

Kampagnenspezifische Informationen anzeigen

Zusätzlich zu den Resultaten einer Marketingkampagne benötigen Sie vielleicht weitere Informationen über den Status der Kampagnenaktivitäten. Der Bericht *Status der Kampagnenaktivität* enthält Informationen über den Stand der Aktivitäten in einer Kampagne.

In dieser Übung zeigen Sie den Status einer Kampagnenaktivität an, indem Sie den Bericht über Kampagnenaktivitäten verwenden.

VORBEREITUNG Gehen Sie mit Microsoft Internet Explorer auf die Microsoft Dynamics CRM-Website, bevor Sie mit dieser Übung anfangen. Sie benötigen die Produkteinführungskampagne, die Sie in Kapitel 8 erstellt haben. Wenn Sie diese Kampagne nicht mehr auf Ihrem System finden können, wählen Sie für diese Übung eine andere aus.

1. Im Bereich **Marketing** klicken Sie auf **Kampagnen**.
2. Öffnen Sie die **Produkteinführungskampagne**.
3. Im Menüband klicken Sie auf **Kampagnenaktivitäten**.

Kapitel 9: Mit Kampagnenaktivitäten und Reaktionen arbeiten

4. Öffnen Sie die Aktivität **Folgeanruf für neue Produkteinführungskampagne** ohne den Datensatz zu öffnen.
5. Im Menüband, in der Gruppe **Daten** klicken Sie auf die Schaltfläche **Bericht ausführen** und wählen im Menü **Status der Kampagnenaktivität**.

    Das Dialogfeld **Datensätze auswählen** wird geöffnet. In diesem Dialogfeld wählen Sie, ob der Bericht für alle Kampagnenaktivitäten oder nur für die vorher ausgewählten Datensätze erstellt werden soll.

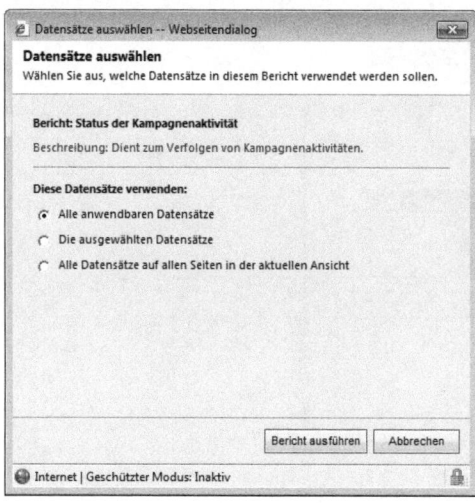

6. Klicken Sie auf **Die ausgewählten Datensätze** und dann auf **Bericht ausführen**.

    Der Bericht über den Status der Kampagnenaktivitäten erscheint. Hier finden Sie Informationen über die Kampagnenaktivitäten, einschließlich des Status der verteilten Kampagnenaktivitäten und die Zuweisungen nach Aktivitätsbesitzer.

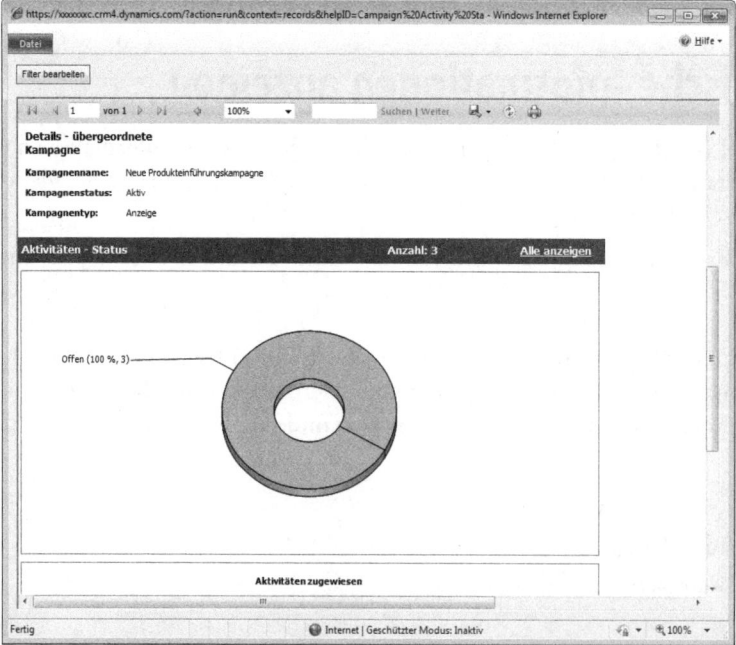

Wenn Sie die Datensätze einsehen möchten, aus denen sich die Grafik im Bericht zusammensetzt, klicken Sie auf den Link **Alle anzeigen**. Wenn Sie direkt auf die Grafik klicken, sehen Sie die entsprechenden Datensätze.

ABSCHLUSS   Schließen Sie den Bericht über den Status der Kampagnenaktivitäten.

> **Weitere Informationen**
>
> Kapitel 16, »Die Erweiterte Suche« erläutert detailliert die zusätzlichen Möglichkeiten für Berichte, die Sie in Microsoft Dynamics CRM mit der erweiterten Suche und Systemansichten haben. Kapitel 15, »Den Bericht-Assistenten verwenden«, bietet Ihnen weitere Informationen über die weiteren Möglichkeiten, die der Bericht-Assistent bietet.

Zusammenfassung

- Kampagnenaktivitäten ermöglichen es Ihnen, kampagnenspezifische Kommmunikation einer Marketingkampagne zu überwachen.
- Sie können Kampagnenaktivitäten speziellen Marktinglisten zuordnen. Nicht alle Marketinglisten einer Kampagne müssen in einer Kampagnenaktivität verwendet werden.
- Wenn Sie Kampagnenaktivitäten verteilen, werden die Aktivitäten erstellt und ausgewählten Benutzern oder Teams zugewiesen, damit sie durchgeführt werden.
- Sie können Kampagnenaktivitäten mit E-Mail-Nachrichten sofort versenden, wenn sie verteilt werden.
- Sie können eine Kampagnenreaktion auf unterschiedliche Weise speichern. Sie können eine Kampagnenreaktion manuell erstellen oder durch Konvertieren einer Kampagnenaktivität. Sie können E-Mail-Reaktionen automatisch Kampagnenreaktionen erstellen lassen oder Kampagnenreaktionen mit dem Datenimport-Assistenten importieren.
- Kampagnenreaktionen können in andere Microsoft Dynamics CRM-Datensatztypen konvertiert werden, wie Leads, Firmen, Kontakte, Verkaufschancen, Angebote oder Bestellungen.
- Microsoft Dynamics CRM bietet verschiedene Berichte, mit denen Sie die Resultate von Marketingkampagnen und Kampagnenaktivitäten anzeigen können. Zwei Beispiele dafür sind der Bericht über Kampagnenresultate und der Statusbericht über Kampagnenaktivitäten.

Teil 3
Service

In diesem Teil:

Kapitel 10	Serviceanfragen überwachen	207
Kapitel 11	Die Artikeldatenbank verwenden	221
Kapitel 12	Mit Verträgen und Warteschlangen arbeiten	239

Kapitel 10

Serviceanfragen überwachen

In diesem Kapitel:

Eine Serviceanfrage erstellen und zuweisen	209
Anfrageaktivitäten verwalten	213
Eine Anfrage beantworten	215
Eine Anfrage stornieren und erneut aktivieren	217
Zusammenfassung	220

Kapitel 10: Serviceanfragen überwachen

In diesem Kapitel lernen Sie:

- Eine Anfrage erstellen und zuweisen
- Anfrageaktivitäten verwalten
- Eine Anfrage beantworten
- Eine Anfrage stornieren und erneut aktivieren

Viele CRM-Systeme werden von Vertriebs- und Marketingteams eingeführt, um ein gemeinsames, zentrales Ablagesystem für die Kunden- und Bestelldaten zu erhalten. In den vorangegangenen Kapiteln dieses Buchs haben Sie gelernt, wie Microsoft Dynamics CRM verwendet wird, um Marketingaktivitäten, potenzielle Kunden (Leads), Verkaufschancen und Bestellungen zu verwalten. Wenn ein Verkauf abgeschlossen ist, ist die Kundenbeziehung aber noch lange nicht am Ende! Um sicherzustellen, dass der Kunde mit seinem Kauf zufrieden ist, können Teams im Kundenservice die beim Marketing und Vertragsabschluss zusammengetragenen Informationen nutzen, um die Kundenbeziehung nach dem Verkauf zu verwalten.

Denken Sie an folgende Situation: Sie haben auf einer Reisewebsite gerade einen Flug zu Ihrem liebsten Ferienziel gebucht. Am Tag vor Ihrer Abreise erhalten Sie eine E-Mail-Nachricht, die Ihnen mitteilt, dass Ihr Flug storniert wurde und dass Sie sich mit dem Kundenservice des Anbieters in Verbindung setzen sollen, um nähere Informationen zu bekommen. Sie rufen den Kundenservice an, dessen Telefonnummer in der Nachricht angegeben ist, und werden drei Mal weiterverbunden. Jedes Mal müssen Sie Ihr Anliegen vortragen, bis schließlich jemand einen anderen Flug für Sie bucht.

Egal worum es sich handelt: Dieses Szenario ist nicht ungewöhnlich, wenn es um Kundenservice geht. Und genau darum ist ein System, dass die Teams der Kundenbetreuung mit den Informationen des Verkaufsteams vernetzt, eine so wichtige Sache. Alle Kommunikation der Anfrage kann an einem Ort gespeichert und von jedem im Team eingesehen werden, so dass eine schnelle Lösung möglich ist. Wenn das Archiv mit Serviceanfragen wächst, können Manger im Kundenservice ähnliche Fälle und Trends analysieren und dadurch Verbesserungen im Verkauf, Service oder bei der Produktentwicklung erzielen.

In Microsoft Dynamics CRM werden Servicekontakte Anfragen genannt. Eine Anfrage bedeutet einen Vorfall beim Service für einen Kunden. Normalerweise enthält eine Anfrage eine Beschreibung des Falles oder Problems, das der Kunde hat und die dazugehörenden Notizen und Folgeaktivitäten, die Mitarbeiter im Service durchführen, um den Fall zu lösen.

Dem Kunden eine klare Vorgehensweise aufzuzeigen, wie er Anfragen oder Probleme beim oder nach dem Kauf kommunizieren kann, ist existentiell wichtig. So wird die Kundenzufriedenheit gesteigert und der Kunde wird Ihrem Unternehmen weiter erhalten bleiben.

In diesem Kapitel lernen Sie, wie Teams im Kundenservice Anfragen in Microsoft Dynamics CRM erstellen, aktualisieren und lösen.

> **Übungsdateien**
> Es gibt zu diesem Kapitel keine Übungsdateien.

Eine Serviceanfrage erstellen und zuweisen

> **WICHTIG** Die Bilder in diesem Buch zeigen die Standardformulare und Feldnamen in Microsoft Dynamics CRM. Da die Software vielfältig angepasst werden kann, ist es möglich, dass einige der Datentypen oder -felder in Ihrem Microsoft Dynamics CRM anders heißen. Wenn Sie die Formulare, Felder oder Sicherheitsrollen, die in diesem Buch angesprochen werden, nicht finden können, wenden Sie sich an Ihren Systemadministrator.

> **WICHTIG** Sie müssen die Adresse Ihrer Microsoft Dynamics CRM-Website kennen, um die Beispiele dieses Buchs durchzugehen. Erfragen Sie die Adresse bei Ihrem Systemadministrator, wenn Sie sie nicht kennen.

Eine Serviceanfrage erstellen und zuweisen

Jede Anfrage im Microsoft Dynamics CRM enthält die Einzelheiten einer Kundenanfrage oder eines Kundenproblems, sowie Nachverfolgungsdaten, Schritte zur Lösung und anderes. Für einen Kunden können mehrere Anfragen überwacht werden und jede Anfrage hat ihre eigenen Nachverfolgungsdaten und Prioritäten. Wegen der Flexibilität des Anfrage-Datensatzes und der Möglichkeit, Formulare und Felder in Microsoft Dynamics CRM anzupassen, werden Anfragen häufig verwendet, um mehr als nur Kundenanfragen zu überwachen. Beispiele für den Einsatz der Anfragen sind z.B. die folgenden:

- Lösen von Unterstützungsanfragen im Callcenter eines Finanzdienstleisters
- Verwalten von Anfragen der Top-Kunden einer Hotelkette
- Überwachen von Anfragen zur Ausbesserung von Schlaglöchern und zum Ersetzen ausgefallener Straßenlaternen in einer lokalen Verwaltung
- Sammeln von Anwenderanfragen in einem CRM-System
- Überwachen von Sicherheiten beim Verkauf von Immobilien

In dieser Übung erstellen Sie einen neue Anfrage für einen Kunden, der einen Produktkatalog anfordert. Nachdem Sie die Anfrage mit den entsprechenden Daten des Kunden erstellt haben, weisen Sie sie einem Mitarbeiter im Kundenservice zu.

VORBEREITUNG Verwenden Sie Ihre Microsoft Dynamics CRM-Installation statt der CRM-Beispieldaten, die in dieser Übung gezeigt werden. Gehen Sie mit Microsoft Internet Explorer auf Ihre Microsoft Dynamics CRM-Website, bevor Sie mit dieser Übung anfangen.

1. Im Bereich **Service** klicken Sie auf **Anfragen**, um die aktiven Anfragen anzuzeigen.

Kapitel 10:   Serviceanfragen überwachen

2. Im Menüband **Anfragen** klicken Sie auf die Schaltfläche **Neu** und öffnen das Formular
   Neue Anfrage.

Neu

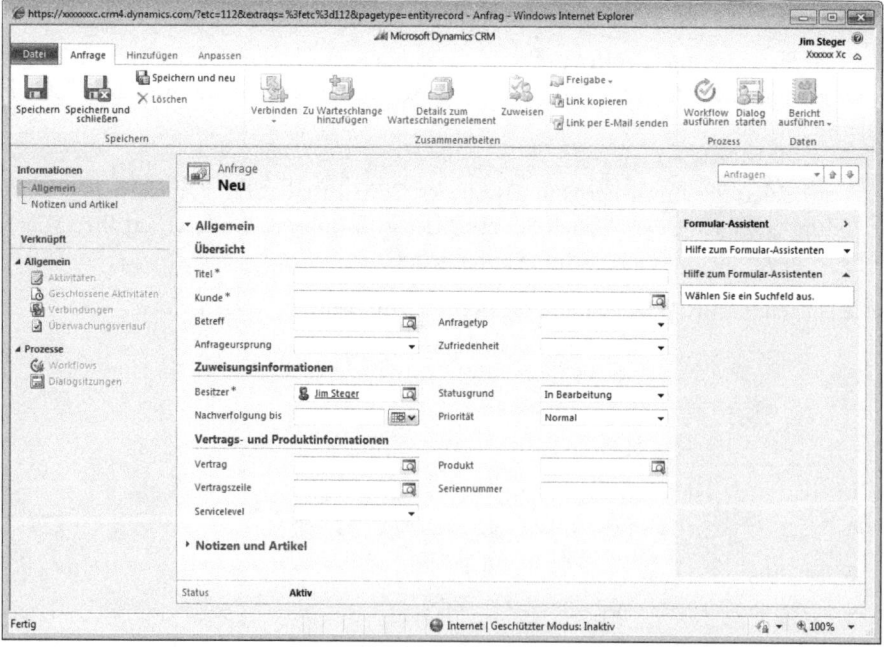

Eine Serviceanfrage erstellen und zuweisen

3. Im Feld **Titel** geben Sie die folgende Beschreibung ein: Produktkatalog erforderlich
4. Klicken Sie auf die Schaltfläche **Nachschlagen** (die Lupe) neben dem Feld **Kunde** und wählen Sie eine Firma aus.

TIPP Jede Anfrage muss mit einem Konto oder Kontakt verknüpft werden. Zusätzlich zu Firmen können Anfragen auch Serviceverträgen und Produkten zugewiesen werden.

5. Wählen Sie einen **Betreff** für die Anfrage.
6. Setzen Sie das Feld **Anfrageursprung** auf **E-Mail**, um klarzustellen, dass der Kunde diese Anfrage per Mail gesendet hat.
7. Setzen Sie das Feld **Anfragetyp** auf *Anforderung*.
8. Im Bereich **Anfrage** im Menüfeld klicken Sie auf **Speichern**, um die Anfrage zu speichern.

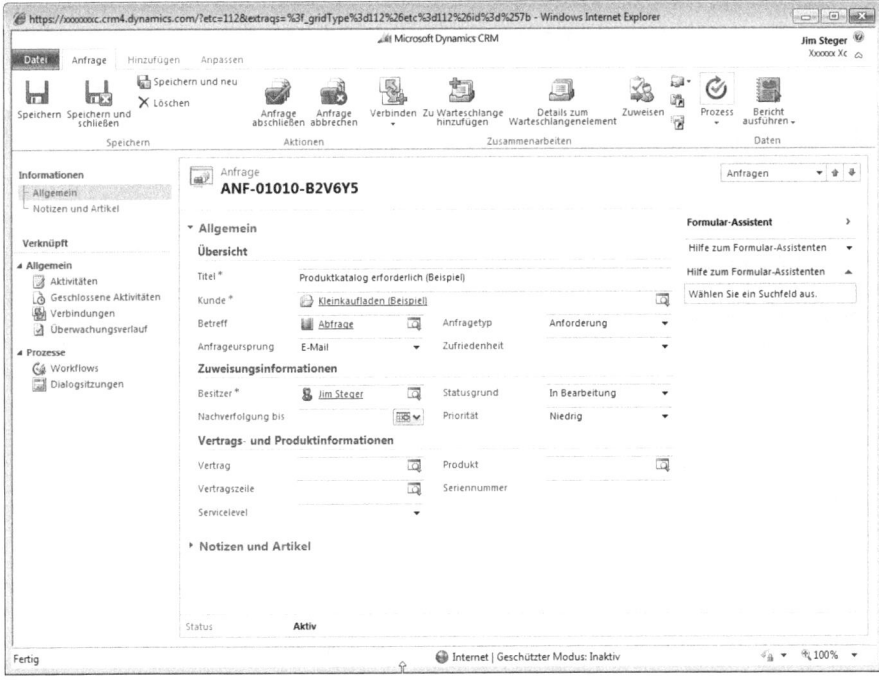

TIPP Microsoft Dynamics CRM weist jeder Anfrage automatisch eine Nummer zu, wenn sie das erste Mal gespeichert wird. Die automatische Nummerierung kann vom Systemadministrator im Bereich System unter Verwaltung geändert werden. In der Voreinstellung wird jede Anfrage mit einem Präfix von drei Buchstaben (CAS), einem Code aus vier Zahlen und einem Bezeichner aus sechs Buchstaben versehen, z.B. CAS-01028-H6R6J6.

9. Im Bereich **Anfrage** im Menüband, in der Gruppe **Zusammenarbeiten**, klicken Sie auf die Schaltfläche **Zuweisen**, um die Anfrage einem Mitarbeiter in der Kundenbetreuung zuzuweisen.
10. Im Dialogfeld **Zu Team oder Benutzer zuweisen** wählen Sie **Einem anderen Benutzer oder Team zuweisen** und verwenden Sie die Schaltfläche **Nachschlagen**, um einen Benutzerdatensatz auszuwählen.

Kapitel 10:   Serviceanfragen überwachen

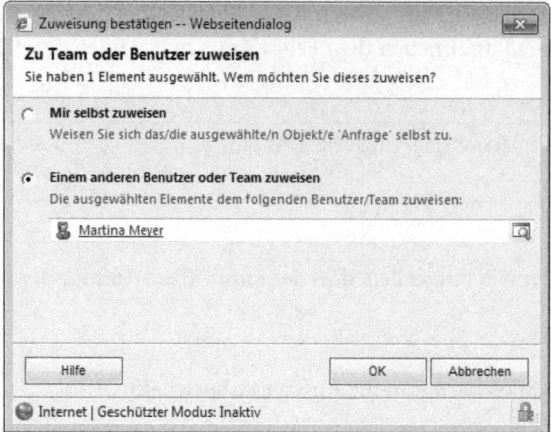

11. Klicken Sie auf **OK**, um den Datensatz dem ausgewählten Benutzer zuzuweisen.

Die Betreffstruktur konfigurieren

Der Betreff bildet eine Kategorie, die verwendet wird, um Produkte, Vertriebsdokumentation, Anfragen und Artikel im Ressourcencenter von Microsoft Dynamics CRM zu organisieren.

Stellen Sie sich die Betreffstruktur als Index von Themen aus Ihrem Geschäftsfeld vor.

Eine hierarchische Betreffstruktur kann in Microsoft Dynamics CRM verwendet werden, um Geschäftsinformationen zu kategorisieren. Da Betreffstrukturen in Vertriebs- und Servicedatensätzen verwendet werden, ist es wichtig sich die bestmöglichen Kategorien für Ihren Geschäftszweig zu überlegen, wenn Sie Microsoft Dynamics CRM einrichten.

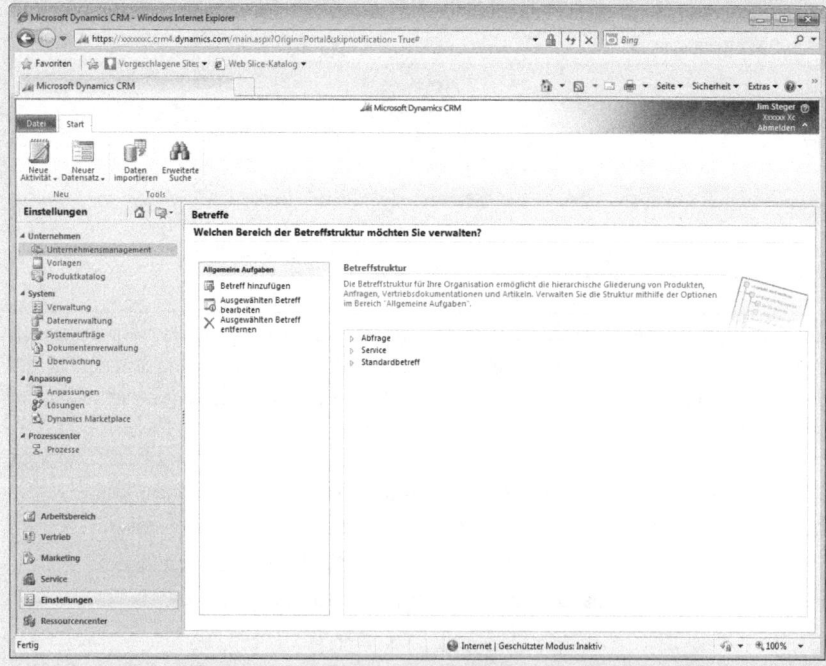

Die Betreffstruktur konfigurieren

Ihre Betreffstruktur kann sich an Produkten oder Geschäftsbereichen orientieren. Vielleicht möchten Sie aber auch Fragen zu Kundenrechnungen überwachen, ohne sie einem speziellen Produkt oder Dienst zuzuordnen. Die folgende Tabelle zeigt Beispiele für Betreffstrukturen verschiedener Unternehmen.

Unternehmenstyp	Betreffstruktur (Muster)

Finanzdienstleister	- Broker-Services
	  - Produkt A
	    + Kundenbeziehungen
	    + Bestätigungen
	    + Entschädigungen
	  + Produkt B+ Finanzplanung
	  + Wechselkurse

Softwareberatung	+ Debitoren
	- Produktunterstützung
	  + Produkt A
	  + Produkt B
	+ Vertrieb und Marketing
	+ Serviceverträge
	- Dienstleistungen
	  + Anwendungsentwicklung
	  + Beratung

Immobilienentwickler	+ KundenKonversionsmanagement+ Mieter + MarketingmaterialienProjekte+Eigentum A+ Einheiten + Andere Objekte + Garantien + Eigentum B

Sie können die Betreffstruktur über den Abschnitt **Unternehmensmanagement** im Bereich **Einstellungen** verändern und anpassen. Da die Rechte zum Erstellen, Bearbeiten und Entfernen von Betreff-Einträgen als Administratoreingriff betrachtet werden, wird die Änderung der Betreffstruktur in diesem Buch nicht behandelt. Sprechen Sie mit Ihrem Systemadministrator, wenn Sie Hilfe bei Änderungen der Microsoft Dynamics CRM-Betreffstruktur benötigen.

Anfrageaktivitäten verwalten

Abhängig von der Komplexität einer Kundenanfrage kann der Kundendienstmitarbeiter seine Aufgabe binnen Minuten erledigen. Andererseits können komlizierte Aufgabenstellungen auch Tage oder sogar Monate an Bearbeitungszeit benötigen. Da die Arbeitsbelastung im Kundenserviceteam von den täglich eingehenden Anfragen und Supportfällen abhängt, ist es wichtig für die Teams, die Fälle kontinuierlich abzuarbeiten und den Fortschritt neuer Anfragen zu überwachen, sobald sie im System sind.

Die Kataloganforderung im Beispiel aus dem vorherigen Abschnitt hat eine klare Lösung: Der Mitarbeiter im Kundenservice erstellt eine Aufgabe für einen Mitarbeiten im Fulfillment, um den Katalog zum Kunden zu versenden. Ist das geschehen, sind bei diesem Kunden keine Folgeschritte mehr nötig.

Viele Anfragen benötigen tiefere Recherchen, entweder Betriebsintern oder beim Kunden. Nachdem der Kunde einen Garantieranspruch für eine defekte Musikanlage geltend gemacht hat, könnte er mehrmals gebeten werden, per Telefon mit einem Servicemitarbeiter zu sprechen und einen Reparaturtermin mit einem Techniker auszumachen, bevor das Gerät repariert werden kann. Ist eine Reparatur nicht möglich, könnte der Kunde gebeten werden, das defekte Gerät zum Hersteller zurückzusenden, damit es ersetzt wird.

Für Manager im Kundenservice bietet die Überwachung der Schritte innerhalb einer Anfrage eine Möglichkeit, die beste Lösung häufig auftretender Fälle zu erkennen und so das Zeitmanagement der Mitarbeiter zu beeinflussen.

In dieser Übung speichern Sie eine Folgeaktivität für die erstellte Anfrage aus dem vorhergehenden Abschnitt und erstellen eine Aufgabe, um nachzuverfolgen, wieviel Zeit auf diese Anfrage verwendet wurde.

> **Weitere Informationen**
>
> Weitere Informationen über die Arbeit mit Aktivitäten finden Sie in Kapitel 4, »Mit Aktivitäten und Notizen arbeiten«.

VORBEREITUNG Gehen Sie mit Microsoft Internet Explorer auf die Microsoft Dynamics CRM-Website, bevor Sie mit dieser Übung anfangen. Sie benötigen die Anfrage mit der Produktkataloganforderung aus der vorangegangenen Übung. Öffnen Sie die Anfrage mit der Produktkataloganforderung.

1. Im Menübereich klicken Sie auf **Hinzufügen** und lassen Sie sich die Zusatzoptionen für die Anfrage anzeigen.

2. In der Gruppe **Aktivität** klicken Sie auf **Aufgabe** und erstellen eine neue, anfragebezogene Aufgabe.

> **WICHTIG** Aktivitäten können auch in der Ansicht Aktivitäten erstellt werden, die Sie im Navigationsbereich des Formulars Anfrage finden. Weitere Informationen finden Sie in Kapitel 4.

3. Geben Sie folgendes in das Feld **Betreff** ein: *Produktkatalog an Kunden senden*.
4. In das Feld **Fällig** tragen Sie einen Termin ein, der drei Tage in der Zukunft liegt.
5. Tragen Sie in das Feld **Dauer** im Formular **Aufgabe** *15 Minuten* ein. Die Dauer ist die angenomme Zeit, die für das Abschließen der Aufgabe benötigt wird.

Eine Anfrage beantworten

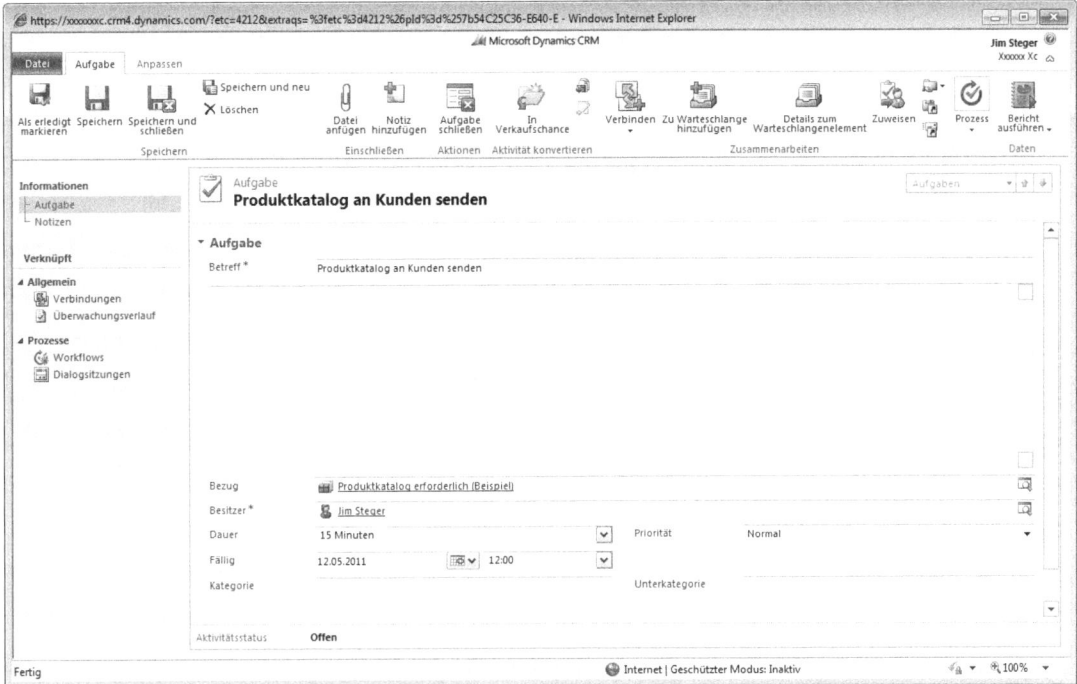

6. Klicken Sie auf die Schaltfläche **Als erledigt markieren**, um die Aufgabe abzuschließen.

Wenn der Status einer Aufgabe auf erledigt gesetzt wird, schließt sich das Formular automatisch.

Eine Anfrage beantworten

Während die Teams im Kundenservice auf die Lösung einer Kundenanfrage hinarbeiten, ist es wichtig, für jede Anfrage einen genauen Statuswert zu pflegen. So kann gewährleistet werden, dass neue Anfragen zeitnah und bis zum Abschluss bearbeitet werden. Wenn eine Anfrage zur Zufriedenheit des Kunden beantwortet ist, kann der Kundendienst den Status der Anfrage auf *Abgeschlossen* setzen. Dadurch bleibt der Datensatz in der Microsoft Dynamics CRM-Datenbank, er wird aber nicht mehr in der Ansicht für die aktiven Anfragen angezeigt.

Bevor eine Anfrage als abgeschlossen markiert werden kann, müssen alle offenen dazugehörenden Aktivitäten ebenfalls erledigt oder storniert sein. Die angegebenen Bearbeitungszeiten für jede erledigte Aktivität einer Anfrage werden zusammengezählt, wenn die Anfrage abgeschlossen ist, so dass Kundendienstmanager die Gesamtdauer für die Bearbeitung einer Anfrage überwachen können.

In dieser Übung markieren Sie die in der vorangegangenen Übung angelegte Anfrage als abgeschlossen.

VORBEREITUNG Gehen Sie mit Microsoft Internet Explorer auf die Microsoft Dynamics CRM-Website, bevor Sie mit dieser Übung anfangen. Sie benötigen die Anfrage mit der Produktkataloganforderung aus der vorangegangenen Übung. Öffnen Sie die Anfrage mit der Produktkataloganforderung.

1. Im Menübereich **Anfrage** innerhalb der Gruppe **Aktionen** klicken Sie auf **Anfrage abschließen**.

   WICHTIG Eine Anfrage kann nicht abgeschlossen werden, solange dazu noch Aktivitäten als offen markiert sind. Bevor Sie die Anfrage abschließen, stellen Sie sicher, dass alle Aktivitäten für diese Anfrage als Erledigt oder Storniert markiert sind.

2. Im Dialogfeld **Anfrage abschließen** geben Sie im Feld **Abschluss** *Produktkatalog an Kunden gesendet* ein und lassen Sie die *15 Minuten* im Feld **Abzurechn. Zeit** stehen.

   HINWEIS In der Voreinstellung bietet Microsoft Dynamics CRM nur eine Statusoption für den Status einer abgeschlossenen Anfrage: Problem behoben. Dieser Wert erscheint automatisch im Feld Abschlusstyp im Dialogfeld Anfrage abschließen. Sie können die Anpassungs-Tools in Microsoft Dynamics CRM verwenden, um die Werte für die Statusoptionen der Anfragen zu verändern, damit sie besser zu Ihrem Unternehmen passen. Lassen Sie sich von Ihrem Systemadministrator dabei helfen.

3. Klicken Sie auf **OK**, um den Anfragestatus auf **Abgeschlossen** zu setzen.

   Alle Formularfelder werden gespeichert und schreibgeschützt. Microsoft Dynamics CRM erstellt automatisch eine Aktivität für die abgeschlossene Anfrage, die die Einzelheiten der Lösung in den abgeschlossenen Aktivitäten enthält.

4. Im Navigationsbereich dieser Anfrage klicken Sie auf **Geschlossene Aktivitäten**, um die abgeschlossenen Aktivitäten dieser Anfrage anzuzeigen.

Eine Anfrage stornieren und erneut aktivieren

5. Öffnen Sie die Aktivität **Anfrageabschluss**. Beachten Sie, dass der Abschluss und die Gesamtbearbeitungszeit dieser Anfrage in der Zusammenfassung zu Berichts- und Analysezwecken gespeichert werden.

Eine Anfrage stornieren und erneut aktivieren

Es kann Situationen geben, in denen eine Anfrage aus der Prioritätsliste des Kunden herausfällt oder der Kunde ein Problem selbst lost. Stellen Sie sich einen Fall vor, in dem der Kunde einen Garantieanspruch für einen gerade gekauften Kühlschrank erhebt. Am Tag nach Eingang der Anfrage beim Kundenservice startet das Unternehmen eine Rückrufaktion für dieses spezielle Modell, nachdem offenbar wurde, dass es in den vergangenen Monaten besonders häufig reklamiert wurde. Das Team im Kundenservice richtet eine neue Kategorie für die Überwachung von Anfragen ein, um die Kundenanfragen zu verwalten und speichert in dieser Kategorie eine neue Kundenanfrage. Damit die ursprüngliche Anfrage nicht in der Bearbeitungsliste des Kundenservice verbleibt, wird die Anfrage storniert. Stornierte Anfragen sind deaktiviert, so dass alle Felder im Formular schreibgeschützt sind. Die Anfragen können jedoch noch immer in Suchen gefunden und referenziert werden. Manchmal geschieht genau das Gegenteil. Eine Anfrage, die vorher abgeschlossen oder storniert war, wird erneut geöffnet, wenn der Vorfall beim Kunden erneut auftritt. Abgeschlossene und stornierte Anfragen können in Microsoft Dynamics CRM erneut aktiviert werden, so dass der Kundendienst sie wieder bearbeiten kann. Unternehmen in der Softwareentwicklung haben häufig Anfragen, die die Mitwirkung des Kunden benötigen. Diese Anfragen müssen vielleicht storniert werden, wenn der Kunde längere Zeit nicht reagiert. In diesem Beispiel kann die Anfrage in Microsoft Dynamics CRM später wieder geöffnet werden, wenn der Kunde sich wieder beim Support-Team meldet.

In dieser Übung markieren Sie eine Anfrage als storniert und öffnen sie erneut.

VORBEREITUNG Gehen Sie mit Microsoft Internet Explorer auf die Microsoft Dynamics CRM-Website, bevor Sie mit dieser Übung anfangen.

1. Im Bereich **Service** klicken Sie auf **Anfragen** und klicken auf **Neu** im Menüband von **Anfragen**, um eine neue Anfrage zu erstellen.
2. Im Formular **Neue Anfrage** geben Sie die Werte in die notwendigen Felder ein oder wählen Sie sie aus, wie gezeigt:

Feld	Wert
Titel	*Die neuen Softwarelizenzen können nicht registriert werden.*
Kunde	*Sonoma Partners*, oder eine andere Firma im System
Betreff	*Standardbetreff*, oder ein anderer Betreff im System

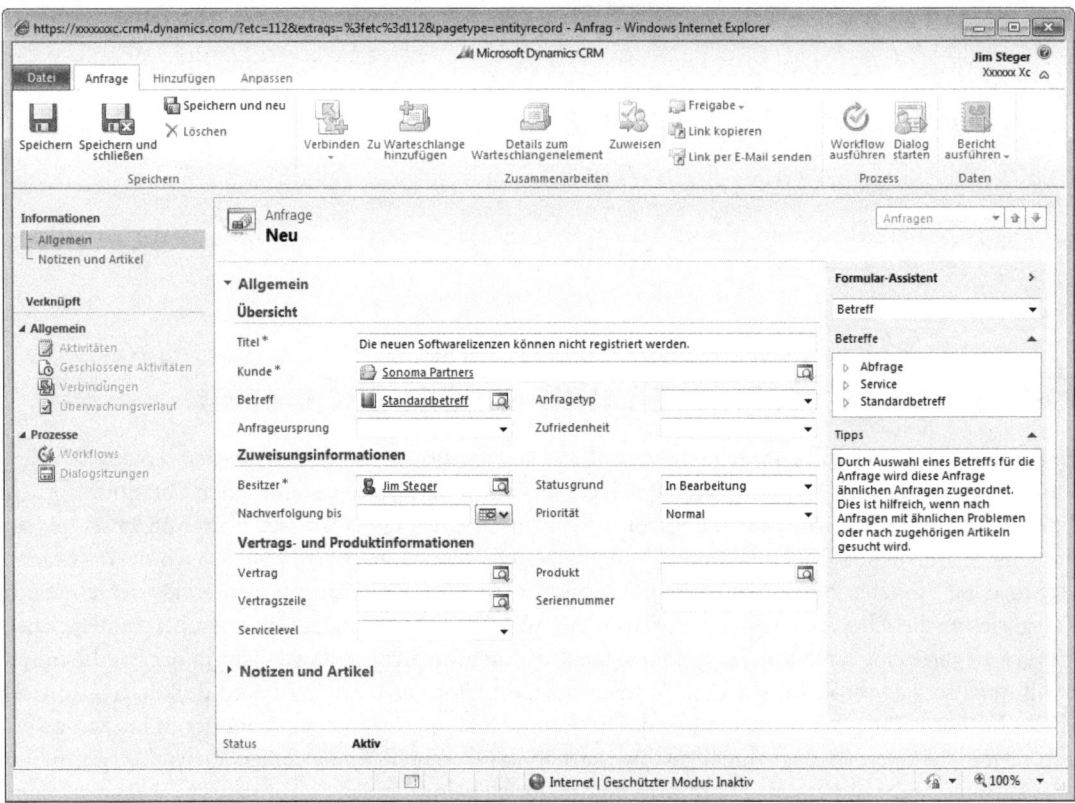

3. Klicken Sie auf **Speichern**, um den Fall zu speichern.
4. In der Gruppe **Aktionen** im Menübereich von **Anfragen** klicken Sie auf die Schaltfläche **Anfrage abbrechen**.

5. Im Dialogfeld **Anfrageabbruchbestätigung** wählen Sie den passenden Statusgrund für den Abbruch aus und klicken Sie auf **OK**, um zu bestätigen, dass Sie die Anfrage abbrechen möchten.

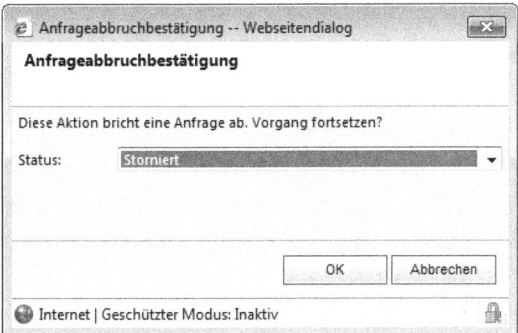

Wenn Sie auf **OK** klicken, wird die Anfrage auf den Status *Storniert* gesetzt und alle Felder im Formular schreibgeschützt.

6. In der Gruppe **Aktionen** im Menübereich von **Anfragen** klicken Sie auf die Schaltfläche **Anfrage erneut aktivieren**.

7. Im Dialogfeld **Ausgewählte Anfrage erneut aktivieren** klicken Sie auf **OK**. Sie haben die Anfrage reaktiviert.

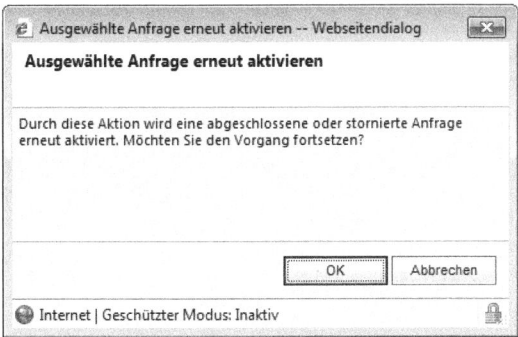

Dadurch wird die Anfrage in den Status aktiv versetzt und alle Formularfelder können wieder bearbeitet werden.

ABSCHLUSS   Schließen Sie den Anfragedatensatz.

Zusammenfassung

- Eine Anfrage bedeutet in Microsoft Dynamics CRM einen Kontakt des Kunden mit dem Kundenservice. Teams im Kundenservice verwenden Anfragen, um die Rückfragen und Probleme der Kunden zu verwalten.

- Ein Manager im Kundenservice kann die Anfragedaten analysieren, um häufig auftretende Kundenprobleme aufzufinden, Produkt- oder Dienstleistungsangebote zu verbessern und die Zeitspanne zu verbessern, die Servicemitarbeiter benötigen, um Anfragen zu klären.

- Standardmäßig muss in Microsoft Dynamics CRM einer Anfrage ein Betreff zugewiesen werden. Die Betreffstruktur ermöglich es Ihnen, in Microsoft Dynamics CRM Datensätze im Vertrieb und im Support zu kategorisieren und sollte von einem Systemadministrator kategorisiert werden.

- Folgeaktivitäten stellen sicher, dass Schritte zur Lösung einer Anfrage unternommen werden. Eine Folgeaktivität kann ein einfacher Vorgang wie das Versenden eines Katalogs oder das Aktualisieren einer Kundenadresse sein, oder aufwändiger und eine Reihe von Telefonaten mit dem Kunden, Vereinbarung von Serviceterminen oder Rechercheaufgaben umfassen.

- Durch das Überwachen der Aktivitäten einer Anfrage können Manager im Kundenservice die Dauer aller abgeschlossenen Aktivitäten zur Gesamtdauer addieren, die für die Anfrage verwendet wird. Diese Gesamtdauer wird automatisch im Dialogfeld **Anfrage abschließen** berechnet.

- Es ist wichtig, den Statuswert der einzelnen Anfragen aktuell zu halten, damit neue Anfragen so zeitnah und schnell wie möglich gelöst werden können.

- Anfragen können in der Liste der aktiven Anfragen als abgeschlossen oder storniert markiert werden. Wenn eine Anfrage als abgeschlossen oder storniert markiert wird, wird der Datensatz in Microsoft Dynamics CRM schreibgeschützt. Es ist jedoch möglich, dass die Anfrage erneut aktiviert wird, z.B. in dem Fall, dass das Problem erneut beim Kunden auftritt oder eine weitere Bearbeitung der Anfrage notwendig ist.

Kapitel 11

Die Artikeldatenbank verwenden

In diesem Kapitel:

Einen Artikel für die Artikeldatenbank erstellen und absenden	223
Einen Artikel veröffentlichen	227
Einen Artikel in der Artikeldatenbank suchen	229
Einen Artikel aus der Artikeldatenbank löschen	231
Artikelvorlagen erstellen	234
Zusammenfassung	238

In diesem Kapitel lernen Sie:

- Einen Artikel für die Artikeldatenbank erstellen und absenden
- Einen Artikel veröffentlichen
- Einen Artikel suchen
- Einen Artikel aus der Artikeldatenbank löschen
- Vorlagen für Artikel erstellen

Im vorangegangenen Kapitel haben Sie erfahren, wie Sie Anfragen mit Microsoft Dynamics CRM bearbeiten. Ob Ihr Unternehmen Anfragen, Kommentare und Probleme, die von Kunden eingereicht werden, als Anfragen in Microsoft Dynamics CRM oder anderweitig speichert: Mit der Zeit werden Sie im Material Gemeinsamkeiten erkennen. Dadurch ist es möglich, ähnliche Anfragen schneller zu bearbeiten. Oft hindert jedoch die schiere Mengen an Material Unternehmen daran, das Wissen in gespeicherten Anfragen und von verschiedenen Bearbeitern sinnvoll zu nutzen. Zusätzlich erschwerend beim Herausfiltern der Erfahrungen und des Organisationswissens aus dem Kundensupport ist die hohe Arbeitsbelastung, die viele Teams haben.

Neben einer quantitativen Analyse anfragebezogener Daten – so wie die Anzahl von Anfragen je Kunde oder der durchschnittlichen Bearbeitungszeit je Anfage – können Mitarbeiter im Kundenservice auch von einem Datenbestand aus hochwertigen Anfragen und Reaktionen profitieren, wenn die Informationen komprimiert und für die Bearbeitung der zukünftigen Anfragen herangezogen werden können. Zusammen ergeben die qualitativen und quantitativen Datenbestände eine wichtige Quelle zur Verbesserung des Kundendienstes und um Prozesse im Vertrieb, Marketing und in der Produktentwicklung besser an die Kundenbedürfnisse anzupassen.

In diesem Kapitel erfahren Sie, wie Sie eine Artikeldatenbank anlegen – eine Sammlung von Artikeln in Microsoft Dynamics CRM, die vom Kundenservice genutzt werden kann, wenn Anfrage von Kunden zu Produkten oder Dienstleistungen bearbeitet werden müssen. Die Artikel sind textbasiert und können Bedienungsanleitungen, Zusammenfassungen häufiger Probleme und deren Lösungen und häufig gestellte Fragen (FAQ) enthalten, die vom Kundenservice zusammengestellt wurden. Alle Informationen, die verwendet werden können, um Anfragen von Kunden, Interessenten und Dritten schnell zu beantworten können in der Artikeldatenbank des Unternehmens gespeichert werden.

So wie Anfragen an den Kundenservice wird auch Artikeln der Datenbank ein Betreff zugewiesen, um sie den gleichen Unternehmenskategorien zuzuordnen, wie andere Vertriebs- und Service-Datensätze in Microsoft Dynamics CRM. Bei Anfragen dient der Betreff auch dazu, Benutzern dabei zu helfen, Informationen zu einem bestimmten Gebiet schnell zu finden, auch wenn der genaue Titel des Artikels nicht bekannt ist. Da ein Betreff für jeden Artikel erforderlich ist, sollten Sie die Betreffstruktur angelegt haben, bevor Sie einen Artikel erstellen. Sprechen Sie mit Ihrem Systemadministrator, wenn Sie Hilfe bei Änderungen an der Microsoft Dynamics CRM-Betreffstruktur benötigen.

> **Weitere Informationen**
>
> Weitere Informationen über Betreffstrukturen finden Sie auch unter »Die Betreffstruktur konfigurieren« in Kapitel 10, »Serviceanfragen überwachen«.

TIPP Obwohl viele Felder in Microsoft Dynamics CRM-Formularen als optional statt als notwendig markiert werden können, kann das Artikel-Formular nicht verändert werden. Während der Installation wird jedoch ein »Standardbetreff« in der Betreffstruktur angelegt. Sie können den Standardbetreff für Artikel festlegen, bevor Sie die Betreffstruktur konfigurieren.

Eine gut organisierte Artikeldatenbank kann die im Kundenservice benötigte Zeit für das Heraussuchen von Antworten und Referenzdokumenten für Kunden erheblich reduzieren.

In diesem Kapitel lernen Sie, wie Sie eine Artikeldatenbank erstellen, indem Sie Artikel in Microsoft Dynamics CRM erstellen, veröffentlichen, suchen und bearbeiten.

Übungsdateien

Es gibt zu diesem Kapitel keine Übungsdateien.

WICHTIG Die Bilder in diesem Buch zeigen die Standardformulare und Feldnamen in Microsoft Dynamics CRM. Da die Software vielfältig angepasst werden kann, ist es möglich, dass einige der Datentypen oder -felder in Ihrem Microsoft Dynamics CRM anders heißen. Wenn Sie die Formulare, Felder oder Sicherheitsrollen, die in diesem Buch angesprochen werden, nicht finden können, wenden Sie sich an Ihren Systemadministrator.

WICHTIG Sie müssen die Adresse Ihrer Microsoft Dynamics CRM-Website kennen, um die Beispiele dieses Buchs durchzugehen. Erfragen Sie die Adresse bei Ihrem Systemadministrator, wenn Sie sie nicht kennen.

Einen Artikel für die Artikeldatenbank erstellen und absenden

Zusätzlich zum Betreff enthält jeder Artikel einen Titel, eine Liste von Schlüsselwörtern und den Inhalt, der von der Artikelvorlage abhängt. Sie erfahren später in diesem Kapitel mehr über das Konfigurieren von Artikelvorlagen. In dieser ersten Übung verwenden Sie eine der mit Microsoft Dynamics CRM mitgelieferten Artikelvorlagen.

Artikel der Datenbank werden keinen Kunden zugewiesen. Stattdessen sind die Informationen in jedem Artikel für eine Untermenge der Kunden, oder sogar alle Kunden geeignet. In dieser Übung erstellen Sie einen neuen Artikel, der den Rückruf eines Produkts beschreibt und dann dem Leiter des Kundendienstes zur Genehmigung gesendet wird.

VORBEREITUNG Gehen Sie mit Microsoft Internet Explorer auf die Microsoft Dynamics CRM-Website, bevor Sie mit dieser Übung anfangen. Sie benötigen ein Benutzerkonto, das die Sicherheitsrolle *Kundenservicemanager* hat oder eine Rolle mit Privilegien, um Artikel für die Datenbank zu schreiben, lesen und zu erstellen.

1. Im Bereich **Service** klicken Sie auf **Artikel**, um die Artikel der Datenbank anzuzeigen.

Kapitel 11: Die Artikeldatenbank verwenden

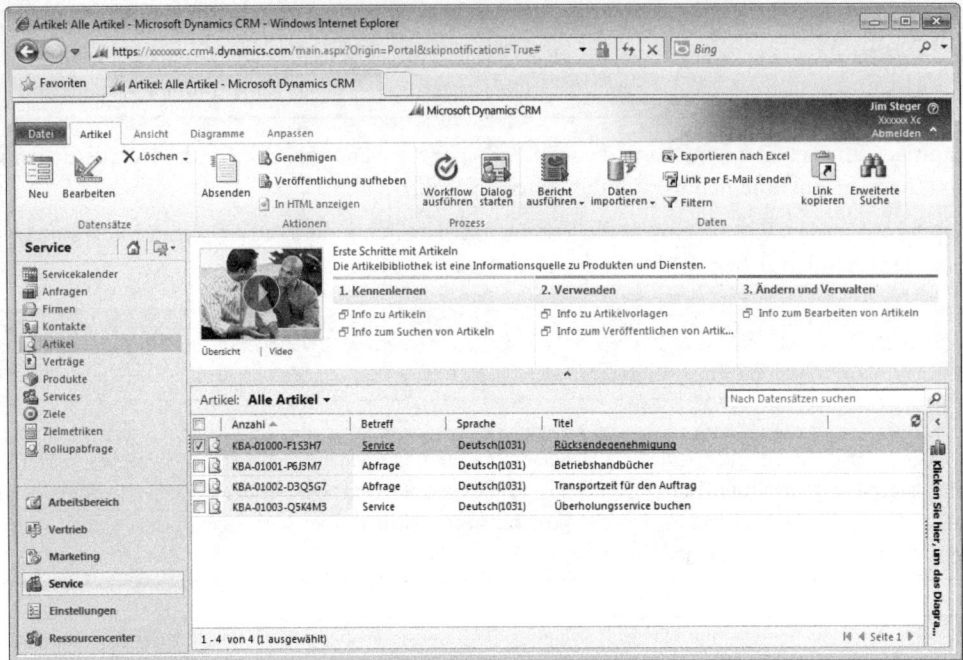

2. Im Feld **Artikel** im Menüband, in der Gruppe **Datensätze**, klicken Sie auf die Schaltfläche **Neu**. Das Dialogfeld **Artikelvorlage** wird geöffnet.

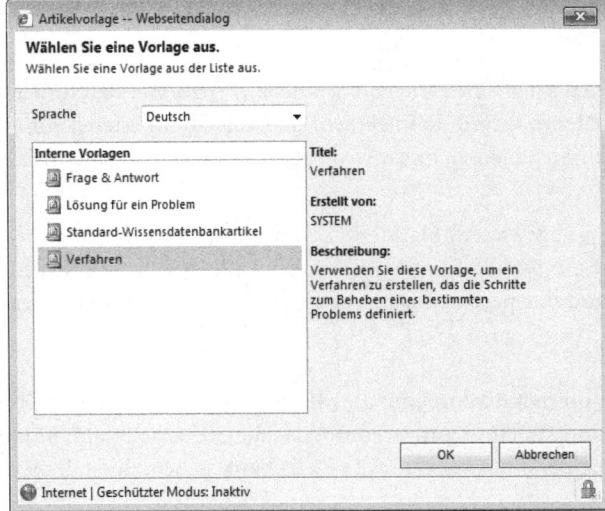

3. Im Dialogfeld wählen Sie die Vorlage **Verfahren** und klicken auf **OK**.
4. Im Feld **Titel** im Formular **Neuer Artikel** geben Sie **Rückruf für Mountainbike-Rahmen** ein.

Einen Artikel für die Artikeldatenbank erstellen und absenden

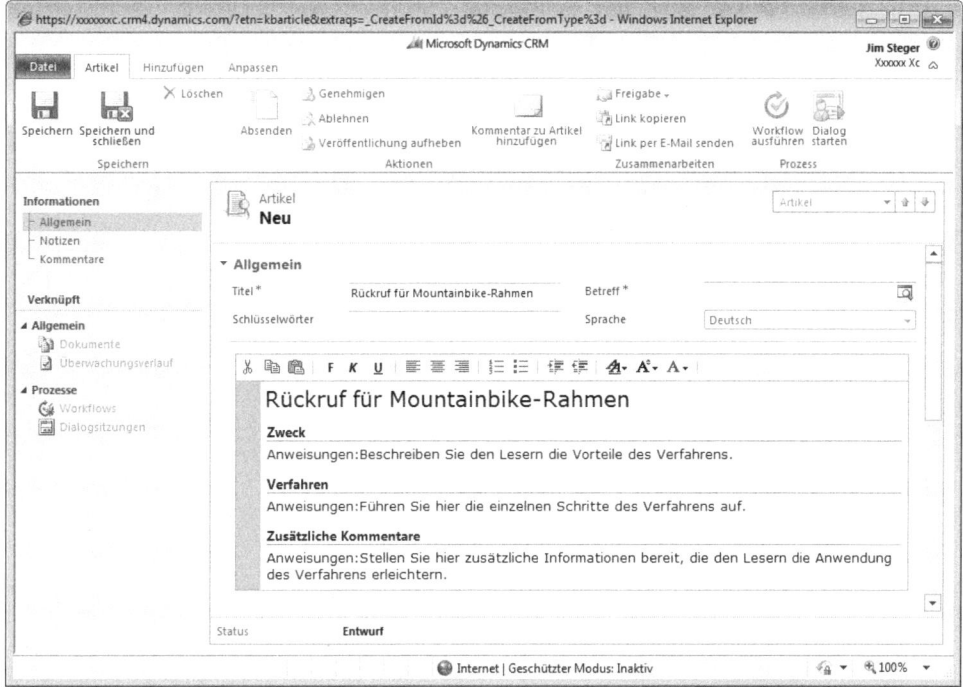

TIPP Wenn Sie das Feld Titel aktualisieren, wird der Titel automatisch im Texteditor des Artikels aktualisiert.

5. Im Feld **Betreff** wählen Sie den **Standardbetreff** oder einen anderen Betreff Ihres Systems aus.

Weitere Informationen

Weitere Informationen über Betreffstrukturen finden Sie auch unter »Die Betreffstruktur konfigurieren« in Kapitel 10.

6. Im Feld **Schlüsselwörter** geben Sie ein: *Rückruf, Sicherheit, Garantie*

TIPP Schlüsselwörter helfen dabei, Artikel schnell aufzufinden. Auch wenn Sie in Microsoft Dynamics CRM nicht zwingend Schlüsselwörter angeben müssen, sollten Sie sich angewöhnen, für den Artikel immer relevante Wörter oder Phrasen anzulegen.

7. Im Texteditor des Artikels klicken Sie auf den Text unterhalb von **Zweck** und geben folgendes ein: *Sicherheitshinweis: Alle 52er Mountainbike-Rahmen werden aufgrund eines möglichen Fehlers zurückgerufen. Nehmen Sie bitte um Ihrer eigenen Sicherheit willen Kontakt mit unserem Kundendienst oder Ihrem Adventure-Works-Händler auf, wenn Ihr Rad über einen Mountainbike-Rahmen der Größe 52 verfügt.*

TIPP Der Infotext verschwindet automatisch, wenn Sie in einem Abschnitt zu schreiben beginnen.

8. Im Feld **Verfahren** geben Sie ein: *Registrierte Kunden, die eine Garantiekarte vorgelegt und eine Seriennummer angegeben haben, haben einen Sicherheitshinweis zu dieser Rückrufaktion erhalten. Um einen Ersatzrahmen zu erhalten, können Sie Ihr Rad bei einem Adventure-Works-Händler abgeben.*
9. Klicken Sie auf die Schaltfläche **Speichern,** um den Artikel zu erstellen.

Speichern

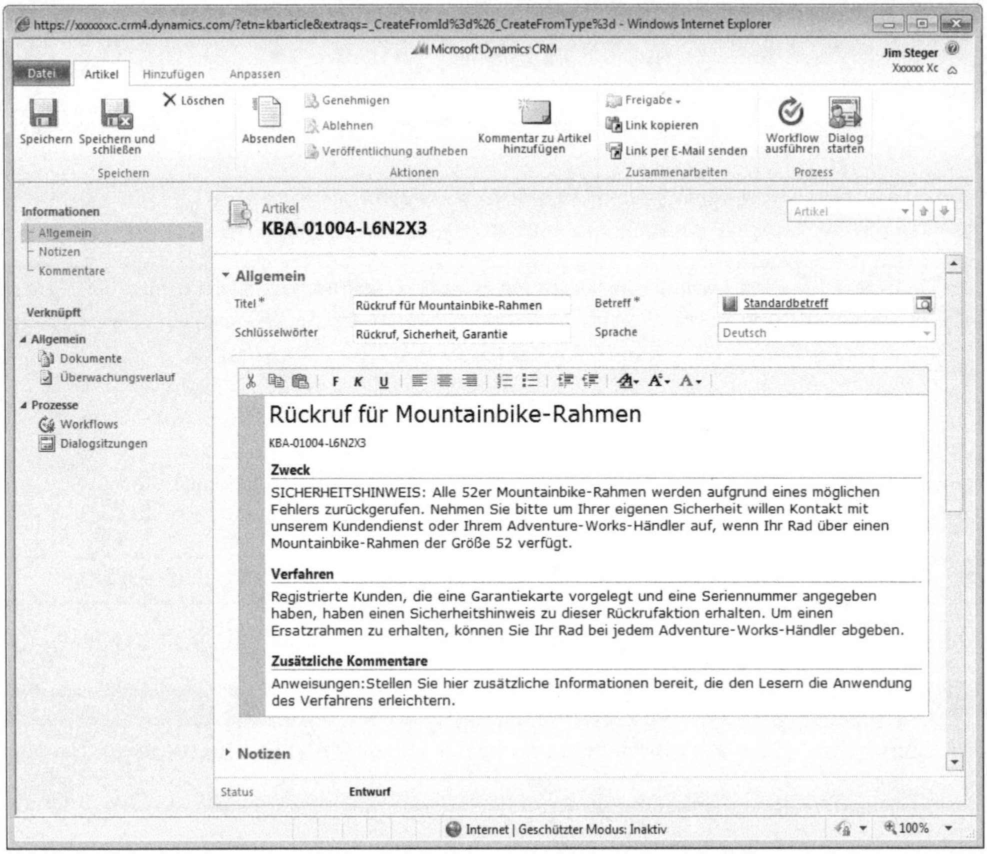

TIPP Wenn der Artikel zum ersten Mal gespeichert wird, wird ihm automatisch eine Artikelnummer zugewiesen. Die automatische Nummerierung kann vom Systemadministrator im Bereich System unter Verwaltung geändert werden. In der Voreinstellung wird jeder Artikel mit einem Präfix von drei Buchstaben (KBA), einem Code aus fünf Ziffern und einem Bezeichner aus sechs Buchstaben versehen, z.B. CAS-01028-H6R6J6. Wenn Sie Rechte haben, die Einstellungen für die automatische Nummerierung in Ihrem Microsoft Dynamics CRM zu verändern, können Sie das automatisch zugewiesene Präfix der Artikel verändern.

10. Klicken Sie auf die Schaltfläche **Absenden** in der Gruppe **Aktionen** im Menüband **Artikel,** um den Artikel in die Ansicht **Nicht genehmigte Artikel** zu übertragen, so dass er von einem Manager im Kundenservice durchgesehen werden kann.

Absenden

ABSCHLUSS Schließen Sie den in dieser Übung erstellten Artikeldatensatz.

Einen Artikel veröffentlichen

Wenn Sie in Microsoft Dynamics CRM einen Artikel für die Artikeldatenbank erstellt haben, wird er als Entwurf gespeichert. Wenn Sie den Artikel absenden, wird er in die Ansicht *Nicht genehmigte Artikel* übertragen, so dass er von einem Manager im Kundenservice durchgesehen und entweder zur weiteren Bearbeitung abgelehnt oder für die Datenbank genehmigt werden kann. Ein Artikel in der Artikeldatenbank kann nur von anderen Benutzern gefunden werden, wenn er veröffentlicht worden ist.

Wenn Sie damit beginnen, eine Artikeldatenbank anzulegen, können Sie andere Mitglieder Ihres Teams bitten, ebenfalls Artikel zu schreiben. Microsoft Dynamics CRM ermöglicht es Benutzern mit der Sicherheitsrolle *Kundenservicemanager* Artikel für die Datenbank anzulegen. Weitere Rechte sind erforderlich, um Artikel zu genehmigen, so dass sie in der Ansicht *Veröffentlichte Artikel* erscheinen und von anderen Benutzern gefunden werden können.

TIPP Das Recht *Artikel veröffentlichen* kann im Bereich *Service* jeder Sicherheitsrolle verändert werden. Um einem Benutzer das Recht zum Veröffentlichen von Artikeln zu geben, kontaktieren Sie Ihren Systemadministrator.

Der Prozess, Artikel einzureichen und zu veröffentlichen ermöglicht es, dass viele Teammitglieder zur Artikeldatenbank beitragen können. Sinnvollerweise sollten aber nur einige Mitglieder des Teams berechtigt sein, die Artikel durchzusehen und in der Datenbank zu veröffentlichen. Diejenigen mit Rechten zur Veröffentlichung sollten darauf achten, dass die Artikel so verständlich und exakt wie möglich sind.

In dieser Übung veröffentlichen Sie einen im vorangegangenen Abschnitt eingereichten Artikel in der Artikeldatenbank.

VORBEREITUNG Gehen Sie mit Microsoft Internet Explorer auf die Microsoft Dynamics CRM-Website, bevor Sie mit dieser Übung anfangen. Sie benötigen ein Benutzerkonto, das die Sicherheitsrolle *Kundenservicemanager* oder eine andere Rolle mit Rechten zum Veröffentlichen von Artikeln in der Datenbank besitzt und Sie benötigen den Artikel für die Rückrufaktion von Mountainbike-Rahmen aus der vorhergehenden Übung.

1. Im Bereich **Service** klicken Sie auf **Artikel**.
2. Wählen Sie die Ansicht **Nicht genehmigte Artikel** aus und dann den Rückruf für Mountainbike-Rahmen, ohne den Artikel zu öffnen.
3. Im Menüband **Artikel** innerhalb der Gruppe **Aktionen** klicken Sie auf **Genehmigen**, um den Artikel zu veröffentlichen.

TIPP Sie können mehrere Artikel auf einmal genehmigen, indem Sie alle gewünschten Artikel auswählen und dann auf die Schaltfläche Genehmigen klicken. Alternativ können Sie auch einzelne Artikel aus dem Formular mit eingereichten Artikeln veröffentlichen.

Kapitel 11: Die Artikeldatenbank verwenden

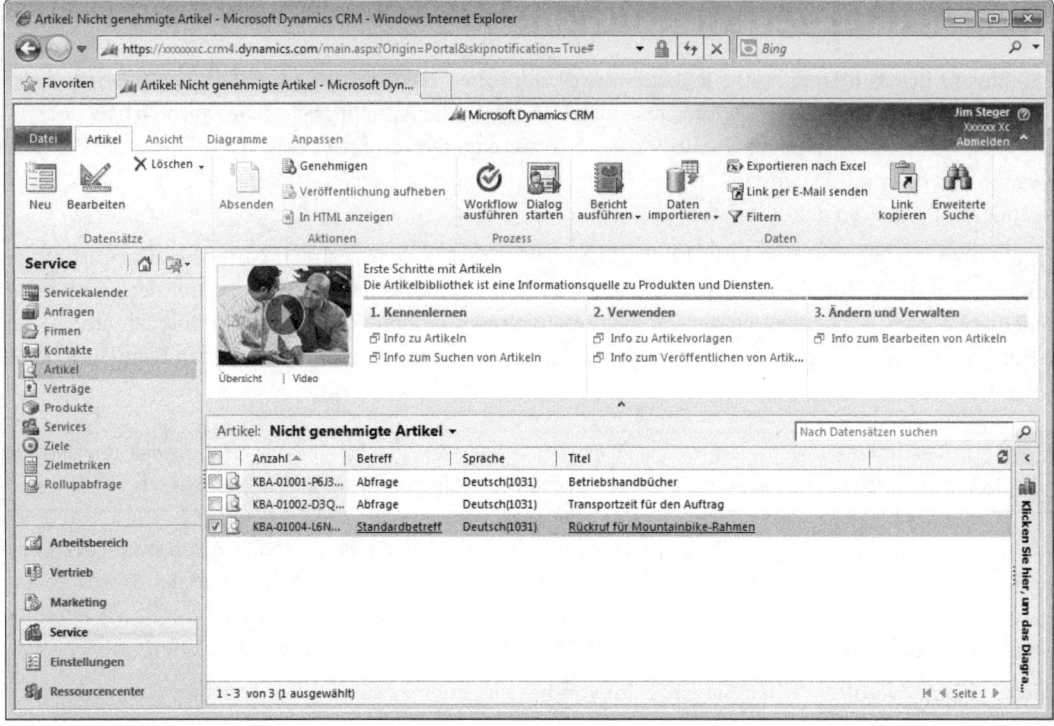

Das Dialogfeld **Genehmigungsbestätigung** erscheint.

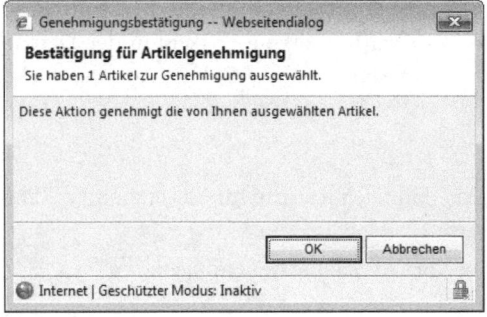

4. Klicken Sie im Dialogfeld auf **OK**.
5. Ändern Sie die Ansicht wieder auf **Veröffentlichte Artikel** und prüfen Sie, ob der Artikel dort angezeigt wird.

Einen Artikel in der Artikeldatenbank suchen

Veröffentlichte Artikel können per Artikeltext, Titel, Nummer oder Schlüsselwort gesucht werden. Zusätzlich können Sie in der Betreffstruktur blättern, um alle Artikel zu einem bestimmten Thema zu finden. Die Suchseite der Artikeldatenbank können Sie in Microsoft Dynamics CRM von zwei Stellen aus erreichen:

- Im Bereich **Service** klicken Sie auf **Artikel** wählen dann das Feld **Suchtools** im Menübereich.
- Im Arbeitsbereich klicken Sie auf die Option **Artikel** und dann auf das Feld **Suchtools**.

An beiden Stellen bietet Microsoft Dynamics CRM die in der folgenden Tabelle dargestellten Optionen, um bestimmte Artikel in der Datenbank Ihres Systems zu finden.

Optionrr	Beschreibung
Volltextsuche	Durchsucht den Inhalt des Artikels anhand des eingegebenen Texts.
Schlüsselwortsuche	Durchsucht das Feld *Schlüsselwörter*, dass der Autor des Artikels ausgefüllt hat. Dieser Ansatz ist sinnvoll, wenn Sie schnell die relevanten Informationen finden wollen. Der Autor muss das Feld *Schlüsselwörter* dazu aber sinnvoll ausgefüllt haben.
Titelsuche	Durchsucht die Artikeltitel anhand des eingegebenen Texts.
Betreffsuche	Sucht Artikel anhand des eingegebenen Betreffs.
Artikelnummersuche	Durchsucht die Artikel anhand der eingegebenen Nummer.

In dieser Übung führen Sie eine Schlüsselwortsuche durch, um den Artikel mit der Rahmen-Rückrufaktion aus der vorhergehenden Übung zu finden.

VORBEREITUNG Gehen Sie mit Microsoft Internet Explorer auf die Microsoft Dynamics CRM-Website, bevor Sie mit dieser Übung anfangen. Sie benötigen ein Benutzerkonto, das die Sicherheitsrolle *Kundenservicemanager* oder eine andere Rolle mit Rechten zum Lesen von Betreff und Artikeln in der Datenbank besitzt und Sie benötigen den Artikel für die Rückrufaktion von Mountainbike-Rahmen aus der vorhergehenden Übung.

1. Im Bereich **Service** klicken Sie auf **Artikel**, um die Artikel anzuzeigen.
2. In das Feld für die Schnellsuche geben Sie **Rückruf** als Schlüsselwort ein.
3. Wenn Sie Text in das Feld für die Schnellsuche eingeben, erscheinen die **Suchtools** im Menübereich. Klicken Sie auf die Schaltfläche **Schlüsselwortsuche**. Lassen Sie die Schaltfläche **Exakte Wörter** in der Gruppe **Typ** ausgewählt.

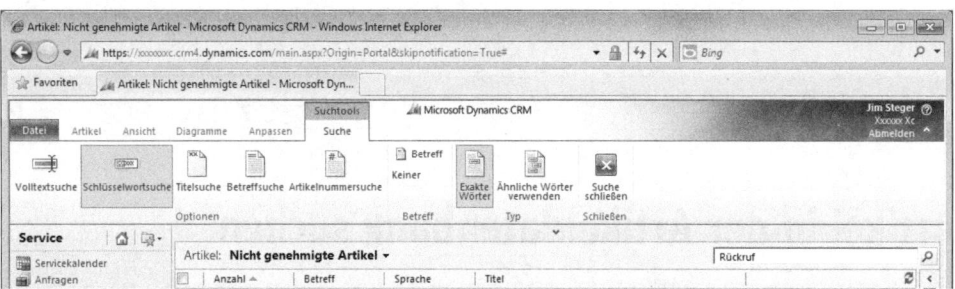

4. Wieder zurück beim Feld Schnellsuche klicken Sie auf die Schaltfläche **Suchen**.

TIPP die Option Exakte Wörter beschränkt Ihre Suche auf die Artikel, die Ihren Schlüsselwörtern genau entsprechen. Wenn Sie beispielsweise *Rückrufe* in Ihre Suchmaske eingeben, findet Microsoft Dynamics CRM keine Artikel mit *Rückruf* im Feld *Schlüsselwörter*. Sie können Ihre Suche ausweiten, um alle Artikel zu finden, die auch einen Bestandteil des Such- oder Schlüsselworts enthalten, indem Sie auf die Schaltfläche **Ähnliche Wörter** verwenden klicken.

5. Doppelklicken Sie in den Suchergebnissen auf den Artikel mit dem Fahrradrahmen-Rückruf, um ihn anzuzeigen. Der Artikel kann nur gelesen und nicht bearbeitet werden.

ABSCHLUSS Schließen Sie den Artikel.

Einen Artikel aus der Artikeldatenbank löschen

Nachdem ein Artikel in der Datenbank veröffentlicht wurde, kann er von anderen Benutzern nicht mehr bearbeitet werden, egal welche Rechte sie haben. Was passiert aber, wenn das Benutzerhandbuch eines Artikels aktualisiert wird, oder die Rückrufaktion für ein Produkt beendet ist? Die Veröffentlichung von Artikeln in der Datenbank kann zur Aktualisierung oder Überarbeitung oder zum Löschen von Artikeln aus der Datenbank aufgehoben werden. Jeder Artikel in der Datenbank muss sich in einer der drei Artikelansichten von Microsoft Dynamics CRM befinden: Entwurf, Nicht genehmigt oder Veröffentlicht. Artikel wandern von einer Ansicht zur nächsten wie beschrieben:

Artikelansicht	Mögliche Aktionen, um den Artikel aus der Liste zu entfernen	
Entwurf	Absenden	Verschiebt den Artikel zur Ansicht *Nicht genehmigte Artikel* zur Durchsicht durch das Management.
	Löschen	Löscht den Artikeldatensatz aus Microsoft Dynamics CRM.
Nicht genehmigt	Ablehnen	Verschiebt den Artikel zur erneuten Bearbeitung zurück zu den Entwürfen.
	Genehmigen	Verschiebt den Artikel zur Ansicht *Veröffentlichte Artikel*, so dass er von anderen Benutzern gefunden werden kann.
	Löschen	Löscht den Artikeldatensatz aus Microsoft Dynamics CRM.
Veröffentlicht	Veröffentlichung aufheben	Entfernt den Artikel aus der aktiven Artikeldatenbank und verschiebt ihn wieder in die Ansicht der nicht genehmigten Artikel.

TIPP Die Verfügbarkeit dieser Optionen variiert je nach Sicherheitsrolle des einzelnen Benutzers. Wenn Sie eine oder mehrere der oben gezeigten Optionen im Menübereich des Artikelformulars nicht sehen, haben Sie möglicherweise nicht die erforderlichen Rechte für den Vorgang.

TIPP Während die Artikel durch die verschiedenen Ansichten wandern, können Benutzer Kommentare anfügen, um anzuzeigen, dass der Artikel aktualisiert oder verändert werden sollte. Die Kommentare sind im Artikelformular verfügbar, so dass Benutzer die Kommentare zu einem Artikel einfach ansehen können. In den Kommentaren kann jedoch nicht gesucht werden.

In dieser Übung heben Sie die Veröffentlichung des genehmigten Artikels aus dem vorhergehenden Abschnitt auf und weisen ihn wieder den Entwürfen zu. So kann er mit Zusatzinformationen über die Rückrufaktion versehen werden.

VORBEREITUNG Gehen Sie mit Microsoft Internet Explorer auf die Microsoft Dynamics CRM-Website, bevor Sie mit dieser Übung anfangen. Sie benötigen den Artikel mit dem Fahrradrahmen-Rückruf, der vorher in diesem Kapitel erstellt und genehmigt wurde.

1. Öffnen Sie die **Veröffentlichten Artikel** in Microsoft Dynamics CRM.
2. In der Ansicht **Veröffentlichte Artikel** suchen Sie den Artikel *Rückruf für Mountainbike-Rahmen*.

Kapitel 11: Die Artikeldatenbank verwenden

3. Wählen Sie den Artikel aus und klicken Sie in der Gruppe **Aktionen** im Menübereich von **Artikel** auf die Schaltfläche **Veröffentlichung aufheben**.

Das Dialogfeld **Bestätigung für die Aufhebung der Veröffentlichung** erscheint.

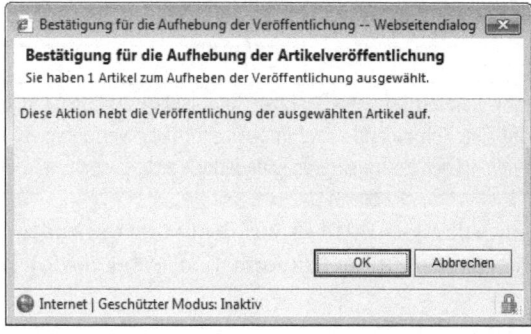

TIPP Dieses Dialogfeld erscheint nur dann, wenn Sie die Veröffentlichung eines oder mehrerer Artikel in der Listenansicht aufheben.

4. Klicken Sie auf **OK**, um zu bestätigen, dass Sie die Veröffentlichung des Artikels aufheben möchten.
5. Gehen Sie zur Ansicht **Nicht genehmigte Artikel** und öffnen Sie den momentan nicht genehmigten Artikel zum Rückruf von Fahrradrahmen.

6. In der Gruppe **Aktionen** im Menübereich **Artikel** klicken Sie auf die Schaltfläche **Ablehnen**, um den Artikel zur Entwurfsansicht zu übertragen, so dass ein Mitarbeiter im Kundenservice Zusatzinformationen hinzufügen kann.

7. Wenn das Dialogfeld **Geben Sie einen Grund an** erscheint, geben Sie den folgenden Grund für das Ablehnen des Artikels an: *Mit Seriennummer für Rückrufaktionen aktualisieren.*

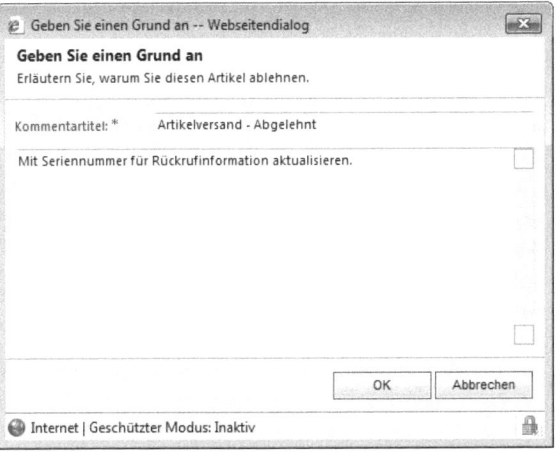

8. Klicken Sie auf **OK**, um den Artikel abzulehnen und ihn in die Entwurfsansicht zu übertragen.

9. Im Formular **Artikel** klicken Sie auf das Feld **Kommentare** und prüfen Sie, ob der Ablehnungsgrund angezeigt wird, so dass der Mitarbeiter im Kundenservice weiß, welche Änderungen am Artikel notwendig sind.

10. Doppelklicken Sie auf den Kommentar, um die Zusatzinformationen anzuzeigen, weshalb der Artikel abgelehnt wurde.

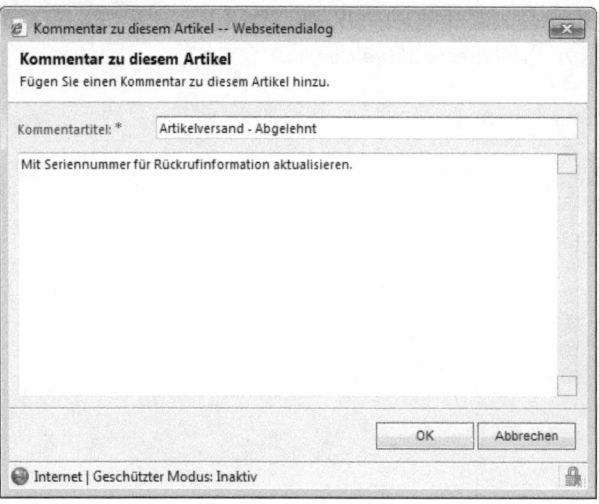

11. Klicken Sie auf OK, um das Dialogfeld **Kommentar zu diesem Artikel** zu schließen.

ABSCHLUSS   Schließen Sie den Artikel.

Artikelvorlagen erstellen

Microsoft Dynamics CRM bietet verschiedene Vorlagen für die Formatierung von Artikeln der Artikeldatenbank. Vorlagen enthalten normalerweise einen oder zwei Abschnitte, wie Frage- und Antwortabschnitt, die den Personen, die an Artikeln arbeiten Hilfestellung bei Inhalt und Formatierung bieten. Sie werden einer bestehenden Vorlage einen Abschnitt hinzufügen oder sogar eine vollständig neue Vorlage erstellen wollen, um Unternehmensspezifische Informationen in den Artikeln abzubilden. Manager im Kundenservice können die Abschnittsüberschriften ändern und Hinweise in Artikelvorlagen einfügen sowie Schriftart, -größe und -farbe umstellen.

Nehmen wir an, der neue Servicemanager beim Fahrradhersteller möchte, dass die Produktnummern bei allen Produktartikeln enthalten sind. Um sicher zu stellen, dass diese Informationen in den Artikeln enthalten sind, die das Team im Kundendienst verfasst, überarbeitet der Manager alle Vorlagen und fügt einen Abschnitt namens Produktnummer hinzu.

In dieser Übung erstellen Sie eine neue Vorlage für Produktartikel, die einen eigenen Abschnitt für die Produktnummer enthält.

WICHTIG   Die Rolle *Kundenservicemanager* in Microsoft Dynamics CRM hat Rechte zur Änderung und Erstellung von Artikelvorlagen. Wenn die Rolle in Ihrer Installation verändert wurde oder Sie keine Rechte zum Ändern der Vorlage haben, kontaktieren Sie Ihren Systemadministrator. Die Rechte zum Ändern von Artikelvorlagen werden im Bereich Service jeder Sicherheitsrolle konfiguriert.

Artikelvorlagen erstellen

TIPP Wenn Sie nicht wollen, dass das Kundenservice-Team eine vorinstallierte Microsoft Dynamics CRM-Vorlage verwendet, löschen Sie sie einfach aus dem Dialogfeld *Artikelvorlagen*, das erscheint, wenn Sie eine neuen Artikel erstellen. Sie tun dies, indem Sie die Vorlage deaktivieren. Um eine Vorlage zu deaktivieren, klicken Sie auf der Seite Einstellungen auf Vorlagen und dann auf Artikelvorlagen. Wählen Sie die zu entfernende Vorlage und dann die Option *Artikelvorlage deaktivieren* im Menü *Aktionen* in der Werkzeugleiste.

VORBEREITUNG Gehen Sie mit Microsoft Internet Explorer auf die Microsoft Dynamics CRM-Website, bevor Sie mit dieser Übung anfangen. Sie benötigen ein Benutzerkonto, das die Sicherheitsrolle *Kundenservicemanager* hat oder eine Rolle mit Privilegien, um Artikelvorlagen zu erstellen und zu aktualisieren.

1. Im Bereich **Einstellungen** gehen Sie in den Abschnitt **Vorlagen** und klicken auf **Artikelvorlagen**.

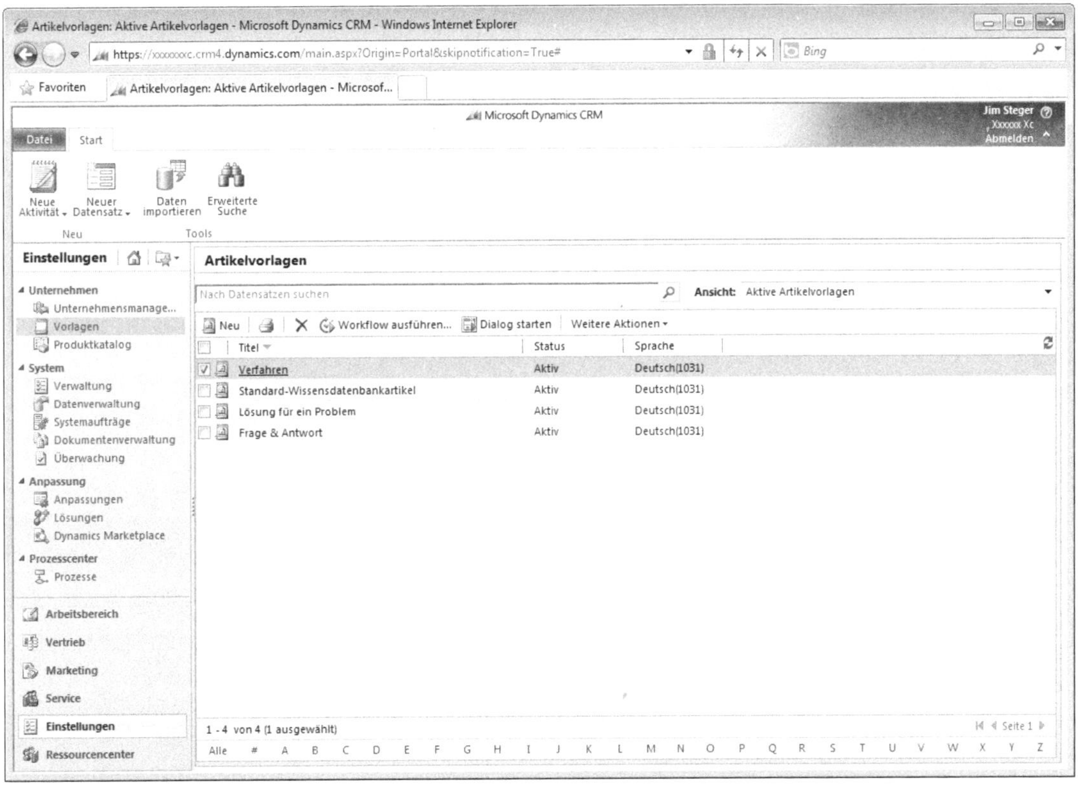

2. In der Werkzeugleiste klicken Sie auf die Schaltfläche **Neu**, um eine neue Artikelvorlage zu erstellen.

TIPP Die Artikelvorlage enthält keine kontextbezogenen Menüs. Sie erreichen die Menüoptionen für die Datensätze über die Werkzeugleiste.

3. Im Dialogfeld **Eigenschaften von Artikelvorlage** geben Sie die folgenden Werte ein:

Feld	Wert
Titel	*Produktleitfaden*
Beschreibung	*Einzeilheiten und Speicherort des Produktleitfadens*
Sprache	*Deutsch*

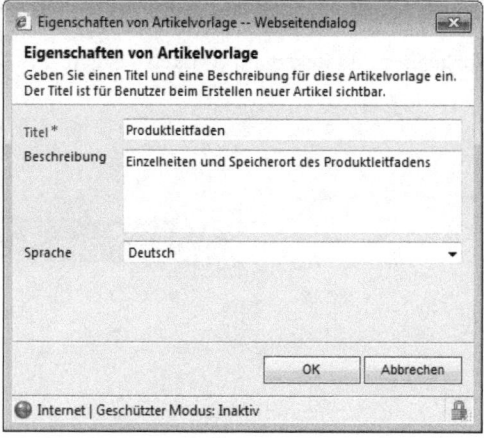

4. Klicken Sie auf **OK**. Das Formular **Artikelvorlage: Neu** erscheint.
5. Im Bereich **Allgemeine Aufgaben** rechts im Formular klicken Sie auf die Schaltfläche **Abschnitt hinzufügen**.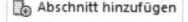
6. Im Dialogfeld **Neuen Abschnitt hinzufügen** geben Sie folgende Werte ein:

Feld	Wert
Titel	*Produktnummer*
Anweisungen	*Geben Sie die Produktnummer ein.*

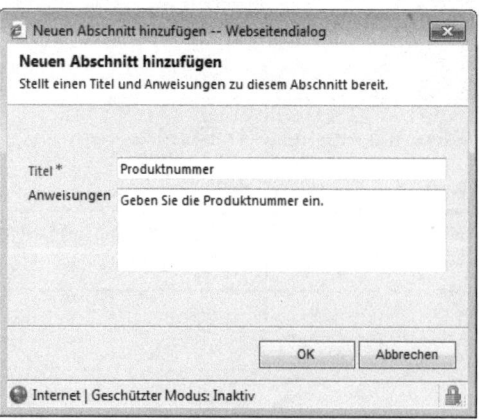

Artikelvorlagen erstellen

7. Klicken Sie auf **OK**.
8. Klicken Sie erneut auf die Schaltfläche **Neuen Abschnitt hinzufügen**, um der Vorlage einen zweiten Abschnitt hinzuzufügen.
9. Im Dialogfeld **Neuen Abschnitt hinzufügen** geben Sie folgende Werte ein:

Feld	Wert
Titel	*Speicherort des Produktleitfadens*
Anweisungen	*Gegen Sie den URL für den Produktleitfaden ein.*

10. Klicken Sie auf **OK**.
11. Klicken Sie auf die Schaltfläche **Speichern**, um die neue Artikelvorlage zu speichern.

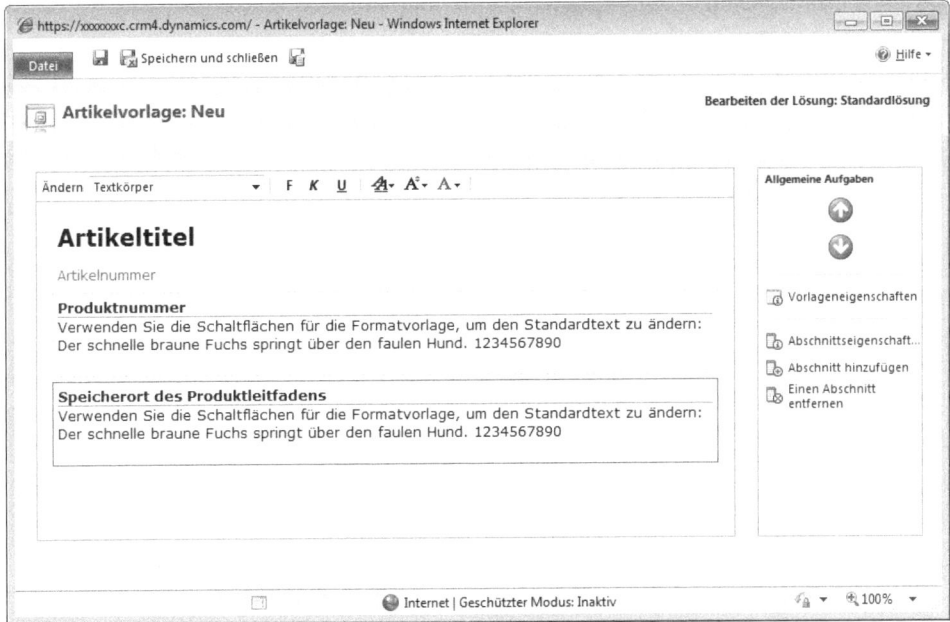

TIPP Die in die Vorlage eingegebenen Anweisungen erscheinen, wenn neue Artikel auf Basis der Vorlage erstellt werden. Nutzen Sie also das Feld *Anweisungen*, um möglichst genaue Informationen zum Verfassen des Artikels zu geben. Zusätzlich zu den Informationen im Feld Anweisungen können Sie auch Formatierungen oder andere Beispiele einfügen.

ABSCHLUSS Schließen Sie die Artikelvorlage.

Zusammenfassung

- Die Artikeldatenbank in Microsoft Dynamics CRM bildet einen Speicher mit nützlichen Produkt- und Serviceinformationen und anderen Quellen, die für Ihr Unternehmen relevant sind.

- Ein Ziel der Artikeldatenbank ist, das kollektive Wissen des Kundenservice-Teams zu sammeln, so dass es einfach gesucht und von anderen Team-Mitgliedern genutzt werden kann, um häufig auftretende Kundenanfragen zu bearbeiten.

- Die Artikeldatenbank enthält alle Informationen, die dem Kundenservice dabei helfen, Kundenanfragen schneller und genauer zu beantworten. Die Artikel enthalten beispielsweise Benutzerhandbücher, Datenblätter oder Schematiken für Produkte oder Dienstleistungen, häufig gestellte Fragen und Zusammenfassungen häufig auftauchender Probleme und ihre Lösungen.

- Die Artikel durchlaufen automatisch einen Workflow, da sie im Microsoft Dynamics CRM erstellt werden. Während der Prüfung durchlaufen die Artikel drei Stadien: Entwurf, nicht genehmigt und veröffentlicht.

- Nur Kundenservicemanager haben Rechte, Artikel in der Datenbank zu veröffentlichen, so dass sie von anderen Benutzern gesucht werden können. Mitarbeiter im Kundenservice können Artikel zur Datenbank beisteuern, indem sie sie dem Management zur Genehmigung vorlegen.

- Nur die veröffentlichten Artikel sind anderen Mitarbeitern um Unternehmen zugänglich. Artikel mit dem Status Entwurf oder nicht genehmigt können von anderen Benutzern nicht verwendet oder gefunden werden.

- Die Artikel in der Datenbank können nach Titel, Schlüsselwörtern, Volltext, Betreff und Artikelnummer gesucht werden. Die Suchseite der Artikeldatenbank kann vom Arbeitsbereich oder den Serviceseiten in Microsoft Dynamics CRM erreicht werden.

- Microsoft Dynamics CRM enthält mehrere Vorlagen, die einen Rahmen für Layout und Inhalt der Artikeldatenbank bieten. Kundenservicemanager können Artikelvorlagen im Bereich **Einstellungen** erstellen oder an die Bedürfnisse ihres Unternehmens anpassen.

Kapitel 12

Mit Verträgen und Warteschlangen arbeiten

In diesem Kapitel:

Einen Vertrag erstellen	241
Einen Vertrag aktivieren und erneuern	247
Mit Warteschlangen arbeiten	252
Zusammenfassung	258

In diesem Kapitel lernen Sie:

- Eine Vertragsvorlage erstellen
- Einen Servicevertrag mit Vertragszeilen erstellen
- Einen Vertrag aktivieren und erneuern
- Eine Warteschlange erstellen und ihr eine Anfrage zuweisen
- Eine Anfrage aus einer Warteschlange annehmen

In den vorangegangenen Kapiteln haben Sie Anfragen und die Artikeldatenbank kennengelernt, in der Kundenanfragen und Produktinformationen für den Kundenservice und für Anfragen zur Produktunterstützung gesammelt sind. Die meisten Serviceanfragen, die Ihr Unternehmen erhält, können nicht einfach über einen Verweis auf die Artikeldatenbank gelöst werden. Statt dessen wird jede Anfrage vermutlich durch einen Prozess geleitet, der die Prüfung der Kundendaten und des Servicevertrags beinhaltet, Detailinformationen zum Problem abfragt und die Anfrage zum entsprechenden Mitarbeiter im Kundenservice eskaliert, der die Anfrage beantworten kann. Große Kundenservice-Teams haben normalerweise mehrere Ebenen für die Kundenunterstützung, so dass Senior-Mitarbeiter sich auf komplizierte oder fortgeschrittene Fälle konzentrieren können, während die Mitarbeiter in den einfacheren Abteilungen Telefonanrufe entgegennehmen und die Basisinformationen abfragen können.

Um den Weiterleitungsprozess von Anfragen zu unterstützen, ermöglicht es Microsoft Dynamics CRM Kundenservice-Teams, verschiedene Typen von Serviceverträgen zu verwalten und Anfragen an Warteschlangen zu übertragen. Serviceverträge sind Vereinbarungen, die festlegen, was der Kundenservice dem Kunden anbieten kann, entweder während einer Zeitspanne oder für eine bestimmte Anzahl Anfragen oder Stunden. Jeder Vertrag enthält eine oder mehrere Vertragszeilen, die die Einzelheiten wie Servicetyp, Preis und andere Bedingungen für die im Vertrag vereinbarten Serviceleistungen auflisten. Verträge sind wertvoll, wenn Ihr Unternehmen den Kunden Servicedienstleistungen anbietet, da die Mitarbeiter im Kundenservice so auf einfache Weise feststellen können, welche Dienste der Kunde in Abspruch nehmen darf.

Wenn ein Kunde für die Serviceleistung legitimiert ist, legt der Mitarbeiter eine Anfrage an, in der er die Einzelheiten beschreibt und sendet sie an die Warteschlange, so dass ein weiterer Mitarbeiter an der Lösung arbeiten kann. Eine Warteschlange ist quasi ein Sammelbehälter für offene Anfragen und Aktivitäten, die abgeschlossen werden müssen. Warteschlangen können von mehreren Mitgliedern eines Teams benutzt werden, so dass der Einzelne neue Aufgaben annehmen kann, wenn die alten abgeschlossen sind.

Verträge und Warteschlangen werden eingesetzt, um Kundenserviceprozesse zu verwalten und sicherzustellen, dass Kundenanfragen effizient gehandhabt werden.

In diesem Kapitel lernen Sie, wie Sie Serviceverträge für Ihre Kunden erstellen, aktivieren und erneuern und Warteschlangen einsetzen, um die Anfragen im Kundenservice-Team zu verteilen.

Übungsdateien

Die Übungen in diesem Kapitel benötigen nur Datensätze, die in den früheren Kapiteln erstellt wurden. Die Übungsdateien dieses Buchs enthalten keine solchen Datensätze. Weitere Informationen über Übungsdateien finden Sie unter »Die Übungsdateien verwenden« am Anfang dieses Buchs.

> **WICHTIG** Die Bilder in diesem Buch zeigen die Standardformulare und Feldnamen in Microsoft Dynamics CRM. Da die Software vielfältig angepasst werden kann, ist es möglich, dass einige der Datentypen oder -felder in Ihrem Microsoft Dynamics CRM anders heißen. Wenn Sie die Formulare, Felder oder Sicherheitsrollen, die in diesem Buch angesprochen werden, nicht finden können, wenden Sie sich an Ihren Systemadministrator.

> **WICHTIG** Sie müssen die Adresse Ihrer Microsoft Dynamics CRM-Website kennen, um die Beispiele dieses Buchs durchzugehen. Erfragen Sie die Adresse bei Ihrem Systemadministrator, wenn Sie sie nicht kennen.

Einen Vertrag erstellen

Auch wenn Sie nicht in einem Callcenter arbeiten, bietet Ihr Unternehmen seinen Kunden vermutlich irgendeine Art von Service nach dem Kauf. Um die Kosten des Kundenservice innerhalb eines Unternehmens zu verringern, bieten Firmen ihren Kunden häufig Serviceverträge an. So wird sichergestellt, dass die Anfragen oder Probleme von Kunden innerhalb definierter Vorgaben erfüllt werden, wie z.B. Antwortzeiten, Lösungsgarantien, Verfügbarkeit usw. Die Bedingungen eines Servicevertrags sind von Unternehmen zu Unternehmen unterschiedlich. Zum Beispiel könnte ein großer Hersteller Garantien auf Teile und Reparaturen anbieten und ein professioneller Dienstleister Kundenunterstützung für eine bestimmte Anzahl Anfragen oder eine bestimmte Zeitspanne.

Microsoft Dynamics CRM bietet Ihnen die Flexibilität, verschiedene Arten von Vertragsvorlagen einzurichten, die den Rahmen für Serviceverträge bilden. Jeder Vertragsentwurf hat einen Zuteilungstyp, der die Einheit der Services angibt, wie Anzahl der Fälle, Stunden oder einen Zeitraum. Sie können so viele Vorlagen erstellen, wie in Ihrer Unternehmung benötigt werden. Die folgende Tabelle enthält Einzelheiten zu den Bestandteilen der Vertragsvorlage.

Feld	Beschreibung
Name	Der Name der Vertragsvorlage
Abkürzung	Eine Abkürzung des Vorlagennamens wird zusammen mit dem Namen angezeigt, wenn Sie einen neuen Vertrag erstellen.
Fakturierungsintervall	Die Abrechnungsmodalitäten für den Vertrag, wie monatlich, zweimonatlich, vierteljährlich, halbjährlich oder jährlich.
Zuteilungstyp	Die Einheiten für die Serviceleistung dieses Vertrags, wie Anzahl der Anfragen, Stunden oder Zeitraum.
Servicelevel des Vertrags	Die Einstufung des Servicelevels des Kunden. Die Vorgabewerte sind Gold, Silber und Bronze.
Rabatt als Prozentsatz verwenden	Ein Einstellungsfeld, in das Sie den jeweiligen Rabatt als Prozentsatz oder als festen Wert in Euro eintragen können.
Beschreibung	Zusätzliche Kommentare oder eine Beschreibung der Vertragsvorlage.
Kalender	Die Zeiten, zu denen Leistungen aus dem Vertrag verfügbar sind. Wird normalerweise auf die Geschäftszeiten eingestellt, kann aber auch 24 Stunden an 7 Tagen in der Woche lauten.

> **TIPP** Da Sie keinen Vertrag ohne Vertragsvorlage erstellen können, enthält Microsoft Dynamics CRM bereits eine Standardvorlage namens *Service*. Sie können diese Vorlage im Bereich Vorlagen unter Einstellungen erreichen.

In Microsoft Dynamics CRM muss jeder Vertrag über eine Vertragsvorlage angelegt werden. Die Werte aus der Vertragsvorlage dienen als Vorgaben für den Inhalt aller Vertragsdatensätze, auch wenn manche Werte – so wie Servicelevel und Rabatt – im Vertrag übergangen werden können. Wenn Sie einen Vertrag erstellt haben, können Kundendienstmanager Vertragszeilen hinzufügen, um die Vertragsdetails zu definieren. Die folgende Liste beschreibt typische Beispiele für Verträge und Vertragszeilen:

- Eine Parkverwaltung bietet Kioskbetreibern Verträge zur Verwaltung von Reinigungsarbeiten und Hausmeisterdiensten an. Im diesem Beispiel würden die Vertragszeilen den Zuteilungstyp »Anzahl der Minuten für die Wartung« enthalten.

- Ein Klempner bietet zwei Sorten von Serviceverträgen an: Eine einjährige Garantie auf Dienstleistungen und eine andere auf Anfragebasis. In diesem Beispiel ware der Zuteilungstyp im ersten Fall eine Zeitspanne und im zweiten die Anzahl der Anfragen.

- Ein Finanzdienstleister bietet großen Kunden im Broker-Geschäft fallbasierten Service an, um sicher zu stellen, dass bestimmte Kunden die bestmögliche 24 x 7-Unterstützung erhalten. In diesem Beispiel ist der Zuteilungstyp die Anzahl der Anfragen.

- Ein Anbieter von Medizintechnik verwaltet Einrichtung und Wartung von Kundengeräten zur häuslichen Pflege im Auftrag von Krankenhäusern und Versicherungen. In diesem Beispiel enthalten die Vertragszeilen eine feste Anzahl von Serviceanrufen für bestimmte Produkte.

In der folgenden Übung erstellen Sie eine Vertragsvorlage für einen anfragebasierten Vertrag und verwenden sie dann, um einen Vertrag anzulegen, der 20 Anfragen umfasst.

VORBEREITUNG   Verwenden Sie Ihre Microsoft Dynamics CRM-Installation statt der CRM-Beispieldaten, die in dieser Übung gezeigt werden. Gehen Sie mit Microsoft Internet Explorer auf Ihre Microsoft Dynamics CRM-Website, bevor Sie mit dieser Übung anfangen. Sie benötigen das Konto der Firma Sonoma Partners aus Kapitel 3, »Mit Firmen und Kontakten arbeiten«. Wenn Sie Sonoma Partners nicht in Ihrem System finden können, wählen Sie eine andere Firma für diese Übung. Sie benötigen ein Benutzerkonto, das die Sicherheitsrolle *Kundenservicemanager* hat oder eine Rolle mit Rechten, um Vertragsentwürfe, Verträge und Vertragszeilen zu erstellen.

1. Im Bereich **Einstellungen** klicken Sie auf **Vorlagen** und dann auf **Vertragsvorlagen**, um die vorhandenen Vorlagen zu sehen.

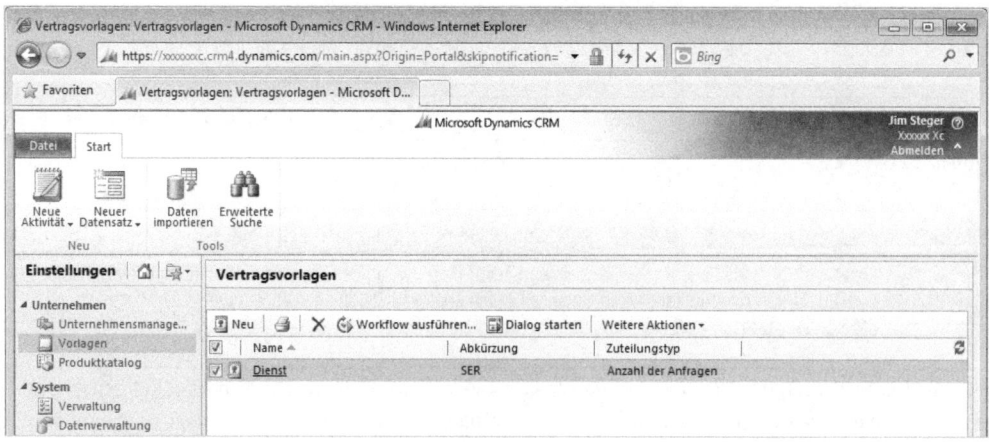

Einen Vertrag erstellen

2. Klicken Sie auf die Schaltfläche **Neu**, um das Formular **Vertragsvorlage: Neu** zu öffnen.

> **TIPP** Die Vertragsvorlage enthält keine kontextbezogenen Menüs. Sie erreichen die Menüoptionen für die Datensätze über die Werkzeugleiste.

3. Füllen Sie das Formular **Vertragsvorlagen: Neu** mit den folgenden Werten:

Name	*Service nach Anfrage*
Abkürzung	*SVC-Anfrage*
Fakturierungsintervall	*Monatlich*
Zuteilungstyp	*Anzahl der Anfragen*
Servicelevel des Vertrags	*Gold*
Rabatt als Prozentsatz verwenden	*Nein*
Beschreibung	*Serviceverträge für eine bestimmte Anzahl von Anfragen.*

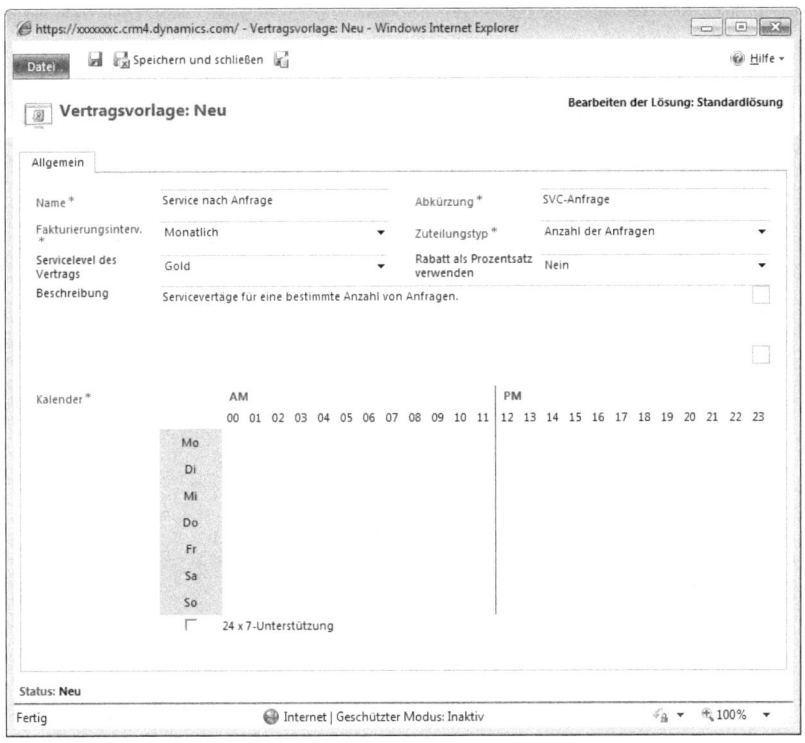

4. Im **Kalender**-Bereich klicken Sie auf die Tage und Stunden zwischen Montag und Freitag von 9:00 Uhr bis 17:00 Uhr, um die Zeiten festzulegen, zu denen der Service verfügbar ist.

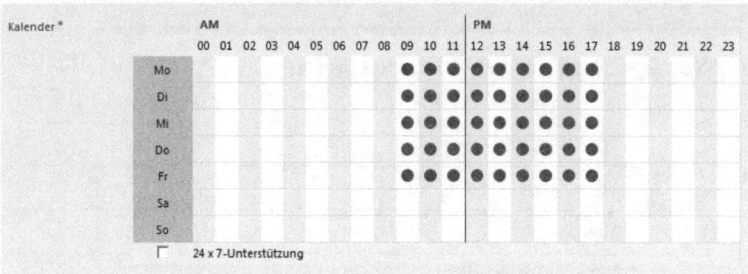

> **TIPP** Die Kalenderstunden werden im 24-Stunden-System angezeigt. Wenn Sie bei der Einstellung der Servicezeiten auf die Zeilen- oder Spaltenbeschriftungen klicken, wird die Einstellung für diese Zellen eingeschaltet. Wenn Sie beispielsweise auf die Spalte 08 klicken, werden alle Tage zu dieser Uhrzeit als verfügbar markiert. Wenn Sie wieder auf die Spalte klicken, wird die Auswahl zurück genommen.

> **WICHTIG** Es muss mindestens ein Zeitfenster im Kalender als verfügbar ausgewählt werden, damit Sie die Vertragsvorlage speichern können. Grüne Punkte markieren die Zeiten, zu denen der Service angeboten wird. Wenn Ihr Unternehmen keine Einschränkungen beim Kundenservice hat, wählen Sie das Markierungsfeld 24x7-Unterstützung unterhalb des Kalenders aus, so dass alle Tage als verfügbar markiert werden. Die Kalendereinstellungen sind nicht bindend, wenn Serviceanfragen erstellt werden.

5. In der Menüleiste des Formulars klicken Sie auf die Schaltfläche **Speichern und Schließen**, um die Vertragsvorlage fertig zu stellen.
6. Gehen Sie in den Bereich **Service** und klicken Sie auf **Verträge**.
7. Klicken Sie auf die Schaltfläche **Neu**, um das Formular **Vertragsvorlage: Neu** zu öffnen. Das Dialogfeld **Vorlagen-Explorer** erscheint.
8. Im Dialogfeld **Vorlagen-Explorer** wählen Sie die Vorlage **SVC-Anfrage – Service nach Anfrage**.

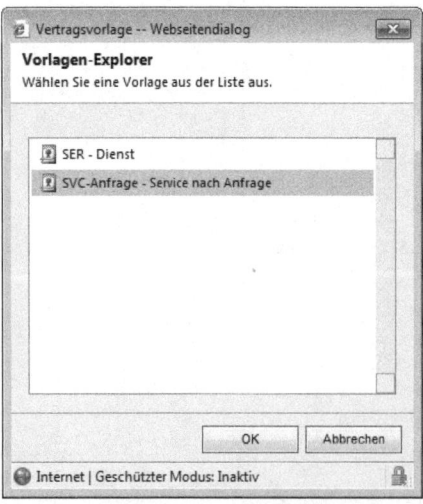

Einen Vertrag erstellen

9. Klicken Sie auf **OK**, um das Dialogfeld zu schließen und das Formular **Vertrag Neu** zu öffnen. Im Abschnitt **Allgemein** geben Sie die folgenden Werte ein:

Vertragsname	*Service-Jahresvertrag*
Kunde	*Sonoma Partners*
Vertragsstartdatum	*9/1/2010*
Vertragsenddatum	*8/31/2011*
Kunde für Rechnungsadresse	*Sonoma Partners*
Startdatum für die Rechnungserstellung	*9/1/2010*
Enddatum für die Rechnungserstellung	*8/31/2011*
Fakturierungsintervall	*Monatlich*
Rabatt	*Betrag*
Servicelevel	*Gold*

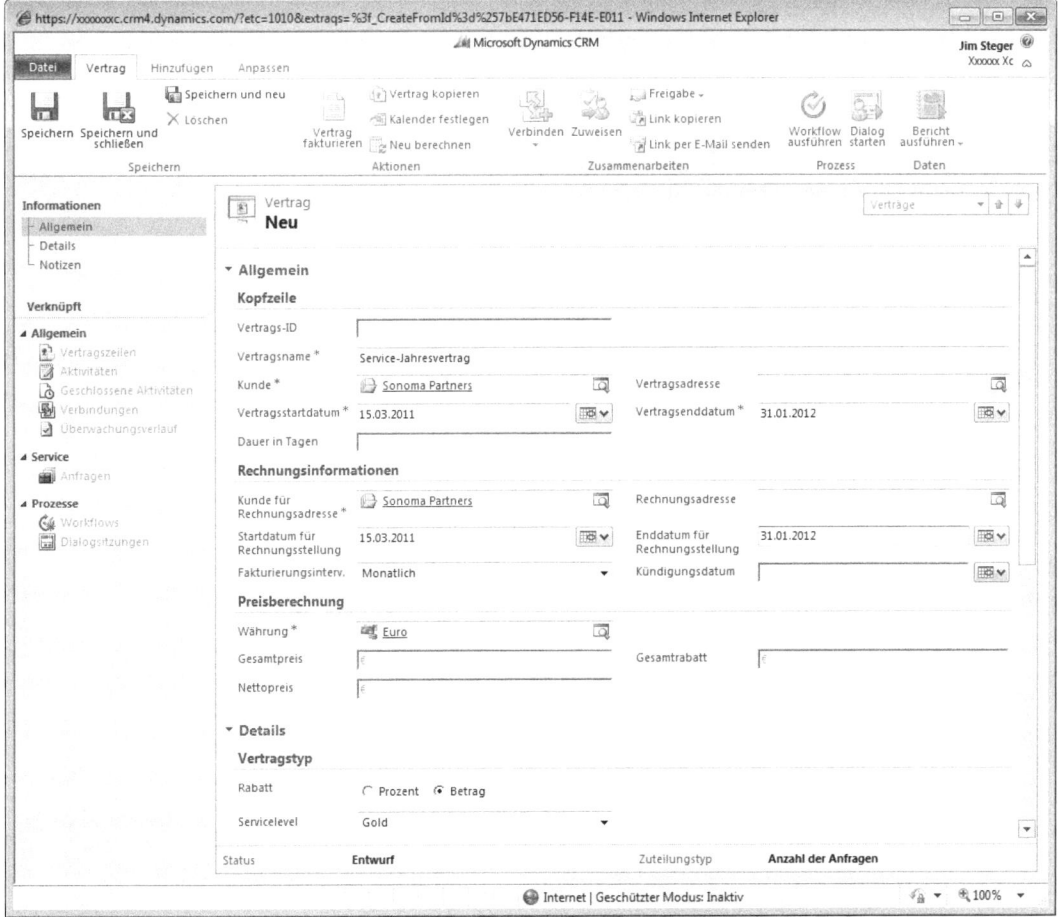

10. Klicken Sie auf die Schaltfläche **Speichern,** um den Vertrag zu erstellen.

Speichern

> **TIPP** Microsoft Dynamics CRM weist jedem Vertrag automatisch eine eindeutige ID zu, wenn er das erste Mal gespeichert wird. Genau wie die Nummerierung für Anfragen und Datenbankartikel kann die Vertragsnummerierung vom Systemadministrator im Bereich Verwaltung unter System geändert werden. In der Voreinstellung wird jeder Vertrag mit einem Präfix von drei Buchstaben (CNR), einem Code aus vier Ziffern und einem Bezeichner aus sechs Buchstaben versehen, z.B. CNR-01006-V7PQMB.

11. Im Navigationsbereich des Vertrags klicken Sie auf **Vertragszeilen**.

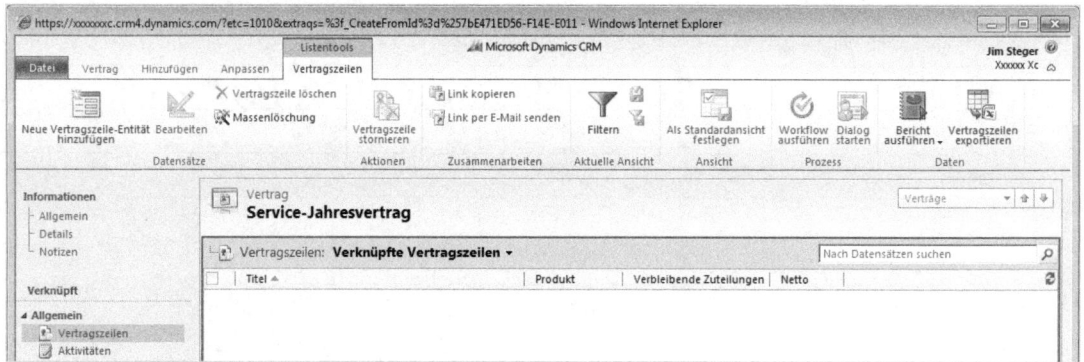

12. Im Menüband unter **Listentools** klicken Sie auf **Neue Vertragszeile-Entität hinzufügen,** um das Formular **Vertragszeile: Neu** zu öffnen.

Neue Vertragszeile-Entität hinzufügen

13. Im Abschnitt **Allgemein** des Formulars **Vertragszeile: Neu** geben Sie in das Feld **Titel** FY2011-FY2012 ein.
14. Prüfen Sie, dass die Felder **Startdatum** und **Enddatum** auf 15.3.2011 bzw. 31.01.2012 stehen.

> **WICHTIG** Microsoft Dynamics CRM prüft die Start- und Enddaten der Vertragszeile, um sicherzustellen, dass das Enddatum nicht in der Vergangenheit liegt und sich Start- und Enddatum innerhalb der Start- und Enddaten des Vertrags selbst befinden. Wenn das Enddatum 31.1.2012 in der Vergangenheit liegt, müssen Sie es auf ein Datum in der Zukunft ändern, um diese Übung abschließen zu können.

15. In das Feld **Anfragen/Minuten gesamt** tragen Sie **20** ein.

> **TIPP** In dieser Übung ist das Feld Anfragen/Minuten gesamt erforderlich, da die dazugehörige Vertragsvorlage eine bestimmte Anzahl von Anfragen zuteilt. Wenn eine Vertragsvorlage einen Zeitraum als Zuteilungstyp enthält, kann das Feld Anfragen/Minuten gesamt nur gelesen werden, da der Vertrag einen Zeitraum und keine Anzahl von Anfragen abdeckt.

16. In das Feld **Gesamtpreis** geben Sie **10000** ein. In das Feld **Rabatt** geben Sie **2500** ein.
17. Klicken Sie auf **Speichern,** um die Vertragszeile zu erstellen.

> **WICHTIG** Jedesmal, wenn das Formular Vertragszeile gespeichert wird, werden einige Felder automatisch auf Basis von Systemberechnungen aktualisiert. Im Bereich Zuteilungen wird die Gesamtzahl von Anfragen oder Minuten der Vertragszeile vom Wert Anfragen/Minuten Gesamt abgezogen, um die verbleibenden Zuteilungen anzuzeigen. Im Bereich Preisberechnung werden die Nettogebühren basierend auf den Werten Gesamtpreis und Rabatt berechnet und der Satz auf Basis des Gesamtpreises und der Gesamtminuten/anfragen.

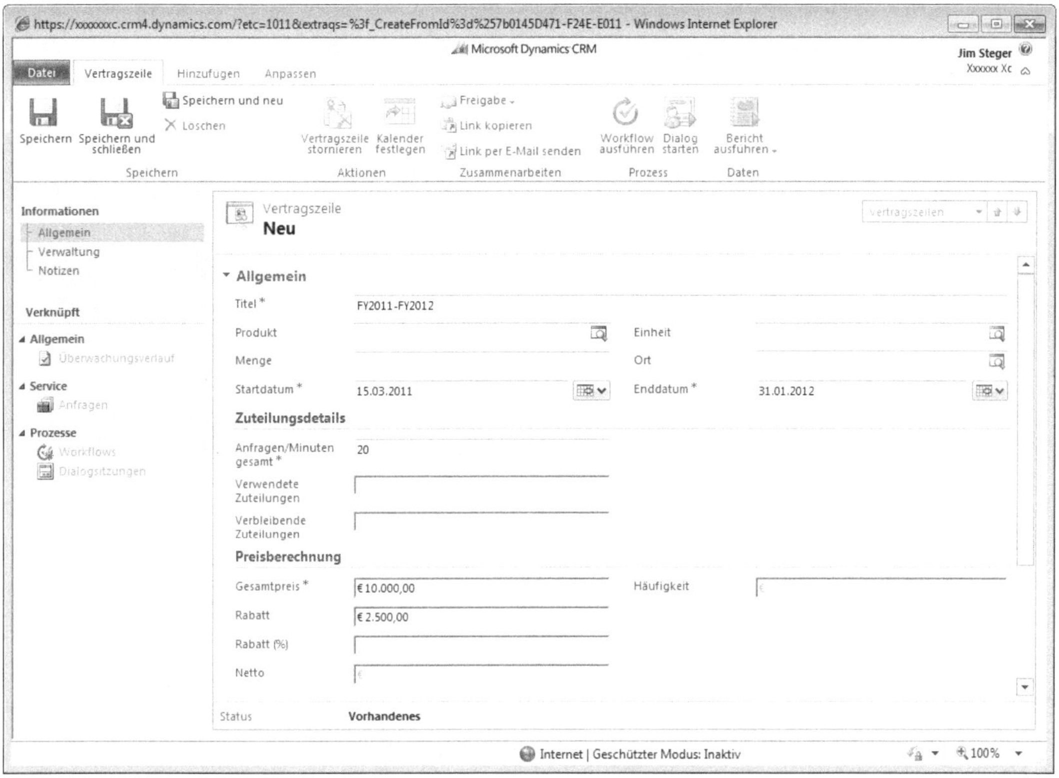

18. Klicken Sie auf **Speichern und schließen**, um die Vertragszeile zu sichern.

ABSCHLUSS Schließen Sie den Vertragsdatensatz.

Einen Vertrag aktivieren und erneuern

Wenn in Microsoft Dynamics CRM ein Vertrag erstellt wird, gibt das System dem Vertrag den Standardstatus Entwurf. Nur Verträge im Status Entwurf können bearbeitet werden. Wenn sich ein Vertrag im Status *Fakturiert* oder *Aktiv* befindet, werden die Felder im Vertrag gesperrt. Wenn der Vertrag aktiv ist, können Serviceanfragen über den Vertrag abgerechnet werden und die Anzahl der verwendeten Anfragen oder die Zeit wird mit der Gesamtzuteilung aus der Vertragszeile verrechnet.

Da einerseits im Geschäftsbetrieb die Vertragsbedingungen festgeschrieben werden müssen, andererseits aber auf die Bedürfnisse flexibel eingegangen werden muss, kann der Lebenszyklus eines Vertrags kompliziert werden. Stellen Sie sich die folgenden Szenarien vor, in denen ein Servicevertrag geändert werden könnte:

- Ein internes Team übernimmt den Support für ein Softwareprodukt, so dass der Supportvertrag mit einer Beratungsfirma storniert werden muss.
- Ein Kundenservicemanager bekommt von der Buchhaltungsabteilung die Nachricht, dass ein Kunde mit der Zahlung von mehreren Servicerechnungen im Rückstand ist und setzt den Servicevertrag vorübergehend aus, damit keinen neuen Anfragen erstellt werden können, solange noch Rechnungen offen sind.

- Nach Auslaufen eines einjährigen Servicevertrags entscheidet sich der Kunde, den Vertrag um ein weiteres Jahr zu verlängern.

Nicht jeder Vertrag folgt einem vordefinierten Lebenszyklus von Anfang bis Ende. Daher ist es wichtig zu verstehen, wie der Vertragsstatus in Microsoft Dynamics CRM verwaltet wird und welche Aktionen in welchem Status möglich sind. Die folgende Tabelle bietet eine Übersicht über den Vertragstatus und die möglichen Aktionen.

Status	Beschreibung	Aktionen
Entwurf	Der Standardstatus, wenn ein Vertrag erstellt wird.	Kann bearbeitet oder gelöscht werden. Anfragen können nicht zugewiesen werden. Kann nicht zurückgestellt, storniert oder erneuert werden.
FakturiertF	Zeigt an, dass der Vertrag von Kunden akzeptiert und mit einem Startdatum versehen wurde. Ein Vertrag kann diesen Status nur bekommen, wenn er mindestens eine Vertragszeile besitzt.	Kann nicht bearbeitet oder gelöscht werden. Anfragen können nicht zugewiesen werden. Kann nicht zurückgestellt oder storniert werden. Kann nicht erneuert werden.
Aktiv	Zeigt an, dass sich der Vertrag innerhalb eines definierten Start- und Endtermins befindet und Supportanfragen beantwortet werden können. Jeder Vertrag erhält diesen Status zum Startdatum automatisch.	Kann nicht bearbeitet oder gelöscht werden. Anfragen können zugewiesen werden. Kann nicht zurückgestellt oder storniert werden. Kann erneuert werden.
Zurückgestellt	Zeigt an, dass der Vertrag vom aktiven Status ausgenommen wurde, normalerweise weil mit dem Kunden weitere Verhandlungen laufen.	Es können keine Aktionen durchgeführt werden, solange der Status nicht aufgehoben wird. Anfragen können nicht zugewiesen werden.
Storniert	Bedeutet, dass der Vertrag vor dem Enddatum vom Unternehmen oder dem Kunden storniert wurde.	Kann nicht bearbeitet oder gelöscht werden. Anfragen können nicht zugewiesen werden. Kann erneuert werden.
Beendet	Zeigt an, dass der Vertrag das angegebene Enddatum erreicht hat, ohne erneuert zu werden.	Kann nicht bearbeitet werden. Anfragen können nicht zugewiesen werden. Kann erneuert werden.

In dieser Übung bringen Sie den in der vorhergehenden Übung erstellten Vertrag in den Status *Aktiv*, verwenden ihn für eine Anfrage und erneuern ihn dann.

VORBEREITUNG   Verwenden Sie Ihre Microsoft Dynamics CRM-Installation statt der CRM-Beispieldaten, die in dieser Übung gezeigt werden. Gehen Sie mit Microsoft Internet Explorer auf Ihre Microsoft Dynamics CRM-Website, bevor Sie mit dieser Übung anfangen. Sie benötigen den Vertrag aus der vorhergehenden Übung. Sie benötigen außerdem ein Benutzerkonto, das die Sicherheitsrolle *Kundenservicemanager* hat oder eine Rolle mit Rechten, um Vertragsentwürfe, Verträge und Vertragszeilen zu erstellen.

1. Im Bereich **Service** klicken Sie auf **Verträge** und dann auf den in der vorangegangenen Übung erstellten Vertrag.
2. Im Menüband **Vertrag**, in der Gruppe **Aktionen**, klicken Sie auf die Schaltfläche **Vertrag fakturieren**.

   Da das Startdatum in der Vergangenheit liegt, erhält der Vertrag automatisch den Status Aktiv und ermöglicht es Ihnen, ihn für die Anfrage zu verwenden.

Einen Vertrag aktivieren und erneuern

WICHTIG Wenn Sie die Option Vertrag fakturieren auswählen, wird der Status des Vertrags entweder auf *Fakturiert* (wenn das Startdatum in der Zukunft liegt) oder *Aktiv* gesetzt (wenn das Startdatum das aktuelle oder ein Datum in der Vergangenheit ist). Wenn sich ein Vertrag im Status *Fakturiert* oder *Aktiv* befindet, können seine Felder nur noch gelesen werden.

3. Im Navigationsbereich des Vertrags klicken Sie auf **Anfragen**, um den Manager des Vertrags anzuzeigen.
4. Im Menübereich klicken Sie auf die Schaltfläche **Neu**, um für diesen Vertrag eine neue Anfrage zu erstellen.
5. Im Formular **Neue Anfrage** tragen Sie die folgenden Werte ein.

Titel	*Wasserleitung der Kaffeemaschine ersetzen*
Kunde	*Sonoma Partners*
Betreff	*Standardbetreff*
Anfragetyp	*Problem*
Anfrageursprung	*Telefon*
Vertrag	*Service-Jahresvertrag* (in der vorangegangenen Übung erstellt)
Vertragszeile	*FY2011-FY-2012* (in der vorangegangenen Übung erstellt)

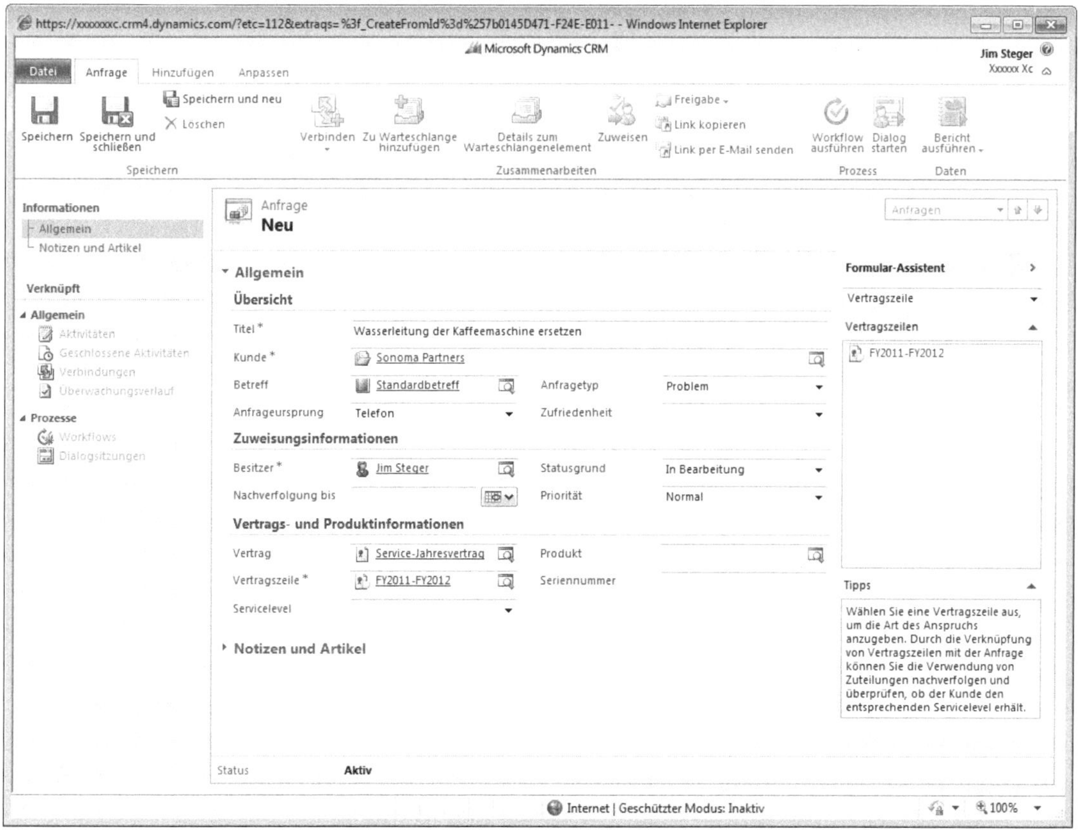

6. Klicken Sie auf **Speichern**, um den Fall zu erstellen.
7. In der Gruppe **Aktionen** klicken Sie auf **Anfrage abschließen**, um den Fall als erledigt zu kennzeichnen.

> **TIPP** Nur erledigte Anfragen werden mit der Gesamtzuteilung aus der Vertragszeile verrechnet. Für jede abgeschlossene Anfrage wird die verbleibende Zuteilung neu berechnet. Wenn z.B. in einer Vertragszeile im Feld **Anfragen/Minuten gesamt** fünf Anfragen eingegeben sind, ist es möglich, damit sechs oder mehr Anfragen zu bearbeiten, solange sich nicht fünf Anfragen im Status *Abgeschlossen* befinden.

8. Im Dialogfeld **Anfrage abschließen** tragen Sie in das Feld **Abschluss** *Wasserleitung ersetzt* ein.

9. Klicken Sie auf **OK**, um die Anfrage als abgeschlossen zu kennzeichnen.
10. Klicken Sie in Ihrem Browser auf das Schließfeld, um das Anfragefenster zu schließen.
11. Im Formular **Vertrag** im Navigationsbereich klicken Sie auf **Vertragszeilen**. Klicken Sie wenn nötig auf die Schaltfläche **Neu laden**, und prüfen Sie, ob der Wert unter **Verbleibende Zuteilungen** auf 19 aktualisiert wurde.

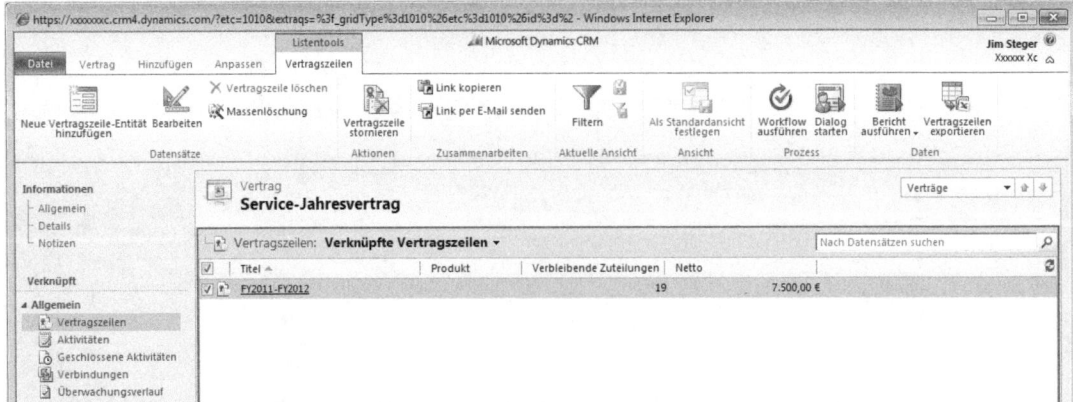

Einen Vertrag aktivieren und erneuern 251

12. Im Menübereich klicken Sie auf **Verträge** und in der Gruppe **Aktionen** auf **Vertrag erneuern**, um den Vertrag für einen weiteren Zeitraum zu verlängern.
Das Dialogfeld **Vertrag erneuern** wird geöffnet.

> **TIPP** Sie können den Status eines Vertragsformulars im Menübereich Vertrag aktualisieren. Hier können Sie einen Vertrag auch stornieren oder zurückstellen. Die verfügbaren Aktionen hängen vom aktuellen Vertragsstatus ab.

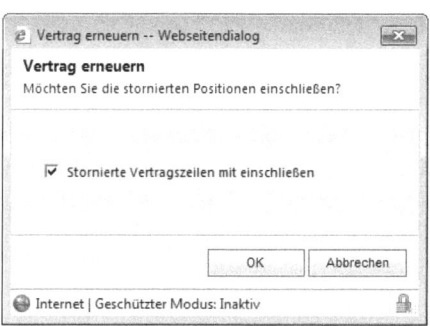

13. Im Dialogfeld lassen Sie **Stornierte Vertragszeilen mit einschließen** ausgewählt und klicken dann auf OK.

> **WICHTIG** Wenn ein Vertrag erneuert wird, erstellt Microsoft Dynamics CRM automatisch eine Kopie des Vertrags mit aktualisierten Start- und Enddaten. Der neue Vertrag erhält den Standardstatus Entwurf und die selbe Vertragsnummer wie der Ursprungsvertrag.

14. Schließen Sie den Vertragsentwurf.
Im Bereich **Service**, in der Ansicht **Verträge** sehen Sie einen neuen Vertrag mit dem Status **Entwurf**, der dieselbe Vertragsnummer hat, wie der aktive Vertrag.

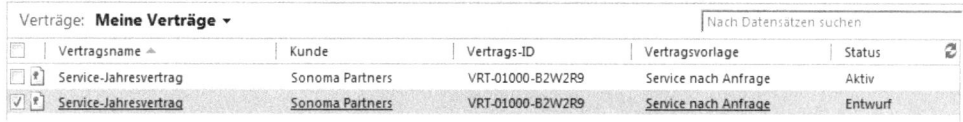

15. Doppelklicken Sie auf den erneuerten Vertrag im Status **Entwurf** und prüfen Sie, dass die Start- und Enddaten automatisch an den Ursprungsvertrag anschließend berechnet wurden.

> **TIPP** Microsoft Dynamics CRM erzeugt zwischen dem ursprünglichen und dem erneuerten Vertrag eine Verknüpfung. Sie finden diese Informationen im Feld Ursprungsvertrag im Bereich Details des Vertragsformulars.

ABSCHLUSS Schließen Sie den Vertragsdatensatz.

Mit Warteschlangen arbeiten

Zusätzlich zum Verwalten der Anzahl von Kundenanfragen oder Servicestunden, die dem Kunden mittels Verträgen berechnet werden, können Teams im Kundenservice auch Warteschlangen verwenden, um das Routing von Anfragen zu verbessern und sicherzustellen, dass alle effizient behandelt werden. In Microsoft Dynamics CRM stellt eine Warteschlange eine öffentliche Liste von Datensätzen dar, wie Anfragen und Aktivitäten. Warteschlangen werden normalerweise auf Basis von Team-Zuweisungen oder erforderlichem Fachwissen für ein Produkt oder eine Dienstleistung eingerichtet.

Wenn der Warteschlange eine Anfrage hinzugefügt wird, kann sie von der Gruppe Benutzer gemeinsam genutzt werden, die darauf Zugriff haben, bis die Anfrage bearbeitet oder einem Mitarbeiter zugewiesen wird. Wenn der Warteschlange ein Datensatz hinzugefügt wird, erstellt Microsoft Dynamics CRM ein Warteschlangenelement, ordnet den Datensatz diesem Element zu und zeigt die Elemente im Arbeitsbereich an. Kundenservicemanager können die Warteschlangen unter **Unternehmensmanagement** im Bereich **Einstellungen** erstellen.

Benutzer können Warteschlangenelemente, auf die sie zugreifen können bearbeiten, indem sie sich selbst Elementen zuweisen. Nachdem ein Datensatz (wie eine Anfrage) einem Benutzer zugewiesen wurde, wird er zu den Elementen unter *Meine aktiven Anfragen* verschoben und kann solange nicht von anderen Team-Mitgliedern bearbeitet werden, bis er freigegeben wird.

Benutzer können die folgenden Aktionen auf Elemente in der Warteschlange anwenden.

Aktion	Beschreibung
Routing	Verschiebt ein Element von einer Warteschlange zu einer anderen. Jedes Element kann nur einer Warteschlange zugewiesen werden. Mit dieser Aktion können Benutzer die Zieldatensätze aus der Warteschlange neu zuweisen.
Arbeiten an	Weist ein Warteschlangenelement einem bestimmten Benutzer oder Team zu. Wenn ein Benutzer an einem Element arbeitet, wird das Warteschlangenelement dem Benutzer in einer speziellen Ansicht angezeigt. Es kann immer nur ein Benutzer oder Team an einem Warteschlangenelement arbeiten.
Freigeben	Entfernt den dem Warteschlangenelement zugewiesenen Benutzer.
Entfernen	Entfernt das Element aus der Warteschlange.
Details zum Warteschlangenelement	Zeigt Zusatzinformationen des Warteschlangenelements an.

In Microsoft Dynamics CRM haben die meisten Datensätze, wie Firmen und Kontakte, als Besitzer Teams oder Benutzer. Auch wenn Warteschlangen nicht Besitzer eines Datensatzes sein können, ermöglicht es Microsoft Dynamics CRM einer Warteschlange einen Datensatz hinzuzufügen. Wenn Sie einer Warteschlange einen Datensatz hinzufügen, ändert sich der Besitzer des Datensatzes nicht und er wird auch in der Warteschlange angezeigt, aber andere Benutzer können jetzt an dem Datensatz arbeiten. Wenn ein Benutzer einen Datensatz zur Bearbeitung auswählt, weist Microsoft Dynamics CRM dem Benutzer das Warteschlangenelement zu und es erscheint in der Warteschlange **Elemente in Bearbeitung** des Benutzers.

> **WICHTIG** Der Warteschlange einen Datensatz hinzuzufügen ändert den Besitzer des Datensatzes nicht. Ein Warteschlangenelement kann sich nur in einer Warteschlange gleichzeitig befinden. Es kann auch nur einem Benutzer oder Team gleichzeitig zugewiesen werden.

Wenn Sie beim Erstellen der Warteschlange eine E-Mail-Adresse angeben, können Sie Anfragen an diese E-Mail-Adresse automatisch an die Warteschlangen leiten lassen. Alle an diese E-Mail-Adresse eingehenden Nachrichten werden dann als Datensatz E-Mail-Aktivität in Microsoft Dynamics CRM erstellt und in der Warteschlange angezeigt, so dass Mitarbeiter im Kundenservice die Nachricht annehmen und entsprechend bearbeiten können. Wenn E-Mail-Nachrichten automatisch in einer Warteschlange angezeigt werden, können Sie Optionen einstellen, die festlegen, welche Nachrichten angezeigt werden. Zum Beispiel können Sie folgendes anzeigen lassen:

- Alle Nachrichten, die an die angegebene Adresse gesendet wurden.
- Nur die Nachrichten, die als Antwort einer Nachricht von Microsoft Dynamics CRM an die angegebene Adresse gesendet wurden.
- Nur die Nachrichten, die von einem Lead, Kontakt oder einer Firma in der Microsoft Dynamics CRM-Datenbank an die angegebene Adresse gesendet wurden.
- Nur die Nachrichten, die zu einer E-Mail-Adresse in Microsoft Dynamics CRM passen, die für E-Mail aktiviert wurde.

Sie müssen keine E-Mail-Adresse angeben, wenn Sie eine Warteschlange erstellen. Die Funktion ist jedoch für Teams im Kundenservice hilfreich, die viele Anfragen per E-Mail erhalten.

> **Weitere Informationen**
> Im Workflow von Microsoft Dynamics CRM können Sie Routing-Regeln festlegen, die Anfragen automatisch an die passende Warteschlange weiterleiten. Zusätzlich können Sie Workflow-Regeln für Warteschlangenelemente konfigurieren, die eine Eskalation innerhalb der Warteschlange ermöglichen. Auch wenn die Workflow-Funktion den Rahmen dieses Buchs sprengt, können Sie mehr darüber in »Working with Microsoft Dynamics CRM 2011« von Mike Snyder und Jim Steger (Microsoft Press, 2011) erfahren.

In dieser Übung erstellen Sie eine Warteschlange und routen eine Anfrage hinein. Dann weisen Sie sich die Anfrage zu Ihren Elementen in Bearbeitung zu.

VORBEREITUNG Gehen Sie mit Microsoft Internet Explorer auf die Microsoft Dynamics CRM-Website, bevor Sie mit dieser Übung anfangen. Sie benötigen die Anfrage *Produktkatalog erforderlich*, die Sie in Kapitel 10, »Serviceanfragen überwachen« erstellt haben. Wenn Sie die Produktkatalog-Anfrage nicht mehr finden können, wählen Sie für diese Übung eine andere. Sie benötigen ein Benutzerkonto, das die Sicherheitsrolle *Kundenservicemanager* hat oder eine Rolle mit Rechten, um Warteschlangen und Anfragen zu erstellen.

1. Im Bereich **Einstellungen** klicken Sie auf **Unternehmensmanagement** und dann auf **Warteschlangen**, um die vorhandenen Warteschlangen zu sehen.

Kapitel 12: Mit Verträgen und Warteschlangen arbeiten

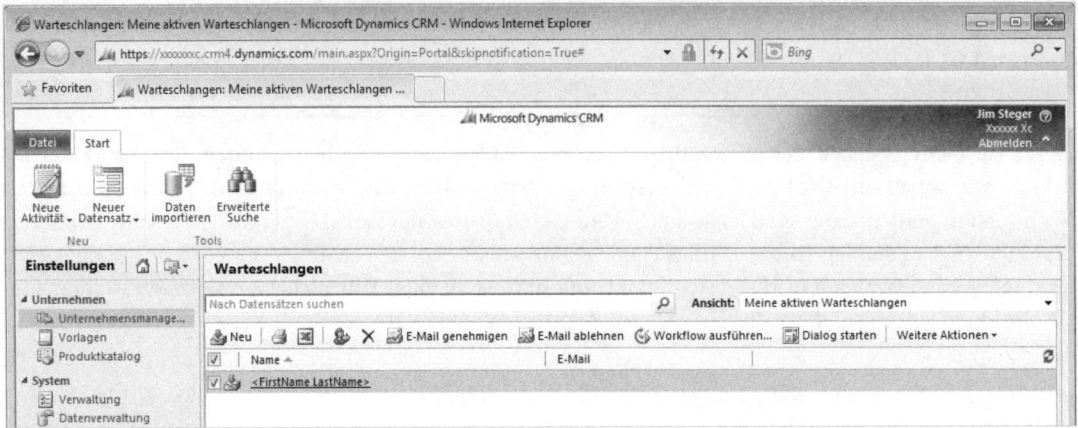

2. Klicken Sie auf die Schaltfläche **Neu**, um das Formular **Warteschlange: Neu** zu öffnen.
3. Im Formular **Neue Warteschlange** tragen Sie die folgenden Informationen ein.

Warteschlangenname	*Kataloganforderung*
E-Mail	*someone@example.com*
Besitzer	Abhängig vom jeweiligen System. Wählen Sie Ihr eigenes Konto aus.
Beschreibung	*Anforderungen von Katalogleistungen*
In E-Mail-Aktivitäten konvertieren	Alle E-Mail-Nachrichten
E-Mail-Zugriffstyp – eingehend:	Keine
E-Mail-Zugriffstyp – ausgehend:	Keine

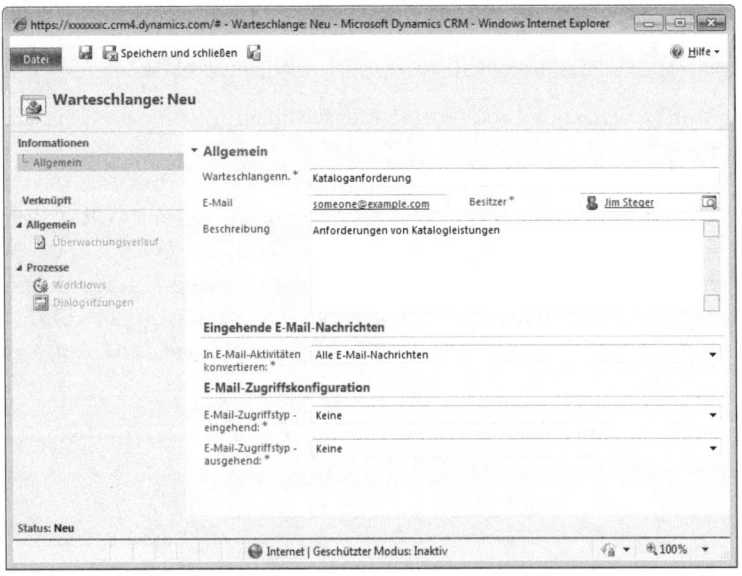

Mit Warteschlangen arbeiten

4. Klicken Sie auf **Speichern und Schließen**, um die Warteschlange zu erstellen.
5. Im Bereich **Service** klicken Sie auf **Anfragen**, um den Anfragenmanager anzuzeigen.

6. Suchen Sie die Anfrage **Produktkatalog erforderlich** und wählen Sie den Datensatz aus (ohne ihn zu öffnen).
7. Im Menüband in der Gruppe **Zusammenarbeiten** im Register **Anfragen** klicken Sie auf **Zu Warteschlange hinzufügen**, um die Anfrage einer Warteschlange zuzuweisen.

   Das Dialogfeld **Zu Warteschlange hinzufügen** erscheint.

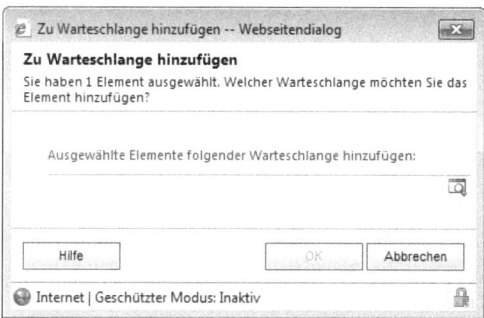

8. Klicken Sie im Dialogfeld auf die Schaltfläche **Nachschlagen**.

   Das Dialogfeld **Datensätze nachschlagen** wird geöffnet.

9. Stellen Sie die **Ansicht** auf **Warteschlangen: Primäre E-Mail (Ausstehende Genehmigung)**, wählen Sie die Warteschlange **Kataloganforderung** und klicken Sie auf **OK**.

10. Klicken Sie im Dialogfeld **Zu Warteschlange hinzufügen** auf OK.
11. Im Arbeitsbereich klicken Sie auf **Warteschlangen,** und wählen als Ansicht **Für Bearbeitung verfügbare Elemente**. Wählen Sie dann die Warteschlange **Kataloganforderung** aus, um zu prüfen, ob die zugewiesene Anfrage dort erscheint.

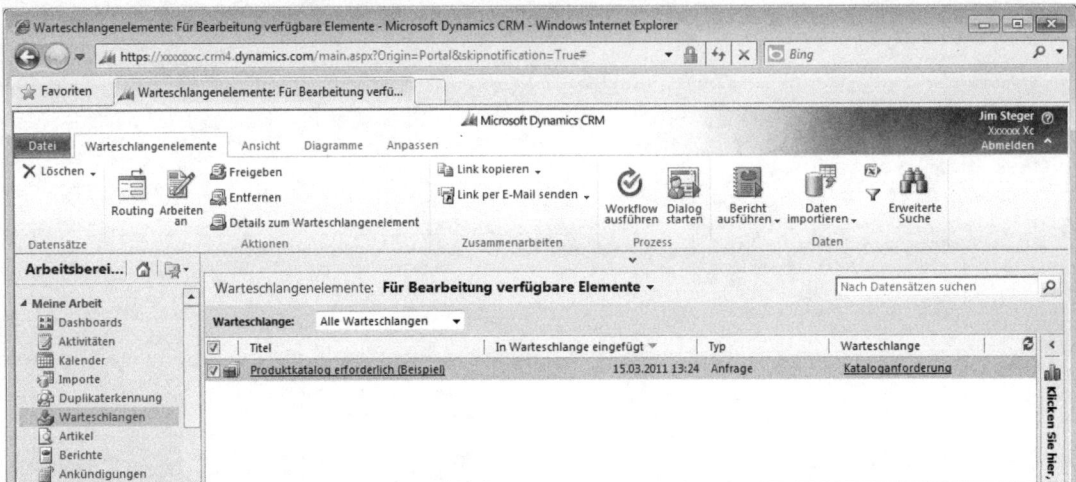

12. Wählen Sie die Anfrage aus. Unter **Warteschlangenelemente** im Menübereich klicken Sie auf die Schaltfläche **Arbeiten an**, um die Anfrage in Ihre persönliche Warteschlange zu übertragen. Das Dialogfeld **Warteschlangenelemente** wird geöffnet.

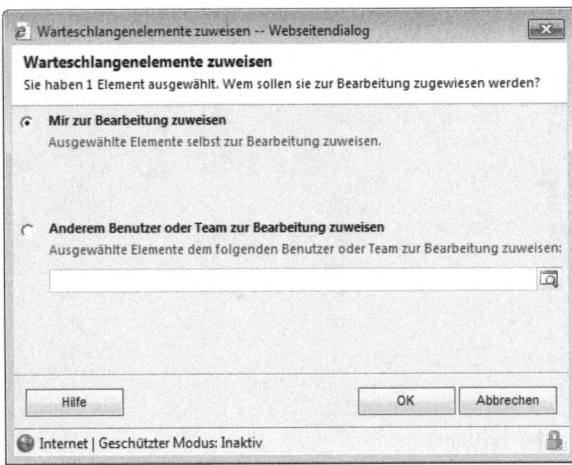

13. Klicken Sie auf **OK**, um zu bestätigen, dass Sie die Anfrage übernehmen.
14. Wählen Sie als Ansicht **Elemente in Bearbeitung** und prüfen Sie, ob die Anfrage jetzt dort erscheint.

Mit Warteschlangen arbeiten

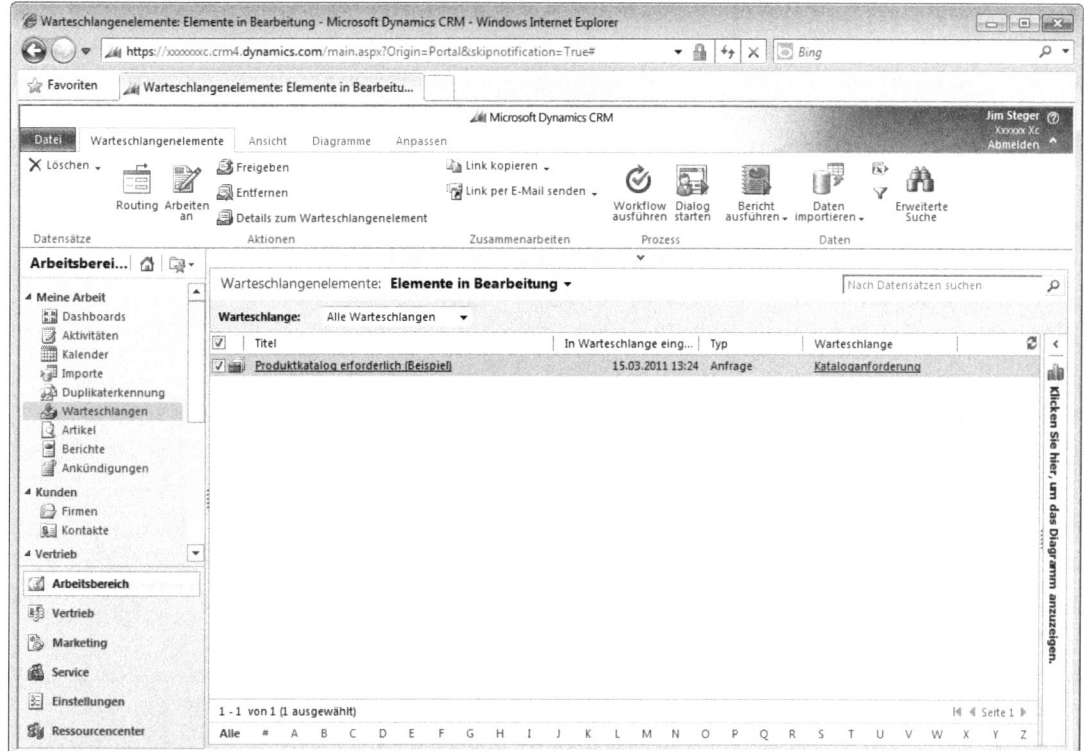

Zusammenfassung

- Serviceverträge können verwendet werden, um Supportanfragen von Kunden zu verwalten. Jeder Vertrag besteht aus einer Vertragslaufzeit, der Anzahl der Anfragen oder Stunden, dem Preis und Informationen zur Fakturierung. Einem Vertrag können mehrere Vertragszeilen zugewiesen werden, um einzelne Bedingungen des Vertrags zu speichern.

- Kundenservicemanager können Vertragsvorlagen erstellen, um einen Rahmen für Serviceverträge festzulegen. Jeder Vertrag muss mittels einer Vertragsvorlage erstellt werden.

- Verträge können nur im Status Entwurf bearbeitet werden, so dass es wichtig ist, dass Kundenservicemitarbeiter die Vertragsbedingungen so genau und präzise wie möglich ausfüllen, bevor der Vertrag den Status Fakturiert erhält.

- Jeder Vertrag mit Status Fakturiert wird am angegebenen Startdatum automatisch in den aktiven Status übertragen, und von Aktiv in Beendet, wenn das Enddatum erreicht wird, es sei denn, der Vertrag wird erneuert.

- Anfragen können nur auf Verträgen im Status aktiv angerechnet werden.

- Ein Vertrag kann erneuert werden, wenn er sich im Status Aktiv, Storniert oder Beendet befindet. Wenn ein Vertrag erneuert wird, erstellt Microsoft Dynamics CRM eine Kopie des Originalvertrags und speichert im neuen Vertrag einen Link auf den Ursprungsvertrag.

- Verträge können zurückgestellt oder storniert werden, um zu verhindern, dass neue Anfragen darauf angerechnet werden.

- Kundenservice-Teams können Datensätze wie Anfragen in Warteschlangen gemeinsam nutzen, um sicherzustellen, dass alle Anfragen an die richtigen Personen geleitet und schnell beantwortet werden.

- Wenn ein Datensatz einer Warteschlange zugewiesen wird, erstellt Microsoft Dynamics CRM ein separates Warteschlangenelement und verknüpft es mit der Warteschlange und dem Datensatz.

- Datensätze verbleiben in der Warteschlange, bis sie von einem Benutzer zur Bearbeitung ausgewählt werden, der die Verantwortung für das Warteschlangenelement übernimmt oder es einem anderen Mitarbeiter übergibt.

- Anfragen, die per E-Mail gesendet werden können automatisch einer Warteschlange zugewiesen werden, wenn bei der Einrichtung eine E-Mail-Adresse angegeben wird.

Teil 4

Berichte und Analysen

In diesem Teil:

Kapitel 13	Mit Filtern und Diagrammen arbeiten	261
Kapitel 14	Dashboards verwenden	277
Kapitel 15	Den Berichts-Assistenten verwenden	295
Kapitel 16	Erweiterte Suche	317
Kapitel 17	Berichterstattung mit Excel	335

Kapitel 13

Mit Filtern und Diagrammen arbeiten

In diesem Kapitel:

Filter auf Ihre Daten anwenden und gefilterte Ansichten speichern	262
Für eine gespeicherte Ansicht zusätzliche Filter setzen	264
Microsoft Dynamics CRM-Daten mit Diagrammen analysieren	266
Ein neues Diagramm erstellen	270
Diagramme freigeben	273
Zusammenfassung	276

In diesem Kapitel lernen Sie:

- Filter auf Ihre Daten anwenden und gefilterte Ansichten speichern
- Für eine gespeicherte Ansicht zusätzliche Filter setzen
- Diagramme einsetzen, um mit Microsoft Dynamics CRM-Daten zu interagieren und sie zu analysieren
- Neue Diagramme erstellen, um Daten zu visualisieren
- Diagramme mit Mitarbeitern zusammen nutzen

Microsoft Dynamics CRM ermöglicht es, große Mengen an Daten zu sammeln und bietet Ihnen Werkzeuge, mit denen Sie die Daten einfach durchsuchen können, um die Einträge zu finden, die Sie benötigen. Zusätzlich bietet Ihnen die Software verschiedene Berichtsoptionen, mit denen Sie im Unternehmen Entscheidungen fällen können, die auf diesen Daten beruhen. Sie werden oft feststellen, dass Sie auf unvorhergesehene Weise mit den Daten arbeiten, so als würden Sie in ein Problem oder eine Chance einsteigen und mit den Daten interagieren. Zum Beispiel ergibt sich aus der Beantwortung einer Frage eine andere, weshalb Sie tiefer in den Daten graben möchten. Microsoft Dynamics CRM bietet Ihnen verschiedene Werkzeuge, um mit Daten zu interagieren. Die beiden einfachsten sind Filter und Diagramme.

In diesem Kapitel erfahren Sie, wie Sie mit Filtern und Diagrammen in den Daten graben.

Übungsdateien

Es gibt zu diesem Kapitel keine Übungsdateien.

WICHTIG Die Bilder in diesem Buch zeigen die Standardformulare und Feldnamen in Microsoft Dynamics CRM. Da die Software vielfältig angepasst werden kann, ist es möglich, dass einige der Datentypen oder -felder in Ihrem Microsoft Dynamics CRM anders heißen. Wenn Sie die Formulare, Felder oder Sicherheitsrollen, die in diesem Buch angesprochen werden, nicht finden können, wenden Sie sich an Ihren Systemadministrator.

WICHTIG Sie müssen die Adresse Ihrer Microsoft Dynamics CRM-Website kennen, um die Beispiele dieses Buchs durchzugehen. Erfragen Sie die Adresse bei Ihrem Systemadministrator, wenn Sie sie nicht kennen.

Filter auf Ihre Daten anwenden und gefilterte Ansichten speichern

In Kapitel 17, »Berichte mit Excel«, lernen Sie, wie Sie Microsoft Excel als Berichtswerkzeug für Microsoft Dynamics CRM-Daten einsetzen. Zusätzlich zum Einsatz von Excel für Berichte ist es für Benutzer von Geschäfts-Software üblich, Daten in Excel zu exportieren, um sie zu filtern und eine Untermenge davon eingehend zu untersuchen. Mit Microsoft Dynamics CRM können Sie Ihre Datensätze in Echtzeit filtern, um die wichtigsten Daten im System mit ein paar Mausklicks zu analysieren. Dabei müssen Sie die Anwendung nicht verlassen.

In der folgenden Übung verwenden Sie Filter, um die Verkaufschancen anzuzeigen, deren erwartetes Abschlussdatum in diesem Jahr liegt und die mit einer Wahrscheinlichkeit verknüpft sind.

Filter auf Ihre Daten anwenden und gefilterte Ansichten speichern

VORBEREITUNG Gehen Sie mit Microsoft Internet Explorer auf die Microsoft Dynamics CRM-Website, bevor Sie mit dieser Übung anfangen.

1. Im Bereich **Vertrieb** klicken Sie auf **Verkaufschancen**.

   Die Verkaufschancen-Ansicht erscheint.

2. Wählen Sie die Ansicht **Offene Verkaufschancen**.

   Die Liste der offenen Verkaufschancen wird angezeigt.

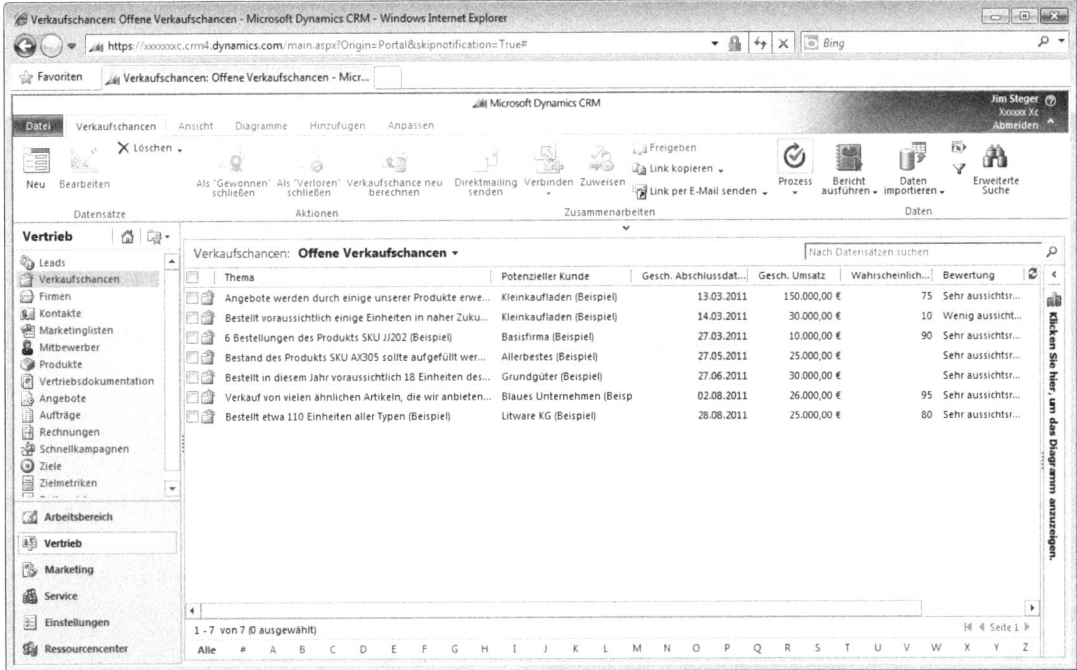

3. Im Bereich **Verkaufschancen** im Menüband, in der Gruppe **Daten**, klicken Sie auf die Schaltfläche **Filter**.

   In den Spaltenüberschriften erscheinen Filterpfeile.

4. Klicken Sie auf den Pfeil rechts von **Gesch. Abschlussdatum**, wählen Sie **Nach Jahr filtern** und dann das Markierungsfeld **Dieses Jahr**.

   WICHTIG Wenn das Feld Gesch. Abschlussdatum in Ihrer Ansicht nicht erscheint, wählen Sie für dieses Beispiel eine andere Spalte.

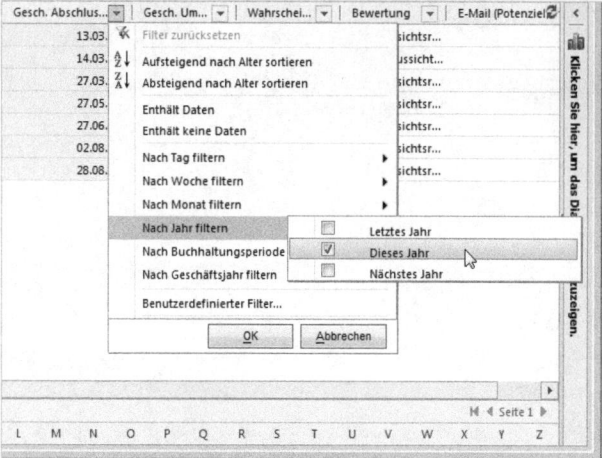

5. Klicken Sie im Menü **Filter** auf **OK**.

   Die aktualisierten Ergebnisse zeigen alle Verkaufschancen, die in diesem Jahr abgeschlossen werden.

6. Klicken Sie auf den Pfeil rechts von der Spalte **Wahrscheinlichkeit** und wählen Sie **Enthält Daten**.

   Dadurch werden die Daten weiter gefiltert, so dass die Verkaufschancen angezeigt werden, die in diesem Jahr abgeschlossen werden und eine Wahrscheinlichkeit haben.

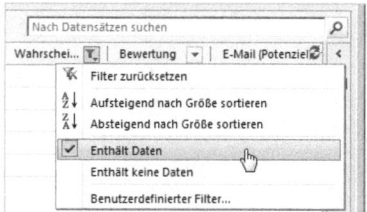

7. Im Menübereich **Ansicht** klicken Sie auf **Speichern unter**, um Ihre Ansicht zu speichern.

   Das Dialogfeld **Informationen für diese Ansicht eingeben** wird geöffnet.

8. Im Feld **Name** geben Sie **In diesem Jahr voraussichtlich abgeschlossene Verkaufchancen** ein und klicken Sie auf **OK**.

   Die gefilterte Ansicht wird als persönliche Ansicht in Microsoft Dynamics CRM gespeichert.

Für eine gespeicherte Ansicht zusätzliche Filter setzen

Mit der Zeit werden Sie sicherlich Zusatzansichten von gefilterten Daten erstellen, um Ihren veränderten Bedürfnissen nachzukommen. Sie werden feststellen, dass die für eine Ansicht angewendeten Filter umdefiniert werden müssen, um neueren Anforderungen gerecht zu werden oder eine bessere Datendarstellung zu erreichen. Im Beispiel aus dem vorhergehenden Abschnitt werden Sie vielleicht festgestellt haben, dass eine der Verkaufschancen in der Ansicht eine Bewertung von *wenig aussichtsreich* besitzt. Da die Wahrscheinlichkeit dieser Verkaufschance sehr gering ist, würden Sie sie vermutlich nicht in der Ansicht **In diesem Jahr voraussichtlich abgeschlossene Verkaufchancen** haben wollen.

Für eine gespeicherte Ansicht zusätzliche Filter setzen

In der folgenden Übung setzen Sie in einer bereits gespeicherten Ansicht zusätzliche Filter ein.

VORBEREITUNG Gehen Sie mit Microsoft Internet Explorer auf die Microsoft Dynamics CRM-Website, bevor Sie mit dieser Übung anfangen. Für diese Übung benötigen Sie die Ansicht In diesem Jahr voraussichtlich abgeschlossene Verkaufschancen aus der vorherigen Übung.

1. Im Bereich **Vertrieb** klicken Sie auf **Verkaufschancen**.

    Die Verkaufschancen-Ansicht erscheint.

2. Wählen Sie als Ansicht **In diesem Jahr voraussichtlich abgeschlossene Verkaufschancen**.

    Die in der vorigen Übung gespeicherte Ansicht wird dargestellt.

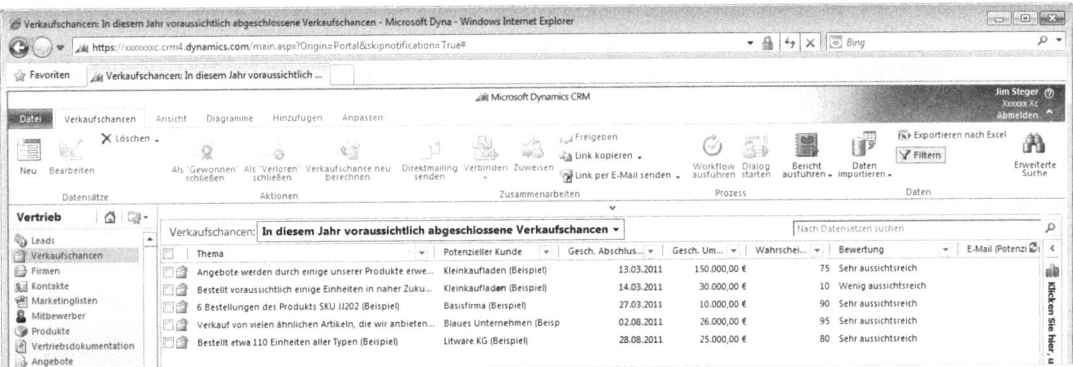

3. Klicken Sie im Menübereich auf die Schaltfläche **Filter**.

    In den Spaltenüberschriften erscheinen Filterpfeile.

4. Klicken Sie auf den Pfeil rechts von der Spalte **Bewertung** und wählen Sie **Sehr aussichtsreich**. Sie müssen einen Bildlauf nach rechts ausführen, um das Feld **Bewertung** zu sehen.

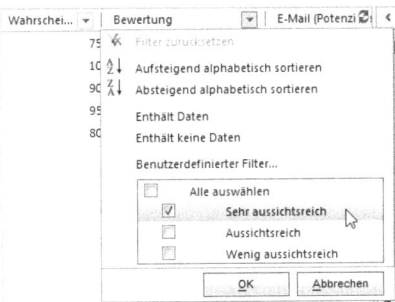

5. Klicken Sie auf **OK**. Die Untermenge der Daten wird jetzt dargestellt.
6. Im Bereich **Ansicht** im Menübereich klicken Sie auf die Schaltfläche **Filter speichern**.

    Der zusätzliche Filter wurde Ihrer bereits gespeicherten Ansicht hinzugefügt.

Microsoft Dynamics CRM-Daten mit Diagrammen analysieren

In Kapitel 15, »Den Berichts-Assistent« verwenden und in Kapitel 17 werden Sie lernen, wie Sie aus Microsoft Dynamics CRM-Daten Berichte mit dem Berichts-Assistent und Excel generieren. Diese Werkzeuge ermöglichen es Ihnen, optisch überzeugende Berichte zu generieren, indem Sie die Diagrammfunktionen einsetzen. Beide sind eine große Hilfestellung, aber Sie müssen dazu den gewohnten Systembereich verlassen, und in eine andere Anwendung wechseln. Zusätzlich zu diesen Möglichkeiten erlaubt es Ihnen Microsoft Dynamics CRM zusätzlich, Diagramme innerhalb des Systems zu erstellen und zu betrachten.

Denken Sie an folgende Situationen:

- Ein Vertriebsmanager wertet die Verkaufstrends des aktuellen Quartals aus. Er filtert Verkaufschancen, um die darzustellen, die zu bestimmten Vertriebsmitarbeitern gehören. Der Vertriebsmanager kann die Werte für alle Verkaufschancen dieser Mitarbeiter schnell zusammenfassen.
- Ein Marketingmanager möchte eine Kampagne zur Lead-Generierung starten. Er hat ein begrenztes Budget und möchte die Kampagne an Orten durchführen, in denen es die meisten Bestandskunden gibt.

Sie können diese Informationen einfach einsehen, indem Sie die Diagramme in Microsoft Dynamics CRM verwenden. Sie werden sehen, dass viele denkbare Anwendungen durch die 52 Diagramme abgedeckt werden, die Microsoft Dynamics CRM bietet, und die in der folgenden Tabelle gezeigt werden.

Einheit	Diagramme	
Firmen	Firmen nach Branche	Firmen nach Gebieten
	Firmen nach Besitzer	Neue Firmen nach Monat
Aktivitäten	Aktivitäten nach Monat der Fälligkeit	Aktivitäten nach Priorität
	Aktivitäten nach Besitzer	Aktivitäten nach Typ
	Aktivitäten nach Besitzer und Priorität	Aktivitäten nach Typ und Priorität
Artikel	Artikel nach Status	
Kampagne	Kampagnenbudget im Vergleich zu Istkosten	Kampagnentypmix
	Im Vergleich zu Istkosten (Monat)	
Anfrage	Anfragemix (nach Unternehmenseinheit)	Anfragen nach Ursprung
	Anfragenmix (nach Ursprung)	Anfragen nach Priorität (pro Tag)
	Anfragenmix (nach Priorität)	Anfragen nach Priorität (pro Besitzer)
	Anfragenmix (nach Typ)	Abgeschlossene Anfrage: Zufriedenheit
	Anfrageabschlusstrend (nach Tag)	Servicebestenliste
Ziel	Erzielter Prozentsatz	Ziel nach heutigem Stand im Vergleich zu Istwert (Anzahl)
	Zielstatus (Anzahl)	Ziel nach heutigem Stand im Vergleich zu Istwert (Zahlung)
	Zielstatus (Zahlung)	

Microsoft Dynamics CRM-Daten mit Diagrammen analysieren

Einheit	Diagramme	
Lead	Analyse eingehender Leads nach Monat	Lead nach Bewertung
	Leadgenerierungsrate	Leads nach Quelle
	Leads nach Besitzer	Leads nach Quellkampagne
Verkaufschancen	Tatsächlicher Umsatz nach Buchhaltungsperiode	Verkaufschance nach Kampagne
	Tatsächlicher Umsatzerlös nach Monat	Generierter Umsatz (nach Kampagne)
	Gewonnene Aufträge im Vergleich zu verlorenen	Vertriebsbestenliste
	Gewonnene Aufträge im Vergleich zu verlorenen Aufträgen	Verkaufspipeline
	Gewonnene Aufträge im Vergleich zu verlorenen nach Besitzer	Vertriebsstatus nach Gebiet
	Geschätzter Umsatz im Vergleich zum tatsächlichen (Buchhaltungsperiode)	Die wichtigsten Kunden
	Geschätzter Umsatz im Vergleich zum tatsächlichen (nach Monat)	Die wichtigsten Verkaufschancen
Aufträge	Tatsächlicher Umsatz nach Buchhaltungsperiode	Tatsächlicher Umsatz nach Besitzer
	Tatsächlicher Umsatzerlös nach Monat	

In dieser Übung betrachten Sie Diagramme in Microsoft Dynamics CRM.

VORBEREITUNG Gehen Sie mit Microsoft Internet Explorer auf die Microsoft Dynamics CRM-Website, bevor Sie mit dieser Übung anfangen.

1. Im Bereich **Vertrieb** klicken Sie auf **Verkaufschancen**.
   Die Verkaufschancen-Ansicht erscheint.
2. Wählen Sie die Ansicht **Geschlossene Verkaufschancen**.
3. Klicken Sie im Menübereich auf den Bereich **Diagramme**.

4. In der Gruppe **Layout** klicken Sie auf die Schaltfläche **Diagrammbereich** und wählen **Rechts**.

TIPP Diagramme werden entweder oben oder rechts vom Raster angezeigt.

5. Wählen Sie in der Liste der Diagrammansichten **Die wichtigsten Kunden**.

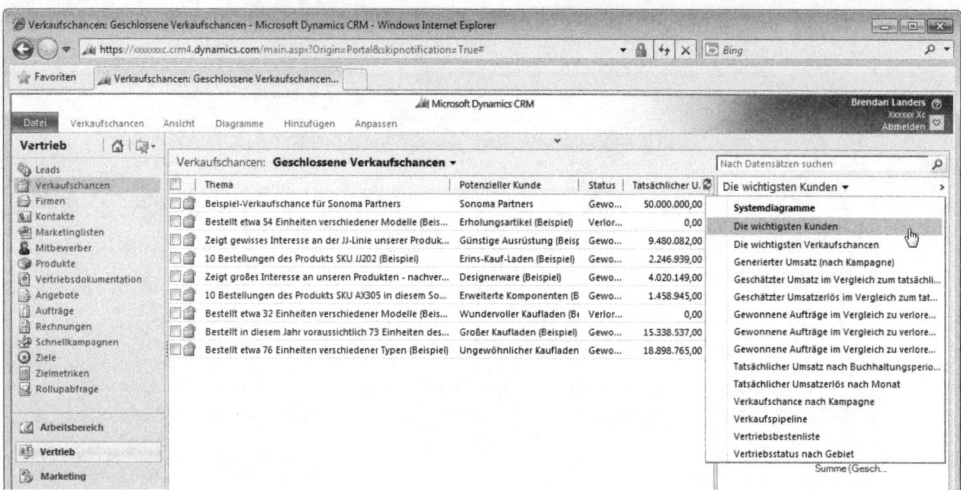

Das Diagramm der wichtigsten Kunden zeigt die Daten aus der Ansicht Geschlossene Verkaufschancen an.

TIPP Die Diagramme in Microsoft Dynamics CRM sind kontextbezogen, d.h. sie stellen die Daten aus der aktuellen Liste der Datensätze im Tabellenbereich dar. Wenn Sie Daten filtern oder die Ansicht wechseln, werden die Diagramme automatisch aktualisiert.

6. Wählen Sie die Ansicht **Offene Verkaufchancen**.

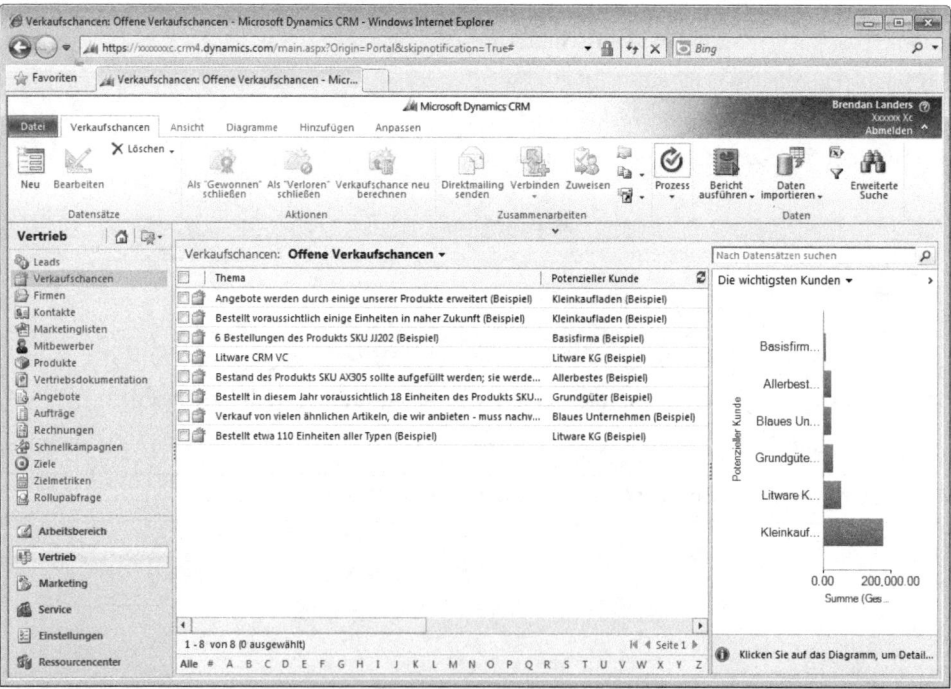

Microsoft Dynamics CRM-Daten mit Diagrammen analysieren

Dasselbe Diagramm wird dargestellt, es zeigt jetzt aber die offenen Verkaufschancen an.

7. Im Diagramm **Die wichtigsten Kunden** klicken Sie auf den Balken des potentiellen Kunden **Litware**.

> **WICHTIG** Wenn Sie Litware nicht als potentiellen Kunden für eine Verkaufschance haben, klicken Sie auf einen anderen potentiellen Kunden, der mehrere offene Verkaufschancen besitzt.

Die Liste im Tabellenbereich wird gefiltert, so dass sie die offenen Verkaufschancen für Litware anzeigt, und es erscheint ein Drilldown-Menü.

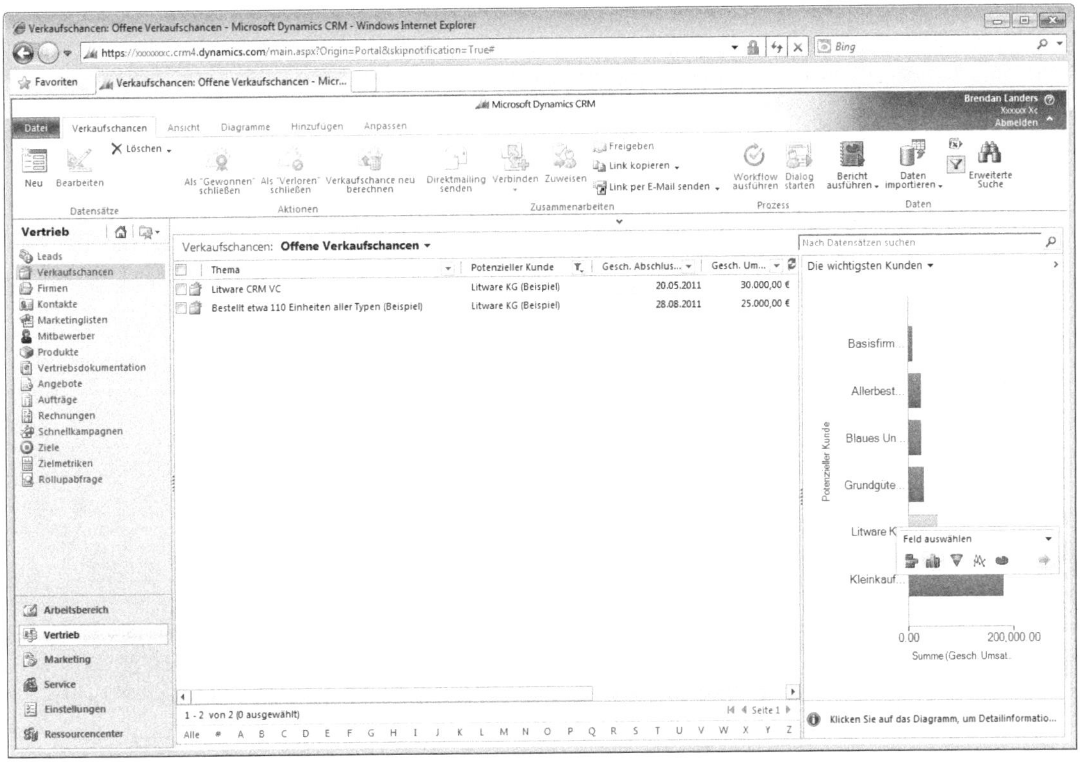

8. In der Liste **Feld auswählen** im Drilldown-Menü wählen Sie **Besitzer**.
9. Klicken Sie auf das Symbol **Tortengrafik** und dann auf den **Ergebnispfeil**.

Es erscheint eine Tortengrafik, in der der geschätzte Umsatzerlös der Litware-Verkaufschancen nach Besitzer angezeigt wird.

10. Klicken Sie auf ein Segment der Tortengrafik.

Der Tabellenbereich wird mit den Datensätzen aktualisiert, die zum gewählten Segment gehören.

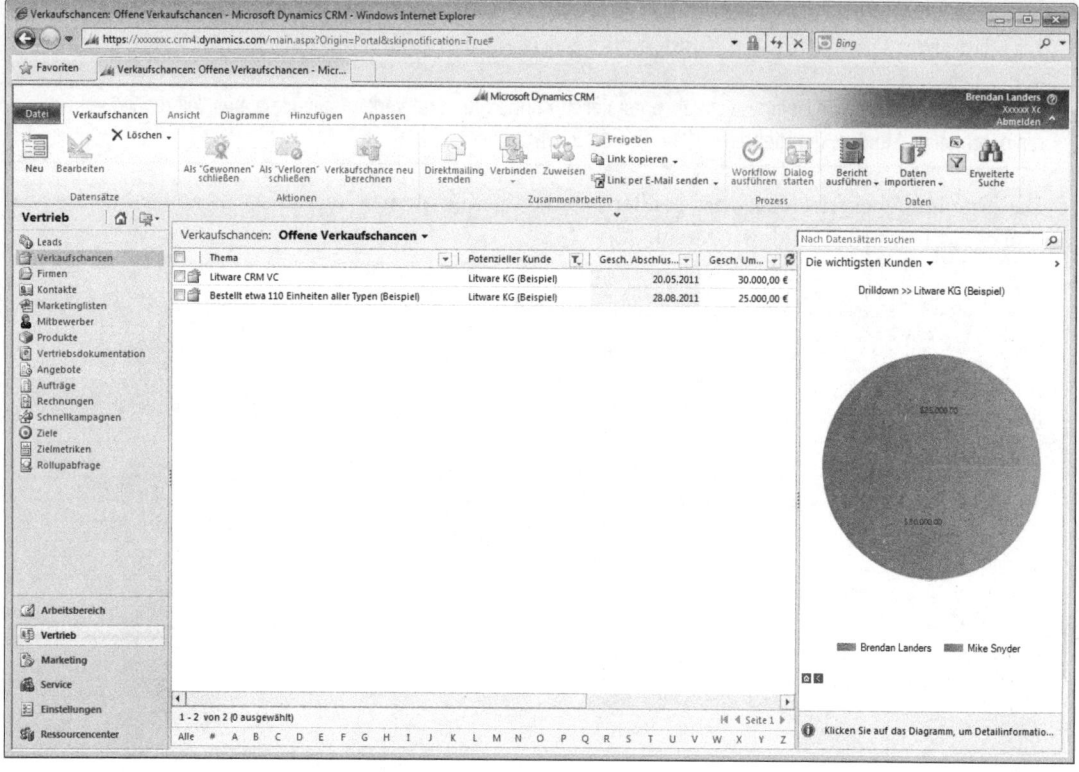

Ein neues Diagramm erstellen

Sie kennen jetzt die Leistungsfähigkeit der integrierten Diagramme von Microsoft Dynamics CRM. Zusätzlich zu den mitgelieferten Diagrammen können Sie eigene erstellen, die Ihre speziellen Bedürfnisse abdecken. Sie können Diagramme für spezielle Entitäten und für die in Microsoft Dynamics CRM enthaltenen Entitäten erstellen, wie in der folgenden Tabelle gezeigt.

Entitäten zur Verwendung in Diagrammen		
Firmen	Ziel	Schnellkampagne
Aktivitäten	Zielmetrik	Angebot
Termin	Rechnungen	Produktangebot
Artikel	Rechnung Produkt	Wiederkehrender Termin
Kampagne	Lead	Bericht
Kampagnenaktivität	Brief	Rollupabfrage
Kampagnenresponse	Marketinglisten	Vertriebsdokumentation
Anfrage	Verkaufschancen	Service
Mitbewerber	Verkaufschance Produkt	Serviceaktivität

Ein neues Diagramm erstellen

Entitäten zur Verwendung in Diagrammen		
Verbindung	Aufträge	Aufgabe
Kontakt	Auftrag Produkt	Team
Vertrag	Telefonanruf	Gebiet
E-Mail	Preisliste	Einheitengruppe
Fax	Produkt	Benutzer
	Warteschlangenelement	

In dieser Übung erstellen Sie ein individuelles Diagramm in Microsoft Dynamics CRM.

VORBEREITUNG   Gehen Sie mit Microsoft Internet Explorer auf die Microsoft Dynamics CRM-Website, bevor Sie mit dieser Übung anfangen.

1. Im Bereich **Vertrieb** klicken Sie auf **Firmen**.
   Die Firmen-Ansicht erscheint.
2. Wählen Sie die Ansicht **Aktive Firmen**.
3. Im Menübereich klicken Sie auf **Diagramme** und dann auf die Schaltfläche **Neues Diagramm**. Rechts vom Tabellenbereich erscheint der Diagramm-Designer.

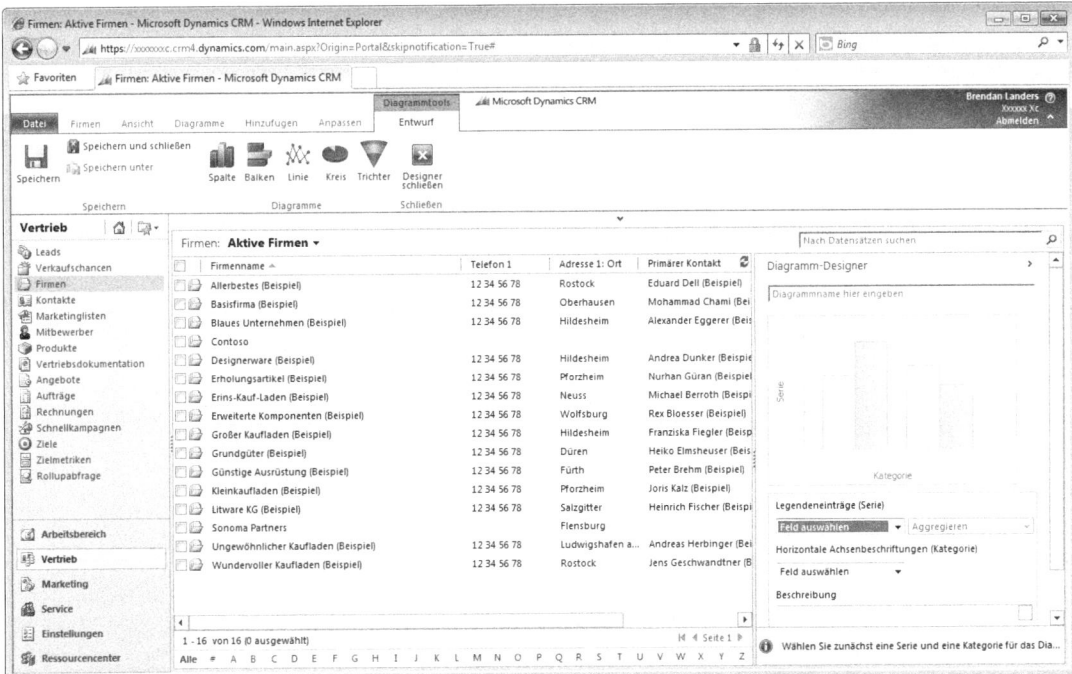

4. Im Feld **Legendeneinträge (Serie)** wählen Sie **Firmenname** aus der Auswahlliste.

5. Im Feld **Horizontale Achsenbeschriftungen (Kategorie)** wählen Sie **Adresse 1: Bundesland/Kanton**.

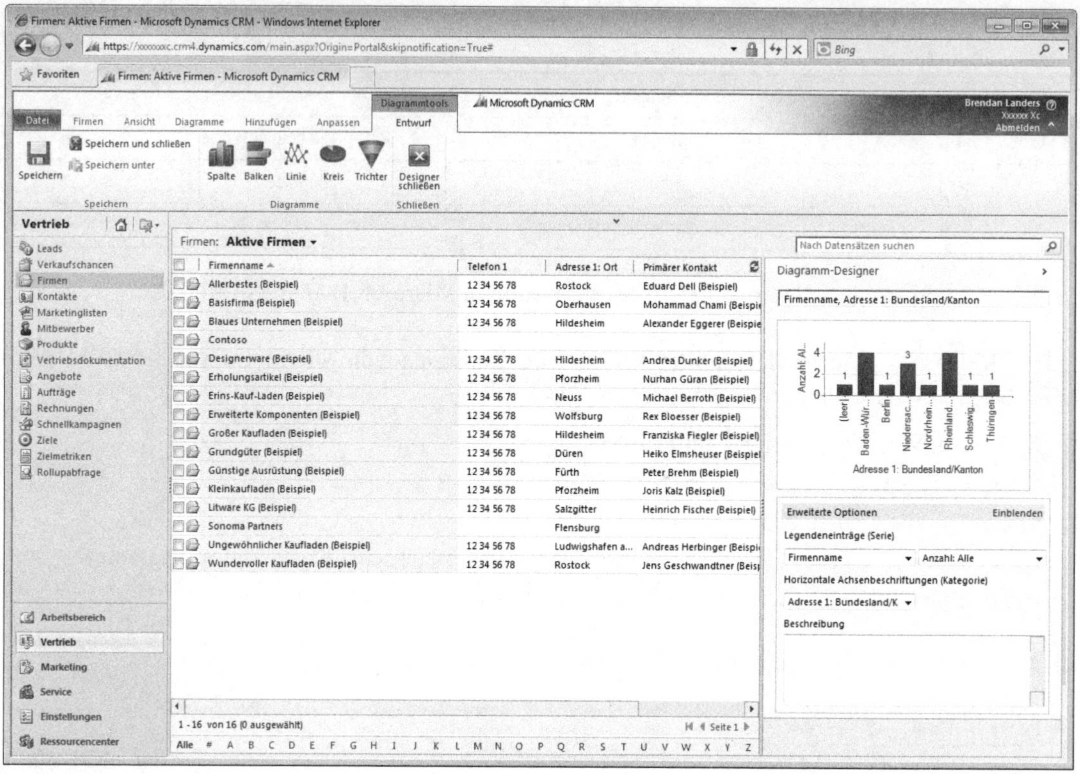

Sie werden sehen, dass das Diagramm den Namen *Firmenname, Adresse 1: Bundesland/Kanton* erhalten hat.

6. Ändern Sie den Diagrammtitel in **Firmen nach Bundesländern**.
7. Im Feld **Beschreibung** geben Sie **Zeigt die Anzahl der Firmen in den einzelnen Bundesländern** ein.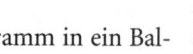
8. Im Menübereich **Diagrammtools** klicken Sie auf die Schaltfläche **Balken**, um das Diagramm in ein Balkendiagramm zu ändern.

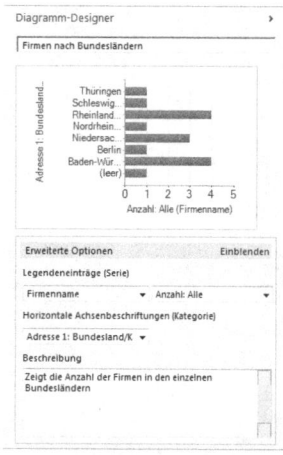

9. Im Menüband klicken Sie auf die Schaltfläche **Speichern** und dann auf **Designer schließen**.

Ihr Diagramm ist jetzt in der Liste der verfügbaren Diagramme enthalten.

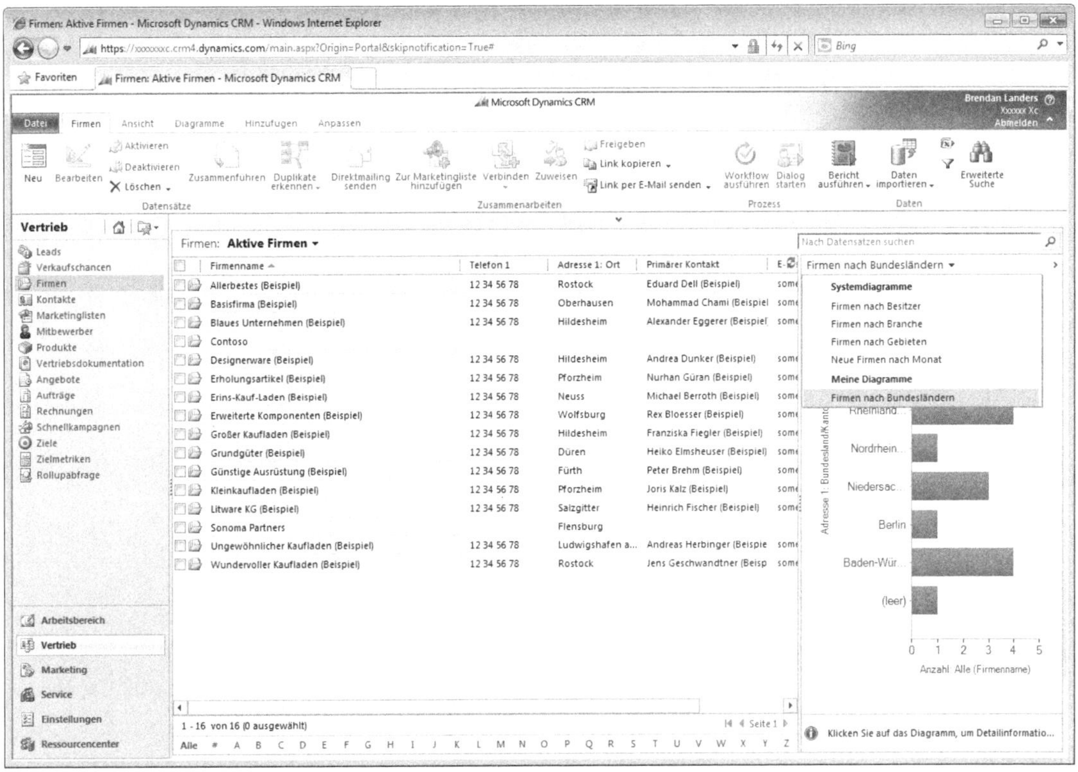

Diagramme freigeben

Es ist anzunehmen, dass die von Ihnen erstellten Berichte und Diagramme auch für Ihre Kollegen nützlich sind. Statt ihnen zu erklären, mit welchen Schritten Sie zu einem bestimmten Diagramm gekommen sind, können Sie es auch für anderen Benutzer in Microsoft Dynamics CRM freigeben. Normalerweise wird ein Vertriebsmanager oder ein anderer erfahrener Anwender Diagramme erstellen, die auch für andere Teammitglieder wertvoll sind. Freigegebene Diagramme ermöglichen es Benutzern mit unterschiedlichsten Computerkenntnissen, geschäftskritische Berichte zu generieren.

In dieser Übung geben Sie ein individuelles Diagramm in Microsoft Dynamics CRM für einen anderen Benutzer frei.

VORBEREITUNG Gehen Sie mit Microsoft Internet Explorer auf die Microsoft Dynamics CRM-Website, bevor Sie mit dieser Übung anfangen. Sie benötigen das Diagramm *Firmen nach Bundesländern*, das Sie in der vorangegangenen Übung erstellt haben.

Kapitel 13: Mit Filtern und Diagrammen arbeiten

1. Im Bereich **Vertrieb** klicken Sie auf **Firmen**.

   Die Firmen-Ansicht erscheint.

2. Klicken Sie im Menüband auf den Bereich **Diagramme**. Dann klicken Sie auf die Schaltfläche **Diagrammbereich** und wählen **Rechts**.

3. In der **Diagrammliste** wählen Sie **Firmen nach Bundesländern**.

   Das Diagramm **Firmen nach Bundesländern** aus der vorigen Übung erscheint.

4. Im Register **Diagramme** im Menüband, in der Gruppe **Zusammenarbeiten,** klicken Sie auf die Schaltfläche **Freigeben**.

   Das Dialogfeld **Für wen möchten Sie das ausgewählte Objekt BENUTZERDIAGRAMM freigeben?** erscheint.

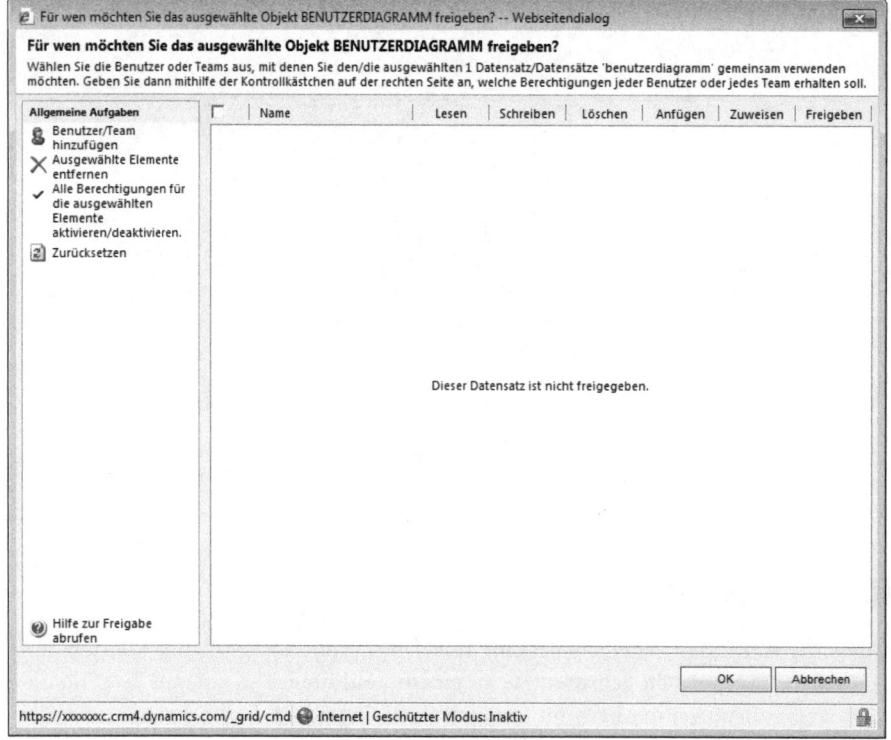

Diagramme freigeben

5. Klicken Sie auf **Benutzer/Team hinzufügen**.
   Das Dialogfeld **Datensätze nachschlagen** wird geöffnet.

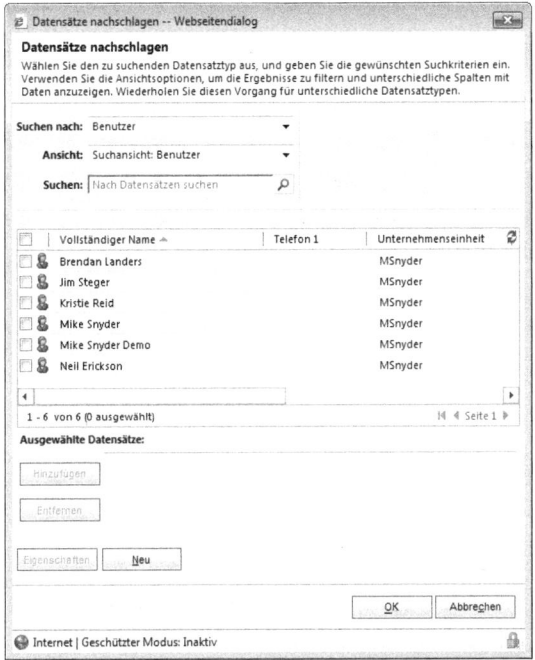

6. Im Dialogfeld **Datensätze nachschlagen** wählen Sie den Kollegen aus, für den Sie das Diagramm freigeben möchten, klicken auf **Hinzufügen** und dann auf **OK**.

7. Klicken Sie auf **OK**, um das Dialogfeld **Für wen möchten Sie das ausgewählte Objekt BENUTZERDIAGRAMM freigeben?** zu schließen.

   Ihr Diagramm kann nun vom ausgewählten Kollegen benutzt werden und erscheint in seiner oder ihrer Diagrammliste.

Weitere Informationen
Weitere Informationen über das Freigeben von Datensätzen finden Sie in Kapitel 16, »Die erweiterte Suche verwenden«.

Zusammenfassung

- Sie können Filter auf jede Liste von Datensätzen anwenden, um sie besser zu analysieren.
- Diagramme bieten Ihnen integrierte Berichte in Echtzeit.
- Sie können mit den Diagrammen interagieren und tiefer in die Daten einsteigen, um die gewünschten Informationen zu erhalten.
- Diagramme basieren auf einer Liste mit Datensätzen. Während Sie tiefer in ein Diagramm einsteigen, wird die Datensatzliste aktualisiert und wenn Sie die Ansicht wechseln, ändert sich auch das Diagramm.
- Auch wenn Microsoft Dynamics CRM mit vielen Diagrammen ausgeliefert wird, können Sie einfach neue Diagramme entwickeln, um spezielle Berichte zu generieren.
- Sie können Diagramme für Ihre Kollegen freigeben, wenn sie sie benötigen, so dass alle anderen von Ihren Entwicklungen profitieren.

Kapitel 14

Dashboards verwenden

In diesem Kapitel:

Die integrierten Dashboards verwenden	278
Zusätzliche Dashboards erstellen	283
Dashboards bearbeiten	287
Ein Standard-Dashboard festlegen	291
Ein Dashboard freigeben	292
Zusammenfassung	293

In diesem Kapitel lernen Sie:

- Die integrierten Dashboards verwenden
- Zusätzliche Dashboards erstellen
- Ein Dashboard bearbeiten
- Das Standard-Dashboard festlegen
- Dashboards mit Mitarbeitern zusammen nutzen

In der heutigen Zeit scheinen alle Unternehmen Dashboards entweder einzusetzen oder zu planen. Der Begriff Dashboard hat für verschiedene Personen oft unterschiedliche Bedeutung. Oft wird er dazu verwendet, die Darstellung unterschiedlicher Daten in einem einzelnen Fenster zu beschreiben. Die häufigsten Typen von Dashboards sind:

- **Strategisch**   Meist von Managern eingesetzt, um die Gesamtleistung zu erkennen. Ein typisches Strategie-Dashboard enthält beispielsweise Diagramme mit Verkäufen versus Verkaufszielen in einer bestimmten Zeitspanne, zusammen mit Daten aus der Pipeline und aus dem Kundenservice.

- **Taktisch**   Normalerweise von Mitarbeitern verwendet, um aktuelle oder abgeschlossene Aufgaben anzuzeigen Ein taktisches Dashboard enthält beispielsweise eine Liste der in dieser Woche fälligen Aktivitäten und die Verkaufschancen, die in diesem Monat geschlossen werden.

Wissen ist Macht. Manager wie Mitarbeiter benötigen eine Leistungsübersicht auf einen Blick. Microsoft Dynamics CRM bietet Ihnen intergrierte Dashboards zur Überwachung der Leistung und die Flexibilität, für Ihr Unternehmen angepasste Dashboards zu erstellen.

In diesem Kapitel lernen Sie, wie Sie die Dashboard-Funktionen von Microsoft Dynamics CRM einsetzen.

> **Übungsdateien**
>
> Es gibt zu diesem Kapitel keine Übungsdateien.

> **WICHTIG**   Die Bilder in diesem Buch zeigen die Standardformulare und Feldnamen in Microsoft Dynamics CRM. Da die Software vielfältig angepasst werden kann, ist es möglich, dass einige der Datentypen oder -felder in Ihrem Microsoft Dynamics CRM anders heißen. Wenn Sie die Formulare, Felder oder Sicherheitsrollen, die in diesem Buch angesprochen werden, nicht finden können, wenden Sie sich an Ihren Systemadministrator.

> **WICHTIG**   Sie müssen die Adresse Ihrer Microsoft Dynamics CRM-Website kennen, um die Beispiele dieses Buchs durchzugehen. Erfragen Sie die Adresse bei Ihrem Systemadministrator, wenn Sie sie nicht kennen.

Die integrierten Dashboards verwenden

In Kapitel 13, »Mit Filtern und Diagrammen arbeiten« haben Sie gelernt, wie Sie Ihre Daten darstellen, analysieren und tiefer darin einsteigen. Sie haben sich in der Übung auf bestimmte Anwendungsbereiche konzentriert. Dashboards ermöglichen es Ihnen, die Diagramme und Ansichten aus verschiedenen Bereichen der Anwendung in einer Gesamtdarstellung zu kombinieren. Microsoft Dynamics CRM bietet Ihnen mehrere integrierte Dashboards, die Sie sofort für Ihr Unternehmen nutzen können. Sie werden in der folgenden Tabelle aufgelistet.

Die integrierten Dashboards verwenden

Name	Typ	Enthaltene Diagramme	Enthaltene Ansichten
Dashboard für Kundenservicemitarbeiter	3-Spalten Mehrfach fokussiertes Dashboard	Aktivitäten nach Besitzer und Priorität	
		Servicebestenliste	
		Artikel nach Status	
		Anfragen nach Quelle (pro Tag)	
		Anfragen nach Priorität (pro Tag)	
Kundenservice – Leistungsdashboard	2-Spalten Reguläres Dashboard	Servicebestenliste	
		Anfrageabschlusstrend (nach Tag)	
		Zielstatus (Anzahl)	
		Artikel nach Status	
Kundenservice – Vorgangsdashboard	2-Spalten Reguläres Dashboard	Anfragenmix (nach Ursprung)	Meine Aktivitäten
		Anfragen nach Priorität (pro Tag)	
		Anfrageabschlusstrend (nach Tag)	
		Zielstatus (Anzahl)	
Marketingdashboard	2-Spalten Reguläres Dashboard	Kampagnentypmix	Meine Aktivitäten
		Kampagnenbudget im Vergleich zu Istkosten	
		Leads nach Quellkampagne	Meine Kampagnen
		Generierter Umsatz (nach Kampagne)	
Microsoft Dynamics CRM – Überblick	3-Spalten Fokussiertes Dashboard	Verkaufspipeline	Meine Aktivitäten
		Leads nach Quellkampagne	
		Anfragen nach Priorität (pro Tag)	
Vertriebsaktivitäts-Dashboard	3-Spalten Fokussiertes Dashboard	Verkaufspipeline	Meine Aktivitäten
		Erzielter Prozentsatz	
		Leads nach Quelle	
		Die wichtigsten Verkaufschancen	
		Die wichtigsten Kunden	
Vertrieb – Leistungsdashboard	3-Spalten Fokussiertes Dashboard	Verkaufspipeline	
		Zielstatus (Zahlung)	
		Zielstatus (Zahlung) – Ziele meiner Gruppe	
		Erzielter Prozentsatz	
		Vertriebsbestenliste	
		Gewonnene Aufträge im Vergleich zu verlorenen nach Besitzer	

Kapitel 14: Dashboards verwenden

In dieser Übung lernen Sie, wie Sie die integrierten Dashboard-Funktionen von Microsoft Dynamics CRM einsetzen. Sie werden auch mit den Dashboard-Elemente interagieren.

VORBEREITUNG Gehen Sie mit Microsoft Internet Explorer auf die Microsoft Dynamics CRM-Website, bevor Sie mit dieser Übung anfangen.

1. Im **Arbeitsbereich** klicken Sie auf **Dashboards**.

   Die Dashboard-Ansicht erscheint.

2. Wählen Sie die Ansicht **Microsoft Dynamics CRM – Überblick**.

   Auf dem Bildschirm werden die Elemente des Dashboards angezeigt, wie in der Tabelle weiter vorn beschrieben.

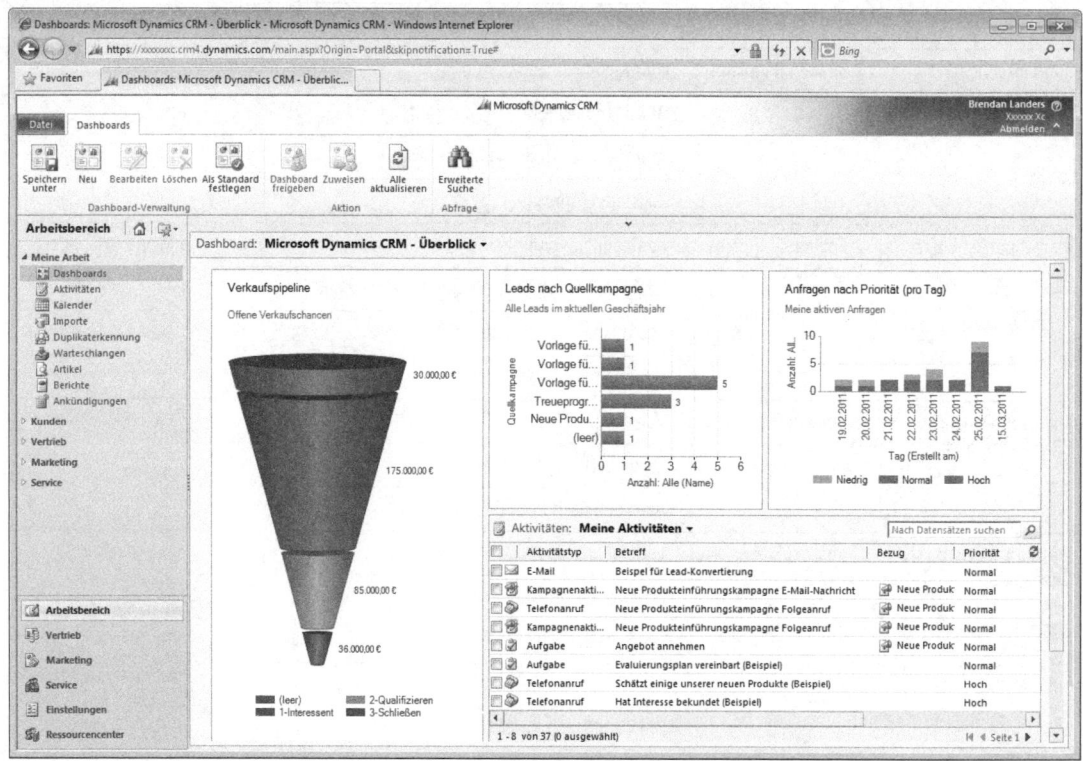

3. Im Diagramm **Verkaufspipeline** klicken Sie auf einen Abschnitt des Trichters.

Die integrierten Dashboards verwenden

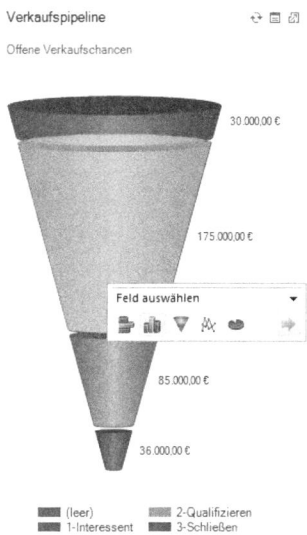

4. Im eingeblendeten Menü **Feld auswählen** klicken Sie auf **Wahrscheinlichkeit** und dann auf den Pfeil, um das Feld zu übertragen.

Die Drilldown-Daten erscheinen als Balkengrafik.

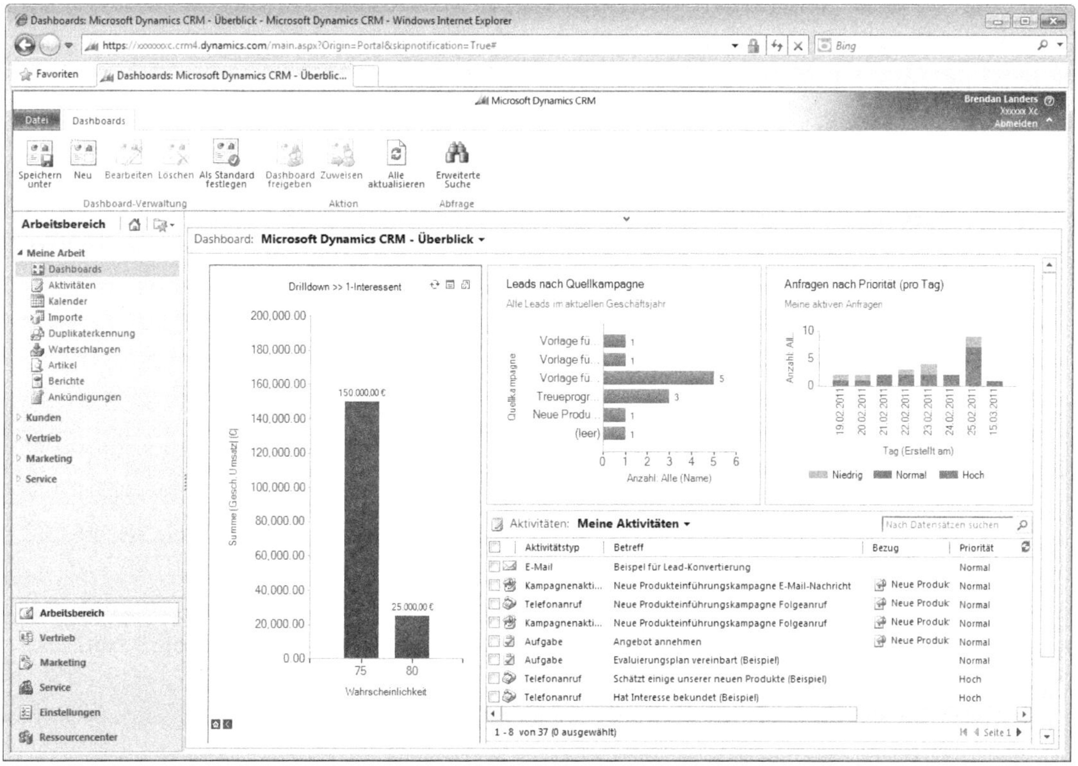

5. Gehen Sie auf einen der Balken des Diagramms und klicken Sie darauf. Wählen Sie im Menü **Feld auswählen** den Eintrag **Gesch. Abschlussdatum** und klicken Sie auf den Pfeil, um das Feld zu übertragen.
6. Unten links im Diagramm klicken Sie auf die Schaltfläche **Zurück**.

   Sie gelangen zurück zur vorigen Ansicht.
7. Unten links im Diagramm klicken Sie auf die Schaltfläche **Home**.

   Sie kommen zurück zur ursprünglichen Verkaufspipeline.
8. Im Diagramm **Leads nach Quellkampagne** klicken Sie auf die Schaltfläche **Vergrößern**, um es größer Darzustellen. Diese Funktion ist nützlich, wenn Sie sich auf einen bestimmten Bericht im Dashboard konzentrieren möchten.

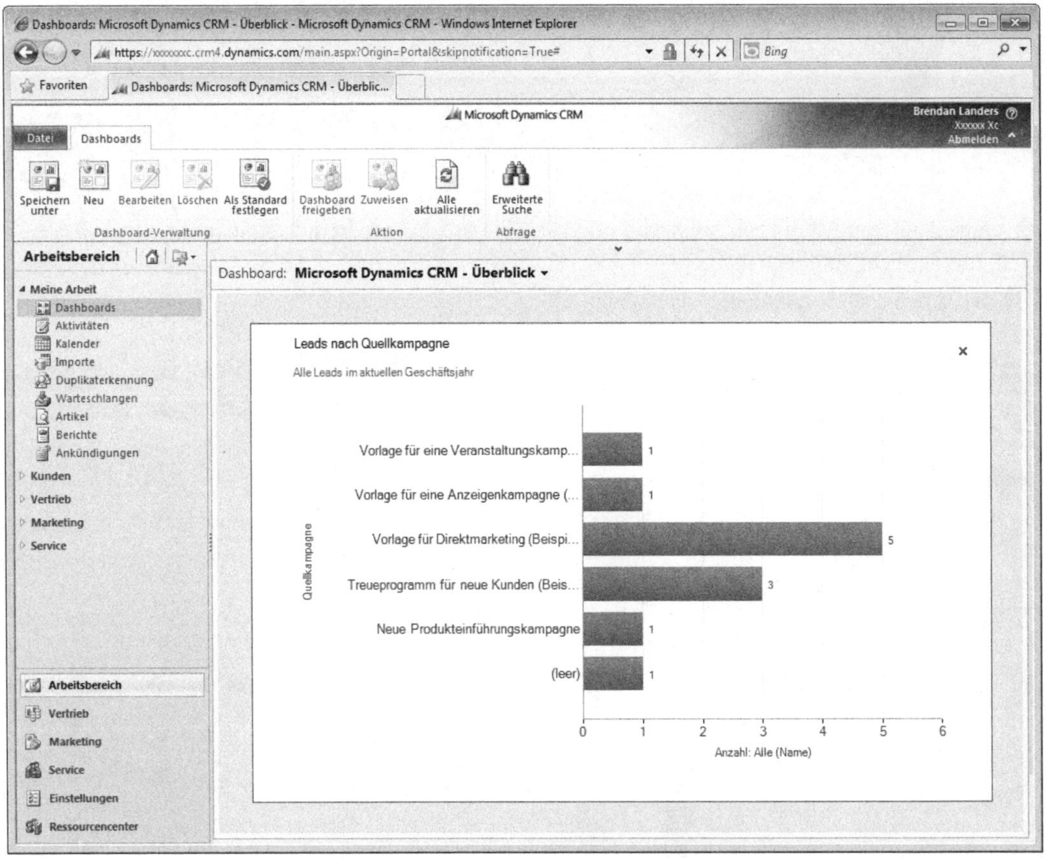

9. In der Ecke oben rechts im Diagramm **Leads nach Quellkampagne** klicken Sie auf die Schaltfläche **Schließen**.

   Sie gelangen zurück zum Dashboard **Microsoft Dynamics CRM – Übersicht**.
10. In der Ecke oben rechts im Diagramm **Leads nach Quellkampagne** klicken Sie auf die Schaltfläche **Datensätze anzeigen**.

    Eine Liste der diesem Diagramm zugrundeliegenden Datensätze erscheint in einem neuen Fenster daneben.

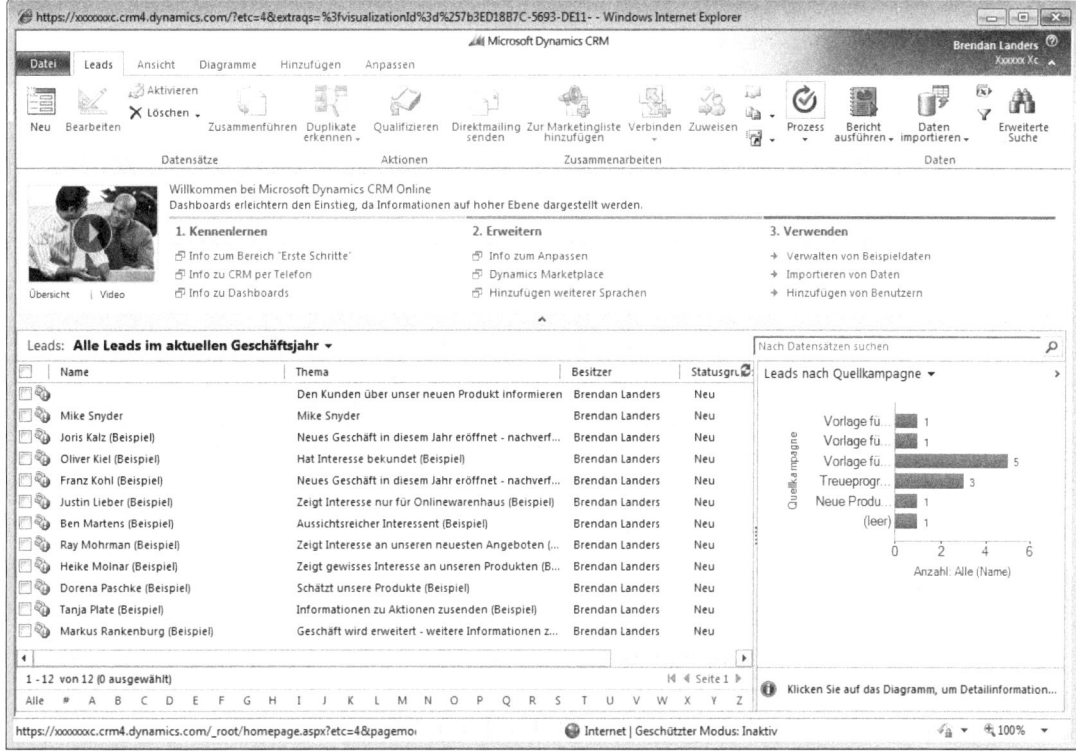

Zusätzliche Dashboards erstellen

Sie werden vielleicht feststellen, dass die sieben integrierten Dashboards die meisten Ihrer Bedürfnisse abdecken, einige von Ihnen gewünschte Visualisierungen werden jedoch fehlen. Durch mehr als 50 Diagramme und Hunderten von Listen sind die möglichen Dashboard-Kombinationen nahezu endlos. Microsoft Dynamics CRM ermöglicht es Ihnen, Ihre eigenen Dashboards mit den integrierten Diagrammen und Listen zu generieren oder spezielle Diagramme und Listen einzusetzen, die Ihr Unternehmen für das System erstellt hat.

> **Weitere Informationen**
> Weitere Informationen über das Erstellen eigener Diagramme und Listen finden Sie in Kapitel 13.

> **Weitere Informationen**
> Zusätzlich zu Diagrammen und Listen können Dashboards Web-Ressourcen und iFrames enthalten. Auch wenn Web-Ressourcen und iFrames den Rahmen dieses Buchs sprengen, können Sie mehr darüber in »Arbeiten mit Microsoft Dynamics CRM 2011« von Mike Snyder und Jim Steger (Microsoft Press, 2011) erfahren.

In dieser Übung erstellen Sie in Microsoft Dynamics CRM ein Beispiel-Dashboard für Vertriebsmitarbeiter.

VORBEREITUNG Gehen Sie mit Microsoft Internet Explorer auf die Microsoft Dynamics CRM-Website, bevor Sie mit dieser Übung anfangen.

1. Im **Arbeitsbereich** klicken Sie auf **Dashboards**.
   Die Dashboard-Ansicht erscheint.
2. Im Menübereich klicken Sie in der Gruppe **Dashboard-Verwaltung** auf die Schaltfläche **New**.
   Das Dialogfeld **Dashboardlayout auswählen** wird geöffnet.

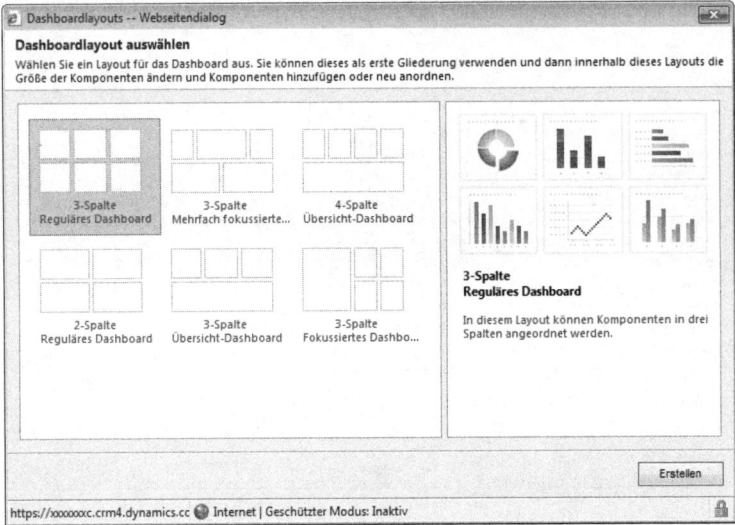

3. Wählen Sie **3-Spalte Mehrfach fokussiertes Dashboard** und klicken Sie auf **Erstellen**.
   Das Dashboardlayout-Fenster wird geöffnet.

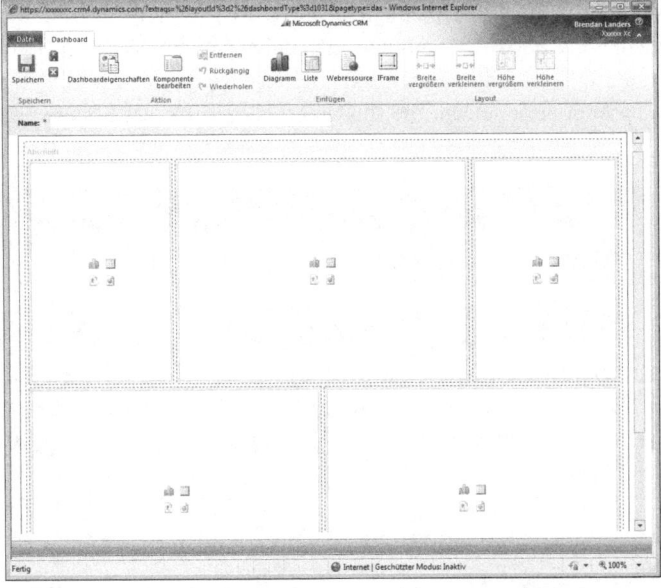

Zusätzliche Dashboards erstellen

4. Im Feld **Name** geben Sie **Mein Dashboard** ein.
5. Wie Sie vielleicht bereits bemerkt haben, enthält jeder Abschnitt im Dashboard-Layout vier Schaltflächen. Im Bereich oben links klicken Sie auf die Schaltfläche **Diagramm**.

   Das Dialogfeld **Komponenten-Designer** wird geöffnet.

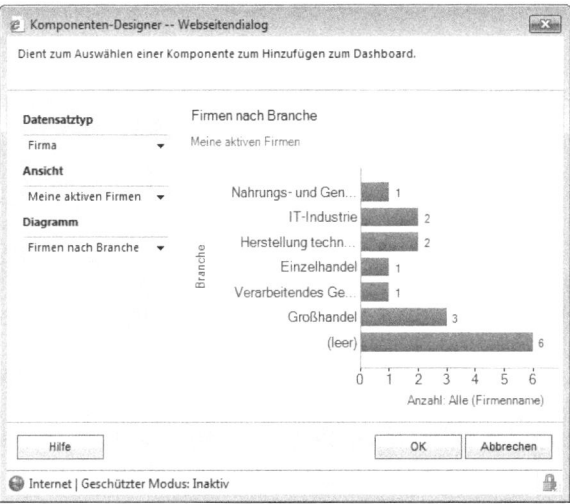

6. Im Feld **Datensatztyp** wählen Sie **Firma**.
7. Im Feld **Ansicht** lassen Sie die Auswahl **Meine aktiven Firmen** ausgewählt.
8. Im Feld **Diagramm** lassen Sie die Einstellung **Firmen nach Branche** ausgewählt und klicken auf OK.

   Dadurch wird dem Dashboard das Diagramm *Firmen nach Branche* hinzugefügt.

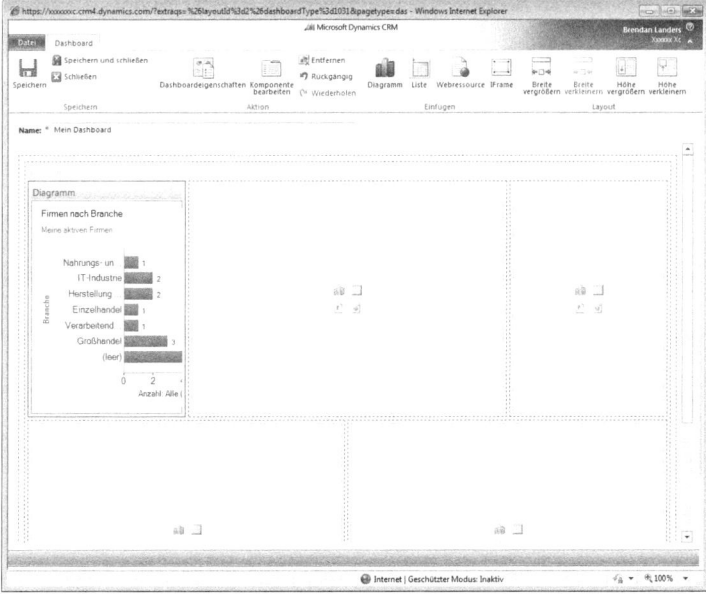

9. Klicken Sie im Bereich oben in der Mitte des Dashboards auf die Schaltfläche **Diagramm**.
10. Im Dialogfeld Komponenten-Designer wählen Sie im Feld **Datensatztyp Verkaufschance** aus.
11. Lassen Sie im Feld **Ansicht** die Option **Meine aktiven Firmen** aktiviert und wählen Sie in der Diagrammauswahl **Verkaufspipeline**. Klicken Sie auf **OK**.

    Dadurch wird dem Dashboard das Diagramm *Verkaufspipeline* hinzugefügt.
12. Klicken Sie im Bereich oben rechts im Dashboard auf die Schaltfläche **Diagramm**.
13. Im Dialogfeld Komponenten-Designer wählen Sie im Feld **Datensatztyp Lead** aus.
14. Lassen Sie im Feld **Ansicht Meine aktiven Firmen** ausgewählt und wählen Sie in der Diagrammliste **Leads nach Bewertung**.

    Dadurch wird dem Dashboard das Diagramm *Leads nach Bewertung* hinzugefügt.
15. Unten links im Dashboard klicken Sie auf die Schaltfläche **Liste**.
16. In der Liste **Datensatztyp** wählen Sie **Aktivitäten**.
17. In der Liste **Ansicht** lassen Sie **Meine Aktivitäten** ausgewählt und klicken auf **OK**.

    Dadurch wird dem Dashboard die Liste *Meine Aktivitäten* hinzugefügt.
18. Unten rechts im Dashboard klicken Sie auf die Schaltfläche **Liste**.
19. In der Liste **Datensatztyp** wählen Sie **Leads**.
20. In der Liste **Ansicht** lassen Sie **Meine offenen Leads** ausgewählt und klicken auf **OK**.

    Dadurch wird dem Dashboard die Liste *Meine offenen Leads* hinzugefügt.
21. Klicken Sie auf **Speichern und Schließen**, um das Dashboard zu speichern und zur Dashboard-Ansicht zurückzukehren.

    Das frisch erstellte Dashboard wird angezeigt.

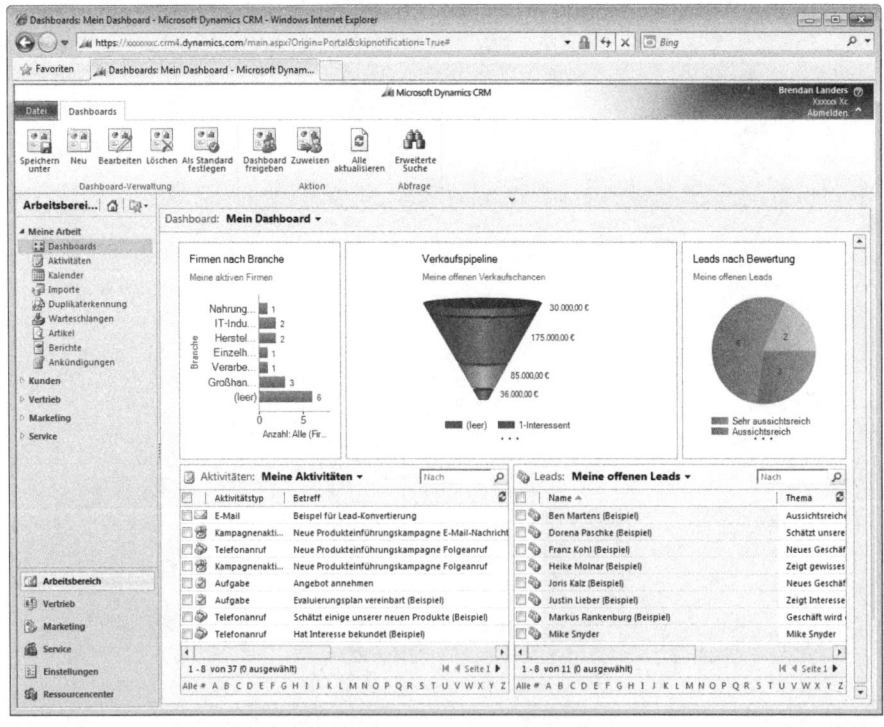

Dashboards bearbeiten

In den vorangegangenen Übungen haben Sie ein komplexes Dashboard in nur ein paar Minuten mit Hilfe des Dashboard-Designers erstellt. So wie sich Ihre Bedürfnisse verändern, möchten Sie Ihre Dashboards vielleicht auch anpassen. Zum Beispiel könnten Sie ein Diagramm oder eine Liste hinzufügen, entfernen oder ersetzen. Genauso können Sie die Größe eines bestimmten Dashboard-Elements verändern. Mit demselben Designer erreichen Sie dieses Ziel und weitere.

In dieser Übung bearbeiten Sie in Microsoft Dynamics CRM ein Dashboard.

VORBEREITUNG Gehen Sie mit Microsoft Internet Explorer auf die Microsoft Dynamics CRM-Website, bevor Sie mit dieser Übung anfangen. Sie benötigen das Dashboard aus der vorhergehenden Übung.

1. Im **Arbeitsbereich** klicken Sie auf **Dashboards**.
2. Wählen Sie die Ansicht **Mein Dashboard**.

   Das in der letzten Übung erstellte Dashboard erscheint.
3. Im Menübereich klicken Sie in der Gruppe **Dashboard-Verwaltung** auf die Schaltfläche **Bearbeiten**, um das Dashboard zu bearbeiten.

   Das Dashboardlayout-Fenster wird geöffnet.

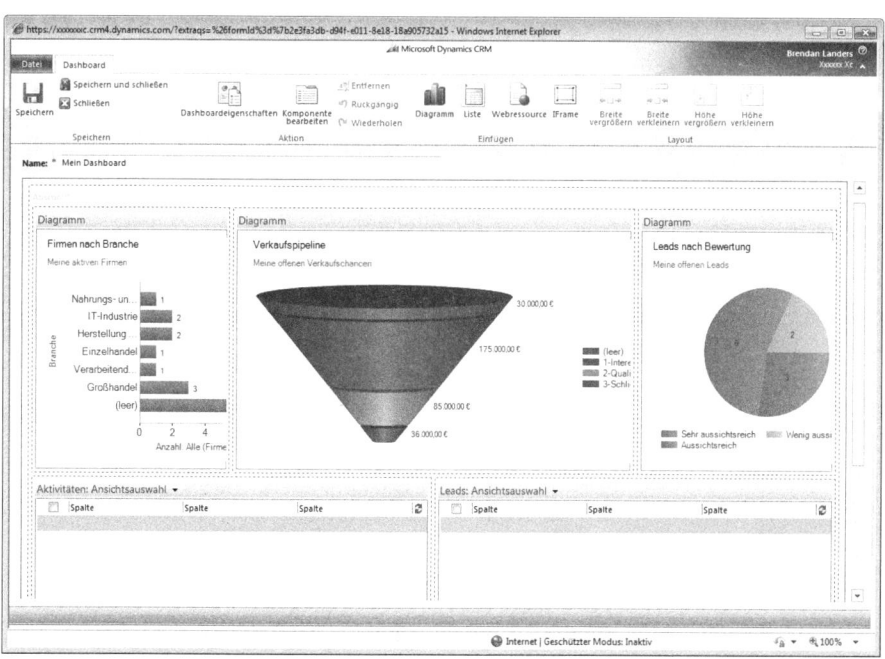

4. Wählen Sie das Diagramm **Verkaufspipeline** mit einem Mausklick aus.
5. In der Gruppe **Layout** im Menübereich klicken Sie auf die Schaltfläche **Breite vergrößern**.

   Die Diagrammbreite im Designer wird größer.

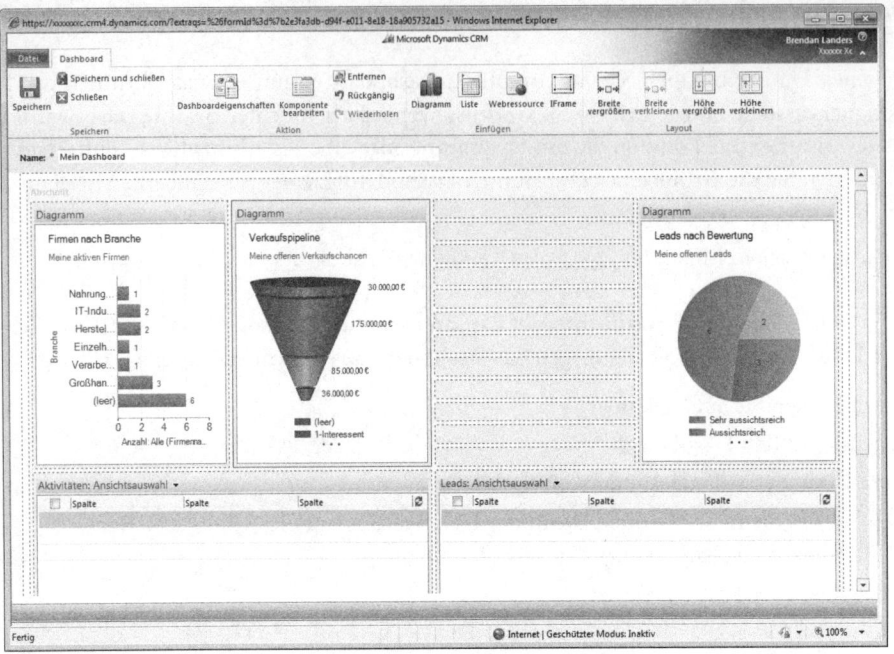

6. Ziehen Sie das Diagramm **Verkaufspipeline** nach rechts, so dass es sich neben dem Diagramm **Leads nach Bewertung** befindet.

> **TIPP** Das Ziehen von Diagrammobjekten im Designer ist anfangs etwas gewöhnungsbedürftig. Wenn Sie das Diagramm an einen möglichen Platz gezogen haben, sehen Sie im Designer eine rote Linie.

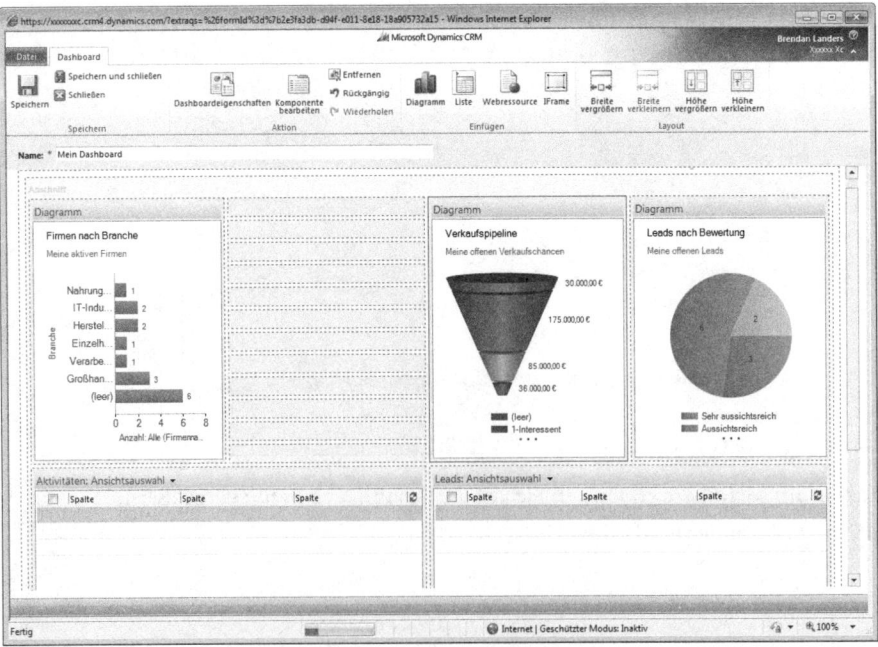

Dashboards bearbeiten

7. Wählen Sie das Diagramm **Firmen nach Branche** aus, indem Sie darauf klicken und klicken Sie dann im Menübereich auf **Breite vergrößern**.

   Das Diagramm **Firmen nach Branche** wird verbreitert.

8. Wählen Sie das Diagramm **Leads nach Bewertung** und klicken Sie in der Gruppe **Aktionen** im Menübereich auf **Komponente bearbeiten**.

   Das Dialogfeld **Eigenschaften von Liste oder Diagramm** erscheint.

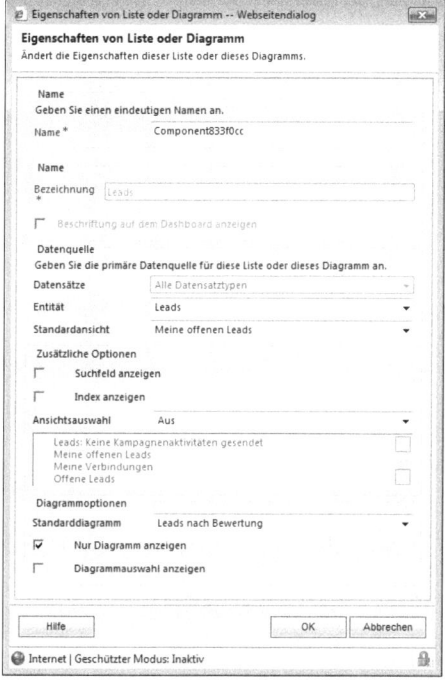

9. Unten im Dialogfeld markieren Sie das Markierungsfeld **Diagrammauswahl anzeigen** und klicken auf **OK**.

   Dadurch können Sie das Diagramm auf jedes der anderen Lead-basierten Diagramme auf dem Dashboard ändern.

10. Wählen Sie das Diagramm **Verkaufspipeline** und klicken Sie im Menübereich auf **Komponente bearbeiten**.

11. Im Bereich **Datenquelle** im Dialogfeld **Eigenschaften von Liste oder Diagramm** im Abschnitt **Standardansicht** wählen Sie **Meine offenen Verkaufschancen**.

12. Im Feld **Ansichtsauswahl** wählen Sie **Alle Ansichten anzeigen**.

    Dadurch können Sie die Ansicht hinter dem Diagramm auf dem Dashboard verändern.

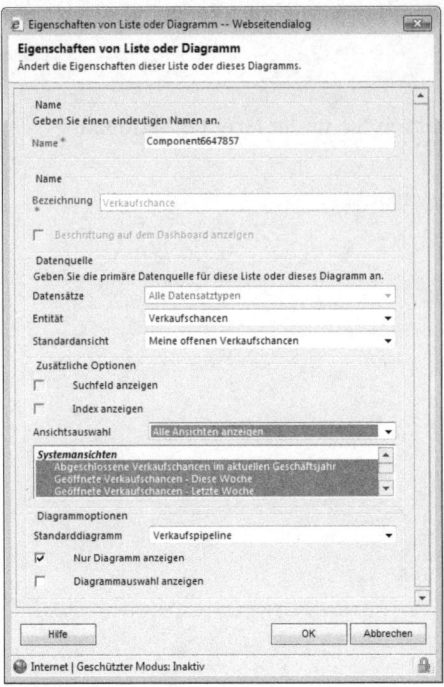

13. Klicken Sie auf **OK**, um zum Fenster **Dashboard-Layout** zurückzukehren.
14. Klicken Sie auf **Speichern und Schließen**, um das modifizierte Dashboard zu erstellen. Die Ansicht- und Diagrammauswahl ist jetzt im Dashboard enthalten.

Ein Standard-Dashboard festlegen

15. In der Ansichtsauswahl des Diagramms **Verkaufspipeline** ändern Sie die Ansicht auf **Abgeschlossene Verkaufschancen im kommenden Monat**.

    Das Diagramm wird jetzt auf Basis der Daten neu erstellt.

16. In der Diagrammauswahl des Diagramms **Leads nach Bewertung** ändern Sie das Diagramm in **Leads nach Quelle**.

    Das Dashboard wird aktualisiert und zeigt das Diagramm **Leads nach Quelle** an.

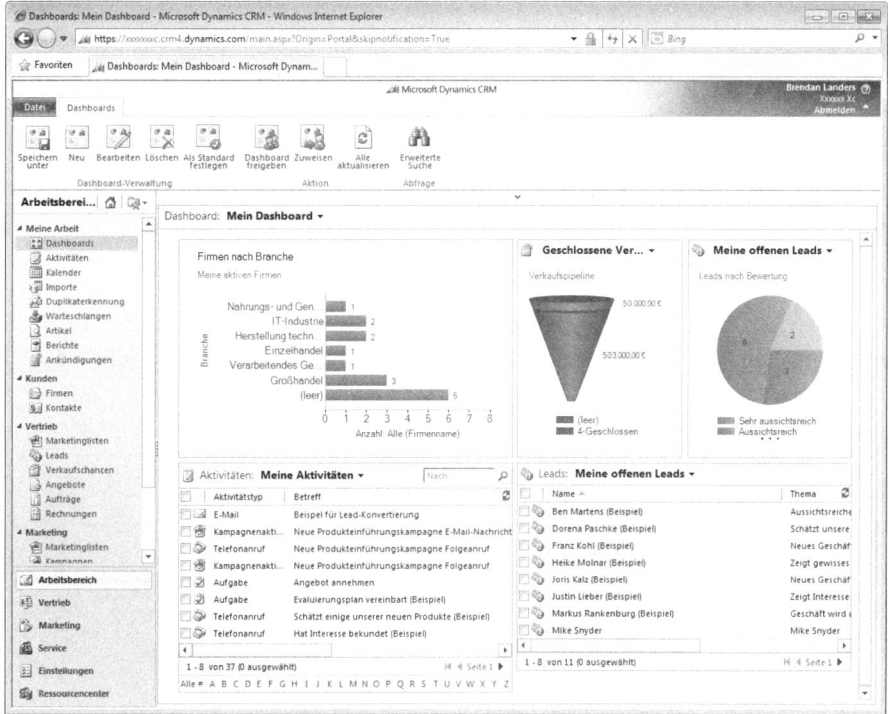

Ein Standard-Dashboard festlegen

Nachdem Sie jetzt Ihre eigenen Dashboards erstellen und verändern können, werden Sie feststellen, dass Sie ein Dashboard besonders häufig einsetzen. Es mag Ihnen unbequem sein, das Dashboard jedes Mal auf die von Ihnen bevorzugte Ansicht umstellen zu müssen, wenn Sie dorthin wechseln. Microsoft Dynamics CRM ermöglicht es Ihnen, ein Dashboard voreinzustellen, so dass Sie bequem zu Ihrem meistbenutzten gelangen.

In dieser Übung stellen Sie in Microsoft Dynamics CRM ein Dashboard als Standard ein.

VORBEREITUNG Gehen Sie mit Microsoft Internet Explorer auf die Microsoft Dynamics CRM-Website, bevor Sie mit dieser Übung anfangen. Sie benötigen das Dashboard Mein Dashboard aus der vorhergehenden Übung.

1. Im **Arbeitsbereich** klicken Sie auf **Dashboards**.
2. Wählen Sie die Ansicht **Mein Dashboard**.

Das in der letzten Übung erstellte Dashboard erscheint.

3. In der Gruppe **Dashboard-Verwaltung** wählen Sie die Schaltfläche **Als Standard festlegen**.

   Das Dashboard **Mein Dashboard** wird jetzt zur Voreinstellung.

4. Im **Arbeitsbereich** klicken Sie auf **Aktivitäten**.

5. Im **Arbeitsbereich** klicken Sie auf **Dashboards**.

   Als Standard-Dashboard erscheint jetzt **Mein Dashboard**.

Ein Dashboard freigeben

In Kapitel 13 haben Sie gelernt, wie Sie eigene Diagramme für Ihre Kollegen freigeben. Wie mit Diagrammen ist das auch mit Dashboards möglich, die für Ihre Kollegen vielleicht nützlich sind. Sie können ein Dashboard in Microsoft Dynamics CRM für andere Benutzer freigeben.

In dieser Übung geben Sie ein individuelles Dashboard in Microsoft Dynamics CRM für einen anderen Benutzer frei.

VORBEREITUNG Gehen Sie mit Microsoft Internet Explorer auf die Microsoft Dynamics CRM-Website, bevor Sie mit dieser Übung anfangen. Sie benötigen das Dashboard Mein Dashboard aus der vorhergehenden Übung.

1. Im **Arbeitsbereich** klicken Sie auf **Dashboards**.

   Die Dashboard-Ansicht erscheint.

2. Wählen Sie die Ansicht **Mein Dashboard**, falls nötig.

3. In der Gruppe **Aktionen** im Menübereich klicken Sie auf **Dashboard freigeben**.

   Das Dialogfeld **Für wen möchten Sie das ausgewählte Objekt BENUTZERDASHBOARD freigeben?** erscheint.

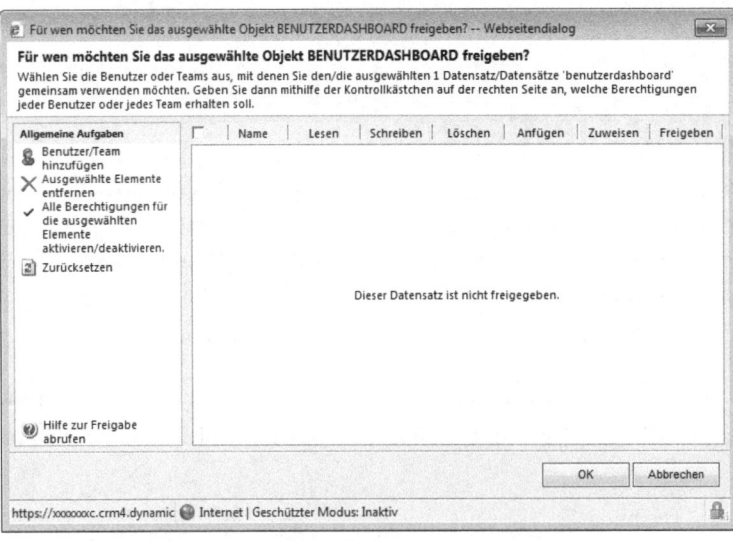

4. Klicken Sie auf **Benutzer/Team hinzufügen**.

Das Dialogfeld **Datensätze nachschlagen** wird geöffnet.

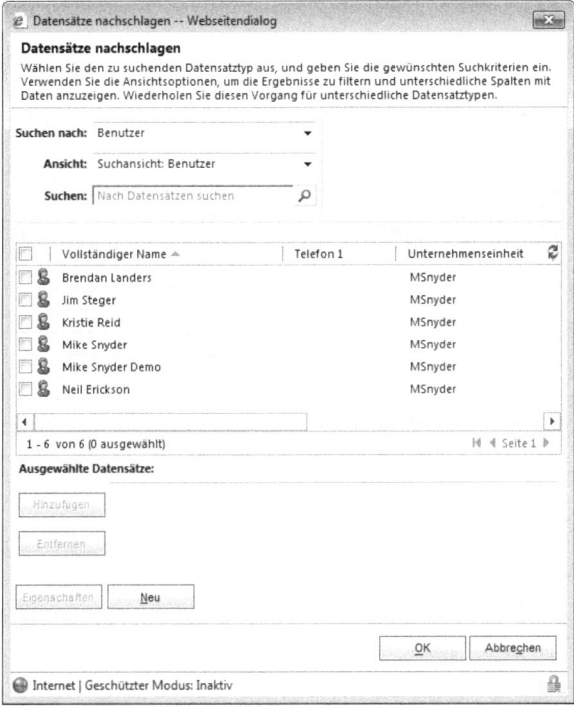

5. Im Dialogfeld **Datensätze nachschlagen** wählen Sie den Kollegen aus, für den Sie das Dashboard freigeben möchten, klicken auf **Hinzufügen** und dann auf **OK**.
6. Klicken Sie auf **OK**, um das letzte Dialogfeld zu verlassen.

   Ihr Dashboard kann nun von ausgewählten Kollegen benutzt werden und erscheint in seiner oder ihrer Dashboardliste.

> **Weitere Informationen**
>
> Weitere Informationen über das Freigeben von Datensätzen finden Sie in Kapitel 16, »Die erweiterte Suche verwenden«.

Zusammenfassung

- In Microsoft Dynamics CRM sind eine Reihe von Dashboards integiert, die Sie sofort nutzen können.
- Sie können zusätzliche Dashboards leicht erstellen, um den Anforderungen Ihres Unternehmens nachzukommen.
- Wenn Sie ein Dashboard erstellt haben, können Sie es jederzeit anpassen.
- Sie können Ihr persönliches Standard-Dashboard einstellen.
- Sie können Dashboards für Ihre Kollegen freigeben, wenn sie sie benötigen, so dass alle anderen von Ihren Entwicklungen profitieren.

Kapitel 15

Den Berichts-Assistenten verwenden

In diesem Kapitel:

Einen Bericht mit dem Berichts-Assistenten erstellen	298
Einen Bericht modifizieren	303
Einen Bericht freigeben	307
Einen Bericht auf Termin legen	309
Einen Bericht kategorisieren	311
Zusammenfassung	315

In diesem Kapitel lernen Sie:

- Mit dem Berichts-Assistenten einen Bericht erstellen
- Einen Bericht modifizieren
- Einen Bericht freigeben
- Einen Bericht auf Termin legen
- Einen Bericht kategorisieren

In Kapitel 13, »Mit Filtern und Diagrammen arbeiten« und Kapitel 14, »Dashboards verwenden« haben Sie gelernt, wie Sie die Werkzeuge für Diagramme und Dashboards nutzen, um Echtzeit-Visualisierungen zu erstellen, die den Benutzer besser unterstützen und die Entscheidungsfindung erleichtern. Obwohl diese Optionen leistungsfähig sind und viele Ihrer Bedürfnisse erfüllen, nutzt Microsoft Dynamics CRM auch die Microsoft SQL Server Reporting Services für erweiterte Berichtslösungen. Programmierer können erweiterte Berichte erstellen, indem sie direkt in SQL Server Reporting Services arbeiten. Microsoft Dynamics CRM enthält jedoch auch einen Berichts-Assistent, der es Benutzern aller Kenntnisstufen ermöglicht, Berichte mit SQL Server Reporting Services zu erstellen. Die folgende Tabelle vergleicht die Funktionen für Diagramme und Dashboards mit denen aus dem SQL Server Reporting Services-Assistent.

	Diagramme und Dashboards	SQL Server Reposting Services-Berichts-Assistent
Berichtausgabe	In Microsoft Dynamics CRM-Tabellen und -Formulare integrierte Visualisierungen	Web-Basierte Berichte, die in weitere Formate exportiert werden können, wie Microsoft Excel, PDF und CSV.
Nötige Kenntnisse, um Berichte zu erstellen oder zu modifizieren	Anfänger	Anfänger
Möglichkeit, Berichte für die Lieferung per E-Mail auf Termin zu legen	Nein	Ja
Unterstützung für Diagramme und Grafiken	Ja	Ja
Datensätze verschiedener Typen in Ergebnissen verwenden	Nein	Ja
Datensätze verschiedener Typen in der Berichtsabfrage verwenden	Ja	Ja
Benutzer dazu auffordern, Parameter einzugeben, bevor der Bericht ausgeführt wird	Nein	Ja
Den Zugriff für manche Benutzer einschränken	Ja	Ja
Integrierte Sicherheit in Microsoft Dynamics CRM auf Datensatzebene als Standard	Ja	Ja

Microsoft Dynamics CRM enthält im Basisprodukt 25 Standard SQL Server Reporting Services-Berichte. Sie finden diese Berichte, indem Sie zum **Arbeitsbereich** wechseln und dort auf **Berichte** klicken.

Sie werden feststellen, dass einige dieser Berichte Ihren Anforderungen genügen und als Ausgangsbasis für Ihr Unternehmen dienen können. Die Berichte geben Ihnen auch ein tieferes Verständnis dafür, welche Möglichkeiten Sie mit SQL Server Reporting Services tatsächlich haben. Die folgende Tabelle fast die Berichte zusammen und zeigt, ob Sie in den Bereichen Marketing, Vertrieb, Service und Einstellungen in Microsoft Dynamics CRM verfügbar sind.

Name	Marketing	Vertrieb	Service	Andere
Firmenverteilung	X	X	X	
Firmenübersicht	X	X	X	
Firmenzusammenfassung	X	X	X	
Aktivitäten				X
Status der Kampagnenaktivität	X			
Kampagnenvergleich	X			
Kampagnenresultate	X			
Anfragezusammenfassungstabelle			X	
Mitbewerber (Gewinn und Verlust)		X		
Rechnung		X		
Rechnungsstatus		X		
Leadursprungseffektivität	X	X		
Vernachlässigte Firmen		X		
Vernachlässigte Anfragen			X	
Vernachlässigte Leads		X		
Auftrag		X		
Produkte nach Firma		X		
Produkte nach Kontakten		X		
Zielorientierter Status		X		
Angebot		X		
Vertriebshistorie		X		
Verkaufspipeline		X		
Serviceaktivitätsmenge			X	
Topauswahl – Wissensdatenbankartikel			X	
Benutzerzusammenfassung				X

In diesem Kapitel lernen Sie, wie Sie Berichte mit dem Microsoft Dynamics CRM Berichts-Assistent erstellen, bearbeiten und formatieren. Sie lernen außerdem, wie Sie einen Bericht für andere Benutzer freigeben, die Lieferung eines Berichts planen und einen Report kategorisieren.

> **Übungsdateien**
> Es gibt zu diesem Kapitel keine Übungsdateien.

> **WICHTIG** Die Bilder in diesem Buch zeigen die Standardformulare und Feldnamen in Microsoft Dynamics CRM. Da die Software vielfältig angepasst werden kann, ist es möglich, dass einige der Datentypen oder -felder in Ihrem Microsoft Dynamics CRM anders heißen. Wenn Sie die Formulare, Felder oder Sicherheitsrollen, die in diesem Buch angesprochen werden, nicht finden können, wenden Sie sich an Ihren Systemadministrator.

> **WICHTIG** Sie müssen die Adresse Ihrer Microsoft Dynamics CRM-Website kennen, um die Beispiele dieses Buchs durchzugehen. Erfragen Sie die Adresse bei Ihrem Systemadministrator, wenn Sie sie nicht kennen.

Einen Bericht mit dem Berichts-Assistenten erstellen

Der Berichts-Assistent ermöglicht es Ihnen, innerhalb vom DC ausgefeilte Berichte zu erstellen, indem er Sie einfach und verständlich schrittweise an Ihr Ziel bringt. Zusätzlich zu Auswertungen auf Datensatzbasis können Sie auch gruppierte und zusammengefasste Daten produzieren. Denken Sie an folgende Situationen:

- Sie müssen einen Bericht mit einer Verkaufschancenpipeline erstellen, der alle Verkaufschancen nach Besitzer enthält und die Summe aller geschätzten Umsätze.
- Sie müssen die Anzahl der jedem Benutzer zugewiesenen Anfragen vergleichen, um den Grad der Anfrageverteilung zu bestimmen.

Mit dem Berichts-Assistenten können Sie Berichte erstellen, die diese Art komprimierten Zahlenmaterials enthalten.

In der folgenden Übung verwenden Sie den Berichts-Assistent, um einen Bericht zu erstellen, der die aktiven Verkaufschancen nach Besitzer enthält.

VORBEREITUNG Verwenden Sie Ihre Microsoft Dynamics CRM-Installation statt der CRM-Website, die in dieser Übung gezeigt wird. Gehen Sie mit Microsoft Internet Explorer auf Ihre Microsoft Dynamics CRM-Website, bevor Sie mit dieser Übung anfangen. Sie benötigen ein Benutzerkonto, dass Rechte hat, Berichte zu erstellen.

1. Im **Arbeitsbereich** klicken Sie auf **Berichte**.
2. In der Gruppe **Datensätze** im Menüband klicken Sie auf die Schaltfläche **Neu**, um das Formular **Bericht: Neu** zu öffnen.
3. Im Abschnitt **Quelle** klicken Sie auf die Schaltfläche **Berichts-Assistent**.
   Die Anfangsseite des Berichts-Assistenten erscheint.
4. Lassen Sie im Berichts-Assistent die Option **Neuen Bericht starten** ausgewählt und klicken Sie auf **Weiter**, um zur Seite **Berichteigenschaften** zu gelangen.
5. Im Feld **Berichtsname** geben Sie *Aktive Verkaufschancen nach Besitzern* ein, und in das Feld **Berichtsbeschreibung** *Liste der Verkaufschance gruppiert nach Besitzern*.
6. Im Feld **Primärer Datensatztyp** wählen Sie **Verkaufschancen**.

Einen Bericht mit dem Berichts-Assistenten erstellen

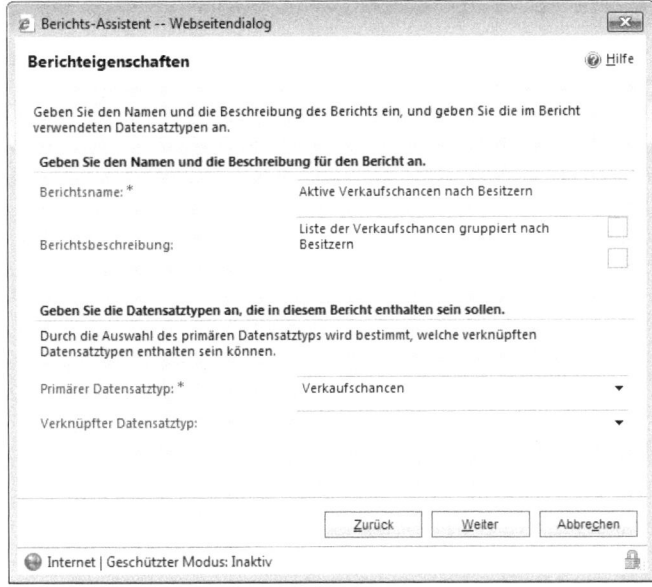

7. Klicken Sie auf **Weiter**, um zur Seite **Wählen Sie die Datensätze aus, die im Bericht enthalten sein sollen** zu gelangen.
8. Im Abschnitt **Berichtsfilterkriterien** ersetzen Sie die den Suchparameter **Geändert am** in der Auswahlliste durch **Status**.
9. Lassen Sie **gleich** im Operatorfeld stehen und wählen Sie im Feld **Wert eingeben** *Offen*.

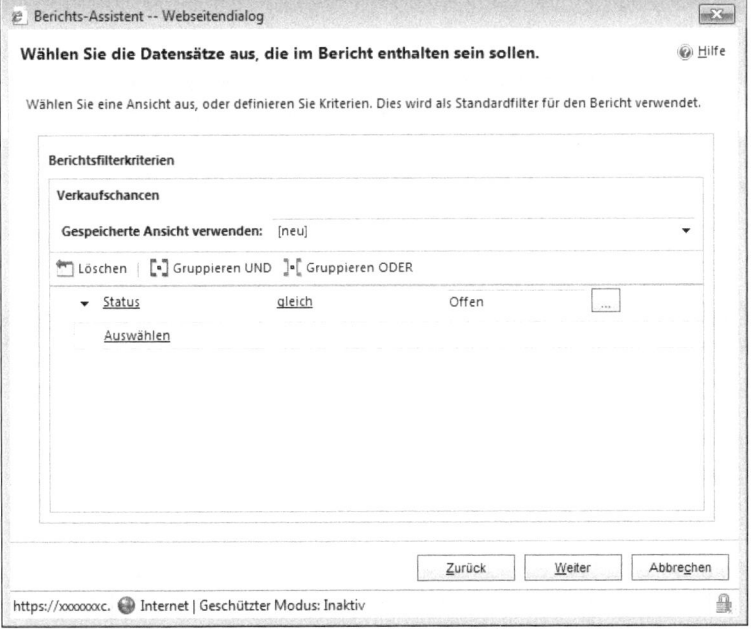

10. Klicken Sie auf **Weiter**, um zur Seite **Layout für Felder** zu gelangen.
11. Klicken Sie in das Feld **Klicken Sie hier, um eine Gruppierung hinzuzufügen**.

    Das Dialogfeld **Gruppierung hinzufügen** wird geöffnet.

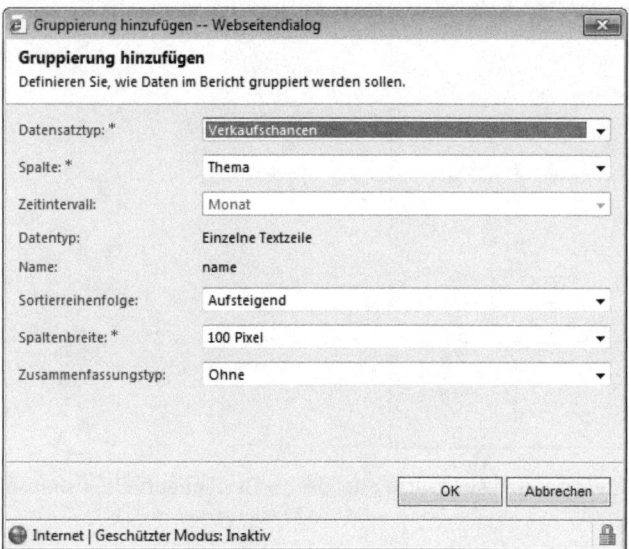

12. In der Liste **Spalten** wählen Sie **Beistzer**.
13. Im Feld **Zusammenfassungstyp** wählen Sie **Anzahl** und klicken dann auf **OK**, um Ihrem Bericht diese Gruppierung hinzuzufügen.

    Dieser Zusammenfassungstyp ermöglicht es Ihnen zu sehen, wie viele aktive Verkaufschancen für jeden Besitzer existieren.
14. Klicken Sie auf **Klicken Sie hier, um eine Spalte hinzuzufügen**. Das Dialogfeld **Spalte hinzufügen** wird geöffnet.
15. Im Feld **Spalte** wählen Sie **Potenzieller Kunde**. Stellen Sie die **Spaltenbreite** auf 150 Pixel ein und klicken Sie auf **OK**, um Ihrem Bericht die Spalte hinzuzufügen.
16. Rechts von **Potenzieller Kunde** klicken Sie auf **Klicken Sie hier, um eine Spalte hinzuzufügen**, um eine weitere Spalte einzurichten. Fahren Sie damit fort, die folgenden Felder und Informationen hinzuzufügen:

Spalte	Spaltenbreite	Zusammenfassungstyp
Thema	300 Pixel	Ohne
Wahrscheinlichkeit	75 Pixel	Ohne
Gesch. Abschlussdatum	100 Pixel	Ohne
Gesch. Umsatz	100 Pixel	Summe

Ihre Änderungen zeigen sich in den Layoutfeldern des Assistenten.

Einen Bericht mit dem Berichts-Assistenten erstellen

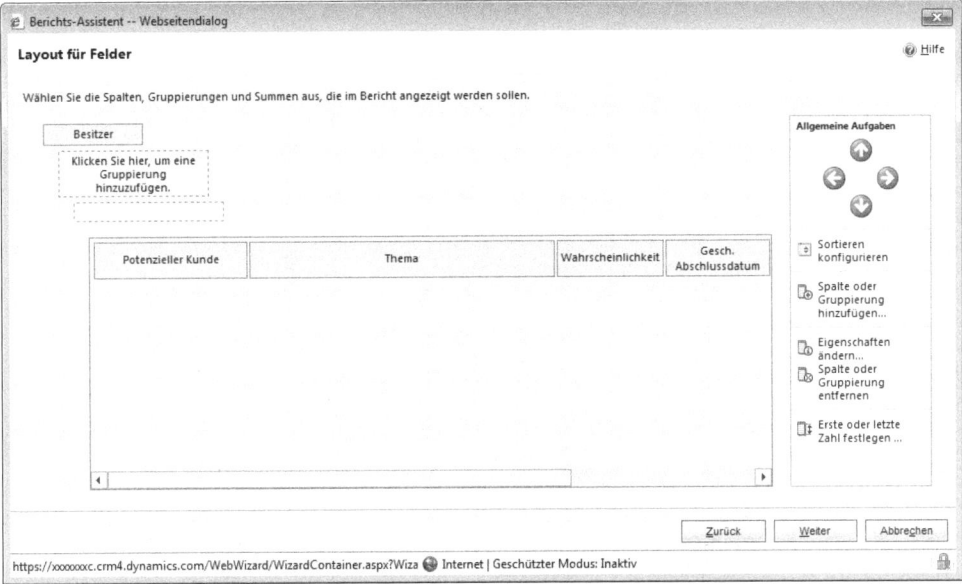

17. Im Bereich **Allgemeine Aufgaben** klicken Sie auf **Sortieren konfigurieren**.

    Das Dialogfeld **Sortierreihenfolge konfigurieren** erscheint.

18. Im Feld **Sortieren nach** wählen Sie **Wahrscheinlichkeit**. Wählen Sie dann **Absteigende Reihenfolge**.

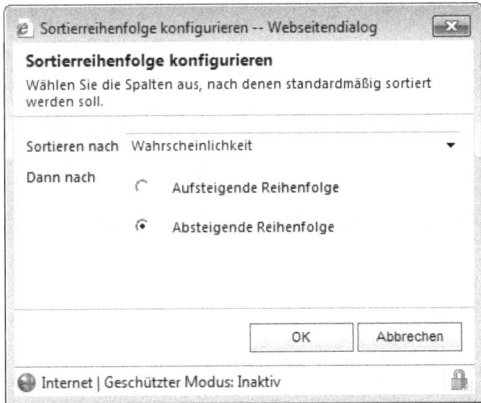

19. Klicken Sie auf OK und dann auf Weiter, um zur Seite **Bericht formatieren** zu gelangen.

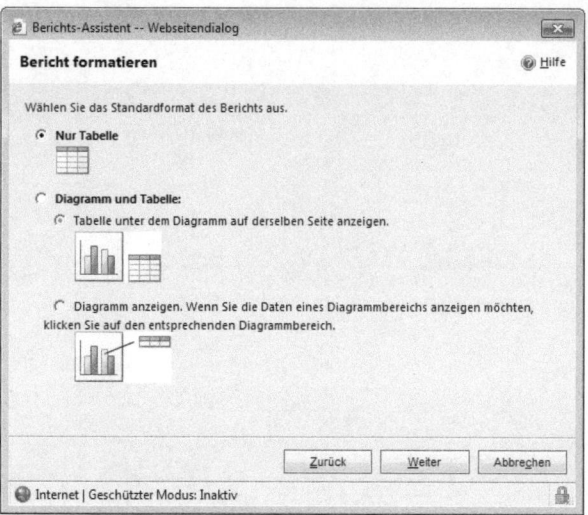

20. Lassen Sie **Nur Tabelle** als Berichtformat ausgewählt und klicken Sie auf **Weiter**.

    Die Seite **Zusammenfassung des Berichts** zeigt Ihre Einstellungen für den Bericht an.

21. Prüfen Sie die Einzelheiten des Berichts und klicken Sie auf **Weiter**.

    Die Bestätigungsseite **Bericht wurde erfolgreich erstellt** erscheint, und zeigt Ihnen, dass Sie den Bericht erfolgreich abgeschlossen haben.

22. Klicken Sie auf der Bestätigungsseite auf **Fertig stellen**, um den Berichts-Assistenten zu beenden.

    Der Berichts-Assistent wird geschlossen und Sie gelangen zurück zum Formular **Bericht: Neu**, in das die Einstellungen des Berichts übertragen wurden. Um das Ergebnis anzuzeigen, müssen Sie den Bericht ausführen.

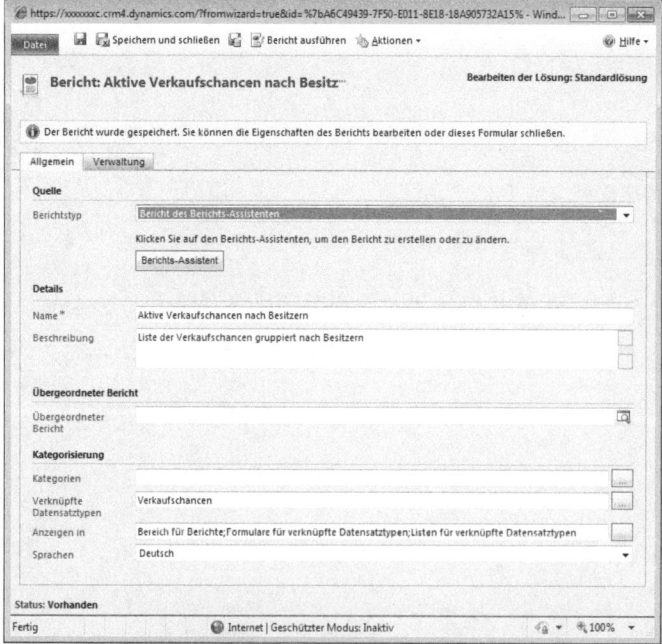

23. Klicken Sie in der Werkzeugleiste des Formulars auf die Schaltfläche **Bericht ausführen**. Ihr Bericht wird innerhalb von SQL Server Reporting Services angezeigt. Der entstandene Bericht bietet Einblicke darin, wie viele offene Verkaufchancen für jeden Besitzer existieren.

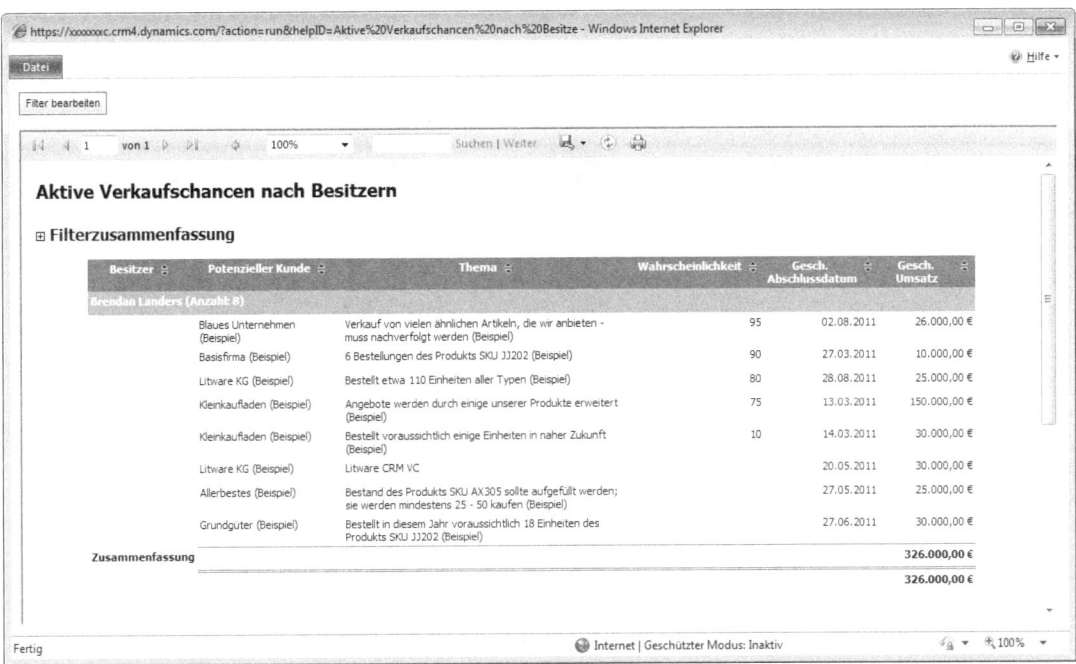

TIPP Wenn Sie den Report ausgeführt haben, können Sie die Filter benutzen, um die Berichtsausgabe zu verfeinern, in andere Formate exportieren (normalerweise PDF, Excel oder Microsoft Word) oder einen Verkaufschancen-Datensatz ansehen, indem Sie das Thema in der Ausgabe anklicken.

ABSCHLUSS Schließen Sie den Bericht und das Formular.

Einen Bericht modifizieren

Nachdem Sie die Leistungsfähigkeit des Berichts-Assistenten gesehen haben, können Sie damit die Berichte konzipieren, die für Ihr Unternehmen wichtig sind. Die Anforderungen im Alltag wechseln mit der Zeit und Ihre Berichte können sich anpassen. Zusätzlich werden Sie häufig kleine Veränderungen an Berichten vornehmen, die Sie bereits erstellt haben. Sie könnten beispielsweise eine Spalte oder eine Gruppierung hinzufügen oder die Sortierreihenfolge ändern. Sie können die Schnittstelle des Berichts-Assistenten auch verwenden, um vorhandene Berichte zu modifizieren, ohne ganz von vorn anfangen zu müssen.

In dieser Übung modifizieren Sie den Bericht **Aktive Verkaufschancen nach Besitzer**, den Sie in der letzten Übung erstellt haben. Insbesondere werden Sie die Filter so verändern, dass nur die Verkaufschancen mit einer Abschlusswahrscheinlichkeit von mindestens 50 enthalten sind und die Resultate nach Manager und nach Besitzer sortiert werden.

VORBEREITUNG Verwenden Sie Ihre Microsoft Dynamics CRM-Installation statt der CRM-Website, die in dieser Übung gezeigt wird. Gehen Sie mit Microsoft Internet Explorer auf Ihre Microsoft Dynamics CRM-Website, bevor Sie mit dieser Übung anfangen. Sie benötigen den Bericht Aktive Verkaufschancen nach Besitzer aus der letzten Übung und Sie müssen ein Benutzerkonto mit Rechten zum Erstellen und Anpassen von Berichten haben.

1. Im **Arbeitsbereich** klicken Sie auf **Berichte**.
2. Wählen Sie **Aktive Verkaufschancen nach Besitzer** ohne den Bericht zu öffnen. In der Gruppe **Datensätze** im Menüband klicken Sie auf die Schaltfläche **Bearbeiten**.
Bearbeiten

   Das Formular **Bericht** erscheint.
3. Im Formular klicken Sie auf **Berichts-Assistent**, um den Assistenten zu starten.
4. Auf der Seite **Erste Schritte** des Assistenten wählen Sie **Mit einem vorhandenen Bericht beginnen**, so dass Ihr modifizierter Bericht die Standardeinstellungen nicht überschreibt. Klicken Sie auf **Weiter** um fortzufahren.
5. Auf der Seite **Berichteigenschaften** lassen Sie die angezeigten Einstellungen stehen und klicken auf **Weiter**, um fortzufahren.

   Das Dialogfeld **Wählen Sie die Datensätze aus, die im Bericht enthalten sein sollen** erscheint und zeigt die Parameter an, die Sie in der letzten Übung eingestellt haben.
6. Fügen Sie eine Zeile ein, indem Sie auf **Auswählen** klicken und **Wahrscheinlichkeit** wählen.
7. Wählen Sie den Operator **Ist größer als**.
8. In das Feld **Wert eingeben** tragen sie 50 ein.

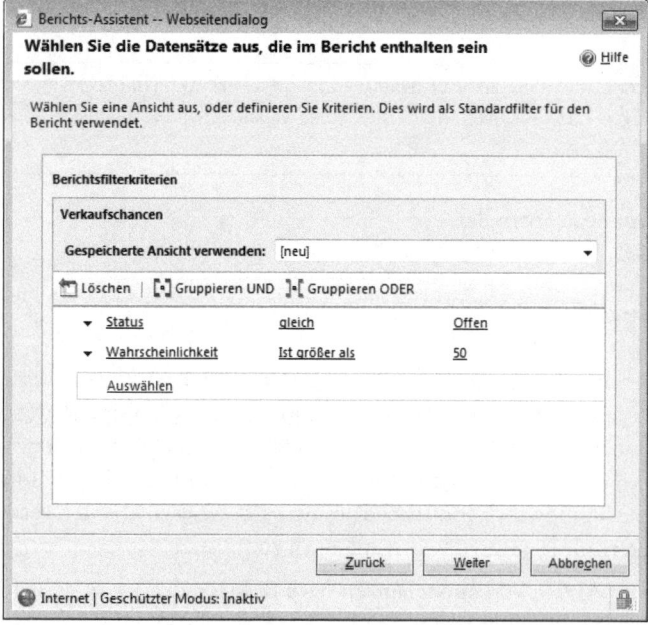

Einen Bericht modifizieren

9. Klicken Sie auf **Weiter** um mit dem nächsten Schritt im Bericht—Assistent fortzufahren.

   Diese Auswahl verändert den Bericht dahin, dass nur Datensätze mit einer Wahrscheinlichkeit größer als 50 angezeigt werden.

10. Auf der Seite **Layout für Felder** prüfen Sie das Berichtformat in dem Sie auf **Klicken Sie hier, um eine Gruppierung hinzuzufügen** klicken.

    Das Dialogfeld **Gruppierung hinzufügen** wird geöffnet.

11. Im Feld **Datensatztyp** wählen Sie **Besitzer (Benutzer) (Benutzer)**.
12. Im Feld **Spalte** wählen Sie **Manager**.
13. Im Feld **Zusammenfassungstyp** wählen Sie **Anzahl**.

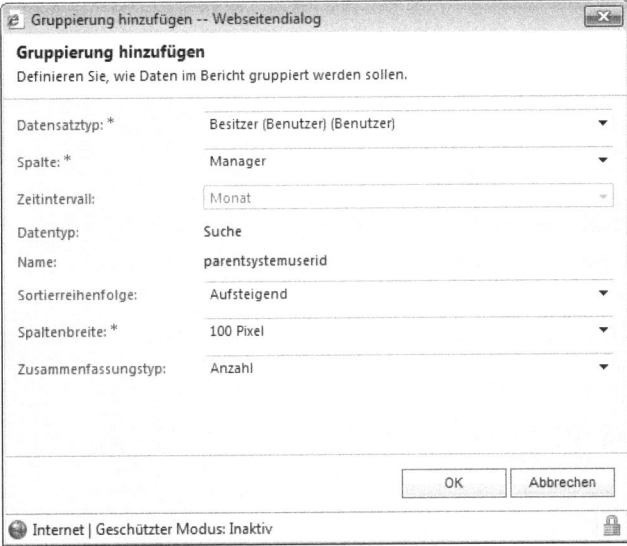

Mit dieser Auswahl fügen Sie dem Bericht den Manager des Besitzers als zusätzliche Gruppierung hinzu.

14. Klicken Sie auf **OK**, um das Dialogfeld **Gruppierung hinzufügen** zu schließen. Die neue Gruppierung wird im Bericht unter der bestehenden Gruppierung **Besitzer** angezeigt.
15. Im Bereich **Allgemeine Aufgaben** klicken Sie auf den **Aufwärtspfeil**.

    Dadurch wird die Gruppierung **Manager** über die **Besitzer** gestellt, so dass die Verkaufschancen für jeden Besitzer im Vertrieb mit den Vertriebsmanagern gruppiert werden.

> **Fehlersuche**
>
> Es könnte sein, dass Sie eine Warnmeldung erhalten, dass die Tabellenbreite die Breite des Druckers übersteigt. Das hat mit der Gesamtanzahl der Pixel der Berichtsspalten zu tun. Um den Bericht innerhalb der Seitenbreite des Druckers zu halten, prüfen Sie, dass die Summe der Pixel unter 960 liegt.

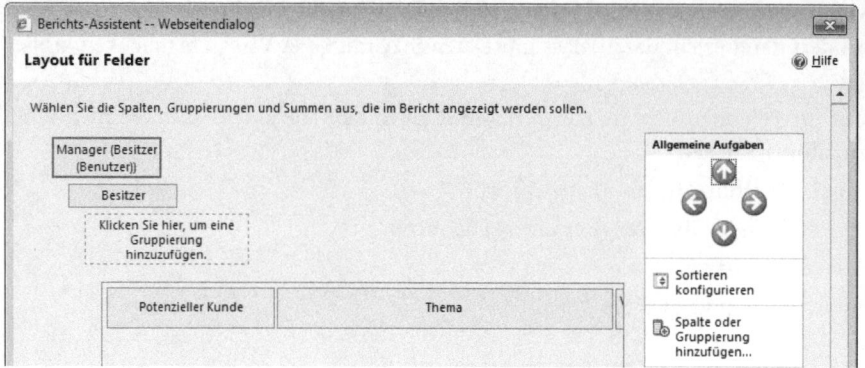

16. Klicken Sie auf **Weiter**, um mit dem nächsten Schritt im Berichts-Assistent fortzufahren.
17. Auf dieser Seite und in der **Zusammenfassung des Berichts** klicken Sie auf **Weiter**, um die aktuelle Auswahl beizubehalten.

    Die Bestätigungsseite **Bericht wurde erfolgreich erstellt** erscheint und zeigt Ihnen, dass Sie den Bericht erfolgreich aktualisiert haben.
18. Klicken Sie auf **Fertig stellen**, um den Berichts-Assistenten zu verlassen.

    Der Assistent wird geschlossen und Sie gelangen zurück zum Formular **Bericht**. Die Änderungen am Bericht werden automatisch gespeichert.
19. In der Werkzeugleiste des Berichts klicken Sie auf **Bericht ausführen**, um den geänderten Bericht einzusehen.

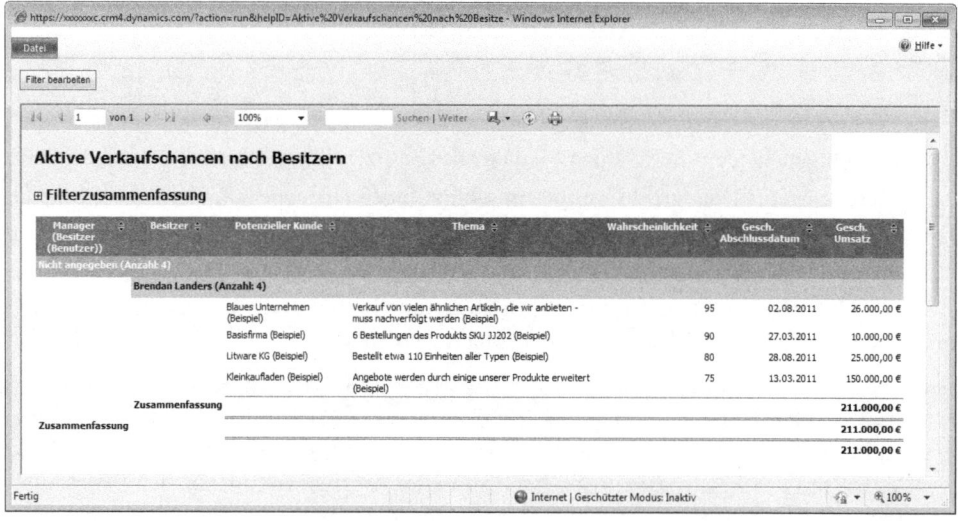

Der Bericht enthält jetzt eine zusätzliche Gruppierung, die alle offenen Verkaufschancen auf Manager-Ebene und auf Besitzer-Ebene anzeigt und nur die Verkaufschancen mit einer Abschlusswahrscheinlichkeit von mehr als 50. Sie können Ihre Berichte jederzeit weiter mit dem Berichts-Assistenten verfeinern.

ABSCHLUSS   Schließen Sie den Bericht und das Formular.

Einen Bericht freigeben

Der von Ihnen in der letzten Übung erstellte Bericht bleibt in der Berichts-Ansicht im Arbeitsbereich, jedoch nur für Sie. Die meisten anderen Benutzer können Ihren Bericht nicht sehen, es sei denn sie haben Administrator- oder andere Sicherheitsrechte. In der Voreinstellung hindert Microsoft Dynamics CRM andere Benutzer daran, fremde Berichte zu verwenden. Sie haben jedoch die Möglichkeit, Ihre Berichte für andere freizugeben, wenn Sie diesen Bedarf sehen. Das ist wichtig, denn

- Viele verschiedene Benutzer können mit dem Berichts-Assistenten zahlreiche eigene Berichte erstellen. Wenn alle Berichte sofort für jeden sichtbar wären, würde die Anzahl der Berichte in der Liste schnell ansteigen und könnte zu Verwirrung führen.
- Sie könnten einen Bericht für einen speziellen Zweck verwenden, den andere Benutzer nicht haben und daher gibt es keinen Grund, den Bericht freizugeben.

Auch wenn Berichte nicht sofort allen zur Verfügung stehen, können Sie sie anderen doch mit nur wenigen Schritten bereitstellen.

In dieser Übung geben Sie den in der letzten Übung erstellten Bericht für einen speziellen Benutzer frei. Danach geben Sie ihn für alle Benutzer im Microsoft Dynamics CRM-System frei.

VORBEREITUNG   Gehen Sie mit Microsoft Internet Explorer auf die Microsoft Dynamics CRM-Website, bevor Sie mit dieser Übung anfangen. Sie benötigen den Bericht Aktive Verkaufschancen nach Besitzer aus der letzten Übung und Sie müssen ein Benutzerkonto mit Rechten zum Veröffentlichen von Berichten haben.

1. Im **Arbeitsbereich** klicken Sie auf **Berichte**.
2. Wählen Sie **Aktive Verkaufschancen nach Besitzer** ohne den Bericht zu öffnen.
3. In der Gruppe **Zusammenarbeit** im Menübereich klicken Sie auf die Schaltfläche **Freigeben**.
   Das Dialogfeld **Für wen möchten Sie das ausgewählte Objekt BERICHT freigeben?** erscheint.
4. Im Bereich **Allgemeine Aufgaben** klicken Sie auf **Benutzer/Team hinzufügen**.
   Das Dialogfeld **Datensätze nachschlagen** wird geöffnet.
5. Suchen Sie nach Benutzern und wählen Sie beliebige aus. Dann fügen Sie den Benutzer dem Bereich **Ausgewählte Datensätze** hinzu und klicken auf **OK**.
   Der ausgewählte Benutzer erscheint im Freigabe-Dialogfeld und hat in der Voreinstellung Leserechte. Sie können die Rechte nach Ihren Wünschen anpassen.

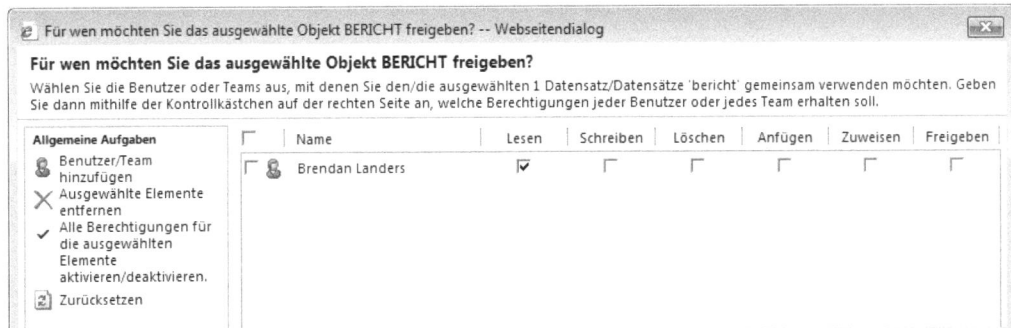

6. Klicken Sie auf **OK**, um die Freigabeeinstellungen für diesen Bericht zu speichern.

   Der angegebene Benutzer sieht den Bericht jetzt in der Berichte-Ansicht im Arbeitsbereich.

   Ein manchen Fällen werden Sie einen Bericht für alle Benutzer statt nur für einige freigeben wollen. Sie könnten dazu im Freigabe-Dialogfeld einfach alle vorhandenen Benutzer auswählen, später im Unternehmen angestellte Mitarbeiter würden dann aber nicht automatisch Zugriff auf den Bericht bekommen. In den nächsten Schritten geben Sie einen Bericht für das gesamte Unternehmen frei, so dass auch später ins Unternehmen kommende Mitarbeiter Zugriff auf Ihren Bericht haben.

7. In der Ansicht **Berichte** wählen Sie den Bericht **Aktive Verkaufschancen nach Besitzer** ohne ihn zu öffnen und klicken im Menübereich auf **Bearbeiten**.

   Das Formular **Bericht** wird angezeigt.

8. In der Werkzeugleiste des Formulars klicken Sie auf **Aktionen** und wählen dann **Bericht der Organisation zur Verfügung stellen**.

> **Fehlersuche**
>
> Wenn die Option Bericht der Organisation zur Verfügung stellen nicht erscheint, haben Sie nicht die Rechte, Berichte zu veröffentlichen. Kontaktieren Sie Ihrem Systemadministrator, und bitten Sie ihn, Ihrer Sicherheitsrolle das Recht zuzuteilen.

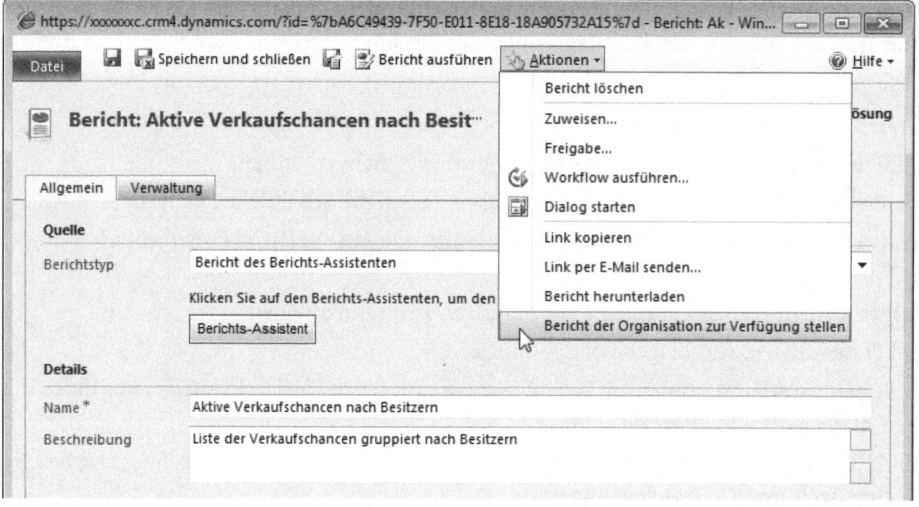

Ihr Bericht ist jetzt in der gesamten Organisation verfügbar. Sie können aus Ihrem Bericht auch wieder einen persönlichen Bericht machen, indem Sie den Schritten 7 und 8 folgen und **Persönlichen Bericht wieder herstellen** wählen.

ABSCHLUSS Schließen Sie das Formular Bericht.

Einen Bericht auf Termin legen

Wenn Sie einen Bericht in Microsoft Dynamics CRM mit SQL Server Reporting Services ausführen, läuft der Bericht in Echtzeit und spiegelt die aktuellen Daten in der Anwendung wieder. Bei den meisten Berichten funktioniert das gut, es kann aber auch zu Problemen führen. Zum Beispiel:

- Benutzer, die den Bericht zu unterschiedlichen Zeiten ausführen können unterschiedliche Informationen erhalten, was zu Verwirrung und zu Zweifeln an der Datenintegrität führen kann.
- Echtzeit-Berichte bieten keine historische Perspektive für Vergleiche oder Trendanalyse.

Sie könnten beispielsweise monatlich einen Pipeline-Bericht erstellen, um zu sehen, wie die Pipeline am Anfang jedes Monats aussieht und verschiedene Monate zu vergleichen.

Microsoft Dynamics CRM bietet zu diesem Zweck einen Assistent zur **Planung von Berichten.** Der Assistent ermöglicht es Ihnen, Berichte entweder auf Nachfrage oder zu bestimmten Terminen zu erstellen.

WICHTIG Der Assistent ist in der Online-Version von Microsoft Dynamics CRM nicht enthalten.

In dieser Übung planen Sie einen Bericht so, dass er einmal im Monat um Mitternacht ausgeführt wird.

VORBEREITUNG Gehen Sie mit Microsoft Internet Explorer auf die Microsoft Dynamics CRM-Website, bevor Sie mit dieser Übung anfangen. Sie benötigen den Bericht Aktive Verkaufschancen nach Besitzer aus der letzten Übung und Sie müssen ein Benutzerkonto mit Rechten zum Hinzufügen von Reporting Services-Berichten haben.

1. Im **Arbeitsbereich** klicken Sie auf **Berichte**.
2. Wählen Sie **Aktive Verkaufschancen nach Besitzer,** ohne den Bericht zu öffnen.
3. In der Gruppe **Aktionen** im Menübereich klicken Sie auf **Bericht planen.**

> **Fehlersuche**
>
> Wenn die Schaltfläche **Bericht planen** nicht im Menübereich ist, haben Sie keine Rechte, um Berichte zu planen. Kontaktieren Sie Ihrem Systemadministrator, und bitten Sie ihn, Ihrer Sicherheitsrolle das Recht **Hinzufügen von Reporting Services-Berichten** zuzuteilen.

Der Assistent erscheint. Hier legen Sie fest, wann ein Snapshot angefertigt werden soll.

4. Wählen Sie **Nach einem Zeitplan** und klicken Sie auf **Weiter,** um auf die Seite **Häufigkeit auswählen** zu gelangen.
5. Auf der Seite **Häufigkeit auswählen** wählen Sie **Monatlich** und lassen die Voreinstellungen für **Monatlicher Zeitplan** stehen.

Die Voreinstellung führt den Bericht am ersten Tag des Monats um Mitternacht aus.

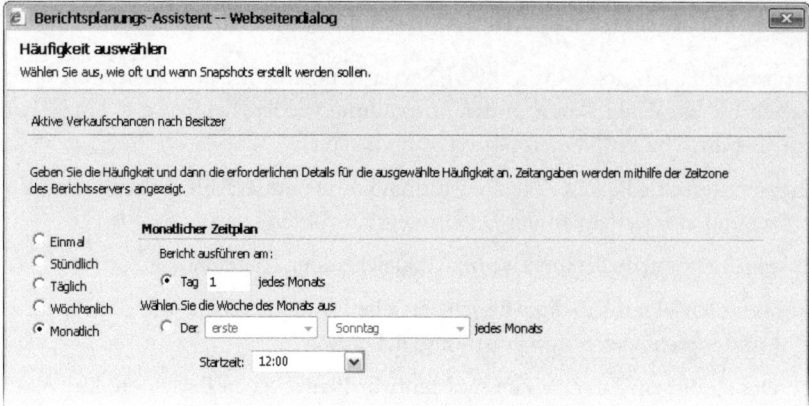

6. Klicken Sie auf **Weiter,** um mit dem nächsten Schritt im Assistent fortzufahren.
7. Auf der Seite **Start- und Enddatum wählen** lassen Sie das aktuelle Datum als Vorgabe für das Startdatum stehen und **Kein Enddatum** ausgewählt.

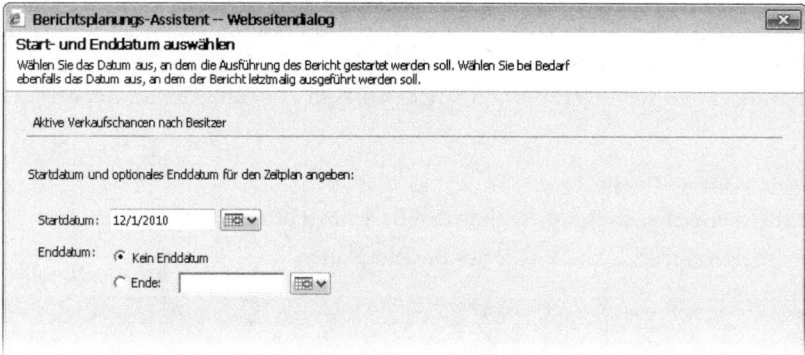

8. Klicken Sie auf **Weiter,** um fortzufahren.

   Die Seite **Reportparameter** wird dargestellt, die anzeigt, dass es für den ausgewählten Bericht keine Parameter gibt.
9. Klicken Sie auf **Weiter** um mit dem nächsten Schritt im Assistent fortzufahren.

   Die Seite **Snapshotdefinition überprüfen** wird angezeigt.
10. Prüfen Sie, ob die Einstellungen korrekt sind und klicken Sie auf **Erstellen,** um Ihren Bericht zu planen.

    Die Bestätigungsseite **Fertigstellen des Assistenten** zeigt Ihnen, wenn der Planungsprozess abgeschlossen ist.
11. Klicken Sie auf der Bestätigungsseite auf **Fertig stellen,** um den Assistenten zu beenden.

    Sie haben den Bericht erfolgreich geplant. Am ersten Tag des nächsten Monats wird der Berichts-Snapshot erstellt und steht allen Benutzern mit Zugriffsrechten für diesen Bericht zur Verfügung. Wenn der Bericht ausgeführt wurde, erscheint ein zusätzlicher Bericht in der Liste, dessen Name dem Originalbericht entspricht und dem ein Zeitstempel des Ausführungsdatums angefügt ist.

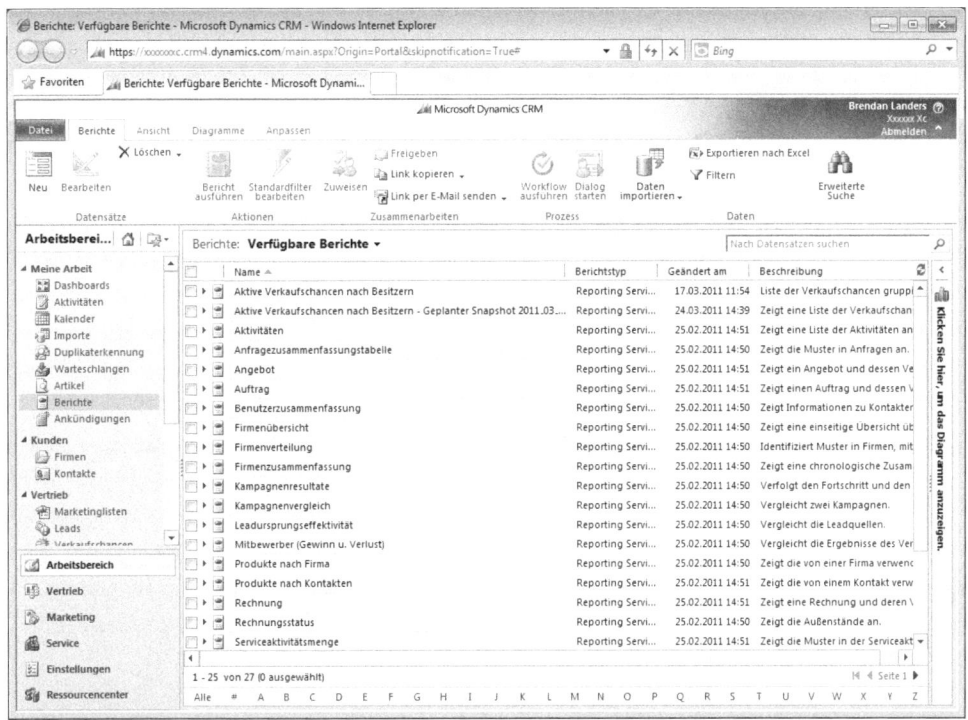

> **WICHTIG** Der Bericht zeigt so lange keine Ergebnisse an, bis der erste Snapshot nach dem von Ihnen vorgegebenen Terminplan generiert ist. Nur die letzten acht Snapshots werden gespeichert. Wenn der neunte Bericht erstellt wird, wird der älteste gelöscht.

ABSCHLUSS   Schließen Sie das Formular Bericht.

Einen Bericht kategorisieren

Sie wissen jetzt, wie Sie Berichte erstellen, modifizieren, freigeben und auf Termin legen. Wenn Sie damit anfangen, zusätzliche Berichte zu erstellen, ist eine Einteilung in logische Kategorien sehr hilfreich. In der Voreinstellung sind in Microsoft Dynamics CRM die folgenden Kategorien für Berichte verfügbar:

- Administratorberichte
- Marketingberichte
- Vertriebsberichte
- Serviceberichte

> **TIPP** Benutzer mit höheren Sicherheitsrechten können Kategorien bearbeiten und hinzufügen, um sie dem Unternehmen anzupassen. Diese Option ist im Bereich **Berichterstellung** im Dialogfeld **Systemeinstellungen** enthalten, die Sie unter **System\Verwaltung** finden. Kontaktieren Sie Ihren Systemadministrator, wenn Sie keinen Zugriff auf diesen Bereich haben.

Zusäzlich zum lokalen Gruppieren von Berichten bietet die Kategorisierungsfunktion weitere Optionen, wie in der folgenden Tabelle beschrieben.

Kategorie	Beschreibung
Verknüpfte Datensatztypen	Legt die für den Bericht verknüpften Datensatztypen fest. In der Vorgabe ist dies der Primärdatensatz. Im Bericht **Aktive Verkaufschancen nach Besitzer**, der in diesem Kapitel als Beispiel dient, ist der Datensatztyp auf **Verkaufschance** eingestellt.
Anzeigen in	Legt fest, wo innerhalb von Microsoft Dynamics CRM auf den Bericht zugegriffen werden kann. Die Optionen sind: ■ Formulare für verknüpfte Datensatztypen ■ Listen für verknüpfte Datensatztypen ■ Bereich für Berichte

Berichte können so eingestellt werden, dass Benutzer sie aus dem Tabellenbereich und in der Werkzeugleiste auswählen können und aus dem Berichtswähler im Arbeitsbereich. Die Option **Anzeigen in** in jedem Bericht gibt Ihnen die Möglichkeit festzulegen, von wo aus der jeweilige Bericht erreichbar ist. Die Voreinstellung für Berichte macht sie im Berichtswähler und im Arbeitsbereich verfügbar. Die anderen Optionen sind:

- **Formulare für verknüpfte Datensatztypen** ist voreingestellt und ermöglicht es, dass der Bericht innerhalb eines Datensatzes ausgeführt werden kann. Der Bericht **Firmenübersicht** kann beispielsweise innerhalb eines Firmendatensatzes ausgeführt werden.

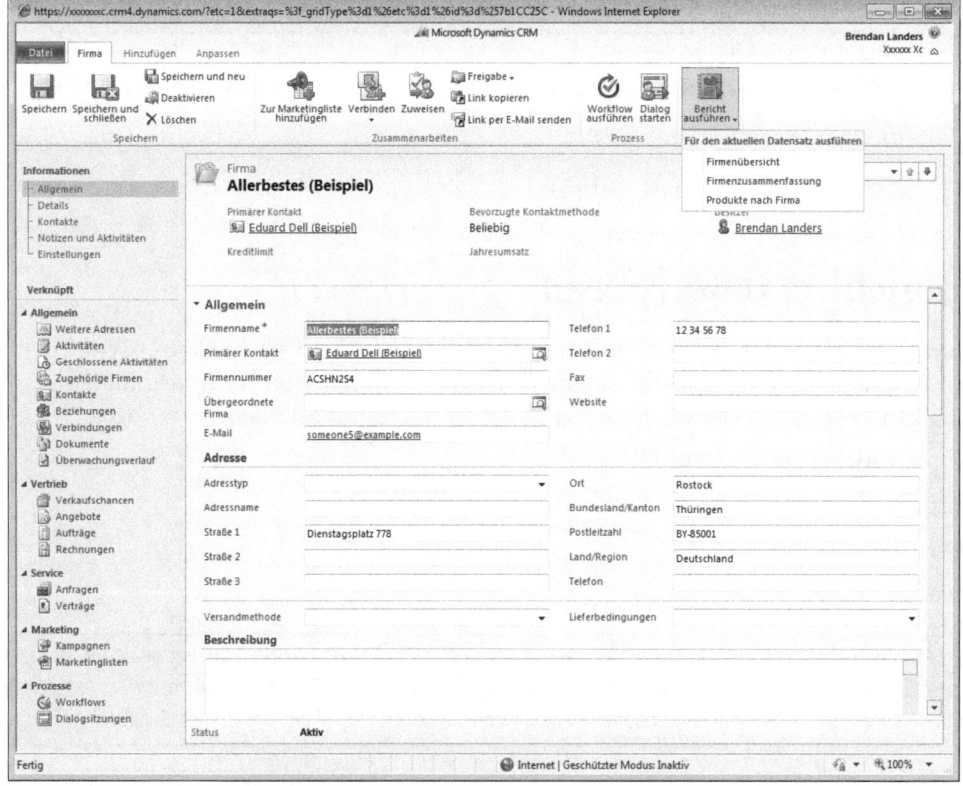

Einen Bericht kategorisieren

- **Listen für verknüpfte Datensatztypen** ist voreingestellt und ermöglicht es, dass der Bericht innerhalb des Tabellenbereichs ausgeführt werden kann. Der in Microsoft Dynamics CRM integrierte Bericht **Firmenübersicht** kann ebenfalls im Tabellenbereich von Firmen ausgeführt werden. Sie können mehrere Datensatze für den Bericht auswählen, oder nur einen einzelnen.

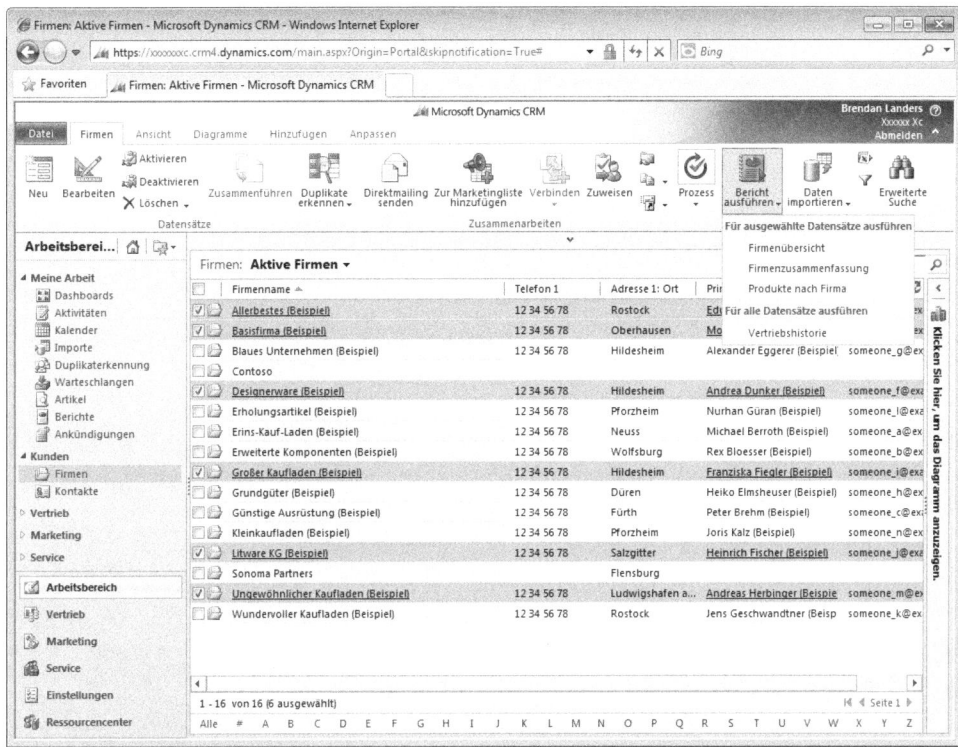

In dieser Übung kategorisieren Sie den Bericht **Aktive Verkaufsschancen nach Besitzer**, den Sie in der letzten Übung erstellt haben.

VORBEREITUNG Gehen Sie mit Microsoft Internet Explorer auf die Microsoft Dynamics CRM-Website, bevor Sie mit dieser Übung anfangen. Sie benötigen den Bericht Aktive Verkaufschancen nach Besitzer, den Sie vorher in diesem Kapitel erstellt haben.

1. Im **Arbeitsbereich** klicken Sie auf **Berichte**.
2. Wählen Sie den Bericht **Aktive Verkaufschancen nach Besitzer** ohne ihn zu öffnen und klicken im Menübereich auf **Bearbeiten**.
   Das Formular **Bericht** erscheint.
3. Im Bereich **Kategorisierung** klicken Sie auf die drei Punkte im Feld **Kategorien**.
   Das Dialogfeld **Werte auswählen** wird geöffnet.
4. Im Bereich **Verfügbare Werte** klicken Sie auf **Vertriebsberichte** und dann auf den Rechtspfeil, um den Wert zu übernehmen.

Kapitel 15: Den Berichts-Assistenten verwenden

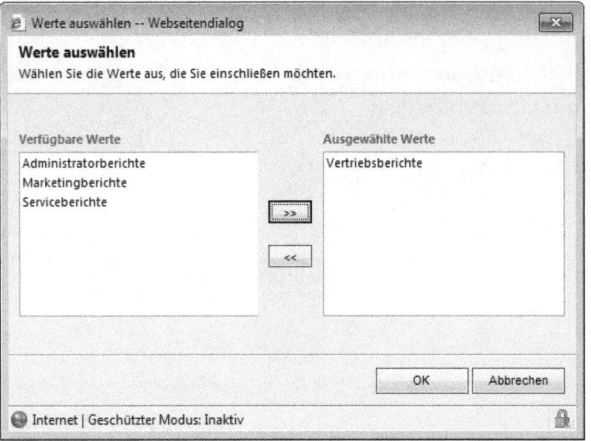

> **TIPP** Sie können der Liste Ausgewählte Werte mehrere Werte hinzufügen, um den Bericht mehreren Kategorien zuzuweisen.

5. Klicken Sie auf **OK**, um das Dialogfeld zu schließen.
6. Im Formular **Bericht** klicken Sie auf **Speichern und Schließen**, um die Kategorien zu speichern.
7. Im Bereich **Berichte**, im Berichtswähler klicken Sie auf **Vertriebsberichte**.

Der Bericht **Aktive Verkaufschancen nach Besitzer** erscheint in der Gruppe **Vertrieb**.

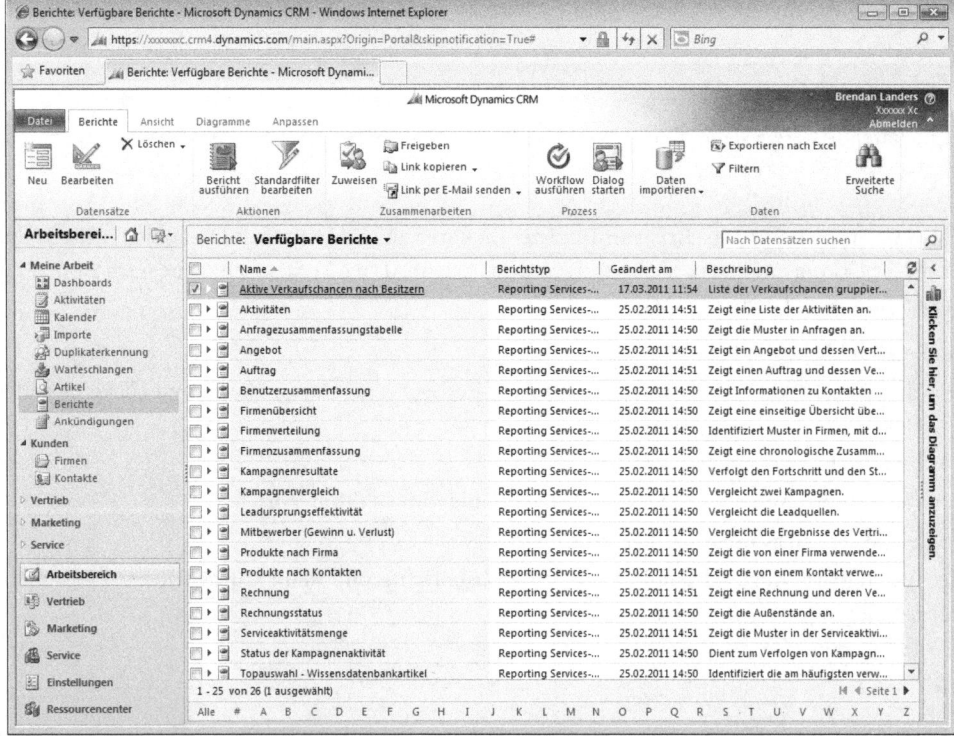

Zusammenfassung

- Der Berichts-Assistent ermöglicht es Ihnen, SQL Server Reporting Services-Berichte schrittweise in einer einfachen Schnittstelle zu erstellen.
- Sie können Daten im Berichts-Assistent zusammenfassen, indem Sie Felder gruppieren. Zusätzlich können Sie festlegen, welche Spalten in der Ausgabe des Berichts erscheinen sollen.
- Es stehen viele Optionen zur Berichtsformatierung zur Verfügung, z.B. die Angabe von Spaltenbreite, Reihenfolge und Sortierung.
- Sie können die mit dem Berichts-Assistenten erstellten Berichte mit demselben Werkzeug auch bearbeiten.
- Sie können ihre erstellen Berichte für andere Benutzer freigeben oder sie allen Benutzern im Unternehmen zur Verfügung stellen.
- Die Zeitplanung von Berichten ermöglicht es Ihnen, Snapshots von Daten automatisch zu erstellen, indem Sie einen einzelnen oder wiederkehrenden Terminplan festlegen. Sie können einen Berichtssnapshot auch auf Anfrage speichern.
- Microsoft Dynamics CRM bietet verschiedene Optionen für die Kategorisierung von Berichten an, mit denen Sie festlegen können, wie ein Bericht gruppiert wird und wo er innerhalb der Anwendung ausgeführt werden kann.

Kapitel 16

Erweiterte Suche

In diesem Kapitel:

Abfragen in der erweiterten Suche durchführen	319
Ergebnisse der erweiterten Suche ordnen und formatieren	322
Gespeicherte Ansichten erstellen und freigeben	326
Erweiterte Filterkriterien	329
Die Funktionen zur Bearbeitung und Zuweisung mehrerer Datensätze	331
Zusammenfassung	334

In diesem Kapitel lernen Sie:

- Ad-hoc-Abfragen mit der erweiterten Suche durchführen
- Ergebnisse der erweiterten Suche ordnen und formatieren
- Eine gespeicherte Ansicht erstellen
- Ihre gespeicherten Ansichten anderen Benutzern zur Verfügung stellen
- Komplizierte Abfragen zur Suche nach Daten zusammenstellen
- Die Werkzeuge zur Bearbeitung und Zuweisung mehrerer Datensätze verwenden, um mit den Ergebnissen von Abfragen zu arbeiten

Ein bedeutsamer Vorteil von CRM-Systemen ist die zentrale Ablage für Kundendaten, die immer weiter anwächst, während die Verkaufs-, Marketing- und Kundendienstteams ihre Beziehungen zu den Kunden nachverfolgen. Wenn diese Datenmenge immer größer wird, sehen sich Manager der Aufgabe gegenüber, Berichte über diese Daten zu erstellen und sie zu analysieren, um Trends zu erkennen und Bereiche zu ermitteln, in denen Verbesserungen notwendig sind. Microsoft Dynamics CRM bietet eine Reihe von Werkzeugen an, um Daten zu gewinnen und in einem einfachen und leicht zu verwendenden Format darzustellen. In diesem Kapitel geht es um das beste Hilfsmittel für diese Aufgabe, nämlich die erweiterte Suche. Damit können Sie in einer einfachen Oberfläche Ihre eigenen Abfragen erstellen. Wenn die Endbenutzer die Möglichkeit haben, Berichte zu erstellen und die Ergebnisse so zu filtern, dass nur die gewünschten Datensätze zurückgegeben werden, können sie ihre Aufgaben erfüllen, ohne die IT-Abteilung von anderen geschäftsentscheidenden Tätigkeiten abzulenken.

In diesem Kapitel erfahren Sie, wie Sie mithilfe der erweiterten Suche Abfragen erstellen, als Systemansichten speichern, die Sie anderen Benutzern zur Verfügung stellen können, und mehrere Datensätze im Ergebnis aktualisieren.

Übungsdateien
Es gibt zu diesem Kapitel keine Übungsdateien.

TIPP Die erweiterte Suche beachtet die Sicherheitseinstellungen für den Endbenutzer. Als Faustregel können Sie davon ausgehen, dass ein Datensatz, den ein Benutzer an anderer Stelle in der Anwendung einsehen kann, auch in der erweiterten Suche für ihn zugänglich ist.

WICHTIG Die Bilder in diesem Buch zeigen die Standardformulare und Feldnamen in Microsoft Dynamics CRM. Da die Software vielfältig angepasst werden kann, ist es möglich, dass einige der Datentypen oder -felder in Ihrem Microsoft Dynamics CRM anders heißen. Wenn Sie die Formulare, Felder oder Sicherheitsrollen, die in diesem Buch angesprochen werden, nicht finden können, wenden Sie sich an Ihren Systemadministrator.

WICHTIG Sie müssen die Adresse Ihrer Microsoft Dynamics CRM-Website kennen, um die Beispiele dieses Buchs durchzugehen. Erfragen Sie die Adresse bei Ihrem Systemadministrator, wenn Sie sie nicht kennen.

Abfragen in der erweiterten Suche durchführen

Im Verlauf eines Projekts können sich die geschäftlichen Anforderungen häufig ändern. Damit sind auch die Erfordernisse für die Berichterstattung einem ständigen Wechsel unterworfen. Die Ad-hoc-Berichterstattung ist zu einer Standardfunktion der meisten Geschäftsanwendungen geworden. Allerdings ist es unrealistisch zu erwarten, dass die Endbenutzer ihre Anforderungen an die Berichterstattung vollständig definieren, bevor ein System realisiert wird. Die erweiterte Suche in Microsoft Dynamics CRM bietet eine flexible Oberfläche, mit der Endbenutzer immer wieder Daten abfragen, einsehen, analysieren und aktualisieren können. In der erweiterten Suche können die Benutzer vordefinierte Abfragen speichern, wenn das System eingerichtet wird, und neue Abfragen erstellen, wenn sich die Anforderungen an das Berichtswesen ändern. Unter anderem wird die erweiterte Suche von Endbenutzern häufig zu folgenden Zwecken genutzt:

- Einrichten einer angepassten Aufgabenliste zur weiteren Bearbeitung offener Verkaufschancen.
- Ermitteln der Leads in einer bestimmten geografischen Region für die Verteilung und Zuweisung.
- Suche nach allen Aktivitäten, die am heutigen Datum für einen erkrankten Mitarbeiter des Kundenservice fällig wären, damit diese Tätigkeiten einer anderen Person zugewiesen werden können.
- Aufstellen einer Liste von Kontakten, die seit mehr als zwei Jahren nicht geändert wurden, um sie zur Deaktivierung vorzuschlagen.

Beim Zusammenstellen einer Abfrage für die erweiterte Suche wählen Sie aus einer Reihe von intuitiv verständlichen Operatoren aus. Die Datenfelder, die Sie in die Abfrage aufnehmen, bestimmen, welche Operatoren zur Filterung zur Verfügung stehen. Die folgende Tabelle gibt an, welche Operatoren es jeweils für die verschiedenen Arten von Datenfeldern gibt.

Datentyp	Operatoren	
Benutzer (Besitzer)	gleich dem aktuellen Benutzer ungleich dem aktuellen Benutzer Entspricht dem Team des aktuellen Benutzers gleich ungleich Enthält Daten Enthält keine Daten	Enthält Enthält nicht Beginnt mit Beginnt nicht mit Endet mit Endet nicht mit
Text	gleich ungleich Enthält Enthält nicht Beginnt mit	Beginnt nicht mit Endet mit Endet nicht mit Enthält Daten Enthält keine Daten
Numerisch	gleich ungleich Ist größer als Ist größer oder gleich	Ist kleiner als Ist kleiner oder gleich Enthält Daten Enthält keine Daten
Suche	gleich ungleich Enthält Daten Enthält keine Daten Enthält	Enthält nicht Beginnt mit Beginnt nicht mit Endet mit Endet nicht mit

Datentyp	Operatoren	
Bit	gleich	Enthält nicht
	ungleich	Beginnt mit
	Enthält Daten	Beginnt nicht mit
	Enthält keine Daten	Endet mit
	Enthält	Endet nicht mit
Datum	am	Letzte X Monate
	Am oder später	Nächste X Monate
	Am oder früher	Letzte X Jahre
	Gestern	Nächste X Jahre
	Heute	Beliebiger Zeitpunkt
	Morgen	Älter als X Monate
	Nächste 7 Tage	Enthält Daten
	Letzte 7 Tage	Enthält keine Daten
	Nächste Woche	In Geschäftsjahr
	Letzte Woche	In Buchhaltungsperiode
	Diese Woche	In Buchhaltungsperiode und Jahr
	Nächsten Monat	In oder nach Buchhaltungsperiode
	Letzten Monat	In oder vor Buchhaltungsperiode
	Diesen Monat	Letztes Geschäftsjahr
	Nächstes Jahr	Dieses Geschäftsjahr
	Letztes Jahr	Nächstes Geschäftsjahr
	Dieses Jahr	Letzte X Geschäftsjahre
	Letzte X Stunden	Nächste X Geschäftsjahre
	Nächste X Stunden	Letzte Buchhaltungsperiode
	Letzte X Tage	Diese Buchhaltungsperiode
	Nächste X Tage	Nächste Buchhaltungsperiode
	Letzte X Wochen	Letzte X Buchhaltungsperioden
	Nächste X Wochen	Nächste X Buchhaltungsperioden

In einer Abfrage können Sie so viele Suchkriterien angeben, wie Sie brauchen. Sie müssen den Hauptdatensatztyp festlegen, der in den Ergebnissen zurückgegeben werden soll, aber Sie können in die Abfrage auch Datenfelder aus verwandten Datensätzen aufnehmen. Nehmen wir beispielsweise an, dass Sie nach den besten Verkaufschancen suchen, die den Vertriebsmitarbeitern in einer bestimmten Region zugewiesen sind. Die Suche kann sowohl die Datenfelder einschließen, die das Vertriebsteam zur Bewertung von Chancen nutzt, als auch das Feld der Vertriebsregion für die Benutzereinträge, denen Verkaufschancen zugewiesen sind.

In dieser Übung stellen Sie eine Abfrage der erweiterten Suche zusammen, um sich die Verkaufschancen mit einer Wahrscheinlichkeit von über 50 für Firmen in Hildesheim anzusehen.

VORBEREITUNG Verwenden Sie Ihre Microsoft Dynamics CRM-Installation statt der CRM-Website, die in dieser Übung gezeigt wird. Gehen Sie mit Microsoft Internet Explorer auf Ihre Microsoft Dynamics CRM-Website, bevor Sie mit dieser Übung anfangen.

1. In der Gruppe **Daten** im Menübereich klicken Sie auf die Schaltfläche **Erweiterte Suche**.
   Das Fenster **Erweiterte Suche** wird geöffnet.

Erweiterte Suche

Abfragen in der erweiterten Suche durchführen

2. Wählen Sie in der Liste **Suchen nach** den Punkt **Verkaufschancen** aus.

   Dadurch legen Sie fest, nach was Sie bei dieser Abfrage hauptsächlich suchen.

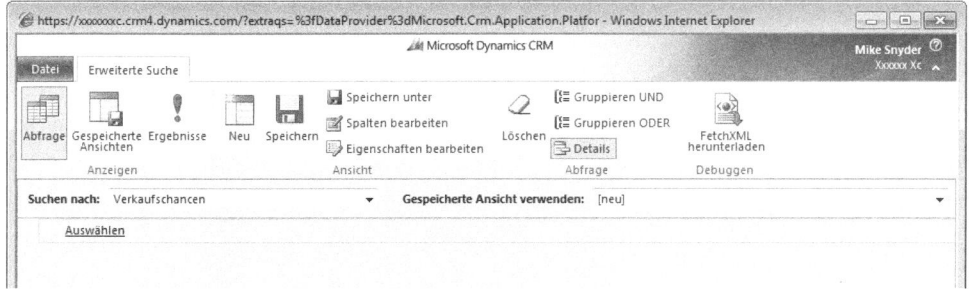

3. Im Feld **Auswählen** wählen Sie **Wahrscheinlichkeit** aus, um die Suchkriterien für das Feld **Wahrscheinlichkeit** der Verkaufschancen festzulegen.

   Rechts neben dem Feld **Auswählen** wird eine Liste von Operatoren angezeigt.

   > **TIPP** Das Feld **Auswählen** zeigt alle Felder, nach denen Sie bei dem zuerst angegebenen Aspekt suchen können. Systemadministratoren können die Auswahl der Felder ändern, nach denen die Benutzer in der Datenbank suchen können.

4. Im Feld **Operator** wählen Sie **Ist größer als** aus und tragen dann **50** in das Feld **Wert eingeben** ein.

   > **TIPP** Wenn Sie auf das Feld **Auswählen** klicken, verwandelt es sich in eine Liste. Unter jeder Zeile, die Sie Ihrer Abfrage hinzufügen, erscheint automatisch eine neue Zeile, sodass Sie so viele Zeilen hinzufügen können, wie Sie für Ihre Suchkriterien benötigen.

5. Suchen Sie im Feld **Auswählen** in der zweiten Zeile Ihrer Abfrage den Abschnitt **Verknüpft**, der sich ganz unten in der Liste befindet, und wählen Sie dort **Potenzieller Kunde (Firma)** aus, um ein Datenfeld aus dem Datensatztyp für Firmen in die Suche aufzunehmen. Dadurch können Sie die Ergebnisse nach den Attributen der Firmen filtern, die mit den Verkaufschancen verknüpft sind.

6. Wählen Sie im Feld **Auswählen** den Eintrag **Adrese 1: Ort** aus.

7. Lassen Sie **gleich** im Operatorfeld stehen und geben Sie im Feld **Text eingeben** den Namen *Hildesheim* ein.

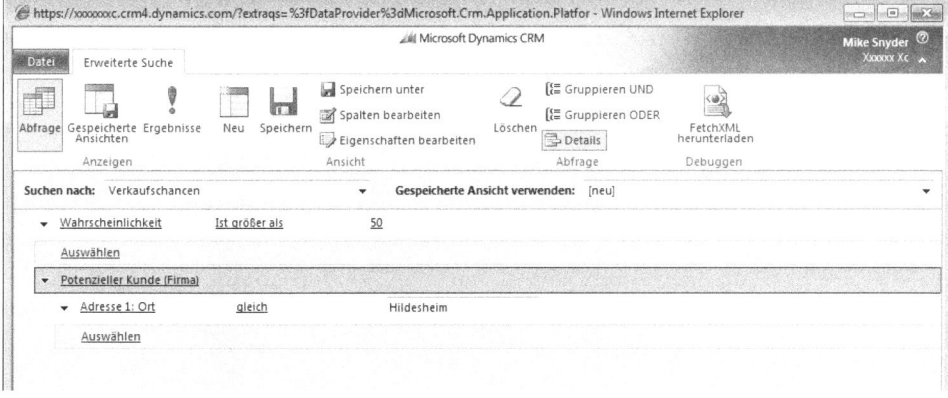

8. Klicken Sie im Menübereich **Erweiterte Suche** in der Gruppe **Anzeigen** auf **Ergebnisse**.
Die Ergebnisse Ihrer Suche werden angezeigt.

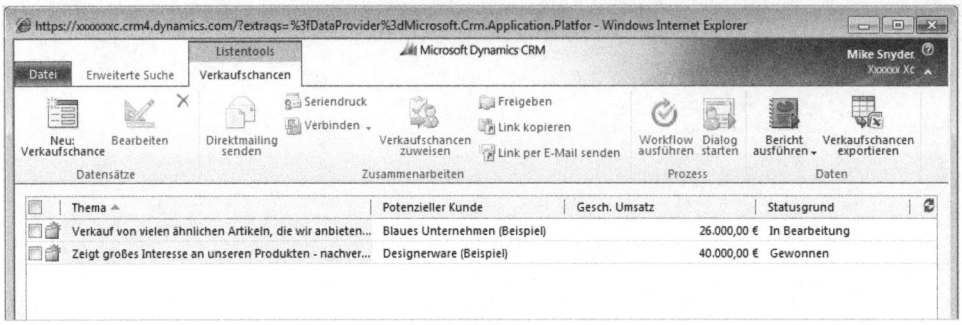

> **TIPP** Wenn Sie eine vorhandene Systemansicht ändern möchten, wählen Sie diese in der Liste *Gespeicherte Ansichten* aus, bevor Sie auf **Erweitere Suche** klicken. Dadurch wird die erweiterte Suche mit den Kriterien der bereits festgelegten Systemansicht geöffnet. Das gibt Ihnen die Gelegenheit, die Kriterien nachzuvollziehen, die in den Systemansichten verwendet werden.

Ergebnisse der erweiterten Suche ordnen und formatieren

Wie Sie sehen, können Sie mit Microsoft Dynamics CRM einen Bericht aus Datensätzen zusammenstellen, die nach sehr leicht vom Benutzer anzugebenden Kriterien ausgewählt werden. Über diese Formulierung eigener Suchabfragen hinaus können Sie die Ergebnisse der erweiterten Suche auch formatieren, also zusätzliche Datenspalten darin aufnehmen und die Ergebnisspalten sortieren, ordnen und in der Größe ändern, wie Sie es für Ihre Berichte benötigen. Damit können Sie folgende Aufgaben erledigen:

- Hinzufügen beliebiger Spalten zu den Ergebnissen.
- Anpassen der Spaltenreihenfolge.
- Ändern der Spaltengrößen.
- Festlegen der Sortierreihenfolge in der Ausgabe.

Beispielsweise können Sie in Microsoft Dynamics CRM ganz leicht eine Liste von Kontakten aufstellen, die die Felder für den Namen und die Hauptadresse in einer bestimmten Reihenfolge enthält.

In dieser Übung ändern Sie in der Suchabfrage, die Sie in der vorherigen Übung erstellt haben, die Spalten, die in der Ausgabe erscheinen. Neben dem Feld **Wahrscheinlichkeit** für die einzelnen Verkaufschancen soll auch das Feld **Branche** für die jeweilige Firma angezeigt werden. Außerdem sortieren und formatieren Sie die Ergebnisse.

VORBEREITUNG Verwenden Sie Ihre Microsoft Dynamics CRM-Installation statt der CRM-Website, die in dieser Übung gezeigt wird. Gehen Sie mit Microsoft Internet Explorer auf Ihre Microsoft Dynamics CRM-Website, bevor Sie mit dieser Übung anfangen.

1. Klicken Sie im Menübereich auf die Schaltfläche **Erweiterte Suche**.
   Das Fenster **Erweiterte Suche** wird geöffnet.

Ergebnisse der erweiterten Suche ordnen und formatieren

2. Wählen Sie **Verkaufschancen** aus der Liste **Suchen nach** aus und klicken Sie dann in der Gruppe **Ansicht** des Menübereichs auf **Spalten bearbeiten**.

   Das Dialogfeld **Spalten bearbeiten** wird geöffnet. Hier können Sie die Spaltenreihenfolge ändern, die Spaltenbreite festlegen, Spalten hinzufügen und entfernen sowie die Sortierung festlegen.

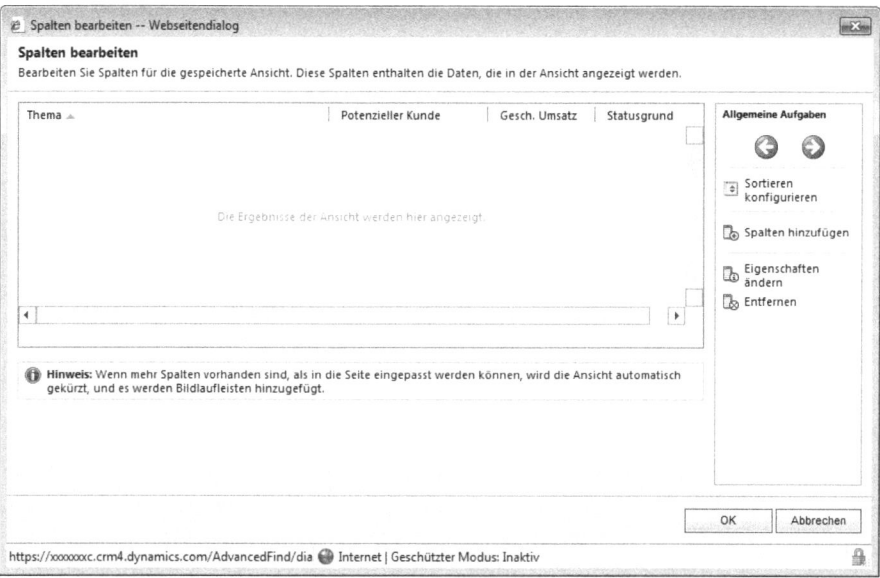

3. Im Bereich **Allgemeine Aufgaben** klicken Sie auf **Spalten hinzufügen**.

   Das Dialogfeld **Spalten hinzufügen** wird geöffnet.

4. Aktivieren Sie das Kontrollkästchen neben dem Feld **Wahrscheinlichkeit**, um dieses Feld in die Ergebnisse aufzunehmen.

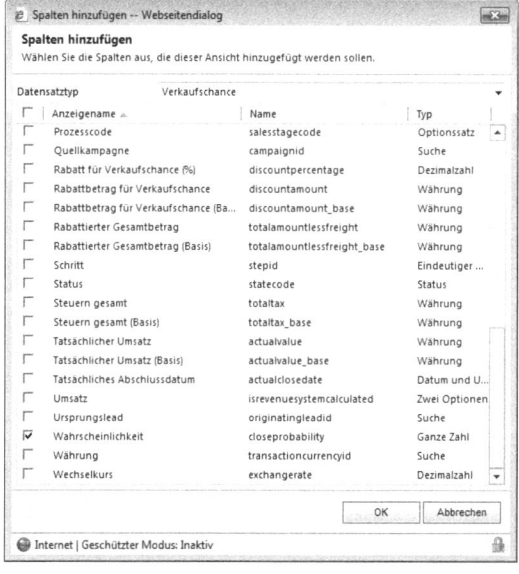

5. Ändern Sie ganz oben im Dialogfeld in der Liste **Datensatztyp** den Typ in **Potenzieller Kunde (Firma)**.

   Neben den Spalten des Hauptdatensatztyps können Sie auch Spalten von verwandten Datensatztypen hinzufügen.

6. Aktivieren Sie das Kontrollkästchen **Branche** und klicken Sie auf **OK**.

   Die neu hinzugefügten Spalten erscheinen rechts neben den ursprünglichen.

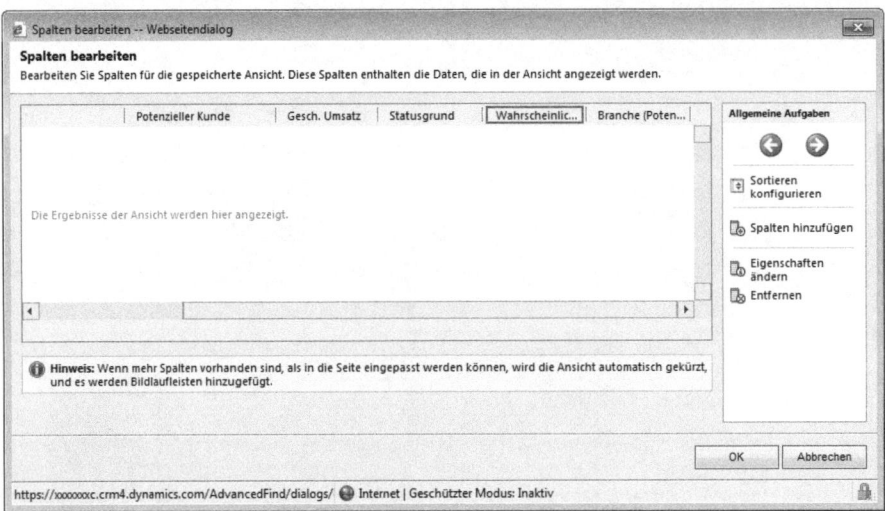

WICHTIG Für jeden Datensatztyp in Microsoft Dynamics CRM können Systemadministratoren festlegen, welche Standardspalten jeweils im Ergebnissatz der erweiterten Suche angezeigt werden. Die Bilder in diesem Kapitel zeigen die Standardansicht für Verkaufschancen in Microsoft Dynamics CRM. Möglicherweise werden in Ihren eigenen Ergebnissen andere Spalten angezeigt. Wenn es eine Spalte gibt, die Sie häufig zu Ihren Suchergebnissen hinzufügen müssen, bitten Sie Ihren Systemadministrator, sie in die Standardansicht der erweiterten Suche aufzunehmen.

7. Klicken Sie im Dialogfeld **Spalten bearbeiten** auf den Spaltenkopf **Branche** (führen Sie keinen Doppelklick aus!).

   Um den Spaltenkopf wird ein grüner Rahmen angezeigt.

8. Klicken Sie im Bereich **Allgemeine Aufgaben** auf den nach links weisenden Pfeil, bis die Spalte **Branche** als erste Spalte im Ergebnisraster erscheint.

9. Doppelklicken Sie auf die Spalte **Branche**.

   Das Dialogfeld **Spalteneigenschaften ändern** wird geöffnet.

10. Ändern Sie die Spaltenbreite auf 200 Pixel, indem Sie die Option **200px** aktivieren, und klicken Sie auf **OK**.

    Dadurch verdoppeln Sie die Spaltenbreite gegenüber der Voreinstellung von 100 Pixel.

Ergebnisse der erweiterten Suche ordnen und formatieren

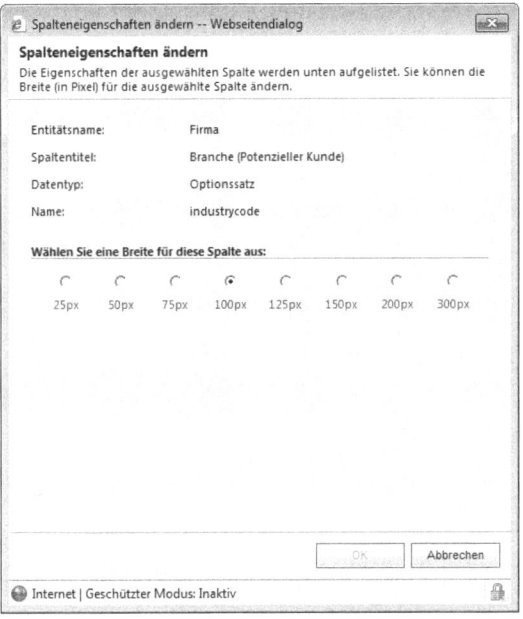

11. Klicken Sie im Bereich **Allgemeine Aufgaben** des Dialogfelds **Spalten bearbeiten** auf **Sortieren konfigurieren**.

    Das Dialogfeld **Sortierreihenfolge konfigurieren** erscheint.

12. Wählen Sie im Feld **Sortieren nach** den Eintrag **Wahrscheinlichkeit** aus und aktivieren Sie **Absteigende Reihenfolge**.

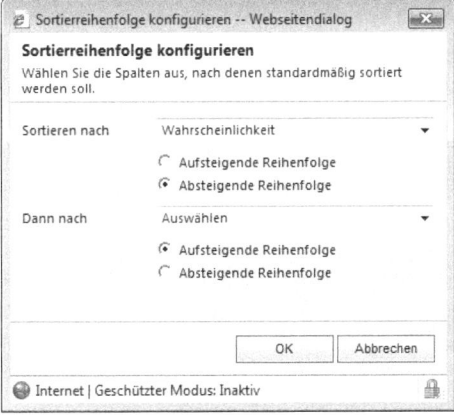

13. Klicken Sie auf **OK**. Die Ergebnisse werden so sortiert, das Verkaufschancen mit der höchsten Abschlusswahrscheinlichkeit am Anfang des Berichts erscheinen.

> **TIPP** Sie können auch nach einer zweiten Spalte sortieren.

14. Klicken Sie im Dialogfeld **Spalten bearbeiten** auf **OK**, um es zu schließen.
15. Im Feld **Erweiterte Suche** im Menüband, in der Gruppe **Anzeigen**, klicken Sie auf die Schaltfläche **Ergebnisse**. Die Suchergebnisse werden angezeigt, wobei dieses Mal auch die neu hinzugefügten Spalten zu sehen sind.

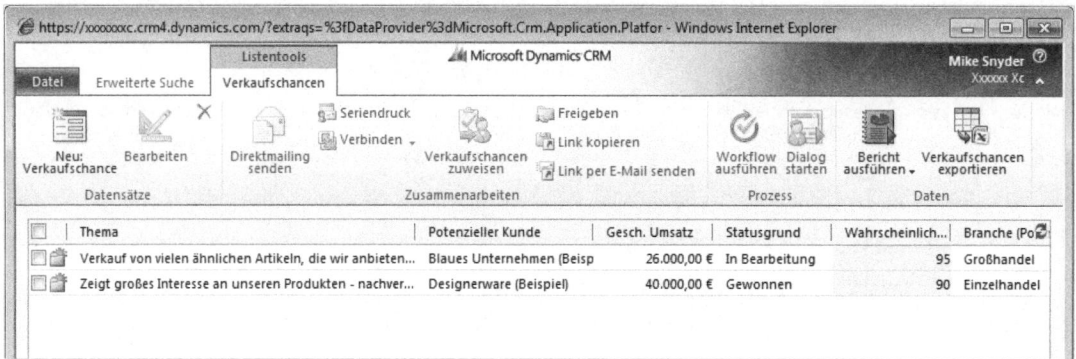

Gespeicherte Ansichten erstellen und freigeben

Nehmen wir an, dass Sie bereits die Kriterien, das Ausgabeformat und die Sortierreihenfolge einer erweiterten Suchabfrage nach Ihren Bedürfnissen angepasst haben und die gleiche Abfrage irgendwann in der Zukunft noch einmal ausführen müssen. Was tun Sie in einem solchen Fall? Es wäre nervtötend, jedes Mal erneut diese Festlegungen zu treffen, um den Bericht zu erstellen. Zum Glück können Sie in Microsoft Dynamics CRM gespeicherte Ansichten erstellen, um erweiterte Suchabfragen für die zukünftige Verwendung aufzubewahren. Gespeicherte Ansichten können zu einem späteren Zeitpunkt erneut ausgeführt und geändert werden. Damit sparen Sie es sich, bestimmte Arten von Berichten regelmäßig neu anlegen zu müssen.

> **TIPP** In gespeicherten Ansichten werden die Kriterien und Formatierungseinstellungen aufbewahrt. Die Ergebnisse aber sind dynamisch und spiegeln jeweils die Datensätze wider, die mit Ihren Suchkriterien zu dem Zeitpunkt übereinstimmen, an dem Sie die gespeicherte Ansicht jeweils ausführen. Gespeicherte Ansichten sind also keine fixen Momentaufnahmen der Daten zu einem bestimmten Zeitpunkt.

In vorhergehenden Kapiteln haben Sie gesehen, wie Sie Diagramme, Dashboards und Berichte für Ihre Mitarbeiter freigeben. Daneben können Sie Ihren Kollegen auch Ihre gespeicherten Ansichten verfügbar machen, sodass auch sie von diesen Berichten profitieren können.

Gespeicherte Ansichten können für andere Benutzer und für Teams freigegeben werden (Gruppen von Benutzern mit gemeinsamen Zugriffsrechten für bestimmte Datensätze). Wenn Sie eine gespeicherte Ansicht freigeben, erhalten die Benutzer oder Teams standardmäßig Lesezugriff darauf. Dadurch können sie auf die

Gespeicherte Ansichten erstellen und freigeben

gespeicherte Ansicht zugreifen, sie aber nicht ändern. Bei der Freigabe einer gespeicherten Ansicht können Sie jedoch auch andere Berechtigungen zuweisen. In der folgenden Tabelle finden Sie einen Überblick über die Berechtigungen, die bei der Freigabe von Ansichten verfügbar sind.

Berechtigung	Beschreibung
Lesen	Benutzer können auf die Ansicht zugreifen, sie aber nicht ändern.
Schreiben	Benutzer können die Ansicht ändern, um ihr zusätzliche Kriterien, Ergebnisfelder oder andere Formatierungseinstellungen hinzuzufügen.
Löschen	Benutzer können die Ansicht aus der Microsoft Dynamics CRM-Datenbank löschen.
Anfügen	Benutzer können andere Datensätze mit der Ansicht verknüpfen.
Zuweisen	Benutzer können die Ansicht einem weiteren Systembenutzer zuweisen.
Freigeben	Benutzer können die Ansicht für weitere Benutzer oder Teams freigeben, wobei ihr eigener Zugriff auf die Ansicht erhalten bleibt.

In dieser Übung speichern Sie die im vorherigen Abschnitt erstellte Ansicht, sodass Sie sie später wiederverwenden können. Außerdem geben Sie die Ansicht für einen anderen Benutzer frei.

VORBEREITUNG Verwenden Sie Ihre Microsoft Dynamics CRM-Installation statt der CRM-Website, die in dieser Übung gezeigt wird. Gehen Sie mit Microsoft Internet Explorer auf Ihre Microsoft Dynamics CRM-Website, bevor Sie mit dieser Übung anfangen.

1. Klicken Sie im Fenster **Erweiterte Suche**, das die im letzten Abschnitt erstellte Abfrage enthält, auf **Speichern unter**.

   Das Dialogfeld **Abfrageeigenschaften** wird geöffnet.

2. Geben Sie im Feld **Name** die Bezeichnung *Sehr gute Verkaufschancen in Hildesheim* ein.

3. Geben Sie im Feld **Beschreibungen** den Text *Verkaufschancen in Hildesheim mit einer Wahrscheinlichkeit größer als 50* ein.

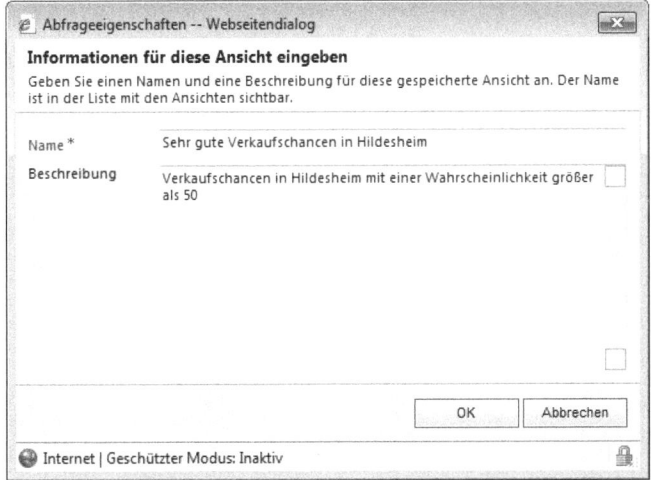

4. Klicken Sie auf **OK**. Klicken Sie dann im Fenster **Erweiterte Ansicht** in der Gruppe **Anzeigen** des Menübands auf **Gespeicherte Ansichten**, um sich die neu erstellte gespeicherte Ansicht anzusehen.

   Sie ist nicht nur über die Liste **Gespeicherte Ansichten** zugänglich, sondern erscheint auch in der Anzeigeliste im Bereich für Verkaufschancen.

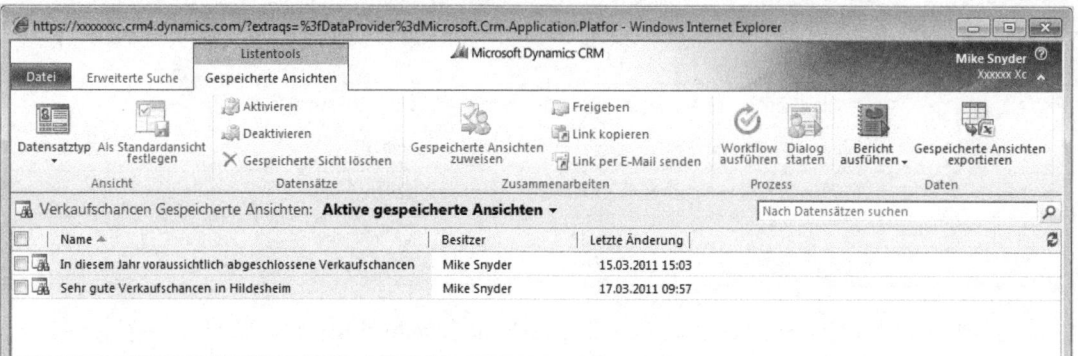

5. Wählen Sie die neu erstellte Ansicht aus und klicken Sie in der Gruppe **Zuammenarbeiten** des Menübands **Gespeicherte Ansichten** auf **Freigeben**.

   Das Dialogfeld **Für wen möchten Sie das ausgewählte Objekt GESPEICHERTE SICHT freigeben?** erscheint.

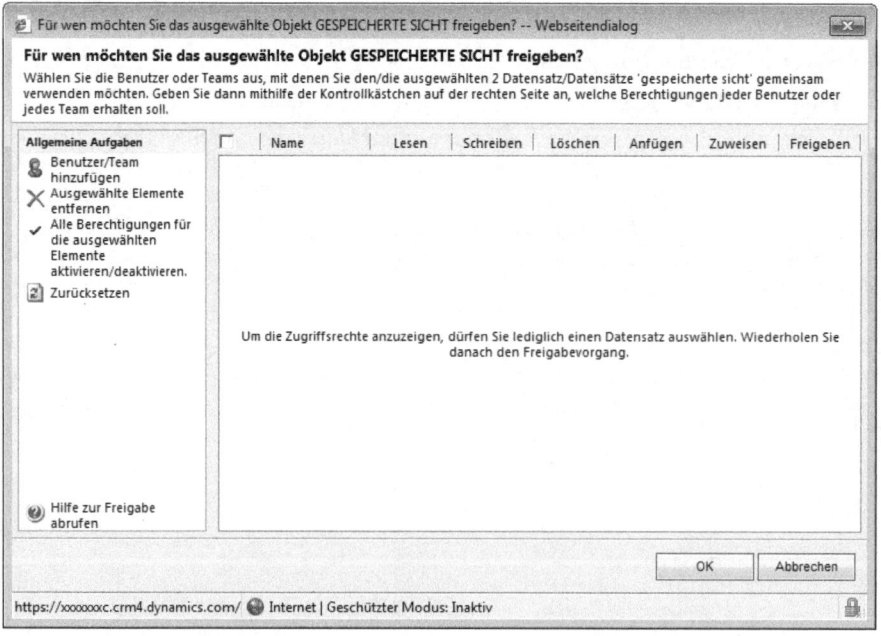

6. Im Bereich **Allgemeine Aufgaben** klicken Sie auf **Benutzer/Team hinzufügen**.

   Das Dialogfeld **Datensätze nachschlagen** wird geöffnet.

7. Geben Sie in das Feld **Suchen** den Namen eines anderen Systembenutzers ein und drücken Sie die Eingabe-Taste.

8. Wählen Sie einen Benutzereintrag aus und klicken Sie auf **Hinzufügen**, um ihn aus dem Feld **Ergebnisse** in das Feld **Ausgewählte Datensätze** zu übertragen. Klicken Sie dann auf **OK**.

   Der ausgewählte Benutzer wird in das Dialogfeld für die Freigabe übernommen. Standardmäßig erhält dieser Benutzer Leseansichten für die Ansicht. Darüber hinaus können Sie ihm jedoch Schreib-, Lösch-, Anfüge-, Zuweisungs- und Freigabeberechtigungen erteilen.

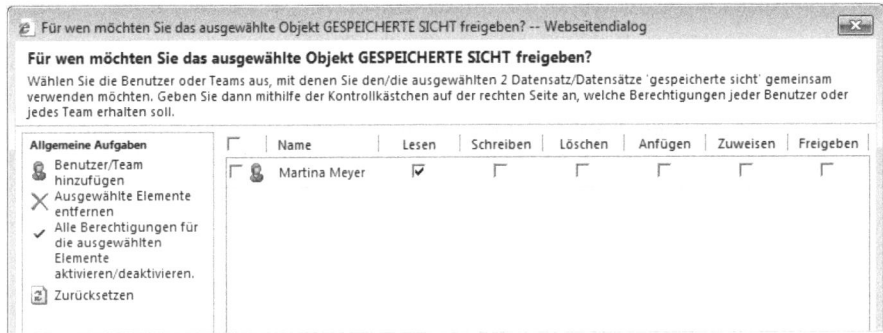

9. Klicken Sie im Feld **Für wen möchten Sie das ausgewählte Objekt GESPEICHERTE SICHT freigeben?** auf **OK**.

   Mit nur wenigen Klicks haben Sie Ihren Kollegen jetzt die Möglichkeit eingeräumt, die von Ihnen erstellten Berichte zu nutzen.

Erweiterte Filterkriterien

Standardmäßig verknüpft Microsoft Dynamics CRM zwei oder mehr Suchkriterien in Abfragen mit UND. Das bedeutet, dass als Ergebnisse nur die Datensätze angezeigt werden, die sämtliche Kriterien der Abfrage erfüllen. Was aber, wenn Sie einen Bericht mit Datensätzen benötigen, die nur einem von mehreren Kriterien genügen müssen? In diesem Fall können Sie eine ODER-Verknüpfung auswählen, um Datensätze zu finden, die nur in einem von mehreren Feldern passende Daten aufweisen.

In dieser Übung nutzen Sie die Funktionen **Gruppieren UND** und **Gruppieren ODER** der erweiterten Suche. Bei der ursprünglichen Definition der gespeicherten Ansicht **Sehr gute Verkaufschancen in Hildesheim** wurden alle Verkaufschancen angezeigt, die folgenden beiden Kriterien genügten:

- Die Wahrscheinlichkeit der Verkaufschance ist größer als 50.
- Die Firmen befinden sich in Hildesheim.

Als Nächstes lockern Sie diese Kriterien, um neben den Verkaufschancen in Hildesheim auch diejenigen in Pforzheim in die Ergebnisse aufzunehmen.

VORBEREITUNG Verwenden Sie Ihre Microsoft Dynamics CRM-Installation statt der CRM-Website, die in dieser Übung gezeigt wird. Gehen Sie mit Microsoft Internet Explorer auf Ihre Microsoft Dynamics CRM-Website, bevor Sie mit dieser Übung anfangen.

1. Öffnen Sie die erweiterte Suche, falls Sie das noch nicht getan haben.
2. Wählen Sie im Feld **Suchen nach** des Fensters für die erweiterte Suche **Verkaufschancen** aus und dann aus der Liste **Gespeicherte Ansichten verwenden** den Eintrag **Gute Verkaufschancen in Hildesheim**.

   Die Kriterien der gespeicherten Abfrage werden angezeigt.
3. Im Feld **Erweiterte Suche** im Menüband, in der Gruppe **Abfrage**, klicken Sie auf die Schaltfläche **Details**.

> **TIPP** Standardmäßig befindet sich die erweiterte Suche im einfachen Modus, sodass die Einzelheiten einer Abfrage nur dann angezeigt werden, wenn Sie auf **Details** klicken. Diese Einstellungen können Sie auf der Registerkarte **Allgemein** im Bereich **Persönliche Optionen** festlegen ändern. Dorthin gelangen Sie über den Eintrag **Optionen** im Menübereich **Datei**.

4. Klicken Sie im Abschnitt **Potenzieller Kunde (Firma)** auf das Feld **Auswählen** unter der Zeile, in der die Stadt **Hildesheim** angegeben ist.
5. Wählen Sie im Feld **Auswählen** den Eintrag **Adrese 1: Ort** aus.
6. In das Feld **Text eingeben** tragen Sie **Pforzheim** ein.

   Wenn Sie jetzt eine Suche durchführen, werden keinerlei Ergebnisse angezeigt. Das liegt daran, dass Microsoft Dynamics CRM die Kriterien standardmäßig mit UND verknüpft und es nun einmal nicht möglich ist, dass ein Firmendatensatz eine Hauptadresse sowohl in Hildesheim als auch in Pforzheim aufweist.
7. Klicken Sie auf die Pfeilschaltfläche links neben dem ersten Feld namens **Adresse 1: Ort** und klicken Sie auf **Zeile auswählen**.

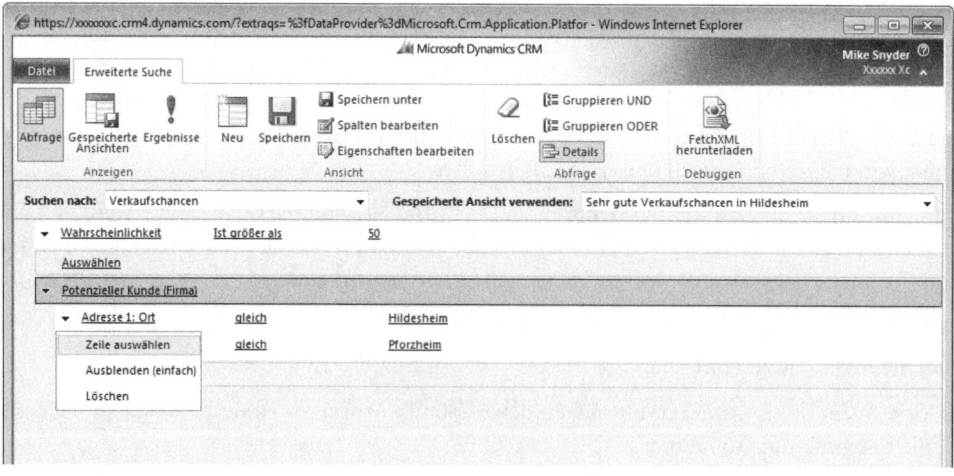

8. Klicken Sie auf die Pfeilschaltfläche links neben dem zweiten Feld namens **Adresse 1: Ort** und klicken Sie ebenfalls auf **Zeile auswählen**.

9. Im Feld **Erweiterte Suche** im Menübereich, in der Gruppe **Abfrage**, klicken Sie auf die Schaltfläche **Gruppieren ODER**.

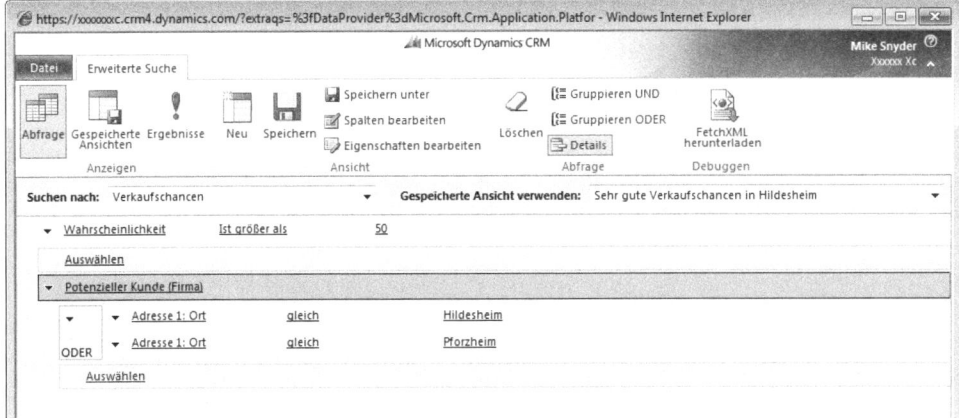

Dadurch wird die logische Verknüpfung geändert, sodass in den Ergebnissen jetzt die Datensätze zurückgegeben werden, die ihre Hauptadresse in Hildesheim oder in Pforzheim haben.

10. Klicken Sie in der Gruppe **Anzeigen** auf **Ergebnisse**, um sich die Ergebnisse für die geänderte Abfrage anzusehen.

Die Funktionen zur Bearbeitung und Zuweisung mehrerer Datensätze

Eine Liste der Datensätze zusammenstellen zu können, die bestimmte Kriterien erfüllen, ist sicherlich eine nützliche und vielseitige Möglichkeit. Ebenso wichtig ist es aber, diese Datensätze bearbeiten zu können, um die Microsoft Dynamics CRM-Datenbank an die veränderten Umstände anzupassen. In Microsoft Dynamics CRM können Sie die Ergebnisse von erweiterten Suchabfragen auf vielfältige Weise bearbeiten. Unter anderem können Sie Folgendes tun:

- Die Daten in Microsoft Excel exportieren
- Mehrere Datensätze bearbeiten
- Mehrere Datensätze zuweisen
- Datensätze deaktivieren

In diesem Abschnitt geht es um die Funktionen zur Bearbeitung und Zuweisung mehrerer Datensätze. Mit der Microsoft Dynamics CRM-Funktion zur Bearbeitung mehrerer Datensätze können Sie in jedem beliebigen Bereich viele Datensätze auf einmal ändern. Beispielsweise gibt es folgende Gründe, um mehrere Datensätze zu bearbeiten oder zuzuweisen:

- In mehrere Datensätze wurden falsche Daten eingegeben.
- Sie haben ein neues Attribut hinzugefügt, das Sie in allen Datensätzen ausfüllen möchten.
- Ein Mitarbeiter verlässt das Unternehmen, weshalb Sie dessen Datensätze auf andere Teammitglieder verteilen müssen.

> **WICHTIG** Nicht jeder Benutzer verfügt zwangsläufig über Rechte zur Bearbeitung mehrerer Datensätze. Ob ein Benutzer in der Lage ist, mehrere Datensätze zu bearbeiten, legt der Systemadministrator in der Sicherheitsrolle des betreffenden Benutzers fest.

In dieser Übung bearbeiten Sie das Feld **Adresse 1: Ort** mehrerer Datensätze mithilfe der entsprechenden Funktion. Außerdem weisen Sie mehrere Datensätze zu.

VORBEREITUNG Verwenden Sie Ihre Microsoft Dynamics CRM-Installation statt der CRM-Website, die in dieser Übung gezeigt wird. Gehen Sie mit Microsoft Internet Explorer auf Ihre Microsoft Dynamics CRM-Website, bevor Sie mit dieser Übung anfangen.

1. Im **Arbeitsbereich** klicken Sie auf **Firmen**.

   Die Standardansicht erscheint im Hauptbereich der Seite.

   > **Weitere Informationen**
   >
   > Als Standardansicht wird Meine aktiven Firmen angezeigt. Darin sind die Felder **Firmenname**, **Telefon 1**, **Adresse 1: Ort**, **Primärer Kontakt** und **E-Mail** (**Primärer Kontakt**) für die Firmen enthalten, die Sie besitzen. Diese Standardansicht lässt sich ändern, weshalb Sie in Ihrer Umgebung möglicherweise anders aussieht.

2. In der Gruppe **Daten** im Menübereich **Firmen** klicken Sie auf die Schaltfläche **Erweiterte Suche**.

   Der Detailbereich wird mit den Kriterien der aktuellen Ansicht gefüllt.

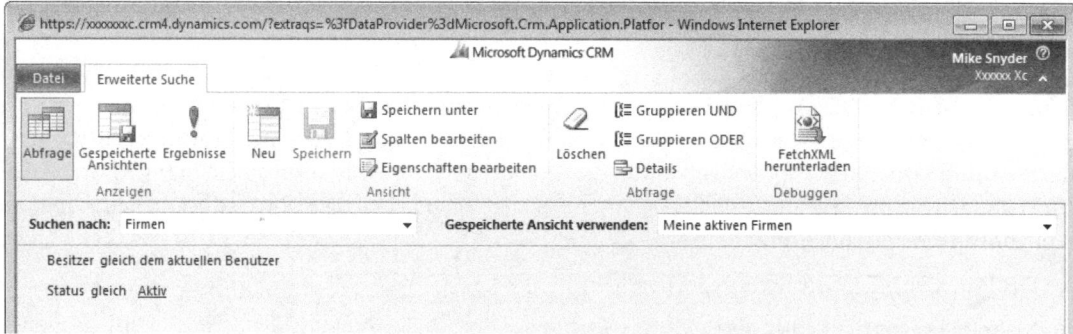

3. Klicken Sie in der Gruppe **Abfrage** auf **Details**, um die Einzelheiten der Abfrage anzuzeigen. Fügen Sie dann ein neues Suchfeld hinzu, indem Sie im Feld **Auswählen** den Eintrag **Adresse 1: Ort** wählen.
4. Lassen Sie den Operator **gleich** unverändert und schreiben Sie *HRO* in das Feld **Text eingeben**.
5. Klicken Sie in der Gruppe **Anzeigen** auf **Ergebnisse**.

   Alle aktiven Firmen, die Sie besitzen und bei denen der Wert für den Ort *Rostock* lautet, werden angezeigt. Als Nächstes ändern Sie den Wert mit der Funktion zur Bearbeitung mehrerer Datensätze in *Hansestadt Rostock*.

   > **WICHTIG** Wenn die Suche nicht mindestens zwei Ergebnisse zurückgibt, ändern Sie die Abfrage, bevor Sie mit der Übung fortfahren.

Die Funktionen zur Bearbeitung und Zuweisung mehrerer Datensätze

6. Markieren Sie mehrere Datensätze. Klicken Sie in der Gruppe **Datensätze** im Menübereich **Firmen** auf **Bearbeiten**.

   Das Dialogfeld **Mehrere Datensätze bearbeiten** wird geöffnet. Es ähnelt einem leeren Firmenformular.

   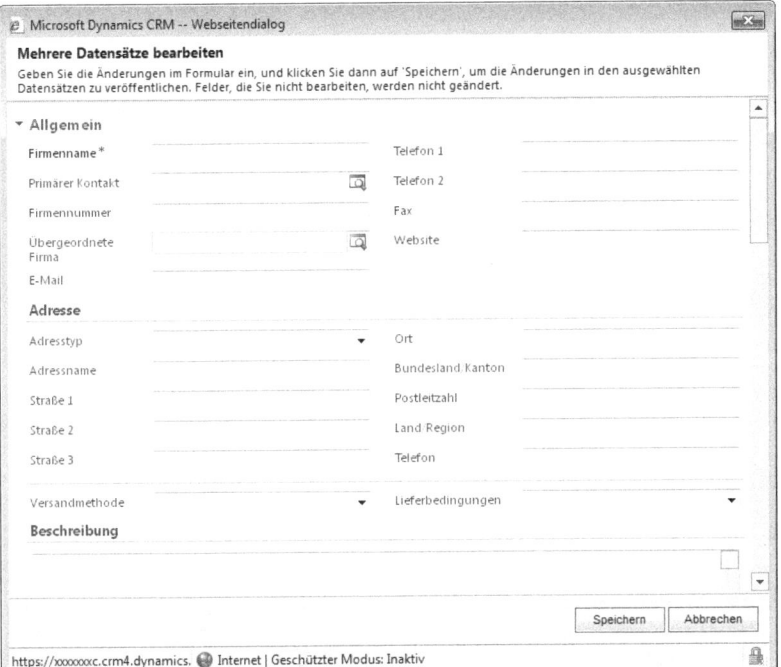

7. Geben Sie in das Feld **Ort** die Bezeichnung *Hansestadt Rostock* ein und klicken Sie auf **Speichern**.

   WICHTIG Diese Aktion können Sie nicht rückgängig machen.

   Nachdem Sie auf **Speichern** geklickt haben, werden die betreffenden Datensätze geändert.

   TIPP Wenn eine Abfrage mehrere Seiten mit Ergebnissen zurückgibt, müssen Sie die Datensätze seitenweise ändern. Wie viele Datensätze auf einer Seite zurückgegeben werden, können Sie im Bereich Persönliche Optionen festlegen. Der Höchstwert beträgt 250.

8. Wählen Sie im Ergebnisbereich wenigstens zwei weitere Datensätze aus, indem Sie die Taste **Strg** gedrückt halten, während Sie darauf klicken.

9. In der Gruppe **Zusammenarbeiten** im Menüband **Firmen** klicken Sie auf die Schaltfläche **Firmen zuweisen**. Das Dialogfeld **Firmen zuweisen** wird geöffnet.

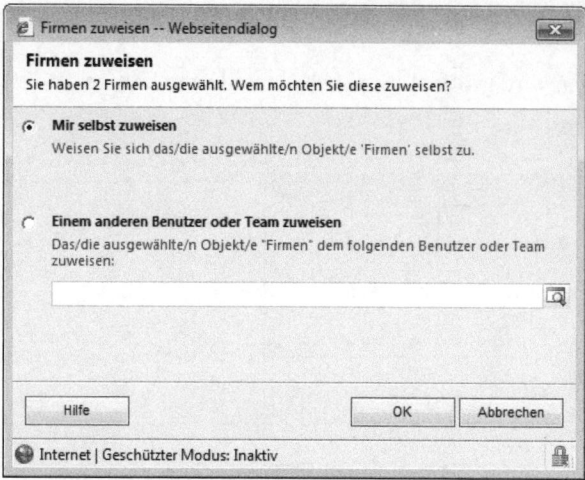

10. Aktivieren Sie in diesem Dialogfeld die Option **Mir selbst zuweisen**, um sich die ausgewählten Datensätze zuzuweisen.

Zusammenfassung

- Mit der erweiterten Suche von Microsoft Dynamics CRM können Sie nach Daten in Ihrem System suchen. Sie können die Ergebnisse filtern und Spalten sowohl aus dem Hauptdatensatztyp, nach dem Sie suchen, als auch von verwandten Typen anzeigen.
- Sie können die Ausgabe Ihrer Abfragen nach Ihren Bedürfnissen formatieren und sortieren.
- Sie können erweiterte Suchansichten für die spätere Verwendung speichern.
- Durch die Freigabe können Sie gespeicherte Ansichten auch anderen Benutzern zur Verfügung stellen.
- Mit UND- und ODER-Verknüpfungen können Sie vielschichtige Abfragen erstellen.
- Sie können die Ergebnisse von erweiterten Suchabfragen bearbeiten. Dabei stehen Funktionen zur Verfügung, mit denen Sie gleich mehrere Datensätze auf einmal ändern und anderen Benutzern zuweisen können.

Kapitel 17

Berichterstattung mit Excel

In diesem Kapitel:

Statische Dateien in Excel-Arbeitsblätter exportieren	337
Dynamische Dateien in Excel-Arbeitsblätter exportieren	340
Dynamische Dateien in Excel-Pivottabellen exportieren	343
Excel-Berichte in die Berichtsliste von Microsoft Dynamics CRM hochladen	348
Zusammenfassung	349

In diesem Kapitel lernen Sie:

- Statische Dateien in Excel-Arbeitsblätter exportieren
- Dynamische Dateien in Excel-Arbeitsblätter exportieren
- Dynamische Dateien in Excel-Pivottabellen exportieren
- Excel-Berichte in die Berichtsliste von Microsoft Dynamics CRM hochladen

Microsoft Dynamics CRM bietet verschiedene Möglichkeiten, um Daten in Berichtsform auszugeben. Die Ansichten der erweiterten Suche und der Assistent für Microsoft SQL Server-Berichtsdienste zusammen bilden eine leistungsfähige Kombination von Hilfsmitteln zur Berichterstattung. Außerdem bietet Microsoft Dynamics CRM eine weitere Möglichkeit zur Berichterstattung, die viele Benutzer gern einsetzen, nämlich den Export der Daten in Microsoft Excel. Damit können Daten in statische und dynamische Arbeitsblätter sowie in dynamische Pivottabellen überführen, die sich dann für die weitergehende Analyse und Berichterstattung nutzen lassen. Beim dynamischen Export bleibt die Excel-Datei mit der Microsoft Dynamics CRM-Datenbank verbunden, sodass Sie die Daten in Excel immer wieder aktualisieren können. Diese Möglichkeit ist unter anderem in den folgenden Situationen sehr nützlich:

- Sie möchten eine Ansicht der erweiterten Suche wöchentlich exportieren, um sie für eine Besprechung auszudrucken. Sie können Daten einmalig in eine dynamische Datei exportieren und den Bericht nach Ihrem Geschmack formatieren und dann später immer wieder auf die gespeicherte Datei zurückgreifen und dabei stets die aktuellsten Daten sehen.
- Sie verwenden einen Pivottabellen-Bericht, um sich Zusammenfassungsdaten anzusehen. Sie können eine Pivottabelle einmalig erstellen und dann bei Bedarf wiederverwenden.

Beim Export von Daten in Excel greifen die Sicherheitseinstellungen von Microsoft Dynamics CRM. Sie können also nur die Berichte exportieren, auf die Sie in Microsoft Dynamics CRM Zugriff haben.

In diesem Kapitel lernen Sie, wie Sie statische und dynamische Excel-Berichte erstellen. Außerdem erfahren Sie, wie Sie Pivottabellen-Berichte mit Daten aus Microsoft Dynamics CRM anlegen. Darüber hinaus lesen Sie hier auch, wie Sie einen Excel-Bericht in den Berichtsbereich von Microsoft Dynamics CRM hochladen, um ihn anderen Benutzern zur Verfügung zu stellen.

> **Übungsdateien**
>
> Es gibt zu diesem Kapitel keine Übungsdateien.

> **WICHTIG** Die Bilder in diesem Buch zeigen die Standardformulare und Feldnamen in Microsoft Dynamics CRM. Da die Software vielfältig angepasst werden kann, ist es möglich, dass einige der Datentypen oder -felder in Ihrem Microsoft Dynamics CRM anders heißen. Wenn Sie die Formulare, Felder oder Sicherheitsrollen, die in diesem Buch angesprochen werden, nicht finden können, wenden Sie sich an Ihren Systemadministrator.

> **WICHTIG** Sie müssen die Adresse Ihrer Microsoft Dynamics CRM-Website kennen, um die Beispiele dieses Buchs durchzugehen. Erfragen Sie die Adresse bei Ihrem Systemadministrator, wenn Sie sie nicht kennen.

Statische Dateien in Excel-Arbeitsblätter exportieren

WICHTIG Die Möglichkeiten für den Datenexport können benutzerweise eingestellt werden. Wenn Sie die in diesem Kapitel erwähnten Schaltflächen und Optionen für den Export nicht sehen können, wenden Sie sich an Ihren Systemadministrator.

Statische Dateien in Excel-Arbeitsblätter exportieren

Gewöhnlich sind Büromitarbeiter mit Excel vertraut und verwenden dieses Programm in einem gewissen Rahmen. Mit Excel können Sie Daten ordnen, formatieren und analysieren. Viele Programme für das Geschäftsleben geben dem Endbenutzer die Möglichkeit, Berichtsdaten in Excel zu exportieren, und Microsoft Dynamics CRM bildet dabei keine Ausnahme.

Es ist sehr einfach, eine Liste von Berichten in Excel zu exportieren. Wenn Sie Microsoft Dynamics CRM schon eine Zeit lang verwenden, haben Sie wahrscheinlich schon diese Exportfunktion verwendet.

Für einen einfachen, einmaligen Bericht können Sie die Informationen aus jedem beliebigen Microsoft Dynamics CRM-Datenbereich in ein statisches Arbeitsblatt exportieren. Statisch bedeutet, dass die Daten in Excel nicht aktualisiert werden, wenn sich die zugrunde liegenden Daten in Microsoft Dynamics CRM nach dem Export ändern. Ein statischer Export stellt eine Momentaufnahme der Datensätze in Microsoft Dynamics CRM dar.

Beim Export statischer Daten in Excel werden die Daten so übernommen, wie Sie in Microsoft Dynamics CRM erscheinen. Das Arbeitsblatt enthält also die Felder, die im Datenbereich angezeigt werden, und auch die Reihenfolge dieser Felder, deren Sortierung und Breite sind identisch. Die meisten Datenbereiche lassen sich in Excel exportieren, auch die Ergebnisse einer erweiterten Suche.

Weiter hinten in diesem Kapitel erfahren Sie, wie Sie durch den Export dynamischer Daten eine aktive Verbindung zu Microsoft Dynamics CRM aufrechterhalten, sodass Sie in Excel stets Ihre aktuellen Geschäftsdaten zur Analyse vorfinden.

In dieser Übung exportieren Sie jedoch zunächst eine statische Microsoft Dynamics CRM-Datenansicht in Excel.

VORBEREITUNG Verwenden Sie Ihre Microsoft Dynamics CRM-Installation statt der CRM-Website, die in dieser Übung gezeigt wird. Gehen Sie mit Microsoft Internet Explorer auf Ihre Microsoft Dynamics CRM-Website, bevor Sie mit dieser Übung anfangen.

1. Im **Arbeitsbereich** klicken Sie auf **Firmen**.
2. Wählen Sie die Ansicht **Aktive Firmen**.
   Der Datenbereich zeigt eine Liste der aktiven Firmen.

Kapitel 17: Berichterstattung mit Excel

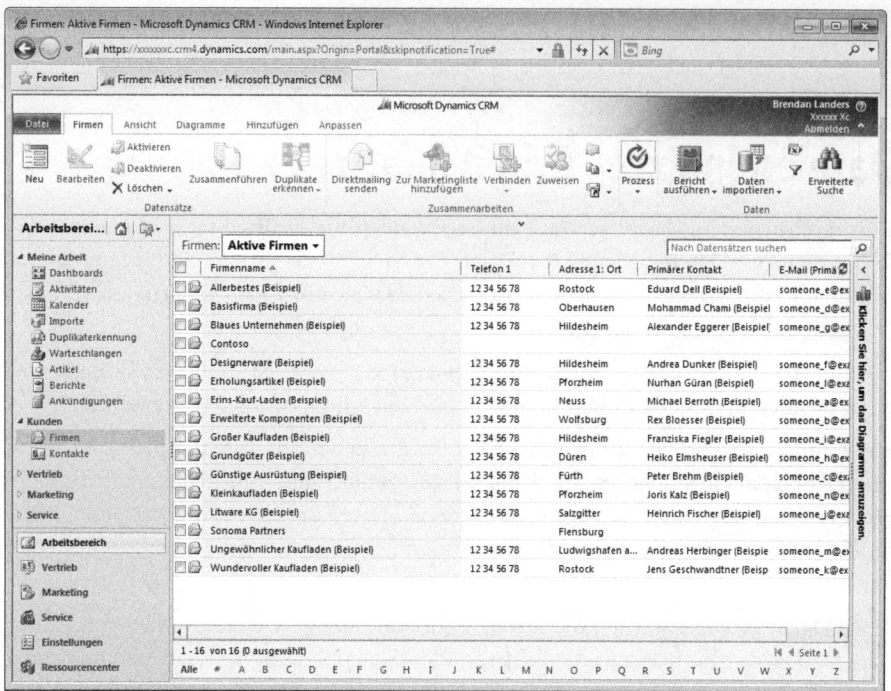

3. Im Bereich **Firmen** im Menüband, in der Gruppe **Daten**, klicken Sie auf die Schaltfläche **Exportieren nach Excel**.

> **TIPP** Die Schaltfläche **Exportieren nach Excel** steht in den meisten Datenbereichen von Microsoft Dynamics CRM zur Verfügung. Neben Standardberichten über Firmen, Kontakte und Verkaufschancen können Sie auch systembezogene Informationen wie eine Liste der Berichte oder Datenimporte exportieren.

Das Dialogfeld **Daten nach Excel exportieren** wird geöffnet.

4. Lassen Sie die Option **Statische Tabelle mit Datensätzen von dieser Seite** aktiviert und klicken Sie auf **Exportieren**.

> **TIPP** Wenn die Datensätze in der Ansicht der aktiven Firmen mehrere Seiten einnehmen, werden in Schritt 4 die folgenden Optionen angezeigt:
>
> - Statische Tabelle mit Datensätzen von dieser Seite
> - Statische Tabellen mit Datensätzen von allen Seiten in der aktuellen Ansicht
>
> Damit können Sie auswählen, ob Sie alle Datensätze der Ansicht oder nur diejenigen der ersten Seite exportieren möchten.

Das Dialogfeld **File Download** wird geöffnet.

5. Klicken Sie auf **Öffnen**, um Excel zu starten und die exportierte Datei zu öffnen. Alternativ können Sie auch auf **Speichern** klicken, wenn Sie die Excel-Datei auf Ihrem Computer speichern möchten.

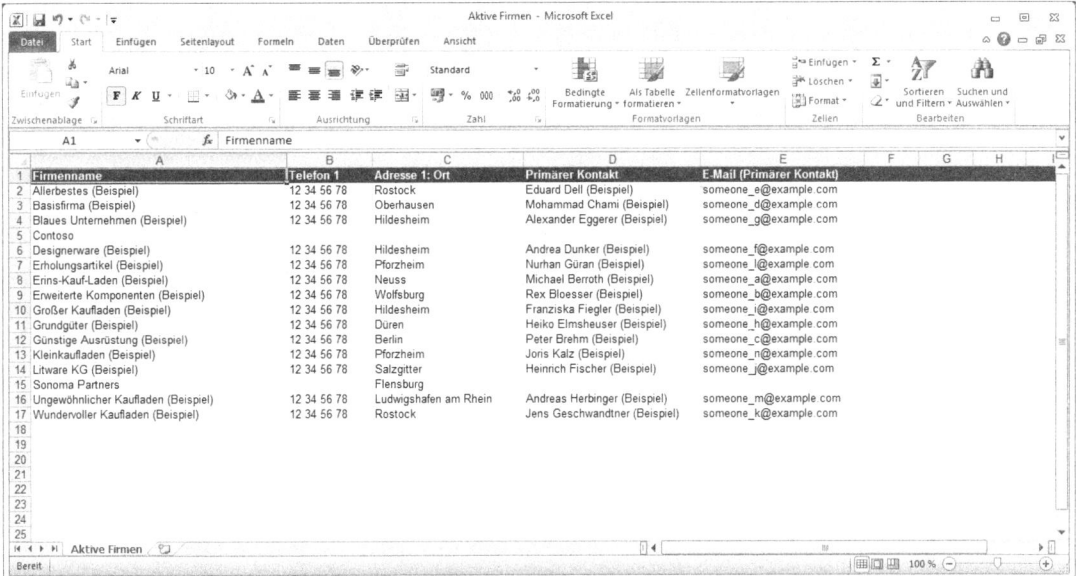

Die Datensätze über die aktiven Firmen sind jetzt in Excel geladen. Sie können die Daten in Excel nach Bedarf formatieren, ändern und analysieren, ohne dass sich dies auf die Microsoft Dynamics CRM-Datenbank auswirkt.

> **WICHTIG** Wenn Excel auf Ihrem Computer nicht installiert ist, können Sie die Datei nicht öffnen. Wenden Sie sich in diesem Fall an Ihren Systemadministrator. Als Alternative bietet Microsoft das Programm Excel Viewer an, mit dem Sie Excel-Dateien zur Ansicht öffnen können. Excel Viewer finden Sie im Microsoft Download Center unter *http://www.microsoft.com/downloads*.

Dynamische Dateien in Excel-Arbeitsblätter exportieren

Bei der üblichen Benutzung von Microsoft Dynamics CRM ändern sich die Daten ständig. Von einem Tag zum nächsten enthält Ihre Datenbank wahrscheinlich eine andere Anzahl von Datensätzen, und auch die Daten in diesen Datensätzen ändern sich häufig. Statische Daten, die Sie nach Excel exportiert haben, sind daher meistens schon nach ein oder zwei Tagen veraltet. Zwar können Sie die statischen Daten einfach ein weiteres Mal exportieren, doch gehen dabei alle Formatierungen und sonstigen Änderungen verloren, die Sie an der Excel-Datei vorgenommen haben. Zum Glück bietet Ihnen Microsoft Dynamics CRM die Möglichkeit an, dynamische Daten zu exportieren. Das heißt, dass Sie die gewünschte Ausgabe nur einmal festlegen müssen, woraufhin die Daten anschließend in Excel immer wieder aktualisiert werden. Nachdem Sie die eingerichtet haben, können Sie sie immer wieder öffnen, wenn Sie sie brauchen. Das macht den großen Vorteil dynamischer Arbeitsblätter aus. Sie brauchen dann nicht einmal Microsoft Dynamics CRM zu öffnen, um die Daten in der Anwendung nutzen zu können.

Wenn Sie die dynamische Datei auf einem freigegebenen Netzlaufwerk unterbringen, können auch andere Benutzer die Daten in dem von Ihnen festgelegten Format sehen. In der Übung zu diesem Abschnitt erstellen Sie eine dynamische Datei aus der Ansicht **Meine Aktivitäten**, die nur die Ihnen zugewiesenen Aktivitäten enthält. Wenn andere Benutzer die Datei von ihren Arbeitsstationen aus öffnen, sehen diese Personen wiederum nur ihre eigenen Aktivitäten.

In dieser Übung exportieren Sie die Daten in eine dynamische Excel-Datei. Anschließend nehmen Sie innerhalb von Microsoft Dynamics CRM Änderungen vor und aktualisieren dann die Daten in Excel, um einen Eindruck von dem zu gewinnen, was dynamische Dateien leisten können.

VORBEREITUNG Verwenden Sie Ihre Microsoft Dynamics CRM-Installation statt der CRM-Website, die in dieser Übung gezeigt wird. Gehen Sie mit Microsoft Internet Explorer auf Ihre Microsoft Dynamics CRM-Website, bevor Sie mit dieser Übung anfangen.

1. Im **Arbeitsbereich** klicken Sie auf **Aktivitäten**.

   Die standardmäßige Ansicht **Meine Aktivitäten** erscheint. Wenn in dieser Ansicht keine Aktivitäten angezeigt werden, erstellen Sie für diese Übung eine solche.

   > **Weitere Informationen**
   >
   > Weitere Informationen über die Arbeit mit Aktivitäten finden Sie in Kapitel 4, »Mit Aktivitäten und Notizen arbeiten«.

2. Klicken Sie auf **Exportieren nach Excel**.

   Das Dialogfeld **Daten nach Excel exportieren** wird geöffnet.

3. Wählen Sie **Dynamische Tabelle**. Die Schaltfläche **Spalten bearbeiten** wird aktiviert.

   Über diese Schaltfläche können Sie die Spalten ändern, die in der Ausgabe des dynamischen Arbeitsblatts erscheinen sollen. Damit können Sie zusätzliche Spalten hinzufügen und die Felder umordnen.

4. Klicken Sie auf **Spalten bearbeiten**, um das gleichnamige Dialogfeld zu öffnen.

5. Im Bereich **Allgemeine Aufgaben** klicken Sie auf **Spalten hinzufügen**.

   Das Dialogfeld **Spalten hinzufügen** wird geöffnet.

Dynamische Dateien in Excel-Arbeitsblätter exportieren

> **Weitere Informationen**
>
> Das Dialogfeld Spalten bearbeiten wurde schon in einem früheren Abschnitt dieses Buches besprochen. Wenn Sie sich die Bearbeitung von Spalten noch einmal ins Gedächtnis rufen möchten, lesen Sie den Abschnitt »Ergebnisse der erweiterten Suche ordnen und formatieren« von Kapitel 16, »Erweiterte Suche«.

6. Aktivieren Sie das Kontrollkästchen neben dem Feld **Zuletzt aktualisiert**, um das Änderungsdatum in den Export aufzunehmen, und klicken Sie auf **OK**.

   Das Feld **Zuletzt aktualisiert** wird zur Vorschau im Dialogfeld **Spalten bearbeiten** hinzugefügt.

7. Klicken Sie auf **OK**, um die Änderungen zu speichern und zum Dialogfeld **Daten nach Exchange exportieren** zurückzukehren.

8. Klicken Sie **Exportieren**, um die dynamischen Daten nach Excel zu exportieren.

   Das Dialogfeld **File Download** wird geöffnet.

9. Klicken Sie auf **Speichern**, um die Datei an einem vertrauten Ort abzulegen. Verwenden Sie hier den Dateinamen *Dynamischer Export – Aktivitäten*.

   Wenn die Datei gespeichert ist, wird das Dialogfeld **Download abgeschlossen** angezeigt.

10. Klicken Sie in diesem Dialogfeld auf **Öffnen**, um sich die Datei *Dynamischer Export – Aktivitäten* anzusehen.

    Die Datei enthält alle Datensätze der Ansicht **Meine Aktivitäten**.

> **WICHTIG** Möglicherweise wird in Excel unterhalb des Menübereichs eine Sicherheitsmeldung angezeigt, die besagt, dass die Datenverbindungen deaktiviert wurden. Um den Inhalt zu aktivieren, klicken Sie auf Optonen und wählen Diesen Inhalt aktivieren.

11. Benennen Sie den Spaltenkopf **Aktivitätstyp** in der Excel-Datei in *Typ* um.
12. Drücken Sie die Tasten [Strg]+[A], um alle Zeilen in dem Excel-Arbeitsblatt zu markieren. Wählen Sie im Feld **Schriftart** die Schrift **Tahoma**.
13. Speichern Sie die Excel-Datei und schließen Sie Excel.
14. Wechseln Sie wieder zur Ansicht **Meine Aktivitäten** in Microsoft Dynamics CRM.
15. Klicken Sie im Menübereich **Aktivitäten** im Abschnitt **Neu** auf **Telefonanruf**, um eine neue Aktivität hinzuzufügen.

Das Formular **Neuer Telefonanruf** erscheint.

Kapitel 17: Berichterstattung mit Excel

16. Geben Sie einen Betreff, einen Bezug und ein Fälligkeitsdatum ein.
17. Klicken Sie auf die Schaltfläche **Speichern und Schließen**.

Speichern und schließen

Die neue Aktivität wird jetzt in der Ansicht **Meine Aktivitäten** angezeigt.

> **Weitere Informationen**
>
> Der Umgang mit Aktivitäten wurde weiter vorn in diesem Buch besprochen. Informationen darüber finden Sie in Kapitel 4.

18. Öffnen Sie aus Excel oder aus Windows Explorer heraus die Datei **Dynamischer Export – Aktivitäten**.

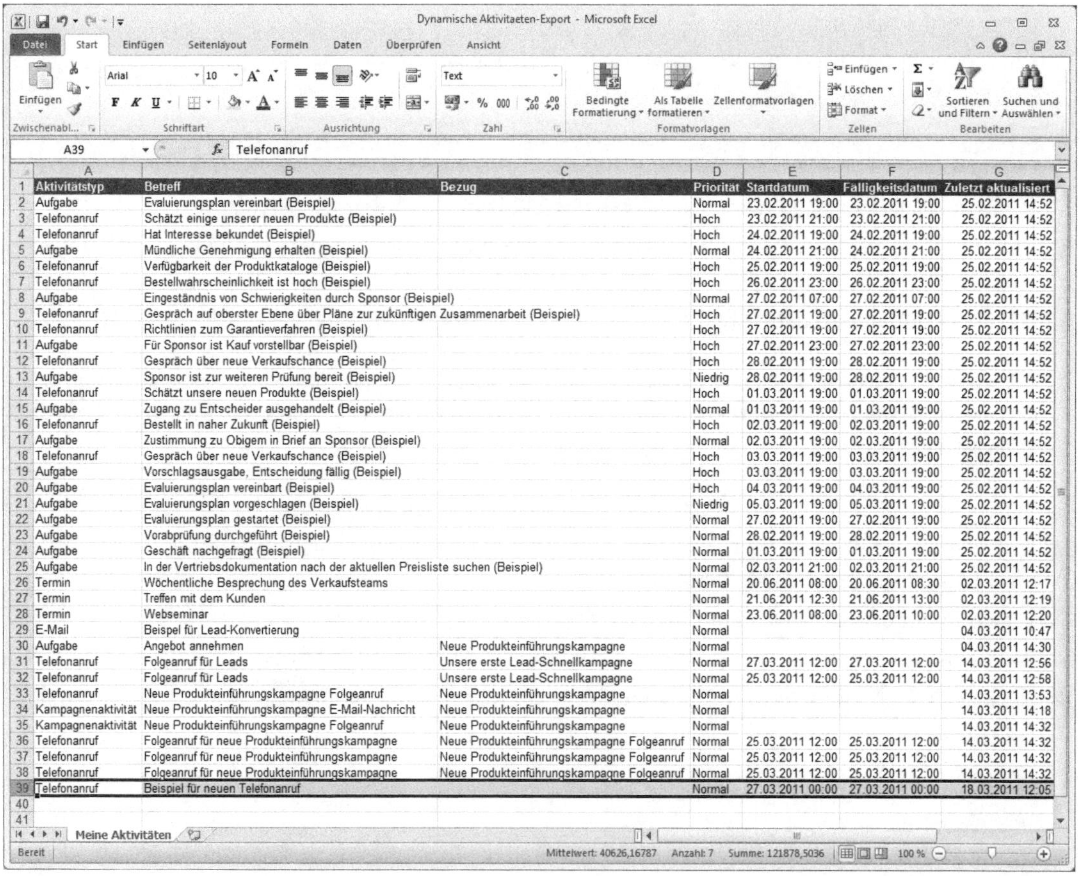

Der neue Datensatz ist jetzt in der Excel-Datei enthalten, ohne dass die Formatierungsänderungen, die Sie zuvor vorgenommen haben, außer Kraft gesetzt wurden. Jedes Mal, wenn Sie die Datei öffnen, wird sie automatisch aktualisiert.

Wenn Sie den Inhalt aktualisieren möchten, ohne die Datei erst schließen und wieder öffnen zu müssen, rechtsklicken Sie einfach irgendwo in den Zeilen mit den Ergebnisdaten und wählen **Aktualisieren**.

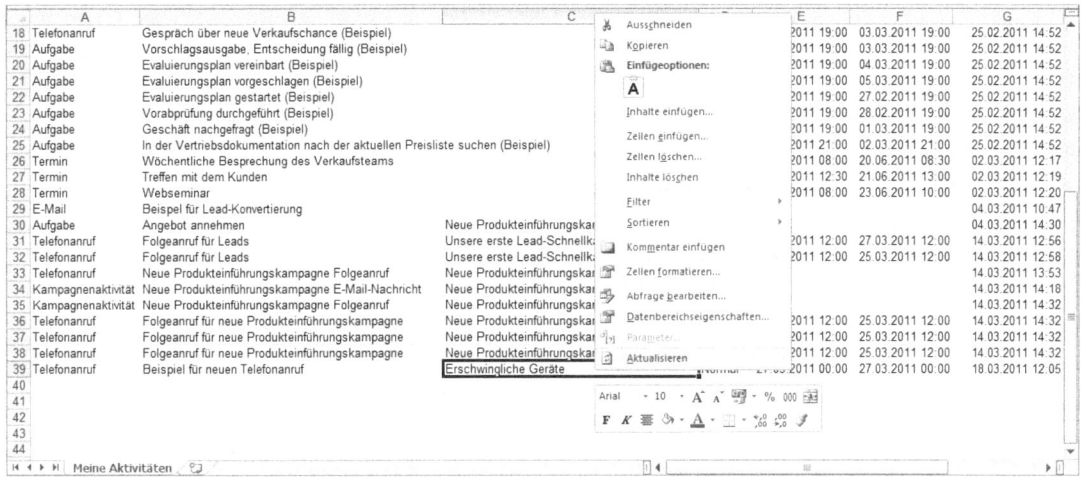

Dynamische Dateien in Excel-Pivottabellen exportieren

In Microsoft Dynamics CRM können Sie Daten nicht nur in dynamische Excel-Arbeitsblätter, sondern auch in Excel-Pivottabellen exportieren. Dadurch können Sie Daten in einer Kreuztabelle darstellen, um einen Überblick zu gewinnen.

Das Prinzip von Pivottabellen ist für viele zunächst ungewohnt. Betrachten Sie als Beispiel die folgende Tabelle von Aktivitäten.

Aktivitätstyp	Besitzer	Fälligkeitsdatum
Telefonanruf	Mike Snyder	15.8.2010
Aufgabe	Jim Steger	15.8.2010
Termin	Jim Steger	12.82010
Telefonanruf	Jen Ford	19.8.2010
Telefonanruf	Jim Steger	1.9.2010
Aufgabe	Jen Ford	5.9.2010
E-Mail	Mike Snyder	5.9.2010
Termin	Jen Ford	7.9.2010
Aufgabe	Jen Ford	7.9.2010
Telefonanruf	Jim Steger	7.9.2010

Diese Tabelle besteht aus linearen Daten, die in Spalten und Zeilen angeordnet sind. Solche linearen Daten bilden gewöhnlich die Grundlage für eine Pivottabelle. Bei dieser Datenmenge können Sie die Datensätze ganz leicht zählen, um die Daten auf verschiedene Weise zusammenzufassen, beispielsweise wie folgt:

- Vier der Aktivitäten sind Telefonanrufe.
- Mike Snyder besitzt zwei Aktivitäten.
- Drei Aktivitäten wiesen das Fälligkeitsdatum 7.9.2010 auf.

Bei einer größeren Datenmenge ist es jedoch nicht mehr möglich, sich auf einen Blick einen Überblick zu verschaffen. Eine Pivottabelle nimmt Ihnen die manuelle Berechnung ab. Stattdessen werden die Daten dort *pivotiert*, um Sie mit den gewünschten Antworten zu versorgen. Bei der folgenden Tabelle handelt es sich um eine Pivottabelle auf der Grundlage der zuvor gezeigten linearen Daten:

	Jim Steger	Jen Ford	Mike Snyder	Gesamt
Termin	1	1		2
E-Mail			1	1
Telefonanruf	2	1	1	4
Aufgabe	1	2		3
Gesamt	4	4	2	10

Aus dieser Pivottabelle können Sie ganz leicht ablesen, wie viele Aktivitäten welchen Typs und wie viele insgesamt auf jeden Besitzer kommen. Außerdem macht sie sofort deutlich, wie viele Aktivitäten es von jedem Typ insgesamt gibt. Sie können die zugrunde liegenden Daten jedoch statt nach Benutzer oder nach Aktivitätstyp auch nach dem Fälligkeitsdatum pivotieren, um sich einen Überblick darüber zu verschaffen.

WICHTIG In diesem Kapitel erhalten Sie keine vollständige Erläuterung der Möglichkeiten von Pivottabellen, sondern nur einen Einblick in die grundlegenden Funktionen für den Umgang mit Microsoft Dynamics CRM-Daten. Weitere Informationen über Pivottabellen finden Sie in *Microsoft Excel 2010 Step by Step* von Curtis Frye (Microsoft Press, 2010).

Das Funktionsprinzip von Pivottabellen mag zwar zunächst sehr kompliziert erscheinen, aber wenn Sie erst einmal damit vertraut sind, können Sie damit schnell sehr aussagekräftige Berichte erstellen. Bei dynamischen Arbeitsblättern wird auch bei einer dynamischen Pivottabelle eine aktive Verbindung mit der Microsoft Dynamics CRM-Datenbank hergestellt. Einen Bericht müssen Sie einmalig einrichten, danach können Sie ihn immer wieder nutzen. Kenntnisse über Excel-Pivottabellen helfen Ihnen auch bei der Berichterstattung in anderen geschäftsentscheidenden Anwendungen.

In dieser Übung exportieren Sie Microsoft Dynamics CRM-Daten in eine dynamische Pivottabelle, um sie zu ordnen und sich einen Überblick zu verschaffen.

VORBEREITUNG Verwenden Sie Ihre Microsoft Dynamics CRM-Installation statt der CRM-Website, die in dieser Übung gezeigt wird. Gehen Sie mit Microsoft Internet Explorer auf Ihre Microsoft Dynamics CRM-Website, bevor Sie mit dieser Übung anfangen.

1. Im **Arbeitsbereich** klicken Sie auf **Aktivitäten**.

    Die standardmäßige Ansicht **Meine Aktivitäten** erscheint.

2. Klicken Sie auf **Exportieren nach Excel**.

   Das Dialogfeld **Daten nach Excel exportieren** wird geöffnet.

3. Wählen Sie **Dynamische PivotTable**. Die Schaltfläche **Spalten auswählen** wird aktiv.

4. Klicken Sie auf **Spalten auswählen**.

   Das Dialogfeld **PivotTable-Spalten auswählen** wird geöffnet. Die Spalten, die im Bereich **Meine Aktivitäten** angezeigt werden, sind vorausgewählt.

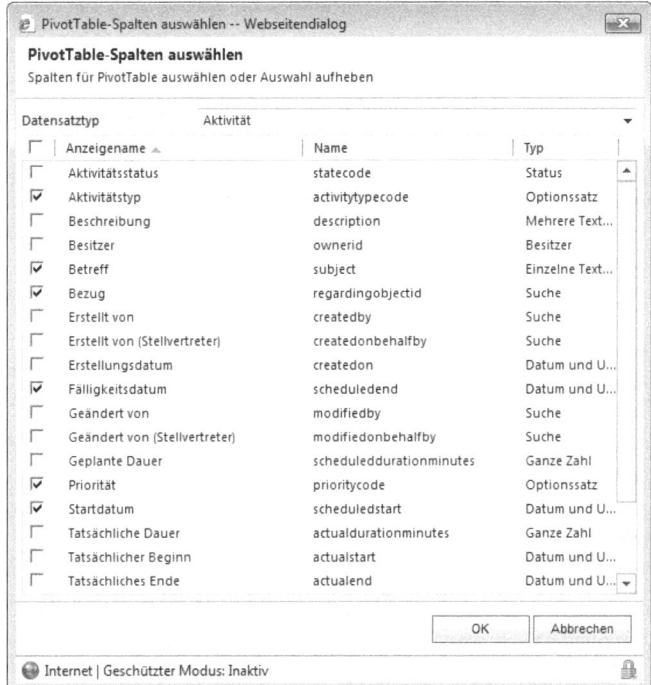

5. Aktivieren Sie das Kontrollkästchen für das Feld **Aktivitätsstatus** und klicken Sie auf **OK**.

   Dadurch wird das Feld **Aktivitätsstatus** in der Pivottabelle verfügbar gemacht.

6. Klicken Sie im Dialogfeld **Daten nach Excel exportieren** auf **Exportieren**.

   Das Dialogfeld **File Download** wird geöffnet.

7. Klicken Sie auf **Öffnen**.

   Excel wird geöffnet und zeigt eine leere Pivottabelle an.

   WICHTIG Möglicherweise wird in Excel unterhalb des Menübereichs eine Sicherheitsmeldung angezeigt, die besagt, dass die Datenverbindungen deaktiviert wurden. Um den Inhalt zu aktivieren, klicken Sie auf Optionen und wählen Diesen Inhalt aktivieren.

8. Ziehen Sie das Feld **Fälligkeitsdatum** aus dem Bereich **PivotTable-Feldliste** auf der rechten Seite in den Abschnitt **Zeilenbeschriftungen**. Ziehen Sie anschließend **Fälligkeitsdatum** in den Abschnitt **Werte**.

   Die Pivottabelle zeigt jetzt die Anzahl der Aktivitäten nach Fälligkeitsdatum.

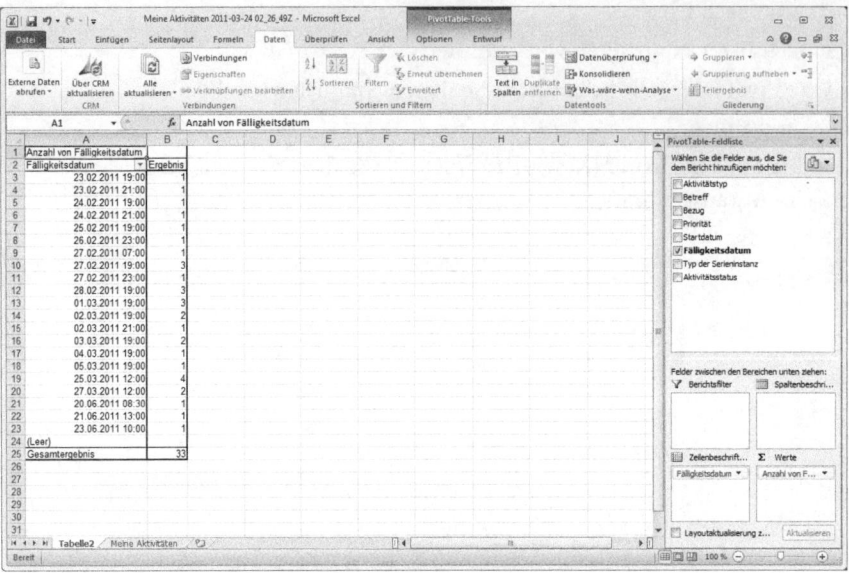

TIPP Hier werden die Datensätze einfach gezählt, doch lassen sich numerische Informationen auf verschiedene Art und Weise zusammenfassen. Dazu müssen Sie den Berechnungstyp ändern. Klicken Sie auf den Pfeil neben dem Feld im Abschnitt **Werte** und wählen Sie die Option **Wertfeldeinstellungen**. Beispielsweise können Sie in den Einstellungen festlegen, ob die Summe oder ein Durchschnittswert der Daten gebildet werden soll.

9. Ziehen Sie **Fälligkeitsdatum** vom Abschnitt **Zeilenbeschriftungen** in **Spaltenbeschriftungen**.

   Die Daten werden jetzt in umgekehrter Richtung pivotiert.

10. Ziehen Sie das Feld **Aktivitätstyp** in den Abschnitt **Zeilenbeschriftungen**.

    Jetzt wird die Anzahl der Aktivitäten nach Fälligkeitsdatum für jeden einzelnen Aktivitätstyp angezeigt.

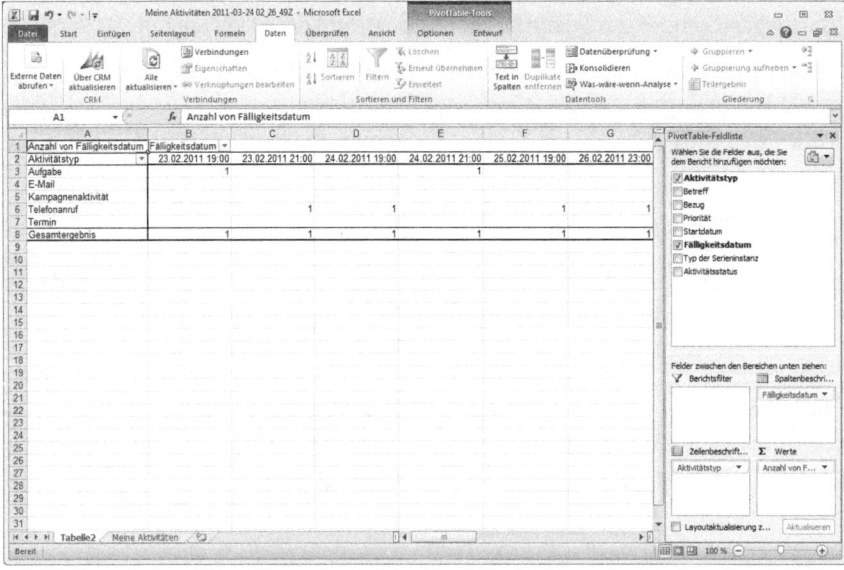

Dynamische Dateien in Excel-Pivottabellen exportieren

11. Ziehen Sie das Feld **Priorität** in den Abschnitt **Berichtsfilter**.

    Die Priorität erscheint jetzt oben in der Pivottabelle als Parameter. Wenn Sie im Feld **Priorität** eine Auswahl treffen, wird die Pivottabelle aktualisiert, sodass sie die Datensätze mit der gewünschten Priorität anzeigt.

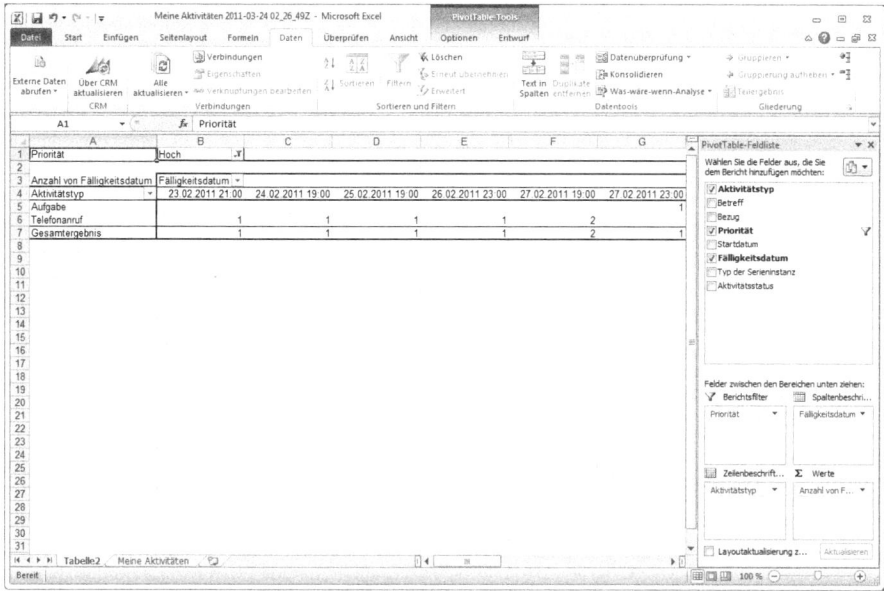

Um die Analyse noch zu verfeinern, können Sie weitere Felder in den Pivottabellen-Bericht aufnehmen.

Erweiterte Pivottabellen

Mit dynamischen Pivottabellen können Sie mit wenigen Klicks unzählige Überblicksberichte erstellen. Um die Möglichkeiten dieser Funktion noch weiter zu veranschaulichen, zeigen wir Ihnen noch zwei Beispiele für dynamische Pivottabellen aus Microsoft Dynamics CRM-Daten.

Beispiel 1: Umsatz nach Kunde, gefiltert nach der Wahrscheinlichkeit für den Abschluss

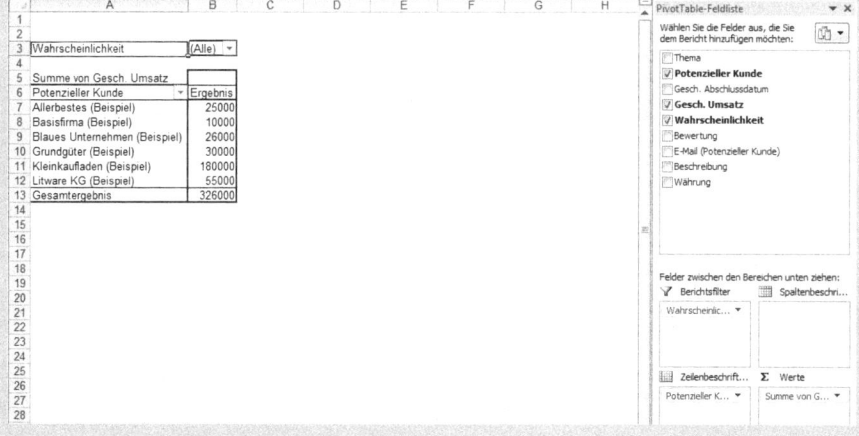

Erweiterte Pivottabellen

Beispiel 2: Aufgliederung der Firmen nach Städten

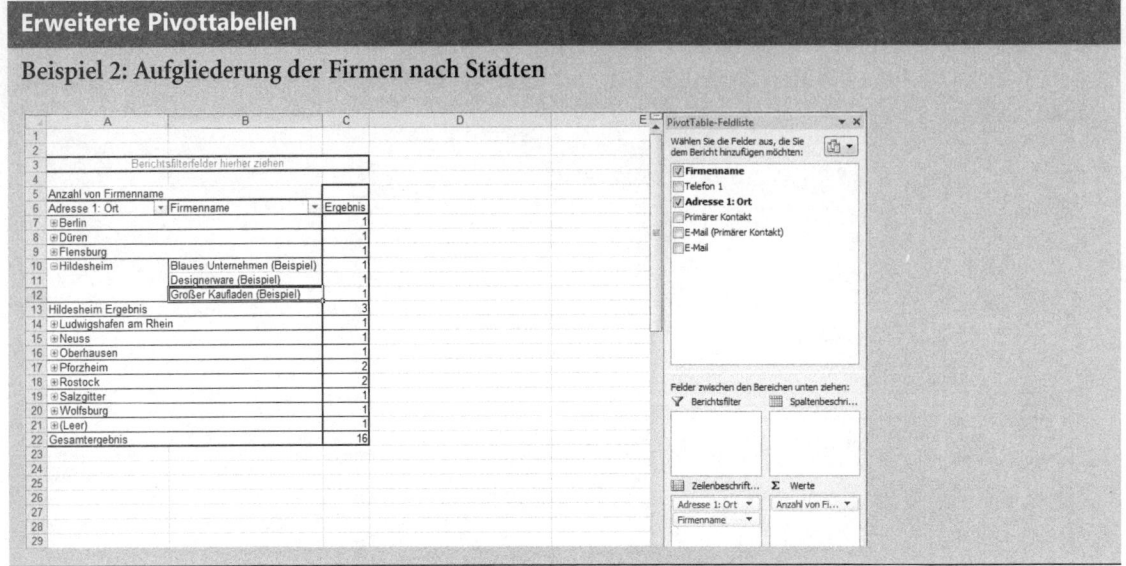

Excel-Berichte in die Berichtsliste von Microsoft Dynamics CRM hochladen

Sie sind jetzt in der Lage, Berichte zu erstellen, die nicht nur für Sie selbst, sondern auch für andere Mitarbeiter in Ihrer Organisation nützlich sind. Es ist zwar möglich, dynamische Excel-Berichte in einem freigegebenen Netzwerkordner zu speichern, aber erstens ist das mühselig und zweitens lässt sich dieser Speicherort möglicherweise nur schwer finden. In Microsoft Dynamics CRM können Sie Berichte auch in den Berichtsbereich hochladen und freigeben, sodass andere Benutzer innerhalb der Anwendung auf Ihre sämtlichen Berichte zugreifen können.

In dieser Übung laden Sie einen Bericht in den Berichtsbereich von Microsoft Dynamics CRM hoch.

VORBEREITUNG Gehen Sie mit Microsoft Internet Explorer auf die Microsoft Dynamics CRM-Website, bevor Sie mit dieser Übung anfangen. Für diese Übung benötigen Sie die Datei Dynamischer Export – Aktivitäten, die Sie weiter vorn angelegt haben.

1. Im **Arbeitsbereich** klicken Sie auf **Berichte**.

    Die standardmäßige Berichtsansicht **Verfügbare Berichte** erscheint.

2. Klicken Sie auf **Neu**.

    Das Dialogfeld **Neuer Bericht** wird geöffnet.

3. Wählen Sie im Feld **Berichtstyp** den Eintrag **Vorhandene Datei**.

4. Im Abschnitt **Quelle** klicken Sie auf die Schaltfläche **Durchsuchen**.

    Das Dialogfeld **Datei zum Hochladen auswählen** erscheint.

Neu

Zusammenfassung

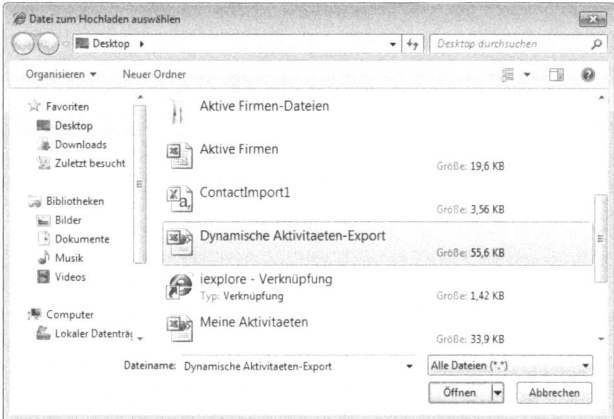

5. Wechseln Sie zur Datei **Dynamischer Export – Aktivitäten**, die Sie weiter vorn angelegt haben, und klicken Sie auf **Öffnen**.

   Der Dateipfad erscheint jetzt im Feld **Dateispeicherort** des Dialogfelds **Neuer Bericht**.

6. Klicken Sie auf **Speichern und schließen**, um den Bericht in Microsoft Dynamics CRM zu speichern. Der Bericht erscheint jetzt in der Liste der verfügbaren Berichte.

7. Doppelklicken Sie auf **Dynamischer Export – Aktivität**, um den Bericht auszuführen. Ihr Bericht wird gestartet.

   Sie haben Ihren Bericht erfolgreich in Microsoft Dynamics CRM hochgeladen.

Weitere Informationen

Der Berichtsbereich, die Kategorisierung und die Freigabe von Berichten wurden in diesem Buch bereits erklärt. Weitere Informationen finden Sie in Kapitel 15, »Den Berichts-Assistent verwenden«.

Zusammenfassung

- Sie können Daten aus den meisten Anzeigebereichen von Microsoft Dynamics CRM in Excel exportieren, indem Sie auf **Exportieren nach Excel** klicken.
- Sie können auswählen, ob die Daten statisch oder dynamisch in Excel exportiert werden sollen.
- Statische Daten stellen eine Momentaufnahme der Daten zum Zeitpunkt des Exports dar.
- Beim dynamischen Datenexport wird eine Verbindung zur Microsoft Dynamics CRM-Datenbank eingerichtet, sodass die Daten jederzeit aktualisiert werden können. Sämtliche Formatierungen, die Sie an einer dynamischen Excel-Datei vornehmen, bleiben bei einer Aktualisierung der Daten erhalten.
- Der dynamische Export in eine Excel-Pivottabelle ermöglicht es Ihnen, Daten in einer Kreuztabelle zusammenzufassen.
- Dynamische Berichte können hochgeladen und freigegeben werden, sodass auch andere Benutzer sie verwenden können. Wenn andere Benutzer einen dynamischen Bericht öffnen, sehen sie die Daten, auf die sie in Microsoft Dynamics CRM jeweils Zugriff haben. Dargestellt werden diese Daten jedoch in dem von Ihnen festgelegten Format.

Teil 5
Datenverwaltung

In diesem Teil:
Kapitel 18   Massendaten importieren   353

Kapitel 18

Massendaten importieren

In diesem Kapitel:

Den Datenimport-Assistenten verwenden	354
Daten mit automatischer Datenzuordnung importieren	360
Den Importstatus überprüfen	362
Daten mit der Funktion zur Datenverbesserung aktualisieren	365
Zusammenfassung	368

In diesem Kapitel lernen Sie:

- Datensätze mit dem Datenimport-Assistent importieren
- Daten im Datenimport-Assistent automatisch zuweisen
- Das Ergebnis eines Imports durchsehen
- Importfehler beheben
- Bestehende Daten mit der Funktion zur Datenverbesserung aktualisieren

Vertriebs- und Marketingmitarbeiter müssen häufig Massendaten in das Microsoft Dynamics CRM laden. Diese Daten manuell einzugeben wäre eine zeitraubende und kostspielige Angelegenheit. Zu importierende Massendaten können beispielsweise sein:

- Eine Liste von Leads, Kontakten oder Firmen, die von einem Drittanbieter erworben wurde.
- Eine Liste von Kontakten, die von einem Vertriebsmitarbeiter auf einer Konferenz gesammelt wurden.
- Eine Datei mit Geschäftskontakten, die von einem gerade eingestellten Mitarbeiter mitgebracht wurde.

Microsoft Dynamics CRM ermöglicht Benutzern einen einfachen Import von Daten über den Datenimport-Assistenten. Mit diesem Assistenten können Sie hunderte oder tausende von Datensätzen mit nur einigen Mausklicks importieren. Zusätzlich zum Import von Kerndatentypen, wie Leads, Kontakte und Firmen, können Sie den Import-Assistenten auch einsetzen, um andere Datentypen, auch alle vom Systemadministrator angelegten, zu importieren.

In diesem Kapitel lernen Sie, wie Sie Daten mit dem Datenimport-Assistent importieren. Zusätzlich lernen Sie, wie Sie die importierten Daten durchsehen und Importfehler beheben. Schließlich lernen Sie, wie Sie bestehende Daten schnell aktualisieren, indem Sie die Funktion zur Datenverbesserung verwenden.

> **Übungsdateien**
>
> Bevor Sie die Übung in diesem Kapitel durcharbeiten können, müssen Sie die Übungsdateien dieses Buchs auf Ihren Computer kopieren. Die Übungsdateien, die Sie in diesem Kapitel benötigen, befinden sich im Ordner Kapitel18. Eine vollständige Liste der Übungsdateien finden Sie unter »Die Übungsdateien verwenden« am Anfang dieses Buchs.

WICHTIG Die Bilder in diesem Buch zeigen die Standardformulare und Feldnamen in Microsoft Dynamics CRM. Da die Software vielfältig angepasst werden kann, ist es möglich, dass einige der Datentypen oder -felder in Ihrem Microsoft Dynamics CRM anders heißen. Wenn Sie die Formulare, Felder oder Sicherheitsrollen, die in diesem Buch angesprochen werden, nicht finden können, wenden Sie sich an Ihren Systemadministrator.

WICHTIG Sie müssen die Adresse Ihrer Microsoft Dynamics CRM-Website kennen, um die Beispiele dieses Buchs durchzugehen. Erfragen Sie die Adresse bei Ihrem Systemadministrator, wenn Sie sie nicht kennen.

Den Datenimport-Assistenten verwenden

Die meisten Tools zum Datenimport ermöglichen es Benutzern, einfache Werte in Textfelder zu importieren. Aufwändigere Importvorgänge, wie den Import in Dropdown-Listen und Nachschlagefelder beispielsweise, setzen normalerweise IT-Ressourcen voraus, um Code für die Zuordnung der Daten zu schreiben. Diese

Aufgaben unterliegen üblicherweise einem Priorisierungs- und Planungsprozess. Wenn die Daten dann endlich importiert werden können, ist dies entweder schon manuell geschehen oder die Daten sind veraltet.

Der Import-Assistent von Microsoft Dynamics CRM löst die meisten dieser Probleme automatisch. Auch wenn der Assistent eine Zuordnung der Importdaten zu den entsprechenden Microsoft Dynamics CRM-Attributen erfordert, können Sie das bewerkstelligen, ohne auf Softwareentwickler zurückzugreifen. Daten zuzuordnen mag sich aufwändig anhören, erfreulicherweise erledigt der Datenimport-Assistent jedoch die meiste Arbeit für Sie.

Microsoft Dynamics CRM nutzt Datenzuordnungen als Basis für die Umsetzung von Feldern in den Quelldaten auf die entsprechenden Zielfelder. Denken Sie an folgende Situation: Sie haben eine Datei mit Kontakten, die Sie in Microsoft Dynamics CRM importieren möchten. In Ihrer Quelldatei gibt es ein Feld namens **Vorname**, das den Vornamen eines Kontakts enthält. In Microsoft Dynamics CRM heißt das entsprechende Feld **V-Name**. Um die Daten aus der Quelldatei zu importieren, müssen Sie das Feld **Vorname** aus den Quelldaten dem Feld **V-Name** in Microsoft Dynamics CRM zuweisen.

Der Datenimport-Assistent ist eine einfache und intuitive Schnittstelle, die Sie durch den Importvorgang leitet. In nur wenigen Schritten können Sie Ihre Datensätze in Microsoft Dynamics CRM importieren. Die meisten Entitäten sind für den Datenimport verfügbar. In der Vorgabe sind die folgenden Datensatztypen für den Import verfügbar.

Firma	Ablageort	Produkt
Adresse	E-Mail	Warteschlange
Ankündigung	Raum/Arbeitsgerät	Warteschlangenelement
Termin	Fax	Preislistenelement
Artikel	Ziel	Angebot
Artikelvorlage	Zielmetrik	Angebotsabschluss
Unternehmenseinheit	Rechnung	Angebot (Produkt)
Kampagne	Rechnung (Produkt)	Terminserie
Kampagnenaktivität	Lead	Rollupabfrage
Kampagnenreaktion	Brief	Vertriebsanlage
Anfrage	Marketingliste	Vertriebsdokumentation
Anfrageabschluss	Notiz	Sicherheitsrolle
Mitbewerber	Verkaufschance	Service
Verbindung	Verkaufschancenabschluss	Serviceaktivität
Kontakt	Verkaufschance (Produkt)	SharePoint-Website
Vertrag	Verkaufschancenbeziehung	Ort
Vertragszeile	Auftrag	Betreff
Vertragsvorlage	Auftragsabschluss	Aufgabe
Währung	Auftrag (Produkt)	Team

Firma	Ablageort	Produkt
Kundenbeziehung	Telefonanruf	Gebiet
Rabatt	Preisliste	Einheit
Rabattliste		Benutzer

TIPP Eigene Entitäten sind ebenfalls für den Datenimport verfügbar. Es ist unwahrscheinlich, dass Benutzer wissen, welche Entitäten eigene und welche aus Microsoft Dynamics CRM sind. Sie sollten daher genau darauf achten, welche Datensatztypen im Datenimport-Assistent verfügbar sind. Kontaktieren Sie Ihren Systemadministrator, wenn Sie eine Liste der eigenen Entitäten benötigen.

Der Datenimport-Assistent benötigt von Ihnen die folgenden Informationen:

- Namen und Pfad der zu importierenden Datendatei.
- Einstellungen für Trennzeichen
- Datenzuordnungen
- Den Zieldatensatztyp
- Die Einstellung für die Duplikaterkennung
- Den Namen des Datensatzbesitzers

In dieser Übung verwenden Sie den Datenimport-Assistenten, um Daten zu importieren.

VORBEREITUNG Gehen Sie mit Microsoft Internet Explorer auf die Microsoft Dynamics CRM-Website, bevor Sie mit dieser Übung anfangen. Sie benötigen die Datei *ContactImport1.csv* im Ordner *Kapitel18*, um diese Übung durcharbeiten zu können.

1. Im Anwendungsbereich **Meine Arbeit** klicken Sie auf **Importe** und dann auf die Schaltfläche **Daten importieren** im Menüband.

   Der Datenimport-Assistent erscheint.

2. Klicken Sie auf **Durchsuchen** und wählen Sie die Datei *ContactImport1.csv*.

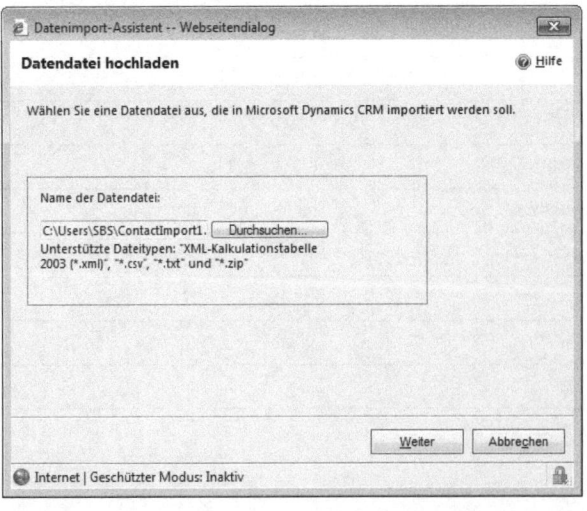

Den Datenimport-Assistenten verwenden

WICHTIG Ein Trennzeichen ist ein Zeichen oder eine Kombination daraus, die in manchen Dateien als Feldgrenze dienen. In Kommagetrennten Dateien werden die Werte durch Kommata voneinander getrennt, die im Feld Feldtrennzeichen im Datenimport-Assistent angegeben werden können. Die folgende Zeile zeigt einen Datensatz, der als Datentrennzeichen ein Anführungszeichen und als Feldtrennzeichen ein Komma verwendet.

»Jesper«,»Aaberg«,»someone@example.com«,0555-173

Abhängig von der Eingabedatei müssen Sie die Trennzeichen möglicherweise ändern.

3. Klicken Sie auf **Weiter**, um die Datei als Datenquelle für den Import auszuwählen.
4. Auf der Seite **Zusammenfassung des Dateiuploads überprüfen** klicken Sie auf **Weiter**, um die Datenzuordnung für Ihren Import auszuwählen.
5. In der Liste **Systemdatenzuordnungen** wählen Sie **Standard (automatische Zuordnung)**.

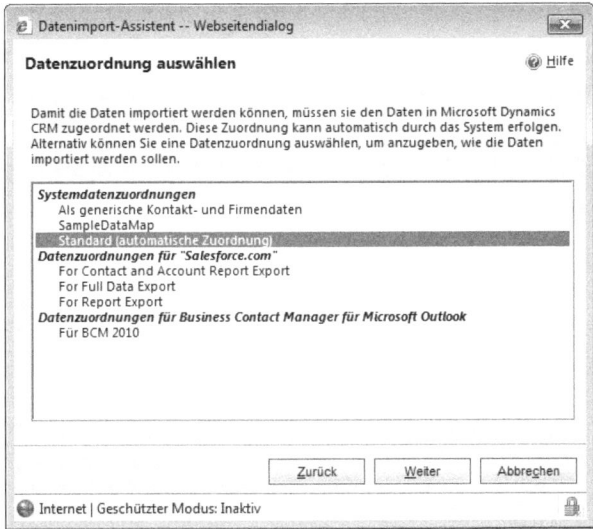

TIPP Microsoft Dynamics CRM wird mit mehreren Datenzuordnungen für die üblichen Importvorgänge ausgeliefert. Bei komplexeren Importen können Sie mehrere Dateien auch in einer ZIP-Datei zusammenfassen.

6. Klicken Sie auf **Weiter**, um mit dem nächsten Schritt im Datenimport-Assistenten fortzufahren.
7. Auf der Seite **Datensatztypen zuordnen** wählen Sie im Feld **Datensatztypen für Microsoft Dynamics CRM** *Kontakt* aus und klicken auf **Weiter**.
8. Auf der Seite **Datensatztypen zuordnen** wählen Sie in der Spalte **Quellfelder** *Nachname* unter **Erforderliche Felder**.

Dadurch wird die Spalte **Nachname** der Quelldatei dem erforderlichen Feld **Nachname** in Microsoft Dynamics CRM zugeordnet.

9. Ordnen Sie die optionalen Felder wie in der folgenden Tabelle gezeigt zu:

Quellfelder	Microsoft Dynamics CRM-Felder
Stadt	Adresse 1: Stadt
E-Mail	E-Mail
Vorname	Vorname
Bundesland	Adresse 1: Bundesland/Kanton
Straße	Adresse 1: Straße 1
Adresstyp	Adresse 1: Adresstyp (Optionszusatz)
Tel Geschäft	Telefon
PLZ	Adresse 1: Postleitzahl

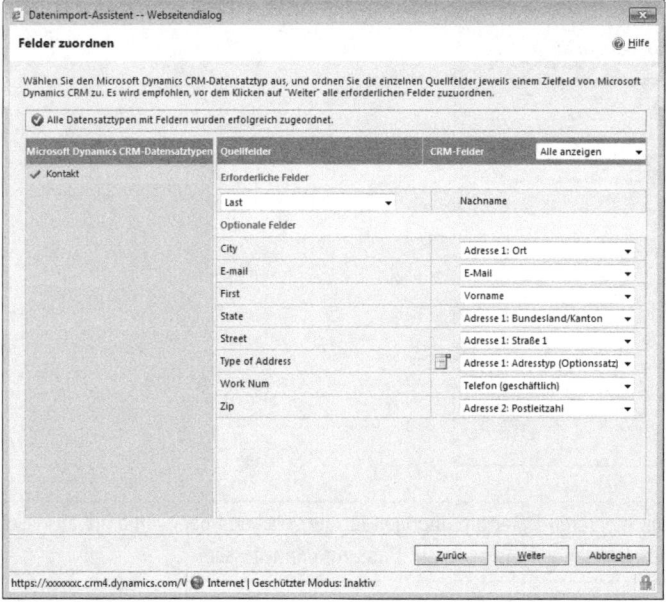

WICHTIG Wenn Sie das Feld **Adresse 1: Adresstyp** zuordnen, erscheint ein Dialogfeld, in dem Sie die Vorgabe in einer Listenübersicht wählen können. In diesem Beispiel passen die Felder, so dass Sie auf **OK** klicken können.

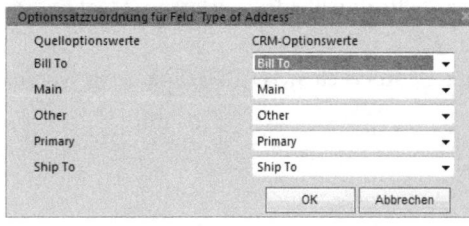

Den Datenimport-Assistenten verwenden

10. Klicken Sie auf **Weiter**, um fortzufahren. Auf der Seite **Zuordnungszusammenfassung überprüfen** klicken Sie auf **Weiter**.

11. Auf der Seite **Einstellungen überprüfen und Daten importieren** klicken Sie im Bereich **Duplikate zulassen** auf **Ja**.

> **Fehlersuche**
>
> Die Option **Duplikate zulassen** wird nur angezeigt, wenn die Duplikaterkennung für Datenimporte aktiviert ist.

12. Im Bereich **Besitzer für importierte Datensätze auswählen** lassen Sie die Voreinstellung stehen. Im Bereich **Name der Datenzuordnung** geben Sie *Kontaktimport-Beispiel* ein.

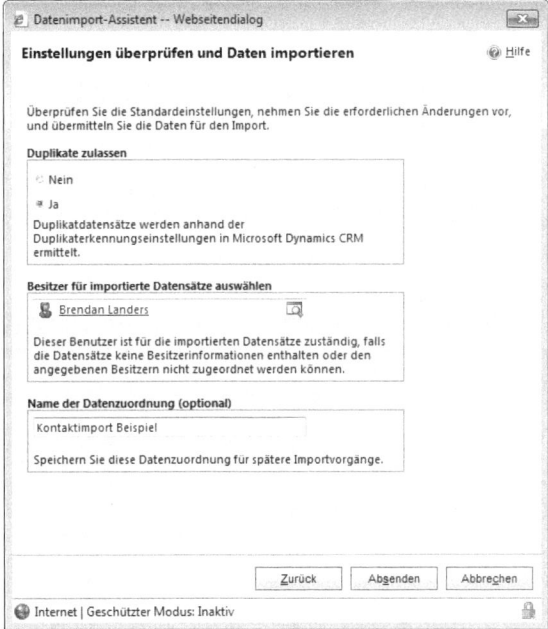

13. Klicken Sie auf **Absenden**.

    Die Daten werden jetzt importiert und die Datenzuordnung *Kontaktimport-Beispiel* für zukünftige Importe erstellt.

    > **TIPP** Datenimporte werden im Hintergrund verarbeitet, daher könnten Ihre Daten nicht sofort bereitstehen. Geben Sie dem Datenimport einige Minuten.

14. Klicken Sie auf **Fertig stellen**, um den Datenimport-Assistenten zu verlassen.

    Das Importraster erscheint mit einem neuen Datensatz namens *ContactImport1.csv (Kontakt)*, und zeigt an, dass der Import zur Verarbeitung ans System gesendet wurde. Der Status des Imports wird automatisch aktualisiert, da er im Hintergrund vom System bearbeitet wird.

Daten mit automatischer Datenzuordnung importieren

Wie in der vorangegangenen Übung gezeigt ist das Verwenden des Datenimport-Assistenten ein klarer und einfacher Vorgang. Die meiste Zeit wird benötigt, um Felder zuzuordnen, was eine einfache Aufgabe ist. Trotzdem benötigt sie Geduld und ein Verständnis der Datentypen. Um den Datenimport-Vorgang zu vereinfachen, ermöglicht es Microsoft Dynamics CRM Ihnen, Dateien zu erstellen, die automatisch zugeordnet werden. Hierzu ist etwas Vorarbeit mit der erweiterten Suche notwendig, Sie werden jedoch feststellen, dass Sie langfristig wertvolle Zeit sparen.

> **Weitere Informationen**
> Weitere Informationen über die erweiterte Suche finden Sie in Kapitel 16, »Die erweiterte Suche verwenden«.

> **TIPP** Der Schlüssel zur automatischen Zuordnung sind die Kopfzeilen Ihrer Importdatei. Wenn die Kopfzeilen Ihrer Importdatei den angezeigten Namen in Microsoft Dynamics CRM gleichen, kann Ihre Datei automatisch zugeordnet werden. Sie können die erweiterte Suche oder eine bestehende Ansicht einsetzen, um eine Vorlage für Ihre Importdatei zu erstellen, in der die Kopfzeilen mit den Feldnamen in Microsoft Dynamics CRM übereinstimmen und dann Ihre Datenzeilen mit Kopieren & Einfügen in die zu importierende Vorlagendatei übertragen.

In dieser Übung erstellen Sie eine Anfrage in der erweiterten Suche, die Sie exportieren, um eine Importdatei zu erstellen, die die automatische Zuordnung verwendet.

VORBEREITUNG   Verwenden Sie Ihre Microsoft Dynamics CRM-Installation statt der CRM-Website, die in dieser Übung gezeigt wird. Gehen Sie mit Microsoft Internet Explorer auf Ihre Microsoft Dynamics CRM-Website, bevor Sie mit dieser Übung anfangen.

1. Klicken Sie im Menüband auf die Schaltfläche **Erweiterte Suche**.

   Das Fenster **Erweiterte Suche** wird geöffnet.

2. Wählen Sie in der Liste **Suchen nach** den Punkt **Firmen** aus.
3. Im Feld **Gespeicherte Ansicht verwenden** wählen Sie **Meine aktiven Firmen**.

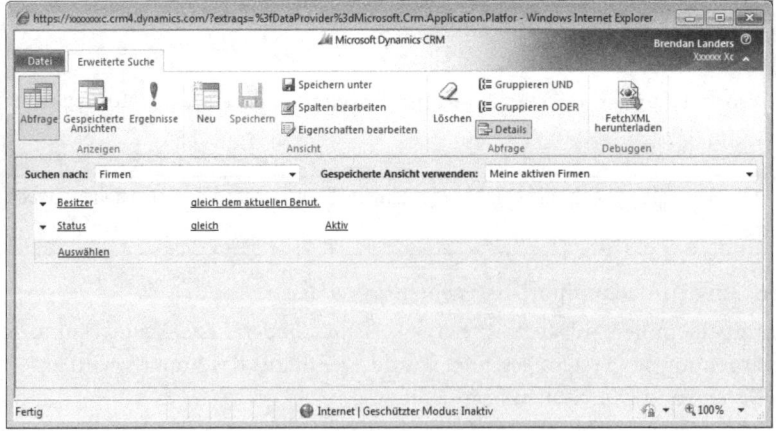

Daten mit automatischer Datenzuordnung importieren

WICHTIG Wenn Sie die hier verwendete Ansicht nicht finden können, wählen Sie eine aus den verfügbaren und machen Sie weiter.

4. Im Menüband in der Gruppe **Anzeigen** klicken Sie auf die Schaltfläche **Ergebnisse**.
   Das Ergebnisfenster wird mit den passenden Firmendatensätzen angezeigt.

5. Im Fenster **Ergebnisse** klicken Sie auf die Schaltfläche **Firmen exportieren**.
   Das Dialogfeld **Daten nach Excel exportieren** erscheint.

6. Wählen Sie **Statische Tabelle mit Datensätzen von dieser Seite** und klicken Sie auf **Exportieren**.
   Das Dialogfeld **Dateidownload** wird geöffnet.

7. Klicken Sie auf **Speichern**, speichern Sie die Datei als *MeineFirmen.xls* und schließen Sie das Fenster **Erweiterte Suche**.

8. Öffnen Sie die Datei MeineFirmen.xls in Excel, speichern Sie sie als CSV (kommagetrennte Werte) namens *MeineFirmen.csv* und schließen Sie Excel.

WICHTIG Importdateien müssen im CSV-Format gespeichert sein. Um eine Excel-Datei in eine CSV-Datei zu konvertieren, öffnen Sie die Datei in Excel und verwenden Sie die Funktion **Speichern unter**. In der Liste **Dateityp** wählen Sie *CSV*.

9. Zurück in Microsoft Dynamics CRM klicken Sie im Menü **Datei** auf **Tools** und dann auf **Daten importieren**.

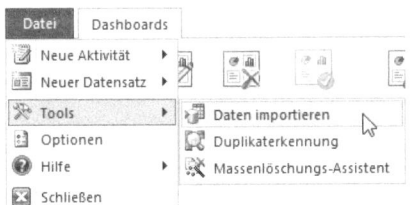

10. Klicken Sie auf **Durchsuchen**, suchen Sie die Datei **MeineFirmen.csv** und klicken Sie auf **Weiter**.

TIPP Achten Sie darauf, dass Sie die Datei mit der Erweiterung CSV wählen und nicht die mit XLS.

11. Auf der Seite **Zusammenfassung des Dateiuploads überprüfen** klicken Sie auf **Weiter**.

12. Auf der Seite **Datenzuordnung auswählen** klicken Sie in der Liste **Systemdatenzuordnungen** auf **Standard (automatische Zuordnung)** und dann auf **Weiter**.

13. Auf der nächsten Seite wählen Sie im Feld **Datensatztypen für Microsoft Dynamics CRM** *Kontakt* aus und klicken auf **Weiter**.
    Microsoft Dynamics CRM ordnet die meisten Felder automatisch zu. Das Feld **E-Mail (Primärer Kontakt)** ist nicht zugeordnet, da es aus der Entität *Kontakt* stammt und nicht aus der Entität *Firmen*.

14. Lassen Sie das Feld **E-Mail (Primärer Kontakt)** als **Nicht zugeordnet** stehen und klicken Sie auf **Weiter**. Klicken Sie im Warnungsdialog auf **OK**.

15. Auf der Seite **Zuordnungszusammenfassung überprüfen** klicken Sie auf **Weiter**.

16. Auf der Seite Einstellungen überprüfen und Daten importieren wählen Sie **Ja** im Bereich **Duplikate zulassen** und lassen die Voreinstellung im Bereich **Besitzer für importierte Datensätze auswählen** stehen. Lassen Sie den **Namen der Datenzuordnung** leer und klicken Sie auf **Absenden**.

TIPP Auch wenn Sie sonst keine Dateien aus Microsoft Dynamics CRM exportieren wollen, um sie danach wieder zurückzuimportieren, können Sie die erzeugte Datei einfach als Vorlage verwenden, um dort Importdaten hineinzukopieren. Ihre Datei wird automatisch zugeordnet, solange die Spaltenkopfzeilen nicht verändert werden.

Den Importstatus überprüfen

Der Import wird im Hintergrund ausgeführt, nachdem er abgesendet wurde. In der Zwischenzeit können Sie Microsoft Dynamics CRM weiter verwenden. Der Vorgang kann eine oder mehrere Minuten benötigen, abhängig von der Größe der Importdatei.

Sie werden Sie Ergebnisse des Imports überprüfen wollen, um sicherzustellen, dass alle Datensätze wie erwartet importiert wurden und, falls notwendig, Importfehler beheben. Microsoft Dynamics CRM bietet ein Tool, mit dem Sie diese Informationen auf einfache Weise erhalten können, ohne die gewohnte Benutzerschnittstelle zu verlassen.

Nachdem Ihr Import abgeschlossen ist, können Sie seinen Status in der Ansicht **Importe** prüfen, die sich im Anwendungsbereich **Meine Arbeit** befindet. Jeder Import wird als separater Eintrag im Importraster angezeigt, und wenn Sie doppelt auf einen Datensatz klicken, können Sie die Details des Imports ansehen. Jeder Importdatensatz zeigt wichtige Informationen an, wie den Namen des Benutzers, der den Import abgesendet hat, Datum und Uhrzeit des Absendens und den Namen der Importdatei sowie die Dateigröße. Zusätzlich können Sie die Datensätze sehen, wie während des Importvorgangs erstellt wurde und den Fehlern in den Datensätzen nachgehen, die nicht importiert werden konnten.

Die Möglichkeit, fehlgeschlagene Importe anzuzeigen ermöglicht es Ihnen, die Mängel in Ihrer Importdatei leicht herauszufinden, so dass Sie sie aktualisieren und neu importieren können. Jede Fehlerzeile zeigt die folgende Information an.

Spalte	Beschreibung
Sequenznummer	Ein Bezeichner für die Fehlerzeile
Beschreibung	Eine Beschreibung des Fehlers in dieser Spalte.
Spaltenüberschrift	Der Name der Spalte in der Importdatei, die den Fehler verursacht.
Spaltenwert	Der Wert, der den Fehler verursacht.
Ursprüngliche Zeilenanzahl	Die Nummer der Spalte in der Importdatei, die den Fehler verursacht.
Quellzeile	Die gesamte Textzeile, die fehlerhaft ist.

Fehlersuche

Ein Import kann aus verschiedenen Gründen fehlschlagen. Jede einzelne Zeile in der Fehlerliste kann einen anderen Fehler haben. Daher müssen Sie möglicherweise mehr als einen Fehler beheben, bevor Sie erneut einen Import durchführen können.

Den Importstatus überprüfen

TIPP Jede Zeile, die beim Import positiv abgeschlossen wird (und daher nicht in der Fehlerliste erscheint), wird in Microsoft Dynamics CRM importiert. Gehen Sie nicht davon aus, dass der gesamte Import nur wegen einer einzelnen Zeile fehlschlägt.

In dieser Übung prüfen Sie den Status und beheben Importfehler aus dem vorher in diesem Kapitel abgesendeten Import. Dann untersuchen Sie den Fehler, so dass Sie ihm auf den Grund gehen können. Schließlich beheben Sie den Fehler und importieren die fehlerhafte Zeile neu.

VORBEREITUNG Gehen Sie mit Microsoft Internet Explorer auf die Microsoft Dynamics CRM-Website, bevor Sie mit dieser Übung anfangen. Sie benötigen die Importdatei *ContactImport.csv* vom Anfang dieses Kapitels.

1. Im Arbeitsbereich klicken Sie auf **Importe**.

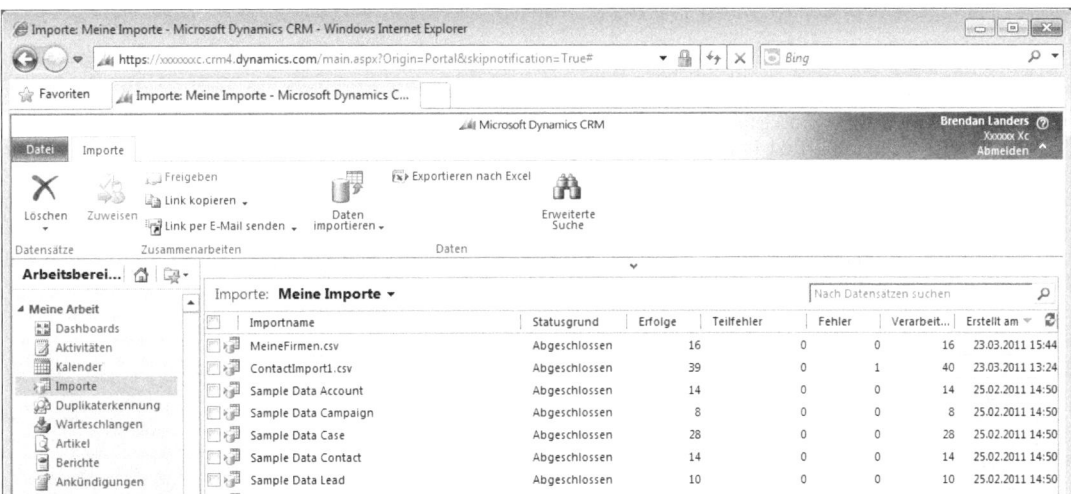

Suchen Sie die Zeile, die die Importdatei *ContactImport1.csv* enthält, die Sie in der Übung »Den Datenimport-Assistenten verwenden« vorher in diesem Buch abgesendet haben.

2. Betrachten Sie den Statusgrund für den Import.

   Der Statusgrund lautet z.B. *Gesendet*, *Importiert* oder *Abgeschlossen*. Wenn der Statusgrund nicht *Abgeschlossen* lautet, versuchen Sie es später erneut.

3. Sehen Sie sich die Werte für **Erfolge**, **Teilfehler**, **Fehler** und **Verarbeitet (gesamt)** an.

   Sie sollten sehen, dass 39 Zeilen erfolgreich importiert wurden und eine Fehler hat.

4. Doppelklicken Sie den Datensatz, um weitere Informationen zu erhalten.

5. Im Navigationsbereich der Entität klicken Sie auf **Fehler**.

   Der beim Import fehlerhafte Datensatz wird angezeigt.

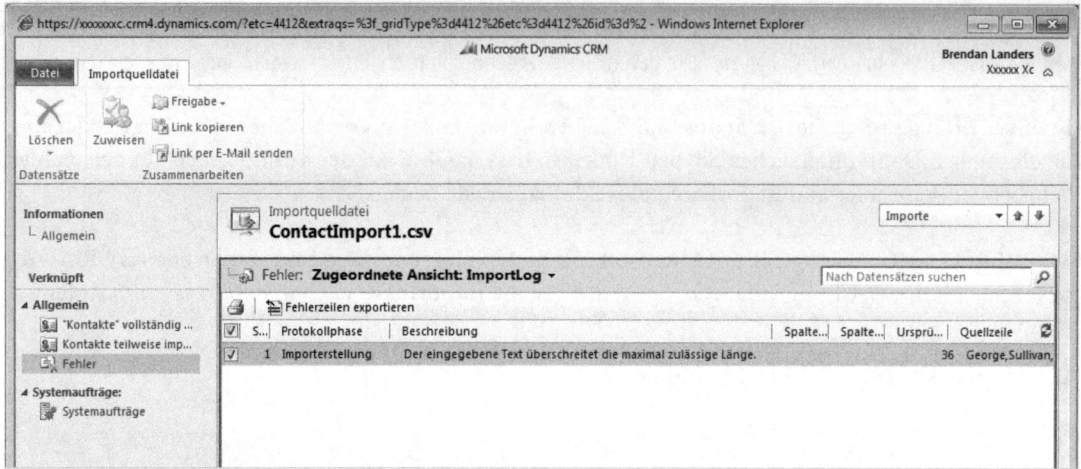

Sie können jetzt versuchen, den Fehler auf Grund der Meldung und der angezeigten Daten zu finden. Sie wissen, dass der Fehler mit der 36. Zeile der Importdatei zu tun hat und die Fehlerbeschreibung sagt, dass der eingegebene Text die Maximallänge überschreitet. Sie sehen außerdem, dass der importierte Kontakt George Sullivan war.

6. Suchen und öffnen Sie die Importdatei.
7. Finden Sie die Zeile mit **George Sullivan**. Beachten Sie, dass der Wert für die Postleitzahl fehlerhaft ist. Verbessern Sie die Postleitzahl in 60463.
8. Löschen Sie die anderen (nicht fehlerhaften) Zeilen in der Datei.

> **WICHTIG** Löschen Sie nicht die erste Zeile. Die erste Zeile enhält die Spaltenüberschriften der Datei.

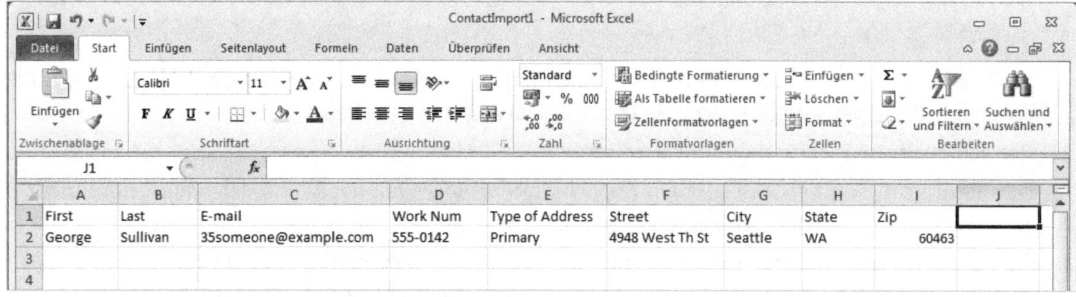

9. Klicken Sie auf **Speichern unter**, speichern Sie die Datei als *ContactImport1_Update.csv* und schließen Sie dann die Excel-Datei.

   Der nächste Schritt besteht in einem erneuten Importversuch.
10. Zurück in Microsoft Dynamics CRM klicken Sie im Menü **Datei** auf **Tools** und dann auf **Daten importieren**, um den Datenimport-Assistent zu starten.
11. Klicken Sie auf **Durchsuchen** und suchen Sie die Datei *ContactImport1_Update.csv* und klicken Sie auf **Weiter**.
12. Auf der Seite **Zusammenfassung des Dateiuploads überprüfen** klicken Sie auf **Weiter**.

13. Auf der Seite **Datenzuordnung auswählen** klicken Sie in der Liste **Systemdatenzuordnungen** auf **Kontaktimport-Beispiel** und dann auf **Weiter**.

   > **WICHTIG** Die Zuordnung *Kontaktimport-Beispiel* wurde in einer früheren Übung dieses Kapitels erstellt, im Abschnitt »Den Datenimport-Assistent verwenden«.

14. Auf der nächsten Seite wählen Sie in der Liste **Datensatztypen für Microsoft Dynamics CRM** *Kontakt* aus und klicken auf **Weiter**.
15. Auf der Seite **Datensatztypen zuordnen** klicken Sie auf **Weiter**.
16. Auf der Seite **Zuordnungszusammenfassung überprüfen** klicken Sie auf **Weiter**.
17. Lassen Sie die Vorgabeoptionen auf der Seite **Einstellungen überprüfen und Daten importieren** stehen und klicken Sie auf **Absenden**.

    Ihre fehlerhafte Zeile sollte jetzt korrekt importiert werden.

Daten mit der Funktion zur Datenverbesserung aktualisieren

Wie Sie sehen, ermöglicht es Microsoft Dynamics CRM Benutzern auf einfache Weise, Massendatensätze mit einem einfachen und intuitiven Assistent zu erstellen. Zusätzlich zur Erstellung von Daten mit diesem Assistenten möchten Sie Massendaten vielleicht in einer ähnlichen Benutzeroberfläche aktualisieren. In Kapitel 16 haben Sie gelernt, wie Sie die Funktion zum Bearbeiten mehrerer Datensätze gleichzeitig verwenden. Dieses Tool funktioniert aber nur, wenn Sie überall die gleichen Aktualisierungen vornehmen wollen. Manchmal müssen Sie jedoch für mehrere Datensätze verschiedene Aktualisierungen vornehmen. Denken Sie an folgende Situationen:

- Ihre Mitarbeiter haben ein wöchentliches Vertriebsmeeting, in dem der Status und Fortschritt der Verkaufschancen besprochen wird. Nach diesem Meeting aktualisiert ein Mitarbeiter die Daten der Verkaufschancen, um das Ergebnis des Meetings einzupflegen.
- Sie fügen in Microsoft Dynamics CRM ein weiteres Feld ein, um zusätzliche wichtige Daten aufzunehmen. Sie wollen das Feld für vorhandene Datensätze aktualisieren.

Microsoft Dynamics CRM bietet eine Funktion zur Verbesserung der Daten, mit dem Sie Daten nach Excel exportieren, Änderungen vornehmen und dann rückimportieren können. Das ermöglicht es Ihnen, Massenaktualisierungen an bestehenden Datensätzen vorzunehmen, ohne diese einzeln bearbeiten zu müssen.

In dieser Übung exportieren Sie die Liste der aktiven Verkaufschancen, aktualisieren die Daten in Excel und importieren sie mit dem Datenimport-Assistenten wieder zurück.

VORBEREITUNG Verwenden Sie Ihre Microsoft Dynamics CRM-Installation statt der CRM-Website, die in dieser Übung gezeigt wird. Gehen Sie mit Microsoft Internet Explorer auf Ihre Microsoft Dynamics CRM-Website, bevor Sie mit dieser Übung anfangen.

1. Im Bereich **Vertrieb** klicken Sie auf **Verkaufschancen**.
2. Wählen Sie die Ansicht **Offene Verkaufschancen**.

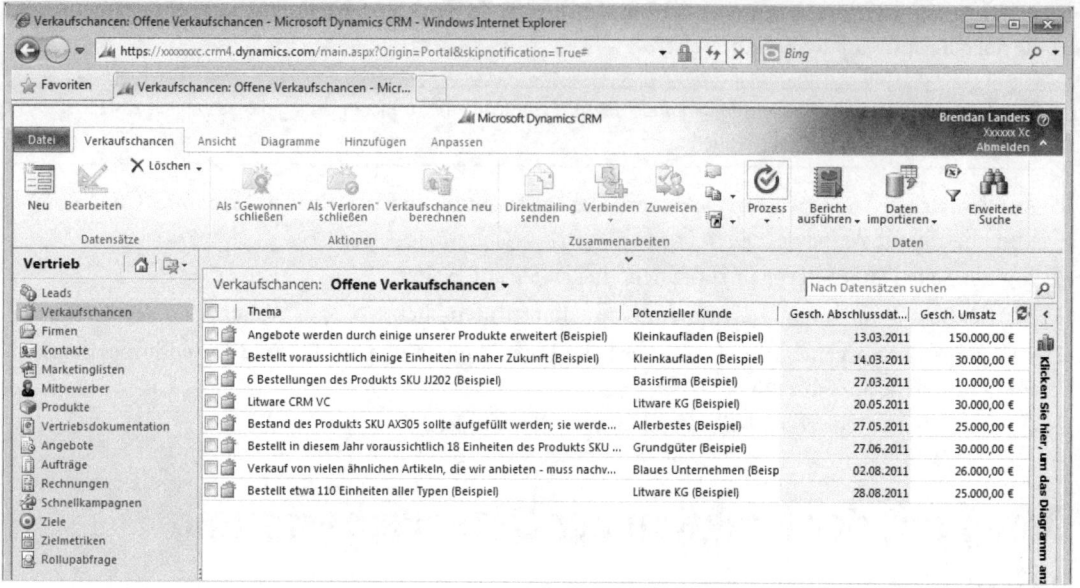

3. Im Bereich **Verkaufschancen** im Menüband, in der Gruppe **Daten**, klicken Sie auf die Schaltfläche **Exportieren nach Excel**.

   Das Dialogfeld **Daten nach Excel exportieren** erscheint.

4. Wählen Sie **Statische Tabelle mit Datensätzen von dieser Seite** als Typ für das zu exportierende Arbeitsblatt.

5. Unten im Dialogfeld wählen Sie **Daten durch Einschließen der erforderlichen Spaltenüberschriften für erneuten Importvorgang verfügbar machen**.

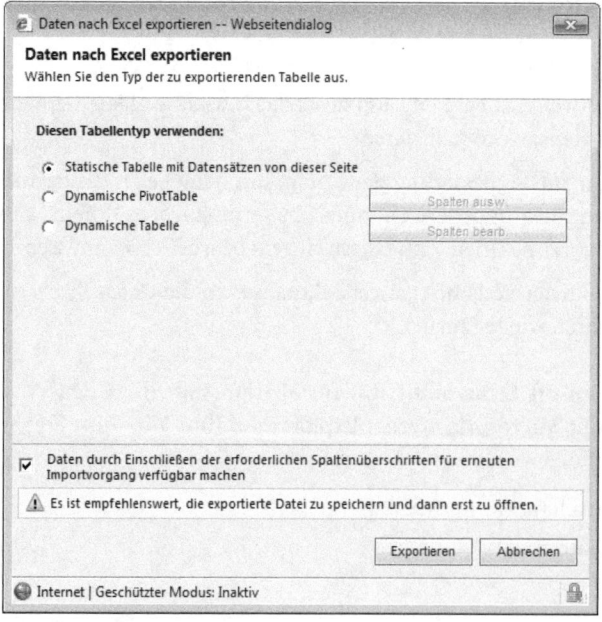

Daten mit der Funktion zur Datenverbesserung aktualisieren

6. Klicken Sie auf **Exportieren**. Auf der Seite **Dateidownload** klicken Sie auf **Speichern** und speichern Sie die Datei als *Fuer erneuten Import – Offene Verkaufschancen.xml* in einen Ordner auf Ihrem Computer.
7. Öffnen Sie die Datei *Fuer erneuten Import – Offene Verkaufschancen.xml* in Excel.

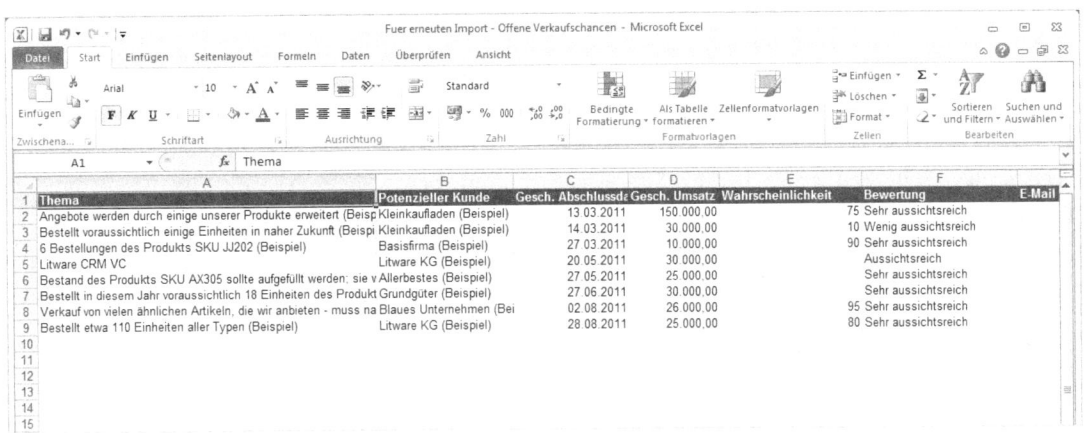

8. Aktualisieren Sie das Feld **Thema und Gesch. Abschlussdatum** eines Datensatzes und die Felder **Wahrscheinlichkeit** und **Bewertung** in einem anderen.

   Beachten Sie, dass das Feld Bewertung, das in Microsoft Dynamics CRM eine Pickliste ist, Ihnen auch in Excel eine Liste bietet.

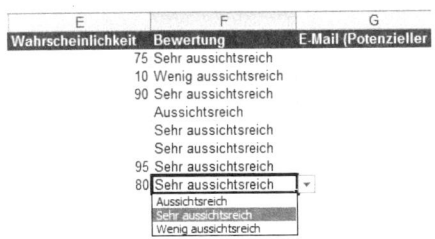

9. Klicken Sie auf **Speichern** und schließen Sie die Datei *Fuer erneuten Import – Offene Verkaufschancen.xml*.
10. Zurück in Microsoft Dynamics CRM klicken Sie im Menü **Datei** auf **Tools** und dann auf **Daten importieren**, um den Datenimport-Assistent zu öffnen.

    Der Datenimport-Assistent erscheint.
11. Auf der ersten Seite klicken Sie auf **Durchsuchen** und wählen die Datei **Fuer erneuten Import – Offene Verkaufschancen.xml**. Klicken Sie auf **Weiter**.
12. Auf der nächsten Seite wählen Sie in der Liste **Datensatztypen für Microsoft Dynamics CRM** *Verkaufschance* aus und klicken auf **Weiter**.
13. Auf der Seite **Datensatztypen zuordnen** und auf **Zuordnungszusammenfassung überprüfen** klicken Sie auf **Weiter**.
14. Lassen Sie die voreingestellten Optionen auf der nächsten Seite stehen und klicken Sie auf **Absenden**.
15. Auf der Seite **Einstellungen überprüfen und Daten importieren** wählen Sie **Ja** im Bereich **Duplikate zulassen** und lassen die Voreinstellung im Bereich **Besitzer für importierte Datensätze auswählen** stehen. Klicken Sie auf **Absenden**.

Der Datenimport-Assistent aktualisiert Ihre Datensätze entsprechend.

Die Funktion zur Datenverbesserung ist ein sehr leistungsfähiges, aber auch gefährliches Werkzeug. Sie können Probleme am Datenbstand verursachen, wenn Sie beim Aktualisieren in Excel nicht äußerst vorsichtig sind. Sie sollten Ihre Daten vor dem erneuten Import sehr gründlich prüfen.

Zusammenfassung

- Der Datenimport-Assistent ermöglicht es Benutzern von Microsoft Dynamics CRM, Massendaten in einer klaren und einfachen Benutzeroberfläche zu importieren, die sich in die Oberfläche der Anwendung integriert.

- Datenzuordnungen ermöglichen es Benutzern, Datenfelder der Quelldatei Zielfeldern in Microsoft Dynamics CRM zuzuordnen. Datenzuordnungen können gespeichert und auch für spätere Importe verwendet werden.

- Sie müssen eine Datenzuordnung nur dann erstellen, wenn Ihre Spaltenüberschriften nicht zu den in Microsoft Dynamics CRM passen, oder Ihre Listenwerte nicht zu den Werten der Zielspalte passen.

- Sie können den Status des Datenimports in der Ansicht Importe prüfen, die über **Meine Arbeit** erreicht wird. Sie können dies tun, während der Import läuft oder wenn der Import abgeschlossen ist. Sie können dann die erfolgreichen und fehlerhaften Importe betrachten, indem Sie den entsprechenden Importdatensatz öffnen.

- Sie können bestehende Datensätze zur Verbesserung der Daten aktualisieren, indem Sie sie nach Excel exportieren und dann wieder zurückimportieren.

Glossar

Aktivität Ein allgemeiner Begriff für die Interaktion mit einem Kunden oder potenziellen Kunden. Aktivitäten werden erstellt, um einen Benutzer daran zu erinnern, dass er mit einem Kunden kommunizieren oder eine bereits stattgefundene Kommunikation aufzeichnen soll. Im Lieferzustand sind acht Arten von Aktivitäten vorgesehen: Aufgaben, Faxe, Telefonanrufe, E-Mail-Nachrichten, Briefe, Termine, Serviceaktivitäten und Kampagnenreaktionen. Darüber hinaus kann Ihre Organisation auch selbst definierte Aktivitäten erstellen.

Anfrage Ein von einem Kunden gemeldetes Problem und die Aktivität, die ein Kundendienstmitarbeiter durchführt, um es zu lösen.

Angebot Ein formales Angebot für Produkte oder Dienstleistungen zu bestimmten Preisen und festgelegten Zahlungsbedingungen, das an Verkaufschancen, Firmen oder Kontakte gesendet wird.

Ansicht Ein Filter, der auf eine Liste von Datensätzen angewandt wird. Benutzer können Ansichten auswählen, die sämtliche Datensätze oder Aktivitäten eines bestimmten Typs zeigen, oder solche, die nur eine Teilmenge des Typs enthalten.

Arbeitsbereich Ein Teilabschnitt des Navigationsbereichs mit den Aufgaben, die einem Benutzer zugewiesen sind, an denen er gerade arbeitet oder die sich in Warteschlangen befinden, auf die der Benutzer Zugriff hat. Von hier aus können die Benutzer Zuweisungen annehmen, zuweisen und löschen. Über den Arbeitsplatz können sie auch auf ihre Kalender und ihre Wissensdatenbank zugreifen.

Artikel Inhalte, die in Textform in einer Wissensdatenbank gespeichert sind.

Artikeldatenbank Siehe *Wissensdatenbank*.

Attribut Eine Eigenschaft einer Entität mit einem bestimmten Datentyp. Attribute entsprechen den Spalten in einer Datenbanktabelle. Werden einem Entitätsformular Attribute hinzugefügt, so erscheinen sie als Felder des entsprechenden Datentyps.

Betreff Kategorien in einer hierarchischen Liste, die dazu dienen, die Informationen zu korrelieren und zu ordnen. Betreffs werden in der Betreffstruktur eingesetzt, um Produkte, Vertriebsdokumentation und die Artikel aus Wissensdatenbanken zu gliedern.

Bezugsfeld Wird dazu verwendet, eine Aktivität mit einem anderen Datensatz zu verknüpfen, sodass sie von dort aus eingesehen werden kann. Wenn Sie eine neue Aktivität aus einem Datensatz erstellen, wird dieses Feld automatisch ausgefüllt.

Datenzuordnung Eine Datei mit Informationen darüber, wie die Daten aus einem Quellsystem den Daten in Microsoft Dynamics CRM entsprechen.

Direktmailing Das massenhafte Versenden derselben Nachricht an mehrere E-Mail-Empfänger mithilfe von Microsoft Dynamics CRM-E-Mail-Vorlagen.

Dynamischer Wert Ein Wert, der in Echtzeit aktualisiert wird. Dynamisch exportierte Daten können z.B. stets mit den neuesten Daten aus der Microsoft Dynamics CRM-Datenbank aktualisiert werden.

E-Mail-Vorlage Das Grundgerüst für eine E-Mail, mit dem die Einheitlichkeit des Layouts und der Inhalte in ähnlichen Nachrichten sichergestellt werden soll.

Erneut öffnen Eine zuvor geschlossene Verkaufschance wieder öffnen, um sie weiter auszuloten.

Feldzuordnung Eine Technik zur Rationalisierung der Dateneingabe für den Fall, dass der neue Datensatz mit einem bereits vorhandenen Datensatz zusammenhängt. Weist eine Entität eine Beziehung zu einer anderen auf, können Sie die Datensätze der neuen Entität auf der Grundlage der zugehörigen Ansicht für die Hauptentität erstellen. Wenn ein Benutzer einen neuen Datensatz auf der Grundlage einer zugehörigen Ansicht erstellt, werden die zugeordneten Daten aus dem Datensatz der Hauptentität in das Formular des neuen Datensatzes kopiert.

Firma Ein Unternehmen, das mit Ihrer Organisation in geschäftlicher Beziehung steht.

Freigeben Anderen Benutzern oder Teams Zugang auf einen Datensatz gewähren, z.B. eine Anfrage, eine Firma oder einen Vertrag, wobei der Grad des Zugriffs festgelegt ist. Beispielsweise können Sie eine

Firma für ein Team freigeben und festlegen, dass die Teammitglieder den Firmendatensatz lesen dürfen, aber keinen Schreibzugriff darauf haben.

Historie   Eine Liste der Aktivitäten, die fertig gestellt oder geschlossen sind. Der Zugriff auf die Historie eines Datensatzes erfolgt über dessen Navigationsbereich.

Kampagnenaktivität   Eine Aktivität im Zusammenhang mit einer bestimmten Kampagne, z.B. ein Brief, ein Fax oder ein Telefonanruf. Kampagnenaktivitäten enthalten kampagnenspezifische Informationen und müssen verteilt werden, um individuelle Aktivitäten zu erstellen, die Anwender durchzuführen haben.

Kampagnenreaktion   Die Aufzeichnung eines eingehenden Kommunikationsvorgangs, durch den ein potenzieller Kunde auf eine gegebene Kampagne antwortet.

Kontakt   Eine Person, die einen Kunden oder potenziellen Kunden repräsentiert, oder eine Einzelperson, die mit einer Firma in Verbindung steht. Dies kann z.B. jemand sein, der Produkte oder Dienstleistungen für den Eigengebrauch erwirbt, oder der Angestellte einer Firma. Kontakte können auch Personen sein, die in geschäftliche Transaktionen einbezogen sind, z.B. Lieferanten oder Kollegen.

Konvertierung von Leads   Die Umwandlung eines qualifizierten Leads in eine Firma, einen Kontakt und/oder eine Verkaufschance.

Kunde   Eine Firma oder ein Kontakt, mit dem Geschäftseinheiten geschäftliche Transaktionen vornehmen.

Kundenbeziehungen   Die Verknüpfung von Kundendatensätzen untereinander. Kundenbeziehungen sind reziprok. Eine Beziehung, die für einen Datensatz definiert wurde, steht auch in dem anderen zur Verfügung.

Lead   Ein potenzieller Kunde, der sich als Verkaufschance qualifizieren oder disqualifizieren muss. Hat sich ein Lead qualifiziert, kann er in eine Verkaufschance, eine Firma und/oder einen Kontakt umgewandelt werden.

Leadursprung   Eine Ressource, durch die Ihr Unternehmen Leads erhält.

Listenmitglied   Eine Firma, ein Kontakt oder ein Lead, der in einer Marketingliste steht.

Lokale Datengruppe   Ein Satz von Filtern, die bestimmen, welche Daten offline verfügbar sind und auf dem lokalen Computer gespeichert werden.

Marketingkampagne   Ein Marketingprogramm, das mehrere Kommunikationsmöglichkeiten nutzt und die Wahrnehmung Ihres Unternehmens, Ihrer Produkte oder Dienstleistungen verbessern soll.

Marketingliste   Eine Liste der Konten, Kontakte oder Leads, die bestimmten Kriterien entsprechen.

Nachschlagen   Ein Feld, in dem Sie einen Wert aus den Daten auswählen können, die in einer verwandten Entität gespeichert sind.

Nachverfolgen in CRM   Eine Verknüpfung zwischen einem Datensatz in Microsoft Dynamics CRM und einem Datensatz in Microsoft Outlook erstellen. Wenn Sie die Daten in einem Datensatz ändern, der in Microsoft Dynamics CRM nachverfolgt wird, erscheinen die Änderungen sowohl in Microsoft Dynamics CRM als auch in Outlook.

Offline gehen   Der Vorgang, bei dem Sie den Microsoft Dynamics CRM-Client für Outlook mit Offlinezugriff vom Microsoft Dynamics CRM-Server trennen. Dadurch können Sie mit einer Teilmenge der Daten weiterarbeiten, während keine Verbindung besteht.

Online gehen   Der Vorgang, bei dem Sie mit dem Microsoft Dynamics CRM-Offlineclient wieder Verbindung mit dem Microsoft Dynamics CRM-Server aufnehmen.

Produktkatalog   Eine Zusammenstellung aller Produkte, die zum Verkauf bereitstehen.

Schnellkampagne   Eine Kommunikationsmethode für das Marketing, bei der eine einzelne Aktivität für die Verteilung an eine Gruppe von Marketinglisten, Firmen, Kontakten oder Leads erstellt wird.

Schnellsuche   Ein Mechanismus, um die Datensätze in der Datenbank schnell zu finden.

Statischer Wert Ein Wert, der beibehalten und nicht in Echtzeit aktualisiert wird. Statisch exportierte Daten können nicht mit den neuesten Daten aus der Microsoft Dynamics CRM-Datenbank aktualisiert werden.

Übergeordnete Firma Ein Datensatz, der in einer hierarchischen Beziehung zu einer untergeordneten Firma steht. Im Datensatz der untergeordneten Firma ist ein Verweis auf die übergeordnete gespeichert. Eine übergeordnete Firma kann Beziehungen zu vielen untergeordneten Firmen aufweisen.

Untergeordnete Firma Ein Datensatz, der in einer hierarchischen Beziehung zu einer übergeordneten Firma steht. Im Datensatz der untergeordneten Firma ist ein Verweis auf die übergeordnete gespeichert. Eine übergeordnete Firma kann Beziehungen zu vielen untergeordneten Firmen aufweisen. In den Formularen der Datensätze von untergeordneten Firmen befinden sich Nachschlagefelder, die die Beziehung zu den übergeordneten Datensätzen herstellen.

Verkaufschancen Möglicherweise Ertrag einbringende Ereignisse oder Verkäufe an Firmen, die über den gesamten Verkaufsvorgang bis zum Abschluss nachverfolgt werden müssen.

Verteilen Hierbei werden zunächst Kampagnenaktivitäten für alle einzelnen Firmen, Kontakte oder Leads erstellt, die sich in einer mit einer Kampagne verbundenen Marketingliste befinden. Anschließend werden die Aktivitäten an die festgelegten Besitzer zugewiesen oder automatisch durchgeführt (z.B. das Senden von E-Mail-Nachrichten).

Vertrag Eine Vereinbarung, während eines bestimmten Zeitraums oder für eine bestimmte Anzahl von Anfragen Kundendienst zu leisten. Wenn sich ein Kunde an den Kundendienst wendet, bestimmt der Vertrag, wie weit die Unterstützung geht.

Vertragsvorlage Das Grundgerüst für einen Vertrag, mit dem die Einheitlichkeit des Layouts und der Inhalte in ähnlichen Verträgen sichergestellt werden soll.

Vertragszeile Ein Zeile in einem Vertrag, die die zu gewährende Dienstleistung beschreibt. Vertragszeilen enthalten oft Preisangaben und Informationen über die Zuteilung der Unterstützung.

Warteschlange Ein Aufbewahrungsbehälter für Aktivitäten, die fertig gestellt werden müssen. Manche Warteschlangen enthalten Anfragen und Aktivitäten im Arbeitsbereich, andere Artikel in der Wissensdatenbank.

Webclient Der in einem Internetbrowser ausgeführte Client für Microsoft Dynamics CRM.

Wissensdatenbank Eine Ablage für die Kundendienstinformationen einer Organisation wie häufig gestellte Fragen, Datenblätter, Lösungen für häufig autretende Probleme und Benutzeranleitungen. Diese Informationen sind in Form von Artikeln gespeichert und nach Themen geordnet.

Zuteilungstyp Die Einheiten für die Serviceleistung, z.B. die Anfragen oder Zeiträume, die in einem Servicevertrag angegeben sind, um festzulegen, welchen Anspruch ein Kunde auf die Kundendienstleistung hat.

Stichwortverzeichnis

A

Adressbuch 115
Ähnliche Wörter 230
Aktivitäten
    Anfrageaktivitäten 213
    Benutzerdefinierte Typen 78
    Bezug 79
    Datenfelder 78
    Dienstaktivitäten 78
    E-Mail 94, 145
    Erstellen 83, 86, 145
    Fälligkeitsdatum 88
    Folgeaktivitäten 82
    In Lead konvertieren 145
    In Reaktionen konvertieren 195
    Kampagnen 171, 185
    Liste 93
    Nachverfolgen 84
    Offen und abgeschlossene 84
    Planungsaktivitäten 171
    Status 85, 201
    Telefonanruf 83, 86
    Typen 77
    Verwalten 92
    Workflowregeln 77
Aktivitätsrollup 86, 88
Anfragen
    Abschließen 216
    Aktivitäten 213
    Anzeigen 209
    Beantworten 215
    Betreffstruktur 212
    Erneut abbrechen 219
    Erstellen 210
    Serviceanfragen 209
    Stornieren 217
    Verträge 249
    Warteschlangen 253, 255
    Zuweisen 211
Anmeldung
    Lokale Version 30
    Mobile Express 32
    Online-Version 28
    Outlook 31

Ansichten
    Ansichtsregisterkarten 100
    Berichte 307
    Dashboards 280
    Datensätze 39
    Datensätze aktualisieren 42
    Datensätze filtern 45
    Datensätze sortieren 41
    Dynamisch aktualisieren 93
    Dynamische Ansichten nach Excel exportieren 340
    Freigeben 328
    Gespeicherte Ansichten 326
    Kombinieren 93
    Kontaktansicht 62
    Mehrere Datensätze bearbeiten 43
    Nach Excel exportieren 337
    Persönliche Ansichten 46
    Schnellsuche 45
    Spalten aus verwandten Datensätzen 41
    Speichern 264
    Standardansicht 46
    Statische Ansichten 337
    Suchansichten 48
    Verkaufschancen 140
    Zuletzt verwendete Ansichten 47
    Zusätzliche Filter für gespeicherte Ansichten 265
Ansichtenauswahl 38
Anwendungsbereiche 37
Artikel
    Ablehnen 233
    Abschnitte zu Vorlagen hinzufügen 236
    Absenden 226
    Anzeigen 223
    Erstellen 224
    Genehmigen 227
    Löschen 231
    Nicht genehmigte Artikel 227
    Suchen 229
    Veröffentlichen 227
    Veröffentlichung aufheben 232
    Vorlagen erstellen 234
Artikeldatenbank
    Artikel erstellen 223
    Artikel löschen 231
    Artikel suchen 229

Assistent zum Erstellen von Schnellkampagnen 180
Assistent zum Hinzufügen von Kontakten 109
Aufgaben synchronisieren 104, 113
Automatische Auflösung 48

B

Benutzeroberfläche
    Datensätze 38
    Outlook 99
    Persönliche Optionen 52
    Übersicht 36
Berichte
    Ändern 303
    Anzeigen 303
    Ausführen 303
    Berichts-Assistent 298
    Berichtsfilter 347
    Echtzeit 309
    Einstellungen 312
    Erstellen 298
    Excel 336
    Excel-Berichte hochladen 348
    Freigeben 307
    Gruppierung 300
    Kampagnenresultate 200
    Kategorisieren 311
    Layout 300
    Lieferumfang 296
    SQL Server Reporting Services 296
    Status der Kampagnenaktivitäten 202
    Termin festlegen 309
    Verkaufschancen 140
Betreffstruktur 212

D

Dashboards
    Anzeigen 280
    Bearbeiten 287
    Diagramme hinzufügen 285
    Erstellen 283
    Freigeben 292
    Integrierte Dashboards 278
    Komponenten-Designer 285
    Layout auswählen 284
    Standard-Dashboard 291
    Verkaufschancen 140
    Vertriebsaktivität 140

Dateien
    Anhängen 66
    Dynamische Dateien exportieren 340
    Dynamische Dateien in Pivottabellen exportieren 343
    Fehlerzeilen in Importdateien 362
    Importdatei erstellen 360
    Statische Dateien exportieren 337
Datenimport
    Automatische Zuordnung 360
    CSV 361
    Fehler beheben 363
    Importdatei erstellen 360
    Kopfzeilen 360
    Massenaktualisierungen 365
    Status 362
Datenimport-Assistent
    Daten importieren 356
    Datensätze aktualisieren 368
    Duplikate zulassen 359
    Überblick 355
Datensätze
    Ad-hoc-Freigabe 69
    Aktivieren 68
    Aktivitäten 78
    Aktualisieren 42
    Ansichten 39
    Anzahl pro Seite 52
    Besitzer 359
    Bezug zu Aktivitäten 79
    Dateien anhängen 66
    Deaktivieren 68
    E-Mail-Datensätze 114
    Explizite Verlinkung 107
    Filtern 45
    Firmen 59
    Freigeben 69
    Gemeinsame Bearbeitung 70
    Kampagnen 170
    Kopieren 178
    Leaddatensätze 136
    Löschen 119
    Massenaktualisierungen 365
    Masterdatensatz 72
    Mehrere Datensätze bearbeiten 43, 331
    Mehrere Datensätze zuweisen 333
    Nachschlagen 152
    Nachverfolgung 105
    Offene und abgeschlossene Aktivitäten 84
    Offlinezugriff 121
    Protokollierung 143

Datensätze *(Fortsetzung)*
    Schnellsuche 45
    Spalten aus verwandten Datensätzen 41
    Statusbegründung 68
    Synchronisieren 105
    Trennzeichen 357
    Verfügbarkeit für den Import 355
    Verknüpfen 61, 62
    Zugriff in Outlook 99
    Zuletzt verwendete Datensätze 47
    Zusammenführen 72
    Zuweisen 71
Datentrennzeichen 357
Diagramme
    Ändern 272
    Anzeigen 267
    Automatische Aktualisierung 268
    Bereich 38
    Diagramm-Designer 271
    Einführung 266
    Erstellen 270
    Freigeben 273
    Leads nach Quellkampagnen 282
    Lieferumfang 266
    Tortengrafik 269
    Verkaufschancen 140
    Verkaufspipeline 140, 280
    Zu Dashboards hinzufügen 285
Dienstaktivitäten 78
Direktmailing 94
Duplikate
    Erkennung 112
    Zulassen 359

E

E-Mails
    An Zielmarketinglisten verteilen 192
    Direktmailing 94
    E-Mail-Aktivitäten erstellen 145
    E-Mail-Aktivitäten in Lead konvertieren 145
    Kampagnen 186
    Massen-E-Mails 94
    Nachverfolgen 114
    Outlook 114
    Verfassen 115
    Vorlage 117
    Warteschlangenadresse 253
Erste Schritte (Bereich) 37, 52
Exakte Wörter 230

Excel
    Automatische Aktualisierung dynamischer Ansichten 342
    CSV 361
    Dynamische Ansichten exportieren 340
    Erweiterte Pivottabellen 347
    Excel-Berichte hochladen 348
    Integration in Microsoft Dynamics CRM 28
    Manuelle Aktualisierung 343
    Massenaktualisierungen 365
    Pivottabellen 343
    Statische Ansichten exportieren 337

F

Fakturieren 248
Felder
    Aktivitäten 78
    Artikelvorlagen 236
    Bezug 79
    Feldtrennzeichen 357
    Firma 107
    Hintergrundskripts 43
    Kampagnenaktivitäten 185
    Kampagnenvorlagen 169
    Layout in Berichten 300
    Schreibgeschützt 44
    Status 85
    Suchfelder 49
    Ursprungsaktivität 195
    Vertragsvorlagen 241
Filter
    Aktivitäten 88
    Ändern 124
    Auswählen 263
    Berichtsfilter 347
    Datensätze 45
    Dynamische Aktualisierung 93
    Erweiterte Filterkriterien 329
    Gefilterte Ansichten speichern 264
    Pivottabellen 347
    Speichern 265
    Synchronisierungsfilter 122
    Verkaufschancen 262
    Zusätzliche Filter für gespeicherte Ansichten 265
Firmen
    Anlegen 59
    Dateien anhängen 66
    Definition 58
    Freigeben 69

Firmen *(Fortsetzung)*
  Über- und untergeordnete 61
  Verlinken 61
  Zusammenführen 72
  Zuweisen 71
Folgeaktivitäten 82
Freigabe
  Ad hoc 69
  Ansichten 328
  Berichte 307
  Dashboards 292
  Datensätze 69, 70
  Diagramme 273
  Gespeicherte Ansichten 328
  Kontakte 70

H

Hilfeinformationen 55
Hintergrundskripts 43

J

Jokerzeichen 45

K

Kalender
  Outlook 92
  Terminliste 92
  Vertragsvorlage 244
Kampagnen
  Aktivitäten erstellen 185
  Aktivitäten in Reaktionen konvertieren 195
  Aktivitäten verteilen 190
  Aktivitäten zuweisen 188
  Aktivitätsstatus 201
  Bericht für Kampagnenresultate 200
  Datensatz erstellen 170
  Datensätze kopieren 178
  Erstellen 169
  Felder 169
  Felder von Kampagnenaktivitäten 185
  Marketinglisten zu Aktivitäten zuweisen 188
  Planungsaktivitäten 171
  Reaktion manuell erstellen 194
  Reaktionen aufzeichnen 194
  Reaktionen konvertieren 197
  Resultate ansehen 200
  Schnellkampagnen 179

Kampagnen *(Fortsetzung)*
  Verknüpfen 176
  Vertriebsdokumentation 175
  Vorlagen 178
  Zielmarketinglisten 173
  Zielprodukte 175
Komponenten-Designer 285
Kontakte
  Anrufaktivitäten 83
  Assistent zum Hinzufügen von Kontakten 109
  Dateien anhängen 66
  Definition 62
  Erstellen 64, 107
  Freigeben 69
  Importieren 109
  Kontaktansicht 62
  Kontaktgruppen 111
  Löschen 119
  Marketinglisten 149
  Nachverfolgen 107
  Synchronisieren 104
  Verknüpfen 64
  Zusammenführen 72
  Zuweisen 71
Kürzlich besucht 47
Kürzlich verwendet 50

L

Leads
  Definition 130
  Disqualifizieren 135, 136
  E-Mail-Aktivitäten konvertieren 145
  Erstellen 133, 136
  Kampagnenreaktion konvertieren 198
  Konvertieren 134, 162
  Leadursprung 133
  Qualifizieren 134
  Zusammenführen 72
Lesebereich 100
Lösungsordner 100
Lync 28

M

Marketinglisten
  Datensätze nachschlagen 152
  Definition 148
  Dynamisch 158
  Erstellen 149, 158

Marketinglisten *(Fortsetzung)*
    Erweiterte Suche 152
    Importieren 149
    Kampagnenaktivitäten zuweisen 188
    Kontakte 149
    Mitglieder bewerten 156
    Mitglieder entfernen 154, 157
    Mitglieder hinzufügen 150
    Mitglieder kopieren 160
    Mitgliedstyp 150
    Schnellsuche 151
    Serienbriefe 164
    Statisch 149
    Verkaufschancen 162
    Zielmarketinglisten 173
Masterdatensatz 72
Menüband 36
Microsoft Dynamics CRM
    Anmeldung 28
    Benutzeroberfläche 36
    Bereitstellung 27
    Berichtsmöglichkeiten 336
    Einführung 25
    Einstellungen 103
    Hilfefunktion 54
    Integration in andere Produkte 28
    Mitgelieferte Berichte 296
    Mitgelieferte Diagramme 266
    Mobile Express 32
    Module 25
    Offlinezugriff 120
    Outlook 26, 31, 98
    Persönliche Optionen 52
    Ressourcencenter 54
    Sicherheitsmodell 69
    Synchronisierung 104
    Workflow 77
    xRM 26
    Zugriff 27
Mobile Express 32
Module
    Mobile Express 32
    Übersicht 25

N

Navigationsbereich
    Allgemein 37
    Einrichten 53
    Entitäten 39
    Ressourcencenter 54

Notizen
    Erstellen 90
    Löschen 91

O

Offlinezugriff 120
Operatoren 319
Outlook
    Adressbuch 115
    Aufgaben und Termine erstellen 113
    CRM-Versionen 26
    Datensätze löschen 119
    E-Mails 114
    Kontakte erstellen 107
    Kontakte importieren 109
    Manuelle Synchronisierung 106
    Synchronisierung 104
    Synchronisierungsfilter 123
    Zugriff auf CRM-Datensätze 99
    Zugriff auf Microsoft Dynamics CRM 31

P

Persönliche Optionen 52
Pivottabellen
    Berichtsfilter 347
    Dynamische Daten exportieren 344
    Erweitert 347
    Funktionsprinzip 343
    Spalten auswählen 345
Planungsaktivitäten 171
Produktkatalog 175

R

Raster 37
Ressourcencenter 54

S

Schlüsselwortsuche 230
Schnellkampagnen 179
Schnellsuche 38
    Jokerzeichen 45
    Mitglieder zu Marketinglisten hinzufügen 151
    Outlook 100
    Teilübereinstimmungen 45
Serviceanfragen 209

SharePoint Server 28
Sortierung
    Datensätze 41
    Suchergebnisse 323
Sprungauswahl 39
SQL Server Reporting Services-Assistent 296
Standardansicht 46
Standardstartseite 52
Statusbegründung 68
Suche
    Abfragen erstellen 319, 320
    Ähnliche Wörter 230
    Artikel 229
    Automatische Auflösung 49
    Automatische Zuordnung für den Datenimport 360
    Datensätze nachschlagen 152
    Ergebnisspalten 322
    Erweiterte Filterkriterien 330
    Erweiterte Suche 152, 319
    Erweiterte Suche zum Entfernen von Mitgliedern verwenden 154
    Erweiterte Suche zum Hinzufügen von Mitgliedern verwenden 153
    Exakte Wörter 230
    Gespeicherte Ansichten 326
    Gespeicherte Ansichten freigeben 328
    Importdatei erstellen 360
    Kürzlich verwendet 50
    Mehrere Datensätze bearbeiten 332
    Mitglieder bewerten 156
    Operatoren 319
    Optionen 229
    Schlüsselwortsuche 230
    Schnellsuche 45
    Sortierung der Ergebnisse 323
    Speichern 327
    Suchansichten 48
    Suche zum Hinzufügen von Mitgliedern verwenden 151
    Suchfelder 49
Synchronisierung
    Aufgaben 104, 113
    Automatisch 106
    Manuell 106
    Outlook 104
    Standardeinstellungen 106
    Synchronisierungsfilter 122
Synchronisierung
    Termine 113

T

Telefonanrufe
    An Zielmarketinglisten verteilen 192
    Hinzufügen 83, 86
Termine 104, 113
Tortengrafik 269
Trennzeichen 357

V

Verkaufschancen
    Berichte 140
    Besitzer 139
    Dashboards 140
    Definition 132
    Diagramme 140
    Erneut öffnen 144
    Erstellen 137, 138, 162
    Ertragseinstellungen 137
    Filtern 263
    Leads konvertieren 134, 162
    Listenmitglieder 162
    Nachverfolgen 139
    Potenzielle Verkäufe abschätzen 139
    Protokollierung 143
    Schließen 142, 143
    Systemansichten 140
    Verlorene Verkaufschancen 143
    Vom Benutzer angegeben 137
    Vom System berechnet 137
    Workflowfunktion 138
Verkaufspipeline 280
Verträge
    Aktivieren 247
    Anfragen 249
    Erneuern 251
    Erstellen 241
    Fakturieren 248
    ID 246
    Status 248
    Verlängern 251
    Vertragszeilen 246
    Vorlagen 241
    Vorlagen erstellen 242
Vertriebsdokumentation 175
Vorlagen-Explorer 244

W

Warteschlangen
    Aktionen 252
    Anfragen hinzufügen 255
    Einführung 252
    Erstellen 253
Word
    Dokument über Listenmitglieder 163
    MDC-Integration 28
    Serienbrieffunktion 163
Workflow 77

X

xRM 26

Z

Zeitzone 52
Zielmarketinglisten 173
Zielprodukte 175

Wissen aus erster Hand

Vier ausgewiesene Excel-Experten zeigen Ihnen umfassend und leicht verständlich, wie Sie Excel 2010 effizient in der Praxis einsetzen. Anhand der beiliegenden Beispieldateien können Sie Schritt für Schritt die wichtigsten Arbeitstechniken erlernen. Hilfreiche Übersichten erleichtern den Überblick und Profitipps helfen Ihnen, Zeit zu sparen. Außerdem finden Sie alles, was Sie wissen wollen, über die vielfältigen Verzeichnisse und Indizes im Buch sowie über die Suchfunktionalität im beiliegenden E-Book.

Autor	Schwenk et al.
Umfang	920 Seiten, 1 CD-ROM
Reihe	Das Handbuch
Preis	39,90 Euro [D]
ISBN	978-3-86645-142-1

http://www.microsoft-press.de

Microsoft Press-Titel erhalten Sie im Buchhandel.

Wissen aus erster Hand

Für viele Menschen ist Outlook zu einer wichtigen Schaltzentrale ihres Lebens geworden – zumindest, was den Arbeitsalltag betrifft. Gerade durch einen geschickten Umgang mit E-Mails, Terminen, Kontakten und Aufgaben lässt sich viel an Gestaltungsfreiraum und persönlicher Zufriedenheit gewinnen und Stress reduzieren. Outlook bietet dazu viele hilfreiche Werkzeuge und hat in der Version 2010 z.B. mit den QuickSteps neue Möglichkeiten zur schnelleren Übersicht über E-Mails und weitere Verbesserungen zu bieten. Auf der Begleit-CD finden Sie eine E-Book-Version des Handbuchs.

Autor	Thomas Joos
Umfang	836 Seiten, 1 CD
Reihe	Das Handbuch
Preis	34,90 Euro [D]
ISBN	978-3-86645-144-5

http://www.microsoft-press.de

Microsoft Press-Titel erhalten Sie im Buchhandel.